高 等 数 学

（下册）

孙立民　汪富泉　林全文　编著
李伟勋　黄寿生　伍思敏

科学出版社

北 京

内 容 简 介

本书是依据教育部颁布的《工科类本科数学基础课程教学基本要求(2014年版)》编写的. 编者改革了高等数学教材传统编写方式, 重背景、重体系、重探究、重体验、重实践、重反思; 知识展现通俗、易懂、简洁、形式多样, 便于教师教学和学生自学; 每一节设计了一些问题讨论题, 这些问题基本是开放性的, 目的是帮助学生检验学习效果, 引导学生加深对知识的理解, 提高思维深刻性. 每章结尾按基础知识考查和综合能力提高设计了A,B组测试题, 供学生自我检测. 本书分上、下两册, 共11章, 下册包括多元函数的微分及其应用、重积分、曲线积分与曲面积分、常微分方程、无穷级数等内容.

本书可作为高等学校理工类专业的高等数学教材, 也可作为实际工作者的自学参考书.

图书在版编目(CIP)数据

高等数学. 下册 / 孙立民等编著. —北京: 科学出版社, 2019.1
ISBN 978-7-03-060220-6

Ⅰ. ①高… Ⅱ. ①孙… Ⅲ. ①高等数学-高等学校-教材 Ⅳ. ①O13

中国版本图书馆 CIP 数据核字(2018)第 292774 号

责任编辑: 王胡权 李 萍 / 责任校对: 郭瑞芝
责任印制: 赵 博 / 封面设计: 迷底书装

科 学 出 版 社 出版
北京东黄城根北街 16 号
邮政编码: 100717
http://www.sciencep.com

三河市骏杰印刷有限公司印刷
科学出版社发行 各地新华书店经销

*

2019 年 1 月第 一 版 开本: 720×1000 1/16
2025 年 1 月第七次印刷 印张: 19 1/2
字数: 393 000
定价: 49.00 元
(如有印装质量问题, 我社负责调换)

前　　言

　　大众化高等教育的普及,使更多的学生有接受高等教育的机会,为培养更多的高素质人才创造了有利条件.但高校扩招,也导致普通高校教学班学生数量增多、师资配备不足、学生学习能力不强等诸多问题,这给高等数学教学带来重重困难,学生高等数学学习达不到教学质量要求,部分学生厌学,甚至弃学.

　　传统的高等数学教材注重完备化、形式化、抽象化、逻辑化,这种教材模式严密抽象、逻辑性强,有不可替代的优点,但学生看到的是定义、性质、定理、法则、公式、证明、例题等完美的数学推导过程和结论,却难以理解其实质.按这样的教材编写方式,要想理解、掌握和运用好数学知识,学生要投入大量精力和时间刻苦钻研,教师要跟踪指导,可目前这些很难做到.因此,编写一本适应大众化高等教育需要,通俗、易懂、简洁而又不降低难度的高等数学教材,是我们不断追求的目标.

　　本书是我们多年研究与实践的成果,教材编写改革了传统高等数学教材编写形式,有鲜明的特色与创新,主要表现在以下几个方面.

　　(1) 教材内容编写注重知识的逻辑结构和体系设计,对传统教材体系结构做了较大调整,使学生便于理解和记忆,做到"一通百通".如对数列极限和函数极限的内容,我们就是按相似的研究思路设计的.

　　(2) 在概念、定理引入时,注重介绍知识产生的背景和实际应用渗透.对于非数学专业的学生而言,数学是他们解决本专业问题的工具,数学思想和方法对他们影响深远,因此,在实际应用中产生的数学思想和方法对学生的专业学习和培养高等数学学习兴趣十分重要.

　　(3) 教材内容编写不拘于形式,根据每一部分内容特点确定编写思路,注重探究性.在内容编写中,注重培养学生研究性学习能力,对于能让学生自己探索发现的知识,设计探索发现过程,引导学生自己探究得到,而不是事先将知识表述出来,如导数的四则运算法则就是这样设计的.有些定理、例题给出了证明和解答思路,如极限的性质证明;有些证明较复杂的定理和证明思路与其他定理证明相似的定理省略了证明过程,只给予必要的说明;有些不便引导学生探究或比较容易证明的定理、法则、公式、例题,直接给予证明和解答.通过这样的灵活设计,注重了知识的本质把握,淡化了形式,将枯燥的数学表述通俗化,增强了教材的亲和力,使读者有"一目了然"之感.

(4) 每一节设计了一些问题讨论题, 这些问题基本都是开放性的, 目的是帮助学生检验学习效果, 引导学生加深知识的理解, 认清知识本质, 澄清易混淆和没有引起注意的问题, 提高学生的思维深刻度. 同时, 还设计了小结, 目的是让学生对本节内容有一个整体把握. 每一节习题设计做到简洁、到位、够用即可, 避免不提高学生能力的低认知水平的重复训练, 给学生留有更多的学习思考空间.

(5) 我们对每章知识的结构体系和重点内容进行了比较详细的总结, 引导学生反思, 建立知识的结构体系. 最后, 按基础知识考查和综合能力提高设计了 A, B 组测试题, 供学生进行自我检测, 做到对自己每章的学习情况心中有数.

(6) 在达到教学大纲要求的前提下, 在编写内容和习题设计上, 增加了拓展内容(书中带*号的部分即是), 供学有余力的同学作为拓展学习使用.

本书第 1, 2, 3 章由孙立民编写, 第 4, 5 章由林全文编写, 第 6 章由黄寿生编写, 第 7 章由汪富泉编写, 第 8, 9 章由李伟勋编写, 第 10, 11 章由伍思敏编写. 全书由孙立民、汪富泉统稿. 本书插图和配套课件由李伟勋制作. 除书中主要编写教师外, 广东石油化工学院理学院数学系与应用数学系的教师在实践中也提出了许多改进意见, 已融入本书编写中.

尽管本书编写过程中参考了大量中外教材, 但由于编者水平有限, 疏漏之处在所难免, 希望读者批评指正.

孙立民

2018 年 9 月

目　　录

第7章 多元函数的微分及其应用

在第 1~6 章中，我们讨论了一元函数的性质、极限、连续性、导数、微分、不定积分、定积分、向量代数与空间解析几何，以及微积分在几何、物理等领域的某些应用. 遇到的函数都只有一个自变量，但在许多实际应用问题中，我们往往要考虑多个变量之间的关系，反映到数学上，就是要考虑一个变量(因变量)与另外多个变量(自变量)的相互依赖关系. 由此引入了多元函数以及多元函数的微积分问题. 本章将首先介绍多元函数的基本概念、极限、连续等，并在一元函数微分学的基础上，进一步讨论多元函数的微分学，包括多元函数的偏导数、全微分、复合函数和隐函数的求导方法、方向导数、梯度等. 进而探讨多元函数微分学的一些应用，例如，研究几何图形和求函数极值方面的应用等. 在讨论中我们将以二元函数为主要对象，这不仅因为有关的概念和方法大都有比较直观的几何解释，便于理解，而且这些概念和方法大都能自然推广到二元以上的多元函数.

7.0　预　备　知　识

一、平面点集

1. 平面及其表示

由平面解析几何知道，当在平面上引入了一个直角坐标系后，平面上的点 P 与有序二元实数组 (x, y) 之间就建立了一一对应. 于是，我们常把有序实数组 (x, y) 与平面上的点 P 视作是等同的. 这种建立了坐标系的平面称为坐标平面.

二元有序实数组 (x, y) 的全体，即 $\mathbf{R}^2 = \mathbf{R} \times \mathbf{R} = \{(x, y) | x, y \in \mathbf{R}\}$ 就表示坐标平面.

2. 平面点集的概念

定义 1　坐标平面上具有某种性质 P 的所有点的集合，称为平面点集，记作

$$E = \{(x, y) | (x, y) \text{ 具有性质 } P\}.$$

例如，平面上以原点为中心、r 为半径的圆内所有点的集合是

$$C = \{(x, y) | x^2 + y^2 < r^2\}.$$

如果点 P 的坐标为 (x,y)，以 $|OP|$ 表示点 P 到原点 O 的距离，那么集合 C 也可表成 $C = \{P \mid |OP| < r\}$.

3. 邻域

定义 2 (1) 设 $P_0(x_0, y_0)$ 是 xOy 平面上的一个点，δ 是某一正数，与点 $P_0(x_0, y_0)$ 距离小于 δ 的点 $P(x,y)$ 的全体，称为点 P_0 的 δ 邻域，记为 $U(P_0, \delta)$，即

$$U(P_0, \delta) = \{P \mid |PP_0| < \delta\} \quad \text{或} \quad U(P_0, \delta) = \left\{(x,y) \mid \sqrt{(x-x_0)^2 + (y-y_0)^2} < \delta\right\}.$$

(2) 点 P_0 的去心 δ 邻域记作 $\overset{\circ}{U}(P_0, \delta)$，其定义为

$$\overset{\circ}{U}(P_0, \delta) = \{P \mid 0 < |P_0 P| < \delta\}.$$

注 (1) 邻域具有直观的几何意义，即 $U(P_0, \delta)$ 表示 xOy 平面上以点 $P_0(x_0, y_0)$ 为中心、$\delta > 0$ 为半径的圆的内部的点 $P(x,y)$ 的全体；$\overset{\circ}{U}(P_0, \delta)$ 与 $U(P_0, \delta)$ 的区别在于前者不包含圆心，而后者包含圆心.

(2) 如果不需要强调邻域的半径 δ，则用 $U(P_0)$ 表示点 P_0 的某个邻域，点 P_0 的去心邻域记作 $\overset{\circ}{U}(P_0)$.

4. 内点、外点、边界点

为描述点与点集之间的关系，我们给出如下定义.

定义 3 如图 7.0.1，任取一点 $P \in \mathbf{R}^2$，任给一个点集 $E \subset \mathbf{R}^2$，则

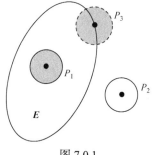

(1) 如果存在点 P 的某一邻域 $U(P)$，使得 $U(P) \subset E$，则称 P 为 E 的内点；

(2) 如果存在点 P 的某个邻域 $U(P)$，使得 $U(P) \bigcap E = \varnothing$，则称 P 为 E 的外点；

(3) 如果点 P 的任一邻域内既有属于 E 的点，也有不属于 E 的点，则称 P 为 E 的边界点.

E 的边界点的全体，称为 E 的边界，记作 ∂E.

图 7.0.1

注意，任给一点和一个集合，它们之间必有以上三种关系中的一种. E 的内点必定属于 E；E 的外点必定不属于 E；而 E 的边界点可能属于 E，也可能不属于 E.

5. 聚点、导集

定义 4 如果对于任意给定的 $\delta > 0$，点 P 的去心邻域 $\overset{\circ}{U}(P, \delta)$ 内总有 E 中的

点，则称 P 是 E 的聚点.

由聚点的定义可知，点集 E 的聚点 P 可能属于 E，也可能不属于 E.

例如，设有平面点集 $E=\left\{(x,y)\mid 1<x^2+y^2\leqslant 2\right\}$，则满足 $1<x^2+y^2<2$ 的一切点 (x,y) 都是 E 的内点；满足 $x^2+y^2=1$ 的一切点 (x,y) 都是 E 的边界点，它们都不属于 E；满足 $x^2+y^2=2$ 的一切点 (x,y) 也是 E 的边界点，它们都属于 E；点集 E 以及它的边界 ∂E 上的一切点都是 E 的聚点.

E 的全体聚点所构成的集称为 E 的导集，记为 E^{d}.

6. 开集、闭集、连通集

平面上不同的点集有不同的特征，为此，我们可引入如下定义.

开集　如果点集 E 的点都是 E 的内点，则称 E 为开集.

闭集　如果点集的余集 E^{c} 为开集，则称 E 为闭集.

例如，$E=\left\{(x,y)\mid 1<x^2+y^2<2\right\}$ 是开集；$E=\left\{(x,y)\mid 1\leqslant x^2+y^2\leqslant 2\right\}$ 是闭集；而集合 $\left\{(x,y)\mid 1<x^2+y^2\leqslant 2\right\}$ 既不是开集，也不是闭集.

连通集　如果点集 E 内任何两点，都可用完全包含于 E 内的有限条折线连接起来，则称 E 为连通集.

7. 开区域、闭区域

为下节讨论多元函数时方便，我们引入区域、闭区域的概念.

开区域　连通的开集称为开区域，简称区域.

闭区域　开区域连同它的边界一起所构成的点集称为闭区域.

例如，$E=\left\{(x,y)\mid 1<x^2+y^2<2\right\}$ 是区域；而 $E=\left\{(x,y)\mid 1\leqslant x^2+y^2\leqslant 2\right\}$ 是闭区域.

8. 有界集、无界集

有界集　对于平面点集 E，如果存在某一正数 r，使得 $E\subset U(O,r)$，其中 O 是坐标原点，则称 E 为有界点集.

无界集　一个集合如果不是有界集，就称这集合为无界集.

例如，集合 $\left\{(x,y)\mid 1\leqslant x^2+y^2\leqslant 2\right\}$ 是有界闭区域；集合 $\left\{(x,y)\mid x+y>1\right\}$ 是无界开区域；集合 $\left\{(x,y)\mid x+y\geqslant 1\right\}$ 是无界闭区域.

二、n 维空间

设 n 为取定的一个自然数，我们用 $\mathbf{R}^n$ 表示 n 元有序数组 $(x_1,x_2,\cdots,x_n)$ 的全体

所构成的集合, 即

$$\mathbf{R}^n = \mathbf{R} \times \mathbf{R} \times \cdots \times \mathbf{R} = \left\{ (x_1, x_2, \cdots, x_n) \mid x_i \in \mathbf{R}, i = 1, 2, \cdots, n \right\}.$$

$\mathbf{R}^n$ 中的元素 $(x_1, x_2, \cdots, x_n)$ 有时也用单个字母 x 来表示, 即 $x = (x_1, x_2, \cdots, x_n)$. 当所有的 $x_i(i = 1, 2, \cdots, n)$ 都为零时, 称这样的元素为 $\mathbf{R}^n$ 中的零元, 记为 0 或 O. 在解析几何中, 通过直角坐标系, $\mathbf{R}^2$ (或 $\mathbf{R}^3$) 中的元素分别与平面(或空间)中的点或向量建立了一一对应关系, 将其进行推广, $\mathbf{R}^n$ 中的元素 $x = (x_1, x_2, \cdots, x_n)$ 也可称为 $\mathbf{R}^n$ 中的一个点或一个 n 维向量, x_i 称为点 x 的第 i 个坐标或 n 维向量 x 的第 i 个分量. 特别地, $\mathbf{R}^n$ 中的零元 0 称为 $\mathbf{R}^n$ 中的坐标原点或 n 维零向量.

在集合 $\mathbf{R}^n$ 中定义某种运算, 可使 $\mathbf{R}^n$ 成为某种空间.

1. n 维线性空间

定义 5　设 $x = (x_1, x_2, \cdots, x_n)$, $y = (y_1, y_2, \cdots, y_n)$ 为 $\mathbf{R}^n$ 中任意两个元素, $\lambda \in \mathbf{R}$ 是一个实数, 规定

$$x + y = (x_1 + y_1, x_2 + y_2, \cdots, x_n + y_n), \quad \lambda x = (\lambda x_1, \lambda x_2, \cdots, \lambda x_n).$$

上述两种运算称为 $\mathbf{R}^n$ 中的线性运算. 定义了线性运算的集合 $\mathbf{R}^n$ 称为 n 维线性空间.

2. n 维欧氏空间

定义 6　$\mathbf{R}^n$ 中的点 $x = (x_1, x_2, \cdots, x_n)$ 和点 $y = (y_1, y_2, \cdots, y_n)$ 之间的距离, 记作 $\rho(x, y)$, 其定义为

$$\rho(x, y) = \sqrt{(x_1 - y_1)^2 + (x_2 - y_2)^2 + \cdots + (x_n - y_n)^2}.$$

定义了距离的 n 维线性空间称为 n 维欧氏空间, 仍记为 $\mathbf{R}^n$.

注意, 我们在第一部分讨论平面点集时, 是直接把平面看成 2 维欧氏空间的, 即在没有严格定义欧氏空间之前我们就把平面作为欧氏空间了, 实际上我们在中学学习平面几何时早就这样做了.

显然, 当 $n = 1, 2, 3$ 时, 上述规定与数轴上、直角坐标系下平面及空间中两点间的距离一致.

因为欧氏空间中引入了线性运算和距离, 空间中具有代数结构和几何结构, 所以我们可以定义向量(或线段)的长度. 事实上, $\mathbf{R}^n$ 中元素 $x = (x_1, x_2, \cdots, x_n)$ 与零元 0 之间的距离 $\rho(x, \mathbf{0})$ 即向量 x 的长度, 记作 $\|x\|$ (在 $\mathbf{R}^1, \mathbf{R}^2, \mathbf{R}^3$ 中, 通常将 $\|x\|$ 记作 $|x|$), 即

$$\|x\| = \sqrt{x_1^2 + x_2^2 + \cdots + x_n^2}\,.$$

采用这一记号, 结合向量的线性运算, 有

$$\|x - y\| = \sqrt{(x_1 - y_1)^2 + (x_2 - y_2)^2 + \cdots + (x_n - y_n)^2} = \rho(x, y)\,.$$

因为 n 维空间 $\mathbf{R}^n$ 中定义了距离, 所以还可以定义 $\mathbf{R}^n$ 中变元的极限.

定义 7　设 $x = (x_1, x_2, \cdots, x_n)$, $a = (a_1, a_2, \cdots, a_n) \in \mathbf{R}^n$. 如果 $\|x - a\| \to 0$, 则称变元 x 在 $\mathbf{R}^n$ 中趋于固定元 a, 记作 $x \to a$.

显然, $x \to a \Leftrightarrow x_1 \to a_1, x_2 \to a_2, \cdots, x_n \to a_n$.

在 $\mathbf{R}^n$ 中, 线性运算和距离的引入, 使得前面讨论过的有关平面点集的一系列概念, 可以方便地引入到 $n(n \geqslant 3)$ 维空间中来, 例如,

设 $a = (a_1, a_2, \cdots, a_n) \in \mathbf{R}^n$, δ 是某一正数, 则 n 维空间内的点集

$$U(a, \delta) = \left\{ x \,\middle|\, x \in \mathbf{R}^n, \rho(x, a) < \delta \right\}$$

就可定义为 $\mathbf{R}^n$ 中点 a 的 δ 邻域. 以邻域为基础, 可以定义 $\mathbf{R}^n$ 中点集的内点、外点、边界点和聚点, 以及开集、闭集、区域等一系列概念.

问题讨论

1. 欧氏空间中可以度量向量(线段)夹角的大小和平面图形的面积吗? 如果可以, 应如何引入?

2. 点集的聚点和点列的极限点有什么联系?

小结

本节介绍了平面上各种点集如邻域、开集、闭集、区域、连通集、有界集、无界集以及一个点对一个点集而言何时为内点、外点、边界点、聚点等概念. 然后在集合 $\mathbf{R}^n$ 中引入线性运算和距离, 从而使得 $\mathbf{R}^n$ 中可以讨论与平面上类似的概念与问题.

习　题　7.0

1. 下列各种情形中, P 为 E 的什么点?

(1) 如果存在点 P 的某一邻域 $U(P)$, 使得 $U(P) \subset E^c$ (E^c 为 E 的余集);

(2) 如果对点 P 的任意邻域 $U(P)$, 都有 $U(P) \bigcap E \neq \varnothing, U(P) \bigcap E^c \neq \varnothing$;

(3) 如果对点 P 的任意邻域 $U(P)$, 都有 $U(P) \bigcap (E - \{P\}) \neq \varnothing$.

2. 判定下列平面点集的特征(说明是开集、闭集、区域, 还是有界集、无界集等)并分别求出它们的导集和边界.

(1) $\left\{ (x, y) \,\middle|\, y \neq 0 \right\}$;

(2) $\left\{(x,y)\big|6 \leqslant x^2 + y^2 \leqslant 20\right\}$；

(3) $\left\{(x,y)\big|y \leqslant x^2\right\}$；

(4) $\left\{(x,y)\big|x^2 + (y-1)^2 \geqslant 1\right\}\bigcap\left\{(x,y)\big|x^2 + (y-2)^2 \leqslant 4\right\}$．

7.1　多元函数的概念、极限与连续性

一、引例

在自然科学和工程技术中常常遇到一个变量依赖于多个自变量的函数关系，比如下例．

例 1　矩形面积 S 与长 x、宽 y 有下列依从关系：
$$S = x \cdot y \quad (x > 0, y > 0),$$
其中，长 x 与宽 y 是独立取值的两个变量．在它们变化范围内，当 x, y 取定值后，矩形面积 S 有一个确定值与之对应．

例 2　在第 6 章中我们学习了曲面的方程，例如，椭圆抛物面的方程为 $z = \dfrac{x^2}{a^2} + \dfrac{y^2}{b^2}$，双曲抛物面的方程为 $z = \dfrac{x^2}{a^2} - \dfrac{y^2}{b^2}$，这里的 z 坐标既跟 x 有关，又跟 y 有关，它是 x, y 的二元函数．

二、多元函数的基本概念

定义 1　设 D 是 $\mathbf{R}^2$ 的一个非空子集，映射 $f: D \to \mathbf{R}$ 称为定义在 D 上的二元函数，记为
$$z = f(x, y), (x, y) \in D \quad (\text{或 } z = f(P), P \in D),$$
其中，点集 D 称为该函数的定义域，x, y 称为自变量，z 称为因变量．

上述定义中，与自变量 x, y 的一对值 (x, y) 相对应的因变量 z 的值，也称为 f 在点 (x, y) 处的函数值，记作 $f(x, y)$，即 $z = f(x, y)$．

函数 $f(x, y)$ 值域：$f(D) = \left\{z\big|z = f(x, y), (x, y) \in D\right\}$．

函数的其他符号：$z = z(x, y)$，$z = g(x, y)$ 等．

类似地，可定义三元函数 $u = f(x, y, z), (x, y, z) \in D$ 以及三元以上的函数．

一般地，把定义 1 中的平面点集 D 换成 n 维空间 $\mathbf{R}^n$ 内的点集 D，映射 $f: D \to \mathbf{R}$ 称为定义在 D 上的 n 元函数，通常记为 $u = f(x_1, x_2, \cdots, x_n), (x_1, x_2, \cdots, x_n) \in D$，或简记为 $u = f(x), x = (x_1, x_2, \cdots, x_n) \in D$，也可记为 $u = f(P), P(x_1, x_2, \cdots, x_n) \in D$．

　　关于函数定义域的约定: 在一般地讨论用算式表达的多元函数 $u = f(x)$ 时, 就以使这个算式有意义的变元 x 的值所组成的点集为这个多元函数的自然定义域. 因而, 对这类函数, 它的定义域不再特别标出. 例如:

　　函数 $z = \ln(x + y)$ 的定义域为 $\{(x, y) \mid x + y > 0\}$ (无界开区域);

　　函数 $z = \arcsin(x^2 + y^2)$ 的定义域为 $\{(x, y) \mid x^2 + y^2 \leqslant 1\}$ (有界闭区域).

　　二元函数的图形: 点集 $\{(x, y, z) \mid z = f(x, y), (x, y) \in D\}$ 称为二元函数 $z = f(x, y)$ 的图形, 由第 6 章的学习知, 二元函数的图形是一张曲面.

　　例如, $z = ax + by + c$ 是一张平面, 而函数 $z = x^2 + y^2$ 的图形是旋转抛物面.

　　例 3　求二元函数 $z = \sqrt{9 - x^2 - y^2}$ 的定义域.

　　解　容易看出, 当且仅当自变量 x, y 满足不等式

$$x^2 + y^2 \leqslant 9 ,$$

函数 z 才有定义. 其几何表示是 xOy 平面上以原点为圆心、半径为 3 的圆内及圆周边界上点的全体, 如图 7.1.1 所示, 即函数 z 的定义域为

$$\left\{ (x, y) \mid x^2 + y^2 \leqslant 9 \right\}.$$

　　例 4　求函数 $z = \ln(x + y)$ 的定义域.

　　解　函数的定义域为 $\left\{ (x, y) \mid x + y > 0 \right\}$, 其几何图形是 xOy 平面上位于直线 $y = -x$ 上方的半平面, 而不包括边界的阴影部分, 如图 7.1.2 所示.

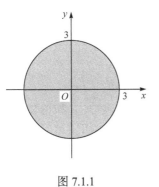

图 7.1.1

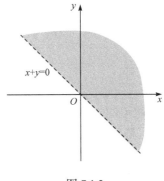

图 7.1.2

　　例 5　求函数 $z = \dfrac{1}{\sqrt{1 - x^2 - y^2}}$ 的定义域.

　　解　函数的定义域为

$$1 - (x^2 + y^2) > 0 ,$$

即 $\left\{ (x, y) \mid x^2 + y^2 < 1 \right\}$. 它的图形是不包括边界的单位圆, 如图 7.1.3 所示.

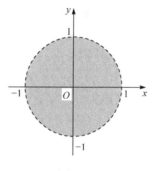

图 7.1.3

三、多元函数的极限

与一元函数的极限概念类似, 如果在 $P(x,y) \to P_0(x_0,y_0)$ 的过程中, 对应的函数值 $f(x,y)$ 无限接近于一个确定的常数 A, 则称 A 是函数 $f(x,y)$ 当 $(x,y) \to (x_0,y_0)$ 时的极限.

定义 2 设二元函数 $f(P) = f(x,y)$ 的定义域为 D, $P_0(x_0,y_0)$ 是 D 的聚点. 如果存在常数 A, 使得对于任意给定的正数 ε, 总存在正数 δ, 当 $P(x,y) \in D \cap \mathring{U}(P_0, \delta)$ 时, 总有

$$|f(P) - A| = |f(x,y) - A| < \varepsilon$$

成立, 则称常数 A 为函数 $f(x,y)$ 当 $(x,y) \to (x_0,y_0)$ 时的极限, 记为

$$\lim_{(x,y) \to (x_0,y_0)} f(x,y) = A \quad 或 \quad f(x,y) \to A \ ((x,y) \to (x_0,y_0)),$$

也可简记为

$$\lim_{P \to P_0} f(P) = A \quad 或 \quad f(P) \to A \ (P \to P_0).$$

上面定义的极限也称为二重极限. 定义用两个正数 ε, δ 和相关距离对极限过程做出了精确描述, 这种描述通常称为 "ε-δ" 语言, 该语言可以用来验证某个常数是函数在相关过程中的极限.

极限概念的推广: 在定义 2 中将 $P(x,y)$ 改为 $P(x_1, x_2, \cdots, x_n)$ 即可得到 n 元函数的极限.

多元函数的极限运算法则与一元函数的运算法则类似.

例 6 设 $f(x,y) = (x^2 + y^2) \sin \dfrac{1}{x^2 + y^2}$, 求证 $\lim\limits_{(x,y) \to (0,0)} f(x,y) = 0$.

证明 因为

$$|f(x,y) - 0| = \left|(x^2 + y^2) \sin \frac{1}{x^2 + y^2} - 0\right| = |x^2 + y^2| \cdot \left|\sin \frac{1}{x^2 + y^2}\right| \leqslant x^2 + y^2,$$

可见 $\forall \varepsilon > 0$, 取 $\delta = \sqrt{\varepsilon}$, 则当

$$0 < \sqrt{(x-0)^2 + (y-0)^2} < \delta,$$

即 $P(x,y) \in D \cap \mathring{U}(O, \delta)$ 时, 总有

$$\left| f(x,y) - 0 \right| < \varepsilon,$$

因此 $\lim\limits_{(x,y) \to (0,0)} f(x,y) = 0$.

例 7　证明 $\lim\limits_{\substack{x \to 0 \\ y \to 0}} \dfrac{xy}{x^2 + y^2}$ 不存在.

证明　取 $y = kx$（k 为常数), 则

$$\lim\limits_{\substack{x \to 0 \\ y \to 0}} \frac{xy}{x^2 + y^2} = \lim\limits_{\substack{x \to 0 \\ y = kx}} \frac{x \cdot kx}{x^2 + k^2 x^2} = \frac{k}{1 + k^2},$$

易见, 所要求的极限值随 k 的变化而变化, 故 $\lim\limits_{\substack{x \to 0 \\ y \to 0}} \dfrac{xy}{x^2 + y^2}$ 不存在.

例 8　证明 $\lim\limits_{\substack{x \to 0 \\ y \to 0}} \dfrac{x^3 y}{x^6 + y^2}$ 不存在.

证明　取 $y = kx^3$, $\lim\limits_{\substack{x \to 0 \\ y \to 0}} \dfrac{x^3 y}{x^6 + y^2} = \lim\limits_{\substack{x \to 0 \\ y = kx^3}} \dfrac{x^3 \cdot kx^3}{x^6 + k^2 x^6} = \dfrac{k}{1 + k^2}$, 其极限值随 k 的不同而变化, 故极限不存在.

四、多元函数的连续性

1. 多元函数连续性概念

定义 3　设二元函数 $f(P) = f(x,y)$ 的定义域为 D,

(1) $P_0(x_0, y_0)$ 为 D 的聚点, 且 $P_0 \in D$. 如果

$$\lim\limits_{(x,y) \to (x_0, y_0)} f(x,y) = f(x_0, y_0),$$

则称函数 $f(x,y)$ 在点 $P_0(x_0, y_0)$ 连续.

(2) 设 D 内的每一点都是 D 的聚点, 如果函数 $f(x,y)$ 在 D 的每一点都连续, 则称函数 $f(x,y)$ 在 D 上连续, 或称 $f(x,y)$ 是 D 上的连续函数.

注　如果函数 $f(x,y)$ 在点 $P_0(x_0, y_0)$ 不连续, 则称 $P_0(x_0, y_0)$ 为函数 $f(x,y)$ 的间断点.

二元函数的连续性概念可相应地推广到 n 元函数 $f(P)$ 上去.

一元基本初等函数可看成其中一个自变量不出现的二元函数, 很容易证明, 一元基本初等函数看成二元函数时, 在它们的定义域都是连续的.

例 9　设 $f(x,y) = \cos x$, 证明 $f(x,y)$ 是 $\mathbf{R}^2$ 上的连续函数.

证明　对于任意的 $P_0(x_0,y_0) \in \mathbf{R}^2$, 因为

$$\lim_{(x,y) \to (x_0,y_0)} f(x,y) = \lim_{(x,y) \to (x_0,y_0)} \cos x = \cos x_0 = f(x_0,y_0),$$

所以, 函数 $f(x,y) = \cos x$ 在点 $P_0(x_0,y_0)$ 连续, 由 P_0 的任意性知, $\cos x$ 作为 x, y 的二元函数, 在 $\mathbf{R}^2$ 上连续.

类似的讨论可知, 一元基本初等函数看成二元函数或二元以上的多元函数时, 它们在各自的定义域内都是连续的.

可以证明, 多元连续函数的和、差、积仍为连续函数, 连续函数的商在分母不为零处的点仍连续; 多元连续函数的复合函数也是连续函数.

多元初等函数: 与一元初等函数类似, 多元初等函数是指可用一个解析式所表示的多元函数, 这个解析式是由常数及具有不同自变量的一元基本初等函数经过有限次的四则运算和复合运算而得到的.

例如, $z = \dfrac{x + x^2 - y^2}{1 + y^2}$, $u = \cos(x + y + z)$, $u = \mathrm{e}^{x^2 + y^2 + z^2}$ 都是多元初等函数.

一切多元初等函数在其定义域内是连续的. 所谓定义域是指包含在定义域内的区域或闭区域.

由多元连续函数的连续性, 如果要求多元连续函数 $f(P)$ 在点 P_0 处有极限, 而该点又在此函数的定义域内, 则

$$\lim_{P \to P_0} f(P) = f(P_0).$$

例 10　讨论二元函数

$$f(x,y) = \begin{cases} \dfrac{x^3 + y^3}{x^2 + y^2}, & (x,y) \neq (0,0), \\ 0, & (x,y) = (0,0) \end{cases}$$

在 $(0,0)$ 处的连续性.

解　由 $f(x,y)$ 表达式的特征, 利用极坐标变换: 令 $x = \rho\cos\theta, y = \rho\sin\theta$, 则

$$\lim_{(x,y) \to (0,0)} f(x,y) = \lim_{\rho \to 0} \rho(\sin^3\theta + \cos^3\theta) = 0 = f(0,0),$$

所以, 函数 $f(x,y)$ 在 $(0,0)$ 点处连续.

例 11　求 $\lim\limits_{\substack{x \to 0 \\ y \to 1}} \dfrac{\mathrm{e}^x + y}{x + y}$.

解　因初等函数 $f(x,y) = \dfrac{e^x + y}{x + y}$ 在 $(0,1)$ 处有定义, 故 $\lim\limits_{\substack{x \to 0 \\ y \to 1}} \dfrac{e^x + y}{x + y} = \dfrac{e^0 + 1}{0 + 1} = 2$.

2. 多元连续函数的性质

有界闭区域上多元连续函数也有与闭区间上一元连续函数类似的性质.

性质 1 (有界性与最大值最小值定理)　在有界闭区域 D 上的多元连续函数, 必定在 D 上有界, 且在 D 上取得最大值和最小值.

性质 1 表明: 若 $f(P)$ 在有界闭区域 D 上连续, 则必存在常数 $M > 0$, 使得对一切 $P \in D$, 有 $|f(P)| \leqslant M$, 且存在 $P_1, P_2 \in D$, 使得

$$f(P_1) = \max\{f(P)|P \in D\}, \quad f(P_2) = \min\{f(P)|P \in D\}.$$

性质 2 (介值定理)　在有界闭区域 D 上的多元连续函数必取得介于最大值和最小值之间的任何值.

问题讨论

1. 若点 (x, y) 沿着无数多条平面曲线趋向于点 (x_0, y_0) 时, 函数 $f(x, y)$ 都趋向于 A, 能否断定 $\lim\limits_{(x,y) \to (x_0, y_0)} f(x, y) = A$?

2. 讨论函数

$$f(x, y) = \begin{cases} \dfrac{xy^2}{x^2 + y^4}, & x^2 + y^2 \neq 0, \\ 0, & x^2 + y^2 = 0 \end{cases}$$

的连续性.

小结

本节引入了多元函数概念, 给出了多元函数极限的定义和计算方法, 通过例题给出了根据定义证明极限存在(即 " ε-δ " 语言)和不存在(沿不同方向或取不同子列得不同值)的方法, 最后给出了多元连续函数的定义和基本性质.

习　题　7.1

1. 设 $f\left(x - y, \dfrac{y}{x}\right) = x^2 - y^2$, 求 $f(x, y)$.

2. 已知函数 $f(x, y) = x + y - xy \cot\dfrac{x^2}{y^2}$, 试求 $f(tx, ty)$.

3. 求下列各函数的定义域:

(1) $z = \ln(y^2 - 5xy + 1)$;

(2) $z = \dfrac{1}{\sqrt{x+y}} + \dfrac{1}{\sqrt{x^2 - y^2}}$;

(3) $z = \sqrt{\sqrt{x} - y}$;

(4) $u = \sqrt{R^2 - x^2 - y^2 - z^2} + \dfrac{1}{\sqrt{x^2 + y^2 + z^2 - r^2}} \, (R > r > 0)$;

(5) $u = \arcsin \dfrac{z}{\sqrt{x^2 + y^2}}$.

4. 求下列各极限:

(1) $\displaystyle\lim_{(x,y)\to(0,3)} \dfrac{1 - x^2 y}{x^3 + y^3}$;

(2) $\displaystyle\lim_{(x,y)\to(1,1)} \dfrac{\ln(y + \mathrm{e}^x)}{\sqrt{x^2 + y^2}}$;

(3) $\displaystyle\lim_{(x,y)\to(0,0)} \dfrac{2 - \sqrt{xy + 4}}{xy}$;

(4) $\displaystyle\lim_{(x,y)\to(0,0)} \dfrac{xy}{\sqrt{xy + 1} - 1}$;

(5) $\displaystyle\lim_{(x,y)\to(0,2)} \dfrac{\sin(xy)}{x}$;

(6) $\displaystyle\lim_{(x,y)\to(0,0)} \dfrac{1 - \cos(x^2 + y^2)}{(x^2 + y^2)\mathrm{e}^{x^2 y^2}}$.

5. 证明下列极限不存在:

(1) $\displaystyle\lim_{(x,y)\to(0,0)} \dfrac{x - y}{x + y}$;

(2) $\displaystyle\lim_{(x,y)\to(0,0)} \dfrac{xy}{xy + x - y}$.

6. 函数 $z = \dfrac{\mathrm{e}^y + ax}{y - \sqrt{2x}}$ (a 为常数)在何处间断?

7. 用 " $\varepsilon\text{-}\delta$ " 语言证明 $\displaystyle\lim_{(x,y)\to(0,0)} \dfrac{xy}{\sqrt{x^2 + y^2}} = 0$.

7.2 偏 导 数

在第 2 章我们学习了一元函数的导数, 它是用函数的增量与自变量增量比值的极限来定义的. 对多元函数, 是否也可进行类似的处理呢? 与一元函数相比, 多元函数的求导有什么不同呢? 本节我们来探讨这些问题.

一、偏导数的概念及计算方法

1. 偏导数的概念

因为多元函数涉及多个自变量, 所以我们需要针对各个自变量来进行处理, 从而有所谓偏增量、偏导数问题.

在二元函数 $z = f(x, y)$ 中, 如果先把自变量 y 固定, 即把 y 看成常数, 只有自变量 x 变化, 这时它就可以看成 x 的一元函数, 该函数对 x 的导数, 就称为二元函

数 $z = f(x, y)$ 对于 x 的偏导数, 同理, 对自变量 y 也可类似处理. 为此, 我们引入偏导数的概念.

定义 1　(1) 设函数 $z = f(x, y)$ 在点 (x_0, y_0) 的某一邻域内有定义, 当 y 固定在 y_0 而 x 在 x_0 处有增量 Δx 时, 相应地, 函数有增量

$$f(x_0 + \Delta x, y_0) - f(x_0, y_0),$$

如果极限 $\lim\limits_{\Delta x \to 0} \dfrac{f(x_0 + \Delta x, y_0) - f(x_0, y_0)}{\Delta x}$ 存在, 则称此极限为函数 $z = f(x, y)$ 在点 (x_0, y_0) 处对 x 的偏导数, 记作

$$\left.\frac{\partial z}{\partial x}\right|_{\substack{x=x_0 \\ y=y_0}}, \quad \left.\frac{\partial f}{\partial x}\right|_{\substack{x=x_0 \\ y=y_0}}, \quad z_x\big|_{\substack{x=x_0 \\ y=y_0}} \quad f_x(x_0, y_0) \quad \text{或} \quad f_1(x_0, y_0)$$

类似地, 函数 $z = f(x, y)$ 在点 (x_0, y_0) 处对 y 的偏导数定义为

$$\lim\limits_{\Delta y \to 0} \frac{f(x_0, y_0 + \Delta y) - f(x_0, y_0)}{\Delta y},$$

记作

$$\left.\frac{\partial z}{\partial y}\right|_{\substack{x=x_0 \\ y=y_0}}, \quad \left.\frac{\partial f}{\partial y}\right|_{\substack{x=x_0 \\ y=y_0}}, \quad z_y\big|_{\substack{x=x_0 \\ y=y_0}} \quad f_y(x_0, y_0) \quad \text{或} \quad f_2(x_0, y_0)$$

(2) 如果函数 $z = f(x, y)$ 在区域 D 内每一点 (x, y) 处对 x 的偏导数都存在, 那么这个偏导数就是 x, y 的函数, 称为函数 $z = f(x, y)$ 对自变量 x 的偏导函数, 简称偏导数, 记作

$$\frac{\partial z}{\partial x}, \quad \frac{\partial f}{\partial x}, \quad z_x \quad \text{或} \quad f_x(x, y).$$

类似地, 可定义函数 $z = f(x, y)$ 对 y 的偏导数, 记为

$$\frac{\partial z}{\partial y}, \quad \frac{\partial f}{\partial y}, \quad z_y \quad \text{或} \quad f_y(x, y).$$

根据上述定义, 我们有

$$f_x(x, y) = \lim\limits_{\Delta x \to 0} \frac{f(x + \Delta x, y) - f(x, y)}{\Delta x},$$

$$f_y(x, y) = \lim\limits_{\Delta y \to 0} \frac{f(x, y + \Delta y) - f(x, y)}{\Delta y}.$$

2. 偏导数的计算方法

偏导数的计算方法很简单, 求 $\dfrac{\partial f}{\partial x}$ 时, 只要把 y 暂时看作常量而对 x 求导数;

求 $\dfrac{\partial f}{\partial y}$ 时, 只要把 x 暂时看作常量而对 y 求导数即可.

讨论: 下列求偏导数的方法是否正确?

$$f_x(x_0,y_0)=f_x(x,y)\Big|_{\substack{x=x_0\\y=y_0}}, \qquad f_y(x_0,y_0)=f_y(x,y)\Big|_{\substack{x=x_0\\y=y_0}},$$

$$f_x(x_0,y_0)=\left[\frac{\mathrm{d}}{\mathrm{d}x}f(x,y_0)\right]\Bigg|_{x=x_0}, \quad f_y(x_0,y_0)=\left[\frac{\mathrm{d}}{\mathrm{d}y}f(x_0,y)\right]\Bigg|_{y=y_0}.$$

偏导数的概念还可推广到二元以上的函数, 例如, 三元函数 $u=f(x,y,z)$ 在点 (x,y,z) 处对 x 的偏导数定义为

$$f_x(x,y,z)=\lim_{\Delta x\to 0}\frac{f(x+\Delta x,y,z)-f(x,y,z)}{\Delta x},$$

其中, (x,y,z) 是函数 $u=f(x,y,z)$ 定义域的内点, 其偏导数的求法与二元函数类似.

例1 求 $z=f(x,y)=x^3+3x^2y+y^3$ 在点 $(1,1)$ 处的偏导数.

解法一 (先求后代) 把 y 看作常数, 对 x 求导得到

$$f_x(x,y)=3x^2+6xy,$$

把 x 看作常数, 对 y 求导得到

$$f_y(x,y)=3x^2+3y^2,$$

故所求偏导数

$$f_x(1,1)=3\cdot1^2+6\cdot1\cdot1=9,\quad f_y(1,1)=3\cdot1^2+3\cdot1^2=6.$$

解法二 (先代后求) 因为 $z\big|_{y=1}=x^3+3x^2+1$, 所以 $\dfrac{\partial z}{\partial x}\Big|_{\substack{x=1\\y=1}}=(3x^2+6x)\big|_{x=1}=9$;

同理, 因为 $z\big|_{x=1}=1+3y+y^3$, 所以 $\dfrac{\partial z}{\partial y}\Big|_{\substack{x=1\\y=1}}=(3+3y^2)\big|_{y=1}=6$.

例2 设 $z=y^x\,(y>0,y\neq1)$, 证明 $\dfrac{1}{\ln y}\dfrac{\partial z}{\partial x}+\dfrac{y}{x}\dfrac{\partial z}{\partial y}=2z$.

证明 因为 $\dfrac{\partial z}{\partial x}=y^x\ln y$, $\dfrac{\partial z}{\partial y}=xy^{x-1}$, 所以

$$\frac{1}{\ln y}\frac{\partial z}{\partial x}+\frac{y}{x}\frac{\partial z}{\partial y}=y^x+y^x=2z.$$

例3 求三元函数 $u=\sin(x+y^2-\mathrm{e}^z)$ 的偏导数 $\dfrac{\partial u}{\partial x},\dfrac{\partial u}{\partial y},\dfrac{\partial u}{\partial z}$.

解 把 y 和 z 看作常数, 对 x 求导得

$$\frac{\partial u}{\partial x} = \cos(x + y^2 - \mathrm{e}^z);$$

把 x 和 z 看作常数, 对 y 求导得

$$\frac{\partial u}{\partial y} = 2y\cos(x + y^2 - \mathrm{e}^z);$$

把 x 和 y 看作常数, 对 z 求导得

$$\frac{\partial u}{\partial z} = -\mathrm{e}^z\cos(x + y^2 - \mathrm{e}^z).$$

例 4　求 $r = \sqrt{x^2 + y^2 + z^2}$ 的偏导数.

解　把 y 和 z 看成常数, 对 x 求导得

$$\frac{\partial r}{\partial x} = \frac{x}{\sqrt{x^2 + y^2 + z^2}} = \frac{x}{r},$$

利用函数关于自变量的对称性, 可得

$$\frac{\partial r}{\partial y} = \frac{y}{r}, \qquad \frac{\partial r}{\partial z} = \frac{z}{r}.$$

例 5　已知理想气体的状态方程为 $pV = RT$(R 为常数), 求证: $\dfrac{\partial p}{\partial V} \cdot \dfrac{\partial V}{\partial T} \cdot \dfrac{\partial T}{\partial p} = -1.$

证　由于

$$p = \frac{RT}{V}, \qquad \frac{\partial p}{\partial V} = -\frac{RT}{V^2};$$

$$V = \frac{RT}{p}, \qquad \frac{\partial V}{\partial T} = \frac{R}{p};$$

$$T = \frac{pV}{R}, \qquad \frac{\partial T}{\partial p} = \frac{V}{R},$$

故 $\dfrac{\partial p}{\partial V} \cdot \dfrac{\partial V}{\partial T} \cdot \dfrac{\partial T}{\partial p} = -\dfrac{RT}{V^2} \cdot \dfrac{R}{p} \cdot \dfrac{V}{R} = -\dfrac{RT}{pV} = -1.$

注　一元函数的导数 $\dfrac{\mathrm{d}f}{\mathrm{d}x}$ 可以看成函数的微分 $\mathrm{d}f$ 与自变量的微分 $\mathrm{d}x$ 的商, 而偏导数的记号是一个整体记号, 不能看作分子分母之商.

3. 偏导数的几何意义

一元函数 $y = f(x)$ 在点 x_0 处的导数 $f'(x_0)$ 在几何上表示曲线 $y = f(x)$ 在点 $M_0(x_0, f(x_0))$ 处的切线的斜率, 即

$$f'(x_0) = \tan \alpha,$$

其中 α 是切线的倾角.

类似地，二元函数 $z = f(x, y)$ 在点 (x_0, y_0) 处的偏导数有下述几何意义.

设 $M_0(x_0, y_0, f(x_0, y_0))$ 是曲面 $z = f(x, y)$ 上的一点，过 M_0 作平面 $y = y_0$，截此曲面得一曲线，此曲线在平面 $y = y_0$ 上的方程为 $z = f(x, y_0)$，二元函数 $z = f(x, y)$ 在点 (x_0, y_0) 处的偏导数 $f_x(x_0, y_0)$ 就是一元函数 $z = f(x, y_0)$ 在点 x_0 的导数 $\left. \dfrac{\mathrm{d}}{\mathrm{d}x} f(x, y_0) \right|_{x=x_0}$. 根据导数的几何意义，偏导数 $f_x(x_0, y_0)$ 就是该曲线在点 M_0 处的切线 $M_0 T_x$ 对 x 轴的斜率；同理，偏导数 $f_y(x_0, y_0)$ 的几何意义是曲面 $z = f(x, y)$ 被平面 $x = x_0$ 所截得的曲线在点 M_0 处的切线 $M_0 T_y$ 对 y 轴的斜率，如图 7.2.1.

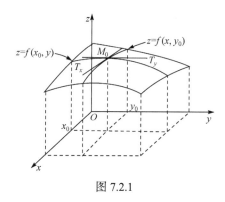

图 7.2.1

4. 偏导数的连续性

对于一元函数 $y = f(x)$，如果它在点 x_0 处的导数存在，则函数在该点一定连续. 但是，对于多元函数，情况就不一样了.

例 6　证明函数 $f(x, y) = \begin{cases} \dfrac{xy}{x^2 + y^2}, & (x, y) \neq (0, 0), \\ 0, & (x, y) = (0, 0) \end{cases}$ 的偏导数 $f_x(0, 0), f_y(0, 0)$ 存在，但 $f(x, y)$ 在 $(0, 0)$ 点不连续.

证明　由偏导数的定义，有

$$f_x(0, 0) = \lim_{\Delta x \to 0} \frac{f(0 + \Delta x, 0) - f(0, 0)}{\Delta x} = \lim_{\Delta x \to 0} \frac{0 - 0}{\Delta x} = 0,$$

$$f_y(0, 0) = \lim_{\Delta y \to 0} \frac{f(0, 0 + \Delta y) - f(0, 0)}{\Delta y} = \lim_{\Delta y \to 0} \frac{0 - 0}{\Delta y} = 0,$$

即偏导数 $f_x(0,0), f_y(0,0)$ 存在且为 0, 但由 7.1 节的例 7 知道, 极限 $\lim\limits_{\substack{x\to 0\\ y\to 0}}\dfrac{xy}{x^2+y^2}$ 不存在, 故 $f(x,y)$ 在 $(0,0)$ 点不连续.

因此, 对于多元函数来说, 即使各偏导数在某点都存在, 也不能保证函数在该点连续.

二、高阶偏导数

1. 高阶偏导数的概念

定义 2 设函数 $z = f(x,y)$ 在区域 D 内具有偏导数

$$\frac{\partial z}{\partial x} = f_x(x,y), \qquad \frac{\partial z}{\partial y} = f_y(x,y),$$

如果这两个函数的偏导数也存在, 则称它们是函数 $z = f(x,y)$ 的二阶偏导数, 按照对变量求导次序的不同有下列四个二阶偏导数

$$\frac{\partial}{\partial x}\left(\frac{\partial z}{\partial x}\right) = \frac{\partial^2 z}{\partial x^2} = f_{xx}(x,y), \qquad \frac{\partial}{\partial y}\left(\frac{\partial z}{\partial x}\right) = \frac{\partial^2 z}{\partial x \partial y} = f_{xy}(x,y),$$

$$\frac{\partial}{\partial x}\left(\frac{\partial z}{\partial y}\right) = \frac{\partial^2 z}{\partial y \partial x} = f_{yx}(x,y), \qquad \frac{\partial}{\partial y}\left(\frac{\partial z}{\partial y}\right) = \frac{\partial^2 z}{\partial y^2} = f_{yy}(x,y).$$

类似地, 可以定义 3 阶、4 阶、$\cdots$、n 阶偏导数.

二阶及二阶以上的偏导数统称为高阶偏导数.

类似地, 可定义二元以上函数的高阶偏导数.

2. 高阶偏导数求法举例

高阶偏导数的求法: 把一阶偏导数视为多元函数, 再按偏导数的求法即可求得各阶偏导数.

例 7 设 $z = x^3 y^2 - 3xy^3 - xy + 1$, 求 $\dfrac{\partial^2 z}{\partial x^2}, \dfrac{\partial^3 z}{\partial x^3}, \dfrac{\partial^2 z}{\partial y \partial x}$ 和 $\dfrac{\partial^2 z}{\partial x \partial y}$.

解

$$\frac{\partial z}{\partial x} = 3x^2 y^2 - 3y^3 - y, \qquad \frac{\partial z}{\partial y} = 2x^3 y - 9xy^2 - x;$$

$$\frac{\partial^2 z}{\partial x^2} = 6xy^2, \qquad \frac{\partial^3 z}{\partial x^3} = 6y^2;$$

$$\frac{\partial^2 z}{\partial x \partial y} = 6x^2 y - 9y^2 - 1, \qquad \frac{\partial^2 z}{\partial y \partial x} = 6x^2 y - 9y^2 - 1.$$

由例 7 我们观察到, $\dfrac{\partial^2 z}{\partial y \partial x} = \dfrac{\partial^2 z}{\partial x \partial y}$, 这是偶然吗? 下面我们将回答这个问题.

3. 二阶混合偏导数相等的条件

定理 1　如果函数 $z = f(x, y)$ 的两个二阶混合偏导数 $\dfrac{\partial^2 z}{\partial y \partial x}$ 及 $\dfrac{\partial^2 z}{\partial x \partial y}$ 在区域 D 内连续, 那么在该区域内这两个二阶混合偏导数必相等.

证明从略.

例 8　设 $u = \mathrm{e}^{ax} \cos by$ 求二阶偏导数.

解
$$\frac{\partial u}{\partial x} = a\mathrm{e}^{ax} \cos by, \qquad \frac{\partial u}{\partial y} = -b\mathrm{e}^{ax} \sin by ;$$

$$\frac{\partial^2 u}{\partial x^2} = a^2 \mathrm{e}^{ax} \cos by, \qquad \frac{\partial^2 u}{\partial y^2} = -b^2 \mathrm{e}^{ax} \cos by;$$

$$\frac{\partial^2 u}{\partial x \partial y} = -ab\mathrm{e}^{ax} \sin by, \qquad \frac{\partial^2 u}{\partial y \partial x} = -ab\mathrm{e}^{ax} \sin by$$

例 9　验证函数 $u(x, y) = \ln \sqrt{x^2 + y^2}$ 满足拉普拉斯方程

$$\frac{\partial^2 u}{\partial x^2} + \frac{\partial^2 u}{\partial y^2} = 0.$$

证明　因为

$$\ln \sqrt{x^2 + y^2} = \frac{1}{2} \ln(x^2 + y^2),$$

所以

$$\frac{\partial u}{\partial x} = \frac{x}{x^2 + y^2}, \quad \frac{\partial u}{\partial y} = \frac{y}{x^2 + y^2},$$

所以

$$\frac{\partial^2 u}{\partial x^2} = \frac{(x^2 + y^2) - x \cdot 2x}{(x^2 + y^2)^2} = \frac{y^2 - x^2}{(x^2 + y^2)^2},$$

$$\frac{\partial^2 u}{\partial y^2} = \frac{(x^2 + y^2) - y \cdot 2y}{(x^2 + y^2)^2} = \frac{x^2 - y^2}{(x^2 + y^2)^2}.$$

所以

$$\frac{\partial^2 u}{\partial x^2} + \frac{\partial^2 u}{\partial y^2} = \frac{y^2 - x^2}{(x^2 + y^2)^2} + \frac{x^2 - y^2}{(x^2 + y^2)^2} = 0.$$

问题讨论

1. 若函数 $f(x,y)$ 在点 $P_0(x_0,y_0)$ 连续, 能否断定 $f(x,y)$ 在该点的偏导数必定存在?

2. 设 $f(x,y)=\sqrt{x^2+y^4}$, 问 $f_x(0,0)$ 与 $f_y(0,0)$ 是否存在?

小结

在本节中, 我们给出了多元函数偏导数和高阶偏导数的定义, 通过典型例题介绍了它们的计算方法, 探讨了偏导数的几何意义, 给出了二阶混合偏导数相等的条件. 特别, 通过反例指出了多元函数在一点的偏导数存在, 但函数在该点未必连续.

习　题　7.2

1. 设 $z=f(x,y)=\mathrm{e}^{xy}\sin\pi y+(x-1)\arctan\dfrac{x}{y}$, 试求 $f_x(1,1)$ 及 $f_y(1,1)$.

2. 设 $f(x,y)=\ln\left(x+\dfrac{y}{2x}\right)$, 求 $f_x(1,0)$, $f_y(1,0)$.

3. 求下列函数的偏导数:

(1) $z=x^3+y^3+2xy$;　　　　(2) $z=\ln\tan\dfrac{y}{x}$;

(3) $z=x^2\ln(x^2+y^2)$;　　　(4) $z=\sqrt{\ln(xy)}$;

(5) $z=\sec(xy)$;　　　　　(6) $u=\arctan(x-y)^z$;

(7) $u=\left(\dfrac{x}{y}\right)^z$.

4. 求下列函数的二阶偏导数:

(1) 已知 $z=x^3\sin y+y^3\sin x$, 求 $\dfrac{\partial^2 z}{\partial x\partial y}$;

(2) 已知 $z=y^{\ln x}$, 求 $\dfrac{\partial^2 z}{\partial x\partial y}$;

(3) 已知 $z=\ln(x+\sqrt{x^2+y^2})$, 求 $\dfrac{\partial^2 z}{\partial x^2}$ 和 $\dfrac{\partial^2 z}{\partial x\partial y}$;

(4) 已知 $z=\arctan\dfrac{y}{x}$, 求 $\dfrac{\partial^2 z}{\partial x^2},\dfrac{\partial^2 z}{\partial y^2},\dfrac{\partial^2 z}{\partial x\partial y}$ 和 $\dfrac{\partial^2 z}{\partial y\partial x}$.

5. 设 $z=y\ln(xy)$, 求 $\dfrac{\partial^2 z}{\partial x\partial y}$ 及 $\dfrac{\partial^2 z}{\partial y^2}$.

7.3 全微分及其应用

从第 2 章我们知道, 如果函数 $y = f(x)$ 在点 x 可微, 则有

$$dy = f'(x)\Delta x \quad 且 \quad \Delta y = dy + o(\Delta x),$$

即微分 dy 是 Δx 的线性函数, 并且 dy 与 Δy 之差是 Δx 的高阶无穷小, 一元函数的微分为函数的近似计算提供了有效途径. 这样的微分概念能否推广到多元函数呢? 如果能, 多元函数和一元函数的微分有什么异同呢, 它是否能为多元函数的近似计算提供方法呢? 本节就来探讨这些问题.

一、全微分的概念与性质

1. 全微分的概念

定义 1 (1) 如果函数 $z = f(x, y)$ 在点 (x, y) 的全增量

$$\Delta z = f(x + \Delta x, y + \Delta y) - f(x, y)$$

可表示为

$$\Delta z = A\Delta x + B\Delta y + o(\rho),$$

其中 A, B 仅与 x, y 有关, 而与 $\Delta x, \Delta y$ 无关, $\rho = \sqrt{(\Delta x)^2 + (\Delta y)^2}$, 则称函数 $z = f(x, y)$ 在点 (x, y) 可微分, $A\Delta x + B\Delta y$ 称为函数 $z = f(x, y)$ 在点 (x, y) 的全微分, 记作 dz, 即

$$dz = A\Delta x + B\Delta y. \tag{7.1}$$

(2) 如果函数 $z = f(x, y)$ 在区域 D 内的每一点都可微分, 则称函数 $z = f(x, y)$ 在区域 D 内可微.

由全微分的定义可以看出, 函数 $z = f(x, y)$ 的全微分 dz 是 $\Delta x, \Delta y$ 的线性函数, 且 dz 与 Δz 之差是比 ρ 高阶的无穷小. 另外, 由定义还可以看出, 若函数 $z = f(x, y)$ 在点 (x, y) 可微, 则函数 $z = f(x, y)$ 在点 (x, y) 一定连续.

2. 函数可微的条件

如果函数 $z = f(x, y)$ 在点 (x, y) 可微分, 那么, 在点 (x, y) 的某一邻域内的任一点 $(x + \Delta x, y + \Delta y)$, 都有

$$f(x + \Delta x, y + \Delta y) - f(x, y) = A\Delta x + B\Delta y + o(\rho)$$

成立. 特别, 上式中取 $\Delta y = 0$, 此时 $\rho = |\Delta x|$, 从而上式变为

$$f(x + \Delta x, y) - f(x, y) = A\Delta x + o(|\Delta x|).$$

上式两边同除以 Δx，并令 $\Delta x \to 0$ 取极限，得

$$\lim_{\Delta x \to 0} \frac{f(x + \Delta x, y) - f(x, y)}{\Delta x} = A,$$

即 $\frac{\partial z}{\partial x}$ 存在且 $\frac{\partial z}{\partial x} = A$．同理可得 $\frac{\partial z}{\partial y}$ 存在且 $\frac{\partial z}{\partial y} = B$．

这样我们得到了如下定理.

定理 1(可微的必要条件)　如果函数 $z = f(x, y)$ 在点 (x, y) 可微分，则函数 $z = f(x, y)$ 在点 (x, y) 的偏导数 $\frac{\partial z}{\partial x}$，$\frac{\partial z}{\partial y}$ 存在，且有

$$\mathrm{d}z = \frac{\partial z}{\partial x}\Delta x + \frac{\partial z}{\partial y}\Delta y.$$

我们知道，对一元函数，可微与可导是等价的. 但是，对于多元函数来说，函数可微，则函数一定存在偏导数；反之，函数存在偏导数，但函数不一定可微，即多元函数的各偏导数存在是函数可微分的必要条件而不是充分条件. 例如，根据定义容易求得函数

$$f(x, y) = \begin{cases} \dfrac{xy}{\sqrt{x^2 + y^2}}, & x^2 + y^2 \neq 0, \\ 0, & x^2 + y^2 = 0 \end{cases}$$

在点 $(0, 0)$ 处有 $f_x(0,0) = 0$，$f_y(0,0) = 0$，所以

$$\Delta z - \left[f_x(0,0)\Delta x + f_y(0,0)\Delta y \right] = \frac{\Delta x \Delta y}{\sqrt{(\Delta x)^2 + (\Delta y)^2}}.$$

当点 $(\Delta x, \Delta y)$ 沿直线 $y = x$ 趋于点 $(0, 0)$ 时，则

$$\frac{\dfrac{\Delta x \Delta y}{\sqrt{(\Delta x)^2 + (\Delta y)^2}}}{\rho} = \frac{\Delta x \Delta y}{(\Delta x)^2 + (\Delta y)^2} = \frac{\Delta x \Delta x}{(\Delta x)^2 + (\Delta x)^2} = \frac{1}{2}.$$

这表明，当 $\rho \to 0$ 时，$\Delta z - \left[f_x(0,0)\Delta x + f_y(0,0)\Delta y \right]$ 不是比 ρ 高阶的无穷小，因此函数 $f(x, y)$ 在点 $(0, 0)$ 不可微.

定理 1 及上述例子告诉我们，偏导数 $\frac{\partial z}{\partial x}$ 与 $\frac{\partial z}{\partial y}$ 存在并不能保证函数 $z = f(x, y)$ 在点 (x, y) 可微. 如果再假定偏导数 $\frac{\partial z}{\partial x}$ 与 $\frac{\partial z}{\partial y}$ 在点 (x, y) 连续，就可保证

$z = f(x,y)$ 在点 (x,y) 可微, 即有下面可微的充分条件.

定理 2 (可微的充分条件)　如果函数 $z = f(x,y)$ 在点 (x,y) 的某一邻域内存在偏导数 $\dfrac{\partial z}{\partial x}$, $\dfrac{\partial z}{\partial y}$ 且这两个偏导数在点 (x,y) 连续, 则函数 $z = f(x,y)$ 在点 (x,y) 可微.

该定理证明从略.

由定理 2 可知, 偏导数连续是函数可微分的充分条件. 下面例子表明, 该条件不是必要条件.

例 1　证明函数

$$f(x,y) = \begin{cases} (x^2 + y^2)\sin \dfrac{1}{x^2 + y^2}, & x^2 + y^2 \neq 0, \\ 0, & x^2 + y^2 = 0 \end{cases}$$

在点 $(0,0)$ 处可微分, 而 $f_x(x,y), f_y(x,y)$ 在点 $(0,0)$ 不连续.

证明　由于

$$f_x(0,0) = \lim_{x \to 0} \frac{f(x,0) - f(0,0)}{x} = \lim_{x \to 0} x \sin \frac{1}{x^2} = 0,$$

$$f_y(0,0) = \lim_{y \to 0} \frac{f(0,y) - f(0,0)}{y} = \lim_{y \to 0} y \sin \frac{1}{y^2} = 0,$$

所以

$$\Delta z - \left[f_x(0,0)\Delta x + f_y(0,0)\Delta y \right] = \left[(\Delta x)^2 + (\Delta y)^2 \right] \sin \frac{1}{(\Delta x)^2 + (\Delta y)^2},$$

从而

$$\lim_{(\Delta x, \Delta y) \to (0,0)} \frac{\Delta z - \left[f_x(0,0)\Delta x + f_y(0,0)\Delta y \right]}{\rho} = \lim_{\rho \to 0} \frac{\rho^2 \sin \dfrac{1}{\rho^2}}{\rho} = \lim_{\rho \to 0} \rho \sin \frac{1}{\rho^2} = 0.$$

故函数 $f(x,y)$ 在点 $(0,0)$ 处可微.

当 $x^2 + y^2 \neq 0$ 时, 有

$$f_x(x,y) = 2x \sin \frac{1}{x^2 + y^2} - \frac{2x}{x^2 + y^2} \cos \frac{1}{x^2 + y^2},$$

$$f_y(x,y) = 2y \sin \frac{1}{x^2 + y^2} - \frac{2y}{x^2 + y^2} \cos \frac{1}{x^2 + y^2},$$

而点 (x,y) 沿直线 $y = x$ 趋于点 $(0,0)$ 时, 极限

$$\lim_{\substack{x \to 0 \\ y = x \to 0}} f_x(x,y) = \lim_{x \to 0} f_x(x,x) = \lim_{x \to 0} \left(2x \sin \frac{1}{2x^2} - \frac{1}{x} \cos \frac{1}{2x^2} \right)$$

不存在, 即 $f_x(x,y)$ 在点 $(0,0)$ 不连续, 同理可得 $f_y(x,y)$ 在点 $(0,0)$ 不连续.

与一元函数微分类似, 实际上, 自变量的增量 Δx 与 Δy 为 $\mathrm{d}x$ 与 $\mathrm{d}y$, 分别称为自变量 x 与 y 的微分. 因此, 函数 $z = f(x,y)$ 的全微分可写为

$$\mathrm{d}z = \frac{\partial z}{\partial x}\mathrm{d}x + \frac{\partial z}{\partial y}\mathrm{d}y. \tag{7.2}$$

上式中的 $\dfrac{\partial z}{\partial x}\mathrm{d}x$ 与 $\dfrac{\partial z}{\partial y}\mathrm{d}y$ 分别称为函数 $z = f(x,y)$ 对 x 和对 y 的偏微分. 因此, 二元函数的全微分是它的两个偏微分之和, 这个性质称为二元函数全微分的叠加原理.

全微分的定义、可微分的充分条件、必要条件以及叠加原理都可推广到三元及其以上的多元函数. 例如, 如果三元函数 $u = f(x,y,z)$ 在点 (x,y,z) 可微分, 则它的全微分就是它的三个偏微分之和, 即

$$\mathrm{d}u = \frac{\partial u}{\partial x}\mathrm{d}x + \frac{\partial u}{\partial y}\mathrm{d}y + \frac{\partial u}{\partial z}\mathrm{d}z.$$

例 2　求函数 $z = x^3 + y^4 - 3xy$ 的全微分.

解　因为 $\dfrac{\partial z}{\partial x} = 3x^2 - 3y$, $\dfrac{\partial z}{\partial y} = 4y^3 - 3x$, 所以 $\mathrm{d}z = (3x^2 - 3y)\mathrm{d}x + (4y^3 - 3x)\mathrm{d}y$.

例 3　求函数 $z = \arctan(xy)$ 在点 $(2,1)$ 处的全微分.

解　因为

$$\frac{\partial z}{\partial x} = \frac{1}{1+(xy)^2} \cdot y = \frac{y}{1+x^2y^2}, \qquad \frac{\partial z}{\partial y} = \frac{1}{1+(xy)^2} \cdot x = \frac{x}{1+x^2y^2},$$

$$\left.\frac{\partial z}{\partial x}\right|_{\substack{x=2\\y=1}} = \frac{1}{5}, \qquad\qquad\qquad \left.\frac{\partial z}{\partial y}\right|_{\substack{x=2\\y=1}} = \frac{2}{5},$$

所以

$$\mathrm{d}z = \frac{1}{5}\mathrm{d}x + \frac{2}{5}\mathrm{d}y = \frac{1}{5}(\mathrm{d}x + 2\mathrm{d}y).$$

例 4　求函数 $u = \ln(xy + z^2)$ 的全微分.

解　因为

$$\frac{\partial u}{\partial x} = \frac{y}{xy+z^2}, \qquad \frac{\partial u}{\partial y} = \frac{x}{xy+z^2}, \qquad \frac{\partial u}{\partial z} = \frac{2z}{xy+z^2},$$

所以

$$\mathrm{d}u = \frac{y}{xy+z^2}\mathrm{d}x + \frac{x}{xy+z^2}\mathrm{d}y + \frac{2z}{xy+z^2}\mathrm{d}z = \frac{1}{xy+z^2}(y\mathrm{d}x + x\mathrm{d}y + 2z\mathrm{d}z).$$

例 5　求函数 $u = x^{y^z}$ 的偏导数和全微分.

解　因为

$$\frac{\partial u}{\partial x} = y^z \cdot x^{y^z-1} = \frac{y^z}{x} \cdot x^{y^z},$$

$$\frac{\partial u}{\partial y} = x^{y^z} \cdot z \cdot y^{z-1} \cdot \ln x = \frac{z \cdot y^z \ln x}{y} \cdot x^{y^z},$$

$$\frac{\partial u}{\partial z} = x^{y^z} \cdot \ln x \cdot y^z \ln y = x^{y^z} \cdot y^z \cdot \ln x \cdot \ln y,$$

所以

$$\mathrm{d}u = \frac{\partial u}{\partial x}\mathrm{d}x + \frac{\partial u}{\partial y}\mathrm{d}y + \frac{\partial u}{\partial z}\mathrm{d}z = x^{y^z}\left(\frac{y^z}{x}\mathrm{d}x + z \cdot \frac{y^z \ln x}{y}\mathrm{d}y + y^z \cdot \ln x \ln y \mathrm{d}z\right).$$

*二、利用全微分进行近似计算

1. 近似计算公式

定义 2　如果函数 $z = f(x,y)$ 在点 (x_0,y_0) 处可微, 那么函数

$$L(x,y) = f(x_0,y_0) + f_x(x_0,y_0)(x-x_0) + f_y(x_0,y_0)(y-y_0) \tag{7.3}$$

称为函数 $z = f(x,y)$ 在点 (x_0,y_0) 处的线性化. 近似公式

$$f(x,y) \approx L(x,y) \tag{7.4}$$

称为函数 $z = f(x,y)$ 在点 (x_0,y_0) 处的标准线性近似.

多元函数的全微分在近似计算中有重要应用. 实际上, 对于可微的二元函数 $z = f(x,y)$, 因为 $\Delta z - \mathrm{d}z = o(\rho)$ 是一个比 ρ 高阶的无穷小量, 所以有近似公式

$$\Delta z \approx \mathrm{d}z = f_x(x,y)\Delta x + f_y(x,y)\Delta y \tag{7.5}$$

或

$$f(x+\Delta x, y+\Delta y) \approx f(x,y) + f_x(x,y)\Delta x + f_y(x,y)\Delta y. \tag{7.6}$$

利用式(7.5)或(7.6)可以对二元函数的函数值进行近似计算.

例 6　计算 $(1.02)^{2.04}$ 的近似值.

解　设函数 $f(x,y) = x^y$, 因此, 要计算的值就是函数值 $f(1.02, 2.04)$.

取 $x = 1, \Delta x = 0.02, y = 2, \Delta y = 0.04$, 则有

$$f_x(x,y) = yx^{y-1}, \quad f_y(x,y) = x^y \ln x,$$

$$f(1,2) = 1, \quad f_x(1,2) = 2, \quad f_y(1,2) = 0,$$

所以 $(1.02)^{2.04} \approx f(1,2) + f_x(1,2)\Delta x + f_y(1,2)\Delta y = 1 + 2 \times 0.02 = 1.04$.

例 7　圆柱体形变时, 底半径由 30cm 增大到 30.1cm, 高由 60cm 减少到

59.5cm. 求此圆柱体体积变化的近似值.

解 设圆柱体的半径、高和体积分别为 r, h 和 V, 则

$$V = \pi r^2 h,$$

$$\Delta V \approx \mathrm{d}V = \frac{\partial V}{\partial r}\Delta r + \frac{\partial V}{\partial h}\Delta h = 2\pi r h \Delta r + \pi r^2 \Delta h,$$

将 $r = 30, \Delta r = 0.1, h = 60, \Delta h = -0.5$ 代入上式, 得

$$\Delta V \approx 2\pi \times 30 \times 60 \times 0.1 + \pi \times 30^2 \times (-0.5) = -90\pi(\mathrm{cm}^3),$$

即此圆柱体的体积减小了 $90\pi\mathrm{cm}^3$.

例 8 求函数 $f(x, y) = x^2 - xy + \dfrac{1}{2}y^2 + 6$ 在点 $(3,2)$ 的线性化.

解 首先求 f, f_x 和 f_y 在点 $(3,2)$ 的值:

$$f(3,2) = 3^2 - 3 \cdot 2 + \frac{1}{2} \cdot 2^2 + 6 = 11,$$

$$f_x(3,2) = \frac{\partial}{\partial x}\left(x^2 - xy + \frac{1}{2}y^2 + 6\right)\Big|_{(3,2)} = (2x - y)\big|_{(3,2)} = 4,$$

$$f_y(3,2) = \frac{\partial}{\partial y}\left(x^2 - xy + \frac{1}{2}y^2 + 6\right)\Big|_{(3,2)} = (-x + y)\big|_{(3,2)} = -1.$$

于是 f 在点 $(3,2)$ 的线性化为

$$L(x, y) = f(x_0, y_0), f(x_0, y_0)(x - x_0), f(x_0, y_0)(y - y_0)$$
$$= 11 + 4(x - 3) - (y - 2) = 4x - y + 1.$$

*2. 误差分析

例 9 测得矩形盒的边长为 75cm, 60cm 以及 40cm, 且可能的最大测量误差为 0.2cm, 试用全微分估计利用这些测量值计算盒子体积时可能带来的最大误差.

解 以 x, y, z 为边长的矩形盒的体积为 $V = xyz$, 所以

$$\mathrm{d}V = \frac{\partial V}{\partial x}\mathrm{d}x + \frac{\partial V}{\partial y}\mathrm{d}y + \frac{\partial V}{\partial z}\mathrm{d}z = yz\mathrm{d}x + xz\mathrm{d}y + xy\mathrm{d}z.$$

由于已知 $|\Delta x| \leqslant 0.2, |\Delta y| \leqslant 0.2, |\Delta z| \leqslant 0.2$, 为了求体积的最大误差, 取

$$\mathrm{d}x = \mathrm{d}y = \mathrm{d}z = 0.2,$$

再结合 $x = 75, y = 60, z = 40$, 得

$$\Delta V \approx \mathrm{d}V = 60 \times 40 \times 0.2 + 75 \times 40 \times 0.2 + 75 \times 60 \times 0.2 = 1980(\mathrm{cm}^3),$$

即每边仅 0.2cm 的误差可以导致体积的计算误差达到 $1980\mathrm{cm}^3$.

对于一般的二元函数 $z = f(x, y)$，如果自变量 x，y 的绝对误差分别为 δ_x，δ_y，即

$$|\Delta x| \leqslant \delta_x, \quad |\Delta y| \leqslant \delta_y, \tag{7.7}$$

则 z 的误差

$$|\Delta z| \approx |\mathrm{d}z| = \left| \frac{\partial z}{\partial x} \Delta x + \frac{\partial z}{\partial y} \Delta y \right| \leqslant \left| \frac{\partial z}{\partial x} \right| \cdot |\Delta x| + \left| \frac{\partial z}{\partial y} \right| \cdot |\Delta y| \leqslant \left| \frac{\partial z}{\partial x} \right| \cdot \delta_x + \left| \frac{\partial z}{\partial y} \right| \cdot \delta_y. \tag{7.8}$$

从而得到 z 的绝对误差约为

$$\delta_z = \left| \frac{\partial z}{\partial x} \right| \cdot \delta_x + \left| \frac{\partial z}{\partial y} \right| \cdot \delta_y;$$

z 的相对误差约为

$$\frac{\delta_z}{|z|} = \frac{\left| \frac{\partial z}{\partial x} \right|}{|z|} \cdot \delta_x + \frac{\left| \frac{\partial z}{\partial y} \right|}{|z|} \cdot \delta_y.$$

例10 在直流电路中, 测得电压 $U = 24\mathrm{V}$, 相对误差为 0.3%; 测得电流 $I = 6\mathrm{A}$, 相对误差为 0.5%, 求用欧姆定律计算电阻 R 时产生的相对误差和绝对误差.

解 由欧姆定律可知

$$R = \frac{U}{I} = \frac{24}{6} = 4(\Omega),$$

所以 R 的相对误差约为

$$\frac{\delta_R}{|R|} = \frac{\delta_U}{|U|} + \frac{\delta_I}{|I|} = 0.3\% + 0.5\% = 0.8\%,$$

R 的绝对误差约为

$$\delta_R = |R| \times 0.008 = 0.032(\Omega).$$

问题讨论

1. 讨论函数 $z = \begin{cases} \dfrac{x^2 y}{x^4 + y^2}, & x^2 + y^2 \neq 0, \\ 0, & x^2 + y^2 \neq 0 \end{cases}$ 在点 $(0,0)$ 处全微分是否存在.

2. 你能通过相关定理和例题总结出多元函数的连续性、可导性(即偏导数存在)、可微性及偏导数连续之间的相互关系吗? 请画出它们的关联图.

小结

本节给出了微分的概念和条件(可微的必要条件和充分条件), 并通过典型例

题分析进一步探讨了二元函数的连续性、可导性(即偏导数存在)、可微性及偏导数连续之间的相互关系. 有以下结论: 函数的偏导数连续则函数可微, 函数可微则连续、可导; 但函数可微其偏导数未必连续, 函数连续未必可微, 函数可导也未必可微; 函数连续未必可导, 反之亦然. 最后作为选修内容, 我们给出了利用全微分计算多元函数的近似值的公式和例子, 同时还进行了相关的误差分析.

习　题　7.3

1. 求下列函数的全微分.

(1) $u = \dfrac{s^2 + t^2}{s^2 - t^2}$；　　　　　(2) $z = (x^2 + y^2)e^{\frac{x^2 + y^2}{xy}}$；

(3) $z = \arcsin \dfrac{x}{y}(y > 0)$；　　(4) $z = e^{-\left(\frac{y}{x} + \frac{x}{y}\right)}$.

2. 求函数 $z = \arctan \dfrac{x}{1 + y^2}$ 在 $x = 1, y = 1$ 处的全微分.

3. 求函数 $z = \dfrac{xy}{x^2 - y^2}$ 当 $x = 2, y = 1, \Delta x = 0.02, \Delta y = 0.01$ 时的全微分和全增量, 并求两者之差.

*4. 讨论函数 $f(x, y) = \begin{cases} xy \cos \dfrac{1}{\sqrt{x^2 + y^2}}, & (x, y) \neq (0, 0), \\ 0, & (x, y) = (0, 0) \end{cases}$ 在 $(0,0)$ 点的连续性、可导性、可微性以及其偏导函数在 $(0,0)$ 的连续性.

*5. 计算 $(0.99)^{2.05}$ 的近似值.

*6. 设有厚度为 0.1cm, 内高为 10cm, 内半径为 2cm 的无盖圆柱形容器, 求容器外壳体积的近似值(设容器的壁和底的厚度相同).

*7. 测得直角三角形两腰的长分别为(7±0.1)cm 和(24±0.1)cm, 试求利用上述二值来计算斜边长度时的绝对误差和相对误差.

7.4　多元复合函数及其求导法则

在第 2 章, 我们学习了一元复合函数的求导法则, 即链式法则. 多元复合函数是否也有这样的求导法则呢? 例如, 设 $z = f(u, v)$, 而 $u = \varphi(t), v = \psi(t)$, 如何求 $\dfrac{\mathrm{d}z}{\mathrm{d}t}$? 又如, 设 $z = f(u, v)$, 而 $u = \varphi(x, y), v = \psi(x, y)$, 那么如何求复合函数 $z = f(\varphi(x, y), \psi(x, y))$ 的偏导数 $\dfrac{\partial z}{\partial x}$ 和 $\dfrac{\partial z}{\partial y}$ 等问题? 本节我们将探讨这些问题.

一、多元复合函数的求导法则

多元复合函数求导要比一元复合函数求导复杂得多, 下面将分两种情况进行讨论.

1. 复合函数的中间变量均为一元函数的情形

定理 1 如果函数 $u = \varphi(t)$ 及 $v = \psi(t)$ 都在点 t 可导, 函数 $z = f(u,v)$ 在对应点 (u,v) 具有连续偏导数, 则复合函数 $z = f[\varphi(t),\psi(t)]$ 在点 t 可导, 且有

$$\frac{\mathrm{d}z}{\mathrm{d}t} = \frac{\partial z}{\partial u} \cdot \frac{\mathrm{d}u}{\mathrm{d}t} + \frac{\partial z}{\partial v} \cdot \frac{\mathrm{d}v}{\mathrm{d}t}. \tag{7.9}$$

证法一 因为 $z = f(u,v)$ 具有连续的偏导数, 所以它是可微的, 即有

$$\mathrm{d}z = \frac{\partial z}{\partial u}\mathrm{d}u + \frac{\partial z}{\partial v}\mathrm{d}v.$$

又因为 $u = \varphi(t)$ 及 $v = \psi(t)$ 都可导, 因而可微, 即有

$$\mathrm{d}u = \frac{\mathrm{d}u}{\mathrm{d}t}\mathrm{d}t, \quad \mathrm{d}v = \frac{\mathrm{d}v}{\mathrm{d}t}\mathrm{d}t,$$

代入 $\mathrm{d}z$ 的表达式中即得

$$\mathrm{d}z = \frac{\partial z}{\partial u} \cdot \frac{\mathrm{d}u}{\mathrm{d}t}\mathrm{d}t + \frac{\partial z}{\partial v} \cdot \frac{\mathrm{d}v}{\mathrm{d}t}\mathrm{d}t = \left(\frac{\partial z}{\partial u} \cdot \frac{\mathrm{d}u}{\mathrm{d}t} + \frac{\partial z}{\partial v} \cdot \frac{\mathrm{d}v}{\mathrm{d}t}\right)\mathrm{d}t,$$

从而 $\dfrac{\mathrm{d}z}{\mathrm{d}t} = \dfrac{\partial z}{\partial u} \cdot \dfrac{\mathrm{d}u}{\mathrm{d}t} + \dfrac{\partial z}{\partial v} \cdot \dfrac{\mathrm{d}v}{\mathrm{d}t}.$

证法二 当 t 取得增量 Δt 时, u,v 及 z 相应地也取得增量 $\Delta u, \Delta v$ 及 Δz. 由 $z = f(u,v)$, $u = \varphi(t)$ 及 $v = \psi(t)$ 的可微性, 有

$$\Delta z = \frac{\partial z}{\partial u}\Delta u + \frac{\partial z}{\partial v}\Delta v + o(\rho) = \frac{\partial z}{\partial u}\left[\frac{\mathrm{d}u}{\mathrm{d}t}\Delta t + o(\Delta t)\right] + \frac{\partial z}{\partial v}\left[\frac{\mathrm{d}v}{\mathrm{d}t}\Delta t + o(\Delta t)\right] + o(\rho)$$

$$= \left(\frac{\partial z}{\partial u} \cdot \frac{\mathrm{d}u}{\mathrm{d}t} + \frac{\partial z}{\partial v} \cdot \frac{\mathrm{d}v}{\mathrm{d}t}\right)\Delta t + \left(\frac{\partial z}{\partial u} + \frac{\partial z}{\partial v}\right)o(\Delta t) + o(\rho),$$

$$\frac{\Delta z}{\Delta t} = \frac{\partial z}{\partial u} \cdot \frac{\mathrm{d}u}{\mathrm{d}t} + \frac{\partial z}{\partial v} \cdot \frac{\mathrm{d}v}{\mathrm{d}t} + \left(\frac{\partial z}{\partial u} + \frac{\partial z}{\partial v}\right)\frac{o(\Delta t)}{\Delta t} + \frac{o(\rho)}{\Delta t}.$$

令 $\Delta t \to 0$, 上式两边取极限, 即得

$$\frac{\mathrm{d}z}{\mathrm{d}t} = \frac{\partial z}{\partial u} \cdot \frac{\mathrm{d}u}{\mathrm{d}t} + \frac{\partial z}{\partial v} \cdot \frac{\mathrm{d}v}{\mathrm{d}t}.$$

注 $\lim\limits_{\Delta t \to 0} \dfrac{o(\rho)}{\Delta t} = \lim\limits_{\Delta t \to 0} \dfrac{o(\rho)}{\rho} \cdot \dfrac{\sqrt{(\Delta u)^2 + (\Delta v)^2}}{\Delta t} = 0 \cdot \sqrt{\left(\dfrac{\mathrm{d}u}{\mathrm{d}t}\right)^2 + \left(\dfrac{\mathrm{d}v}{\mathrm{d}t}\right)^2} = 0.$

推广　设 $z = f(u, v, w), u = \varphi(t), v = \psi(t), w = \omega(t)$ ，则 $z = f[\varphi(t), \psi(t), \omega(t)]$ 对 t 的导数为

$$\frac{\mathrm{d}z}{\mathrm{d}t} = \frac{\partial z}{\partial u} \cdot \frac{\mathrm{d}u}{\mathrm{d}t} + \frac{\partial z}{\partial v} \cdot \frac{\mathrm{d}v}{\mathrm{d}t} + \frac{\partial z}{\partial w} \cdot \frac{\mathrm{d}w}{\mathrm{d}t}. \tag{7.10}$$

链式法则(7.9), (7.10)中的 $\dfrac{\mathrm{d}z}{\mathrm{d}t}$ 称为全导数.

说明: 公式(7.9), (7.10)给出的求导法则称为链式法则, 其右端就像一段链条, 式中的各个导数(或变量)就像链节一样, 一环紧扣一环. 在具体计算时, 可以先画出变量之间的链式图, 再按照链式法则计算复合函数的导数.

例 1　设 $z = uv + \sin t$, 而 $u = \mathrm{e}^t, v = \cos t$, 求导数 $\dfrac{\mathrm{d}z}{\mathrm{d}t}$.

解　这里 z 是函数, u, v 是中间变量, t 是自变量, 由链式法则, 有

$$\frac{\mathrm{d}z}{\mathrm{d}t} = \frac{\partial z}{\partial u} \cdot \frac{\mathrm{d}u}{\mathrm{d}t} + \frac{\partial z}{\partial v} \cdot \frac{\mathrm{d}v}{\mathrm{d}t} + \frac{\partial z}{\partial t} = v\mathrm{e}^t - u\sin t + \cos t$$

$$= \mathrm{e}^t \cos t - \mathrm{e}^t \sin t + \cos t = \mathrm{e}^t (\cos t - \sin t) + \cos t.$$

注　本例中的函数 z 既通过中间变量 u, v 与自变量 t 相联系, 又直接与自变量 t 相联系, 所以其全导数 $\dfrac{\mathrm{d}z}{\mathrm{d}t}$ 由三个部分: $\dfrac{\partial z}{\partial u} \cdot \dfrac{\mathrm{d}u}{\mathrm{d}t}$, $\dfrac{\partial z}{\partial v} \cdot \dfrac{\mathrm{d}v}{\mathrm{d}t}$, $\dfrac{\partial z}{\partial t}$ 组成, 计算时要特别注意, 不要遗漏, 同时要注意符号的区别 $\left(\text{右边第三项不能写成} \dfrac{\mathrm{d}z}{\mathrm{d}t}\right)$, 这在抽象函数求偏导时特别重要.

2. 复合函数的中间变量均为多元函数的情形

定理 2　如果函数 $u = \varphi(x, y), v = \psi(x, y)$ 都在点 (x, y) 具有对 x 及 y 的偏导数, 函 数 $z = f(u, v)$ 在 对 应 点 (u, v) 具 有 连 续 偏 导 数 , 则 复 合 函 数 $z = f[\varphi(x, y), \psi(x, y)]$ 在点 (x, y) 的两个偏导数存在, 且有

$$\frac{\partial z}{\partial x} = \frac{\partial z}{\partial u} \cdot \frac{\partial u}{\partial x} + \frac{\partial z}{\partial v} \cdot \frac{\partial v}{\partial x}, \quad \frac{\partial z}{\partial y} = \frac{\partial z}{\partial u} \cdot \frac{\partial u}{\partial y} + \frac{\partial z}{\partial v} \cdot \frac{\partial v}{\partial y}. \tag{7.11}$$

定理证明从略.

推广　设 $z = f(u, v, w), u = \varphi(x, y), v = \psi(x, y), w = \omega(x, y)$ ，则

$$\frac{\partial z}{\partial x} = \frac{\partial z}{\partial u} \cdot \frac{\partial u}{\partial x} + \frac{\partial z}{\partial v} \cdot \frac{\partial v}{\partial x} + \frac{\partial z}{\partial w} \cdot \frac{\partial w}{\partial x}, \quad \frac{\partial z}{\partial y} = \frac{\partial z}{\partial u} \cdot \frac{\partial u}{\partial y} + \frac{\partial z}{\partial v} \cdot \frac{\partial v}{\partial y} + \frac{\partial z}{\partial w} \cdot \frac{\partial w}{\partial y}. \tag{7.12}$$

链式法则(7.11), (7.12)与前面的(7.9), (7.10)相比, 因为现在有两个自变量, 所以前面的全导数 $\dfrac{\mathrm{d}z}{\mathrm{d}t}$ 就变成了现在的偏导数 $\dfrac{\partial z}{\partial x}$, $\dfrac{\partial z}{\partial y}$.

例 2 设 $z = \mathrm{e}^u \sin v$, 而 $u = xy, v = x + y$, 求 $\dfrac{\partial z}{\partial x}$ 和 $\dfrac{\partial z}{\partial y}$.

解 本例中的变量有函数 z, 中间变量 u, v, 自变量 x, y, 由链式法则(7.11), 有

$$\frac{\partial z}{\partial x} = \frac{\partial z}{\partial u} \cdot \frac{\partial u}{\partial x} + \frac{\partial z}{\partial v} \cdot \frac{\partial v}{\partial x} = \mathrm{e}^u \sin v \cdot y + \mathrm{e}^u \cos v \cdot 1$$

$$= \mathrm{e}^u (y \sin v + \cos v) = \mathrm{e}^{xy} \left[y \sin(x+y) + \cos(x+y) \right],$$

$$\frac{\partial z}{\partial y} = \frac{\partial z}{\partial u} \cdot \frac{\partial u}{\partial y} + \frac{\partial z}{\partial v} \cdot \frac{\partial v}{\partial y} = \mathrm{e}^u \sin v \cdot x + \mathrm{e}^u \cos v \cdot 1$$

$$= \mathrm{e}^u (x \sin v + \cos v) = \mathrm{e}^{xy} \left[x \sin(x+y) + \cos(x+y) \right].$$

例 3 求 $z = (3x^2 + y^2)^{4x+2y}$ 的偏导数.

解 设 $u = 3x^2 + y^2, v = 4x + 2y$, 则 $z = u^v$, 可得

$$\frac{\partial z}{\partial u} = v \cdot u^{v-1}, \qquad \frac{\partial z}{\partial v} = u^v \cdot \ln u,$$

$$\frac{\partial u}{\partial x} = 6x, \qquad \frac{\partial u}{\partial y} = 2y, \qquad \frac{\partial v}{\partial x} = 4, \qquad \frac{\partial v}{\partial y} = 2.$$

则

$$\frac{\partial z}{\partial x} = \frac{\partial z}{\partial u} \frac{\partial u}{\partial x} + \frac{\partial z}{\partial v} \frac{\partial v}{\partial x} = v \cdot u^{v-1} \cdot 6x + u^v \cdot \ln u \cdot 4$$

$$= 6x(4x+2y)(3x^2+y^2)^{4x+2y-1} + 4(3x^2+y^2)^{4x+2y} \ln(3x^2+y^2),$$

$$\frac{\partial z}{\partial y} = \frac{\partial z}{\partial u} \frac{\partial u}{\partial y} + \frac{\partial z}{\partial v} \frac{\partial v}{\partial y} = v \cdot u^{v-1} \cdot 2y + u^v \cdot \ln u \cdot 2$$

$$= 2y(4x+2y)(3x^2+y^2)^{4x+2y-1} + 2(3x^2+y^2)^{4x+2y} \ln(3x^2+y^2).$$

思考问题

(1) 设 $z = f(u,v), u = \varphi(x,y), v = \psi(y)$, 求 $\dfrac{\partial z}{\partial x}$, $\dfrac{\partial z}{\partial y}$.

提示:
$$\frac{\partial z}{\partial x} = \frac{\partial z}{\partial u} \cdot \frac{\partial u}{\partial x}, \frac{\partial z}{\partial y} = \frac{\partial z}{\partial u} \cdot \frac{\partial u}{\partial y} + \frac{\partial z}{\partial v} \cdot \frac{\mathrm{d} v}{\mathrm{d} y}. \tag{7.13}$$

(2) 设 $z = f(u,x,y)$, 且 $u = \varphi(x,y)$, 求 $\dfrac{\partial z}{\partial x}$, $\dfrac{\partial z}{\partial y}$.

提示:
$$\frac{\partial z}{\partial x} = \frac{\partial f}{\partial u} \cdot \frac{\partial u}{\partial x} + \frac{\partial f}{\partial x}, \frac{\partial z}{\partial y} = \frac{\partial f}{\partial u} \cdot \frac{\partial u}{\partial y} + \frac{\partial f}{\partial y}. \tag{7.14}$$

注意, 这里 $\dfrac{\partial z}{\partial x}$ 与 $\dfrac{\partial f}{\partial x}$ 是不同的, $\dfrac{\partial z}{\partial x}$ 是把复合函数 $z = f(\varphi(x,y), x, y)$ 中的 y 看

作不变而对 x 求偏导数, 而 $\dfrac{\partial f}{\partial x}$ 是把 $f(u,x,y)$ 中的 u 及 y 都看成常数而对 x 求偏

导数, 且 $\dfrac{\partial z}{\partial x}$ 由 $\dfrac{\partial f}{\partial u}\dfrac{\partial u}{\partial x}$ 和 $\dfrac{\partial f}{\partial x}$ 两个部分组成, $\dfrac{\partial z}{\partial y}$ 与 $\dfrac{\partial f}{\partial y}$ 也有类似的区别.

例 4　设 $u = f(x,y,z) = \mathrm{e}^{x^2+y^2+z^2}, z = x^2 \sin y$, 求 $\dfrac{\partial u}{\partial x}$ 和 $\dfrac{\partial u}{\partial y}$.

解
$$\frac{\partial u}{\partial x} = \frac{\partial f}{\partial x} + \frac{\partial f}{\partial z}\frac{\partial z}{\partial x} = 2x\mathrm{e}^{x^2+y^2+z^2} + 2z\mathrm{e}^{x^2+y^2+z^2} \cdot 2x\sin y$$
$$= 2x(1 + 2x^2\sin^2 y)\mathrm{e}^{x^2+y^2+x^4\sin^2 y},$$
$$\frac{\partial u}{\partial y} = \frac{\partial f}{\partial y} + \frac{\partial f}{\partial z}\frac{\partial z}{\partial y} = 2y\mathrm{e}^{x^2+y^2+z^2} + 2z\mathrm{e}^{x^2+y^2+z^2} \cdot x^2\cos y$$
$$= 2(y + x^4\sin y\cos y)\mathrm{e}^{x^2+y^2+x^4\sin^2 y}.$$

例 5　设 $z = xy + u$, $u = \phi(x,y)$, 求 $\dfrac{\partial z}{\partial x}, \dfrac{\partial^2 z}{\partial x^2}, \dfrac{\partial^2 z}{\partial x\partial y}$.

解
$$\frac{\partial z}{\partial x} = y + \frac{\partial u}{\partial x} = y + \phi_x(x,y),$$
$$\frac{\partial^2 z}{\partial x^2} = \frac{\partial}{\partial x}\left(\frac{\partial z}{\partial x}\right) = \frac{\partial}{\partial x}\left(y + \frac{\partial u}{\partial x}\right) = \frac{\partial^2 u}{\partial x^2} = \phi_{xx}(x,y),$$
$$\frac{\partial^2 z}{\partial x\partial y} = \frac{\partial}{\partial y}\left(\frac{\partial z}{\partial x}\right) = \frac{\partial}{\partial y}\left(y + \frac{\partial u}{\partial x}\right) = 1 + \frac{\partial^2 u}{\partial x\partial y} = 1 + \phi_{xy}(x,y).$$

通过上述若干例子我们看到, 在求多元复合函数的偏导数时, 要分析其变量, 哪些是中间变量, 哪些是自变量? 还要注意函数的结构, 因变量与中间变量, 中间变量与自变量是如何联系的, 等等. 有时中间变量还不止一层, 这时候我们在应用链式法则时, 要根据函数结构从外层中间变量到内层中间变量再到自变量, 逐层求导, 切忌遗漏. 当函数既通过中间变量与某一自变量相联系, 又直接与该自变量相联系时, 要注意引入不同符号来区别有关导数或偏导数, 如例 1 中的 $\dfrac{\mathrm{d}z}{\mathrm{d}t}$ 与 $\dfrac{\partial z}{\partial t}$, 思考问题(2)中的 $\dfrac{\partial z}{\partial x}$ 与 $\dfrac{\partial f}{\partial x}$ 以及 $\dfrac{\partial z}{\partial y}$ 与 $\dfrac{\partial f}{\partial y}$ 等.

二、多元复合函数的全微分

设 $z = f(u,v)$ 具有连续偏导数, 则有全微分
$$\mathrm{d}z = \frac{\partial z}{\partial u}\mathrm{d}u + \frac{\partial z}{\partial v}\mathrm{d}v.$$

如果 $z = f(u,v)$ 具有连续偏导数, 而 $u = \varphi(x,y)$, $v = \psi(x,y)$ 也具有连续偏导数, 则

$$dz = \frac{\partial z}{\partial x}dx + \frac{\partial z}{\partial y}dy$$

$$= \left(\frac{\partial z}{\partial u}\frac{\partial u}{\partial x} + \frac{\partial z}{\partial v}\frac{\partial v}{\partial x}\right)dx + \left(\frac{\partial z}{\partial u}\frac{\partial u}{\partial y} + \frac{\partial z}{\partial v}\frac{\partial v}{\partial y}\right)dy$$

$$= \frac{\partial z}{\partial u}\left(\frac{\partial u}{\partial x}dx + \frac{\partial u}{\partial y}dy\right) + \frac{\partial z}{\partial v}\left(\frac{\partial v}{\partial x}dx + \frac{\partial v}{\partial y}dy\right)$$

$$= \frac{\partial z}{\partial u}du + \frac{\partial z}{\partial v}dv. \tag{7.15}$$

由此可见, 无论 z 是自变量 x, y 的函数或中间变量 u, v 的函数, 它的全微分形式是一样的. 这个性质称为**全微分的形式不变性**.

例 6　利用全微分的形式不变性解例 2. 即设 $z = e^u \sin v$, 而 $u = xy$, $v = x + y$, 求 z_x 和 z_y.

解　　　　　　　$dz = d(e^u \sin v) = e^u \sin v du + e^u \cos v dv.$

因 $du = d(xy) = ydx + xdy$, $\quad dv = d(x+y) = dx + dy$, 代入后归并含 dx 及 dy 的项, 得 $dz = (e^u \sin v \cdot y + e^u \cos v)dx + (e^u \sin v \cdot x + e^u \cos v)dy$, 即

$$\frac{\partial z}{\partial x}dx + \frac{\partial z}{\partial y}dy$$

$$= e^{xy}\left[y\sin(x+y) + \cos(x+y)\right]dx + e^{xy}\left[x\sin(x+y) + \cos(x+y)\right]dy.$$

比较上式两边 dx, dy 的系数, 得

$$z_x = e^{xy}\left[y\sin(x+y) + \cos(x+y)\right],$$

$$z_y = e^{xy}\left[x\sin(x+y) + \cos(x+y)\right].$$

它们与例 2 的结果一样.

例 7　求函数 $z = \arctan\dfrac{x+y}{1-xy}$ 的全微分.

解　设 $u = x + y$, $v = 1 - xy$, 则 $z = \arctan\dfrac{u}{v}$, 于是

$$dz = \frac{\partial z}{\partial u}du + \frac{\partial z}{\partial v}dv = \frac{1}{1+\left(\dfrac{u}{v}\right)^2}\cdot\frac{1}{v}du + \frac{1}{1+\left(\dfrac{u}{v}\right)^2}\left(-\frac{u}{v^2}\right)dv = \frac{1}{u^2+v^2}\cdot(vdu - udv).$$

由于 $u = x + y$, $v = 1 - xy$, $du = dx + dy$, $dv = -(ydx + xdy)$, 代入上式, 得

$$dz = \frac{1}{(x+y)^2 + (1-xy)^2}\Big[(1-xy)(dx+dy) + (x+y)(ydx+xdy)\Big]$$

$$= \frac{dx}{1+x^2} + \frac{dy}{1+y^2}.$$

例 8　已知 $e^{-xy} - 2z + e^z = 0$，求 $\dfrac{\partial z}{\partial x}$ 和 $\dfrac{\partial z}{\partial y}$.

解　因为 $d(e^{-xy} - 2z + e^z) = 0$，所以 $e^{-xy}d(-xy) - 2dz + e^z dz = 0$.

$$(e^z - 2)dz = e^{-xy}(xdy + ydx), \quad dz = \frac{ye^{-xy}}{e^z - 2}dx + \frac{xe^{-xy}}{e^z - 2}dy.$$

故所求偏导数

$$\frac{\partial z}{\partial x} = \frac{ye^{-xy}}{e^z - 2}, \quad \frac{\partial z}{\partial y} = \frac{xe^{-xy}}{e^z - 2}.$$

问题讨论

1. 在定理 1 中，若将函数 $z = f(u,v)$ 在对应点 (u,v) 具有连续偏导数这一条件减弱为偏导数存在，定理结论是否成立？若成立，请给出证明；若不成立，请给出反例.

2. 设 $z = f(u,x,y), u = xe^y$, f 具有二阶连续偏导数，求 $\dfrac{\partial^2 z}{\partial x \partial y}$，并说明求导过程中出现的 $\dfrac{\partial z}{\partial x}$ 与 $\dfrac{\partial f}{\partial x}, \dfrac{\partial z}{\partial y}$ 与 $\dfrac{\partial f}{\partial y}$ 有何区别？

小结

本节第一部分针对复合函数的中间变量为一元函数、多元函数或既有一元函数又有多元函数三种情形给出了二元、三元复合函数求导的链式法则，即式(7.9)—(7.15). 在计算多元复合函数导数时，最好先画出反映自变量、中间变量和函数关系的链式图. 第二部分给出了全微分的形式不变性，并探讨了该性质在解题中的应用.

习　题　7.4

1. 设 $u = e^{x-2y}, x = \sin t, y = t^3$，求 $\dfrac{du}{dt}$.

2. 设 $z = \arccos(u - v)$，而 $u = 4x^3, v = 3x$，求 $\dfrac{dz}{dx}$.

3. 设 $z = u^2 v - uv^2$，$u = x\cos y$，$v = x\sin y$，求 $\dfrac{\partial z}{\partial x}$，$\dfrac{\partial z}{\partial y}$.

4. 设 $z = u^2 \ln v$，而 $u = 3x + 2y$，$v = \dfrac{y}{x}$，求 $\dfrac{\partial z}{\partial x}$，$\dfrac{\partial z}{\partial y}$.

5. 设 $w = f(x + xy + xyz)$，求 $\dfrac{\partial w}{\partial x}, \dfrac{\partial w}{\partial y}, \dfrac{\partial w}{\partial z}$.

6. 求下列函数的一阶偏导数(其中 f 具有一阶连续偏导数)：

(1) $z = f(x^2 - y^2)$；　　　　(2) $u = f\left(\dfrac{x}{y}, \dfrac{y}{z}\right)$；

(3) $u = f(x, xy, xyz)$；　　　　(4) $z = f(x^2 - y^2, e^{xy}, \ln x)$.

7. 求下列函数的二阶偏导数 $\dfrac{\partial^2 z}{\partial x^2}$，$\dfrac{\partial^2 z}{\partial x \partial y}$，$\dfrac{\partial^2 z}{\partial y^2}$ (其中 f 具有二阶连续偏导数)：

(1) $z = f(x^2 y, xy^2)$；　　　　(2) $z = f(x^2 + y^2)$.

8. 设 $u = \sin x + F(\sin y - \sin x)$，其中 F 是可微函数，证明

$$\frac{\partial u}{\partial x}\cos y + \frac{\partial u}{\partial y}\cos x = \cos x \cdot \cos y.$$

7.5　隐函数的求导法则

在自然科学与社会科学中，很多变量之间是以一个方程或方程组的形式联系的，即在一定条件下，由方程或方程组决定了变量之间的函数关系，这种函数关系即隐函数. 如果能从方程或方程组解出函数关系，则隐函数求导问题就成了前面学习过的显函数求导问题. 然而，在很多情形下要解出显函数是很难的有时甚至根本无法解出. 在这种情况下如何求隐函数的导数呢？本节将来讨论这些问题.

一、一个方程确定的隐函数及其导数

在第 2 章，我们就一个二元方程 $F(x, y) = 0$ 所确定的隐函数求导方法进行了讨论，给出了直接从方程出发计算隐函数导数的公式，现在我们进一步探讨这个问题.

假设二元方程 $F(x, y) = 0$ 确定了函数关系 $y = f(x)$，将其代入 $F(x, y) = 0$，得恒等式 $F(x, f(x)) = 0$，等式两边对 x 求导得 $\dfrac{\partial F}{\partial x} + \dfrac{\partial F}{\partial y} \cdot \dfrac{dy}{dx} = 0$，假设 F_y 连续且 $F_y(x_0, y_0) \neq 0$，由连续函数的性质，存在 (x_0, y_0) 的一个邻域，在这个邻域内恒有 $F_y \neq 0$. 于是得 $\dfrac{dy}{dx} = -\dfrac{F_x}{F_y}$.

这样我们得到如下的隐函数存在定理.

定理 1 设函数 $F(x, y)$ 在点 $P(x_0, y_0)$ 的某一邻域内具有连续偏导数，且 $F(x_0, y_0) = 0, F_y(x_0, y_0) \neq 0$，则方程 $F(x, y) = 0$ 在点 (x_0, y_0) 的某一邻域内能唯一确定具有连续导数的函数 $y = f(x)$，它满足条件 $y_0 = f(x_0)$，并有

$$\frac{\mathrm{d}y}{\mathrm{d}x} = -\frac{F_x}{F_y}. \tag{7.16}$$

隐函数存在定理还可以推广到三元及其以上的函数. 例如, 在一定条件下, 一个三元方程 $F(x, y, z) = 0$ 可以确定一个二元隐函数且有类似于定理 1 的求导公式.

定理 2 设函数 $F(x, y, z)$ 在点 $P(x_0, y_0, z_0)$ 的某一邻域内具有连续的偏导数且 $F(x_0, y_0, z_0) = 0, F_z(x_0, y_0, z_0) \neq 0$，则方程 $F(x, y, z) = 0$ 在点 (x_0, y_0, z_0) 的某一邻域内恒能唯一确定一个连续且具有连续偏导数的函数 $z = f(x, y)$，它满足条件 $z_0 = f(x_0, y_0)$，并有

$$\frac{\partial z}{\partial x} = -\frac{F_x}{F_z}, \quad \frac{\partial z}{\partial y} = -\frac{F_y}{F_z}. \tag{7.17}$$

证明 在题设条件下, 方程 $F(x, y, z) = 0$ 确定了二元函数 $z = f(x, y)$，代入 $F(x, y, z) = 0$，得

$$F(x, y, f(x, y)) = 0,$$

上式两端分别对 x 和 y 求导, 得

$$F_x + F_z \cdot \frac{\partial z}{\partial x} = 0, \quad F_y + F_z \cdot \frac{\partial z}{\partial y} = 0.$$

因为 F_z 连续且 $F_z(x_0, y_0, z_0) \neq 0$，所以存在点 (x_0, y_0, z_0) 的一个邻域, 使 $F_z \neq 0$，于是得

$$\frac{\partial z}{\partial x} = -\frac{F_x}{F_z}, \quad \frac{\partial z}{\partial y} = -\frac{F_y}{F_z}.$$

例 1 证明方程 $x^2 + y^2 - 1 = 0$ 在点 $(0, 1)$ 的某邻域内能唯一确定一个有连续导数且当 $x = 0$ 时 $y = 1$ 的隐函数 $y = f(x)$，求该函数的一阶和二阶导数在 $x = 0$ 的值.

证明 令 $F(x, y) = x^2 + y^2 - 1$，则

$$F_x = 2x, \quad F_y = 2y, \quad F(0, 1) = 0, \quad F_y(0, 1) = 2 \neq 0.$$

由定理 1 知, 方程 $x^2 + y^2 - 1 = 0$ 在点 $(0, 1)$ 的某邻域内能唯一确定一个有连续导数且当 $x = 0$ 时 $y = 1$ 的隐函数 $y = f(x)$ 函数的一阶导数为

$$\frac{\mathrm{d}y}{\mathrm{d}x} = -\frac{F_x}{F_y} = -\frac{x}{y}, \quad \left.\frac{\mathrm{d}y}{\mathrm{d}x}\right|_{\substack{x=0 \\ y=1}} = 0,$$

二阶导数为

$$\frac{d^2 y}{dx^2} = -\frac{y - xy'}{y^2} = -\frac{y - x\left(-\dfrac{x}{y}\right)}{y^2} = -\frac{1}{y^3}, \quad \frac{d^2 y}{dx^2}\bigg|_{\substack{x=0 \\ y=1}} = -1.$$

例 2　求由方程 $xy - e^x + e^y = 0$ 所确定的隐函数 y 的导数 $\dfrac{dy}{dx}$, $\dfrac{dy}{dx}\bigg|_{x=0}$.

解　此题在 2.4 节采用方程两边求导的方法做过, 这里我们直接用公式求之. 令 $F = xy - e^x + e^y$, 则

$$F_x = y - e^x, \quad F_y = x + e^y, \quad \frac{dy}{dx} = -\frac{F_x}{F_y} = \frac{e^x - y}{x + e^y}.$$

由原方程知 $x = 0$ 时, $y = 0$. 所以, $\dfrac{dy}{dx}\bigg|_{\substack{x=0 \\ y=0}} = \dfrac{e^x - y}{x + e^y}\bigg|_{\substack{x=0 \\ y=0}} = 1.$

例 3　求由方程 $z^3 - 3xyz = a^3$ (a 是常数)所确定的隐函数 $z = f(x, y)$ 的偏导数 $\dfrac{\partial z}{\partial x}$ 和 $\dfrac{\partial z}{\partial y}$.

解　令 $F(x, y, z) = z^3 - 3xyz - a^3$, 则 $F_x = -3yz, F_y = -3xz, F_z = 3z^2 - 3xy$. 显然, 它们都是连续函数, 所以, 当 $F_z = 3z^2 - 3xy \neq 0$ 时, 由定理 2 得

$$\frac{\partial z}{\partial x} = -\frac{F_x}{F_z} = -\frac{-3yz}{3z^2 - 3xy} = \frac{yz}{z^2 - xy}, \quad \frac{\partial z}{\partial y} = -\frac{F_y}{F_z} = -\frac{-3xz}{3z^2 - 3xy} = \frac{xz}{z^2 - xy}.$$

例 4　设 $x^2 + y^2 + z^2 - 4z = 0$, 求 $\dfrac{\partial^2 z}{\partial x^2}$.

解　令 $F(x, y, z) = x^2 + y^2 + z^2 - 4z$, 则 $F_x = 2x, F_z = 2z - 4$, 所以,

$$\frac{\partial z}{\partial x} = -\frac{F_x}{F_z} = -\frac{x}{z - 2}, \quad \frac{\partial^2 z}{\partial x^2} = \frac{(2 - z) + x\dfrac{\partial z}{\partial x}}{(2 - z)^2} = \frac{(2 - z) + x \cdot \dfrac{x}{2 - z}}{(2 - z)^2} = \frac{(2 - z)^2 + x^2}{(2 - z)^3}.$$

注　在实际应用中, 求方程所确定的多元函数的偏导数时, 生搬硬套地套公式(7.16), (7.17)并不一定是最好的, 在公式(7.16), (7.17)的推导过程中, 主要应用了复合函数求导法则. 因此, 可利用复合函数求导法或微分法直接计算. 尤其在方程中含有抽象函数时, 该方法可能更为清晰. 下面通过例子来说明这种方法.

例 5　设方程 $x + y + z = e^z$ 确定了隐函数 $z = z(x, y)$, 求 $\dfrac{\partial^2 z}{\partial x^2}, \dfrac{\partial^2 z}{\partial x \partial y}, \dfrac{\partial^2 z}{\partial y^2}$.

解　本例套用公式很简单, 作为基本训练, 我们直接从方程出发并应用复合函数求导法则来解它.

方程两边分别对 x 和 y 求偏导, 得 $1 + \dfrac{\partial z}{\partial x} = \mathrm{e}^z \dfrac{\partial z}{\partial x}$, $1 + \dfrac{\partial z}{\partial y} = \mathrm{e}^z \dfrac{\partial z}{\partial y}$, 所以

$$\frac{\partial z}{\partial x} = \frac{1}{\mathrm{e}^z - 1}, \qquad \frac{\partial z}{\partial y} = \frac{1}{\mathrm{e}^z - 1}.$$

从而

$$\frac{\partial^2 z}{\partial x^2} = \frac{\partial}{\partial x}\left(\frac{\partial z}{\partial x}\right) = \frac{-1}{(\mathrm{e}^z - 1)^2} \cdot \mathrm{e}^z \frac{\partial z}{\partial x} = -\frac{\mathrm{e}^z}{(\mathrm{e}^z - 1)^2} \cdot \frac{1}{\mathrm{e}^z - 1} = -\frac{\mathrm{e}^z}{(\mathrm{e}^z - 1)^3}.$$

同理可求得 $\dfrac{\partial^2 z}{\partial y^2} = -\dfrac{\mathrm{e}^z}{(\mathrm{e}^z - 1)^3}$, $\dfrac{\partial^2 z}{\partial x \partial y} = -\dfrac{\mathrm{e}^z}{(\mathrm{e}^z - 1)^3}$.

例 6　设 $z = f(x + y + z, xyz)$, 求 $\dfrac{\partial z}{\partial x}, \dfrac{\partial x}{\partial y}, \dfrac{\partial y}{\partial z}$.

解　令 $u = x + y + z$, $v = xyz$.

(1) 把 z 看成 x, y 的函数, 对 x 求偏导数得

$$\frac{\partial z}{\partial x} = f_u \cdot \left(1 + \frac{\partial z}{\partial x}\right) + f_v \cdot \left(yz + xy \frac{\partial z}{\partial x}\right), \quad \frac{\partial z}{\partial x} = \frac{f_u + yz f_v}{1 - f_u - xy f_v}.$$

(2) 把 x 看成 z, y 的函数, 对 y 求偏导数得

$$0 = f_u \cdot \left(\frac{\partial x}{\partial y} + 1\right) + f_v \cdot \left(xz + yz \frac{\partial x}{\partial y}\right), \quad \frac{\partial x}{\partial y} = -\frac{f_u + xz f_v}{f_u + yz f_v}.$$

(3) 把 y 看成 x, z 的函数, 对 z 求偏导数得

$$1 = f_u \cdot \left(\frac{\partial y}{\partial z} + 1\right) + f_v \cdot \left(xy + xz \frac{\partial y}{\partial z}\right), \quad \frac{\partial y}{\partial z} = \frac{1 - f_u - xy f_v}{f_u + xz f_v}.$$

注　本例也可用公式直接计算, 但用复合函数求导法则直接计算似乎更简单, 同学们可以比较一下.

二、方程组确定的隐函数及其偏导数

在一定条件下, 由方程组 $F(x, y, u, v) = 0$, $G(x, y, u, v) = 0$ 可以确定一对二元函数 $u = u(x, y)$, $v = v(x, y)$. 例如, 方程 $xu - yv = 0$ 和 $yu + xv = 1$ 可以确定两个二元函数 $u = \dfrac{y}{x^2 + y^2}$, $v = \dfrac{x}{x^2 + y^2}$.

事实上, $xu - yv = 0 \Rightarrow v = \dfrac{x}{y}u \Rightarrow yu + x \cdot \dfrac{x}{y}u = 1 \Rightarrow u = \dfrac{y}{x^2 + y^2}$, 则

$$v = \frac{x}{y} \cdot \frac{y}{x^2 + y^2} = \frac{x}{x^2 + y^2}.$$

在不解出 u,v 的情况下如何根据原方程组求 u,v 的偏导数?

定理 3　设 $F(x,y,u,v),G(x,y,u,v)$ 在点 $P(x_0,y_0,u_0,v_0)$ 的某一邻域内具有对各个变量的连续偏导数, 又 $F(x_0,y_0,u_0,v_0)=0,G(x_0,y_0,u_0,v_0)=0$, 且偏导数所组成的函数行列式:

$$J=\frac{\partial(F,G)}{\partial(u,v)}=\begin{vmatrix}\dfrac{\partial F}{\partial u} & \dfrac{\partial F}{\partial v}\\[2mm] \dfrac{\partial G}{\partial u} & \dfrac{\partial G}{\partial v}\end{vmatrix}$$

在点 $P(x_0,y_0,u_0,v_0)$ 处不等于零, 则方程组 $F(x,y,u,v)=0,G(x,y,u,v)=0$ 在点 $P(x_0,y_0,u_0,v_0)$ 的某一邻域内恒能确定唯一一组连续且具有连续偏导数的函数 $u=u(x,y),v=v(x,y)$, 它们满足条件 $u_0=u(x_0,y_0),v_0=v(x_0,y_0)$, 并有

$$\frac{\partial u}{\partial x}=-\frac{1}{J}\frac{\partial(F,G)}{\partial(x,v)}=-\frac{\begin{vmatrix}F_x & F_v\\ G_x & G_v\end{vmatrix}}{\begin{vmatrix}F_u & F_v\\ G_u & G_v\end{vmatrix}},\tag{7.18}$$

$$\frac{\partial v}{\partial x}=-\frac{1}{J}\frac{\partial(F,G)}{\partial(u,x)}=-\frac{\begin{vmatrix}F_u & F_x\\ G_u & G_x\end{vmatrix}}{\begin{vmatrix}F_u & F_v\\ G_u & G_v\end{vmatrix}},\tag{7.19}$$

$$\frac{\partial u}{\partial y}=-\frac{1}{J}\frac{\partial(F,G)}{\partial(y,v)}=-\frac{\begin{vmatrix}F_y & F_v\\ G_y & G_v\end{vmatrix}}{\begin{vmatrix}F_u & F_v\\ G_u & G_v\end{vmatrix}},\tag{7.20}$$

$$\frac{\partial v}{\partial y}=-\frac{1}{J}\frac{\partial(F,G)}{\partial(u,y)}=-\frac{\begin{vmatrix}F_u & F_y\\ G_u & G_y\end{vmatrix}}{\begin{vmatrix}F_u & F_v\\ G_u & G_v\end{vmatrix}}.\tag{7.21}$$

上述定理给出了方程组确定的隐函数的偏导数计算公式, 编者把该定理和这组公式放在这里只是为了理论体系的完备性. 读者完全不用对上述公式死记硬背, 在实际计算方程组所确定的隐函数的偏导数时, 只需用推导这组公式的方法直接解二元一次方程组即可.

该方法的思路如下:

设方程组 $F(x,y,u,v)=0,G(x,y,u,v)=0$ 确定一对具有连续偏导数的二元函数

$u = u(x, y), v = v(x, y)$，将其代入原方程组即得恒等式

$$F[x, y, u(x, y), v(x, y)] = 0, \quad G[x, y, u(x, y), v(x, y)] = 0.$$

上述两式分别对 x 求偏导，得

$$\begin{cases} F_x + F_u \dfrac{\partial u}{\partial x} + F_v \dfrac{\partial v}{\partial x} = 0, \\ G_x + G_u \dfrac{\partial u}{\partial x} + G_v \dfrac{\partial v}{\partial x} = 0. \end{cases}$$

上述方程组可以看成以偏导数 $\dfrac{\partial u}{\partial x}, \dfrac{\partial v}{\partial x}$ 为变元，以 F_u, F_v, G_u, G_v 为变元的系数，以 F_x, G_x 为常数项的二元一次方程组，解这个方程组即得到 $\dfrac{\partial u}{\partial x}, \dfrac{\partial v}{\partial x}$，这就是定理 3 中的公式(7.18), (7.19). 同理可由方程组

$$\begin{cases} F_y + F_u \dfrac{\partial u}{\partial y} + F_v \dfrac{\partial v}{\partial y} = 0, \\ G_y + G_u \dfrac{\partial u}{\partial y} + G_v \dfrac{\partial v}{\partial y} = 0 \end{cases}$$

解得 $\dfrac{\partial u}{\partial y}, \dfrac{\partial v}{\partial y}$.

例 7 设 $\begin{cases} xu - yv = 0, \\ yu + xv = 1, \end{cases}$ 求 $\dfrac{\partial u}{\partial x}, \dfrac{\partial u}{\partial y}, \dfrac{\partial v}{\partial x}, \dfrac{\partial v}{\partial y}$.

解法一 将所给方程的两边对 x 求导并移项得

$$\begin{cases} x \dfrac{\partial u}{\partial x} - y \dfrac{\partial v}{\partial x} = -u, \\ y \dfrac{\partial u}{\partial x} + x \dfrac{\partial v}{\partial x} = -v, \end{cases} \quad J = \begin{vmatrix} x & -y \\ y & x \end{vmatrix} = x^2 + y^2,$$

由所给方程知，$J \neq 0$，所以有

$$\frac{\partial u}{\partial x} = \frac{\begin{vmatrix} -u & -y \\ -v & x \end{vmatrix}}{\begin{vmatrix} x & -y \\ y & x \end{vmatrix}} = -\frac{xu + yv}{x^2 + y^2}, \quad \frac{\partial v}{\partial x} = \frac{\begin{vmatrix} x & -u \\ y & -v \end{vmatrix}}{\begin{vmatrix} x & -y \\ y & x \end{vmatrix}} = \frac{yu - xv}{x^2 + y^2},$$

将所给方程的两边对 y 求导，用同样方法得

$$\frac{\partial u}{\partial y} = \frac{xv - yu}{x^2 + y^2}, \quad \frac{\partial v}{\partial y} = -\frac{xu + yv}{x^2 + y^2}.$$

解法二 (微分法) 由题意知，方程组确定隐函数

$$u = u(x, y), \quad v = v(x, y)$$

在题设方程组两边取微分, 有

$$\begin{cases} x\mathrm{d}u + u\mathrm{d}x - y\mathrm{d}v - v\mathrm{d}y = 0, \\ y\mathrm{d}u + u\mathrm{d}y + x\mathrm{d}v + v\mathrm{d}x = 0. \end{cases}$$

把 $\mathrm{d}u, \mathrm{d}v$ 看成未知变元, 解得

$$\mathrm{d}u = \frac{1}{x^2 + y^2}\left[-(xu + yv)\mathrm{d}x + (xv - yu)\mathrm{d}y\right],$$

即有

$$\frac{\partial u}{\partial x} = -\frac{xu + yv}{x^2 + y^2}, \quad \frac{\partial u}{\partial y} = \frac{xv - yx}{x^2 + y^2}.$$

同理, 我们还可以求出 $\mathrm{d}v$, 从而得到

$$\frac{\partial v}{\partial x} = \frac{yu - xv}{x^2 + y^2}, \quad \frac{\partial v}{\partial y} = -\frac{xu + yv}{x^2 + y^2}.$$

例 8　设方程组 $\begin{cases} x = -u^2 + v, \\ y = u + v^2 \end{cases}$ 确定反函数组 $\begin{cases} u = u(x, y), \\ v = v(x, y), \end{cases}$ 求 $\dfrac{\partial u}{\partial x}, \dfrac{\partial v}{\partial x}, \dfrac{\partial u}{\partial y}, \dfrac{\partial v}{\partial y}.$

解　由 $\begin{cases} u = u(x, y), \\ v = v(x, y) \end{cases}$ 在题设方程组两边对 x 求偏导, 得

$$\begin{cases} 1 = -2u \cdot \dfrac{\partial u}{\partial x} + \dfrac{\partial v}{\partial x}, \\ 0 = \dfrac{\partial u}{\partial x} + 2v\dfrac{\partial v}{\partial x}. \end{cases}$$

解得

$$\frac{\partial u}{\partial x} = \frac{-2v}{4uv + 1}, \quad \frac{\partial v}{\partial x} = \frac{1}{4uv + 1}.$$

同理, 在题设方程组两边对 y 求偏导, 可得

$$\frac{\partial u}{\partial y} = \frac{1}{4uv + 1}, \quad \frac{\partial v}{\partial y} = \frac{2u}{4uv + 1}.$$

问题讨论

例 8 中, 能否利用多元函数全微分的形式不变性及微分的四则运算计算 $\dfrac{\partial u}{\partial x}$ 和 $\dfrac{\partial v}{\partial x}$? 如果可以, 请求出.

小结

本节给出了隐函数或隐函数组的存在定理及其导数(偏导数)计算公式(定理 1

到定理 3), 同时通过较多的例题介绍了隐函数(组)的导数(偏导数)的计算方法: 公式法; 利用复合函数求导法得到二元一次方程组, 通过解方程组直接计算; 隐函数(组)的导数(偏导数)的计算方法也可利用全微分的形式不变性求得.

习　题　7.5

1. 设 $\dfrac{x}{z} = \phi\left(\dfrac{y}{z}\right)$, 其中 ϕ 为可微函数, 求 $x\dfrac{\partial z}{\partial x} + y\dfrac{\partial z}{\partial y}$.

2. 设 $f(x,y,z) = x^2 y^2 z^2$, 其中 $z = z(x,y)$ 为由方程 $x^3 + y^3 + z^3 - 3xyz = 0$ 所确定的隐函数, 试求 $f_x(-1,0,1)$.

3. 设 $y = f(x,t)$, 而 t 是由方程 $F(x,y,t) = 0$ 所确定的 x, y 的函数, 试求 $\dfrac{\mathrm{d}y}{\mathrm{d}x}$.

4. 设 $\cos y + \mathrm{e}^x - x^2 y = 0$, 求 $\dfrac{\mathrm{d}y}{\mathrm{d}x}$.

5. 设 $y^z = z^x$, 求 $\dfrac{\partial z}{\partial x}, \dfrac{\partial z}{\partial y}$.

6. 设 $\mathrm{e}^z - xyz = 0$, 求 $\dfrac{\partial^2 z}{\partial x^2}$.

7. 设 $z = f(yz, z - x)$, 求全微分 $\mathrm{d}z$.

8. 求由方程 $xyz + \sqrt{x^2 + y^2 + z^2} = \sqrt{2}$ 所确定的函数 $z = z(x,y)$ 在点 $(1,0,-1)$ 处的全微分 $\mathrm{d}z$.

9. 设 $\begin{cases} z = x^2 + y^2, \\ x^2 + 2y^2 + 3z^2 = 20, \end{cases}$ 求 $\dfrac{\mathrm{d}y}{\mathrm{d}x}, \dfrac{\mathrm{d}z}{\mathrm{d}x}$.

7.6　多元函数微分学的几何应用

曲线和曲面是空间中常见的几何图形, 在第 6 章中的空间解析几何部分, 我们用代数方法对空间的曲线和曲面及其性质和形状进行了研究, 现在我们学习了多元函数微分学, 能否应用多元函数微分学这一工具, 更深刻地揭示空间曲线和曲面在一点邻近的性态呢? 本节就来探讨这些问题.

一、空间曲线的切线与法平面

设空间曲线 $\varGamma$ 的参数方程为
$$x = \varphi(t), \quad y = \psi(t), \quad z = \omega(t), \quad t \in [\alpha, \beta],$$
这里假定 $\varphi(t), \psi(t), \omega(t)$ 都在 $[\alpha, \beta]$ 上可导.

如图 7.6.1, 在曲线 $\varGamma$ 上任取一点 $M_0(x_0, y_0, z_0)$ (对应于参数 $t = t_0$) 及其邻近点 $M(x_0 + \Delta x, y_0 + \Delta y, z_0 + \Delta z)$ (对应于参数 $t = t_0 + \Delta t$). 作曲线的割线 MM_0, 其方程为

$$\frac{x-x_0}{\Delta x} = \frac{y-y_0}{\Delta y} = \frac{z-z_0}{\Delta z}. \tag{7.22}$$

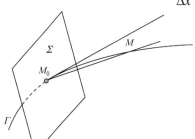

图 7.6.1

当点 M 沿着 Γ 趋于点 M_0 时, 割线 MM_0 的极限位置被定义为曲线在点 M_0 处的切线, 由式(7.22)可得割线 MM_0 方程为

$$\frac{x-x_0}{\dfrac{\Delta x}{\Delta t}} = \frac{y-y_0}{\dfrac{\Delta y}{\Delta t}} = \frac{z-z_0}{\dfrac{\Delta z}{\Delta t}},$$

令 $M \to M_0$ (即上式中 $\Delta t \to 0$), 得曲线在点 M_0 处的切线方程为

$$\frac{x-x_0}{\varphi'(t_0)} = \frac{y-y_0}{\psi'(t_0)} = \frac{z-z_0}{\omega'(t_0)}.$$

曲线的切向量   切线的方向向量称为曲线的切向量. 向量

$$\boldsymbol{T} = (\varphi'(t_0), \psi'(t_0), \omega'(t_0))$$

就是曲线 Γ 在点 M_0 处的一个切向量.

法平面   通过点 M_0 而与点 M_0 处切线垂直的平面称为曲线 Γ 在点 M_0 处的法平面, 法平面方程为

$$\varphi'(t_0)(x-x_0) + \psi'(t_0)(y-y_0) + \omega'(t_0)(z-z_0) = 0.$$

例 1   求曲线 $\Gamma : x = \displaystyle\int_0^t \mathrm{e}^u \cos u \,\mathrm{d}u,\ y = 2\sin t + \cos t,\ z = 1 + \mathrm{e}^{3t}$ 在 $t = 0$ 处的切线和法平面方程.

解   当 $t = 0$ 时, $x = 0, y = 1, z = 2$, 又

$$x' = \mathrm{e}^t \cos t, \quad y' = 2\cos t - \sin t, \quad z' = 3\mathrm{e}^{3t},$$

所以

$$x'(0) = 1, \quad y'(0) = 2, \quad z'(0) = 3,$$

从而切线方程为 $\dfrac{x-0}{1} = \dfrac{y-1}{2} = \dfrac{z-2}{3}$, 法平面方程为 $x + 2(y-1) + 3(z-2) = 0$, 即 $x + 2y + 3z - 8 = 0.$

下面我们通过例子说明当空间曲线 Γ 的方程为一般方程, 即

$$\begin{cases} F(x,y,z) = 0, \\ G(x,y,z) = 0 \end{cases}$$

时, 曲线上一点的切线和法平面方程的求法, 一般情形将作为一个问题让读者去探究.

例 2　求曲线 $\begin{cases} x^2 + y^2 + z^2 = 6, \\ x + y + z = 0 \end{cases}$ 在点 $(1, -2, 1)$ 处的切线及法平面方程.

解　将所给方程组的两边对 x 求导并移项, 得

$$\begin{cases} y\dfrac{\mathrm{d}y}{\mathrm{d}x} + z\dfrac{\mathrm{d}z}{\mathrm{d}x} = -x, \\ \dfrac{\mathrm{d}y}{\mathrm{d}x} + \dfrac{\mathrm{d}z}{\mathrm{d}x} = -1 \end{cases} \Rightarrow \begin{cases} \dfrac{\mathrm{d}y}{\mathrm{d}x} = \dfrac{z-x}{y-z}, \\ \dfrac{\mathrm{d}z}{\mathrm{d}x} = \dfrac{x-y}{y-z} \end{cases} \Rightarrow \begin{cases} \left.\dfrac{\mathrm{d}y}{\mathrm{d}x}\right|_{(1,-2,1)} = 0, \\ \left.\dfrac{\mathrm{d}z}{\mathrm{d}x}\right|_{(1,-2,1)} = -1, \end{cases}$$

由此得切向量

$$\boldsymbol{T} = \left(1, \frac{\mathrm{d}y}{\mathrm{d}x}, \frac{\mathrm{d}z}{\mathrm{d}x}\right) = (1, 0, -1),$$

所求切线方程为

$$\frac{x-1}{1} = \frac{y+2}{0} = \frac{z-1}{-1},$$

法平面方程为

$$(x-1) + 0\cdot(y+2) - (z-1) = 0, \quad 即 \quad x - z = 0.$$

例 3　求曲线 $\begin{cases} y = -x^2, \\ z = x^3 \end{cases}$ 上的点, 使在该点的切线平行于已知平面

$$x + 2y + z = 4.$$

解　设所求切点为 (x_0, y_0, z_0), 则曲线在该点的切线向量为 $\boldsymbol{s} = (1, -2x_0, 3x_0^2)$. 由于切线平行于已知平面 $x + 2y + z = 4$, 因而 $\boldsymbol{s}$ 垂直于已知平面的法线向量 $\boldsymbol{n} = (1, 2, 1)$, 故有

$$\boldsymbol{s} \cdot \boldsymbol{n} = 1\cdot 1 + (-2x_0)\cdot 2 + 3x_0^2\cdot 1 = 0,$$

解得 $x_0 = 1$ 或 $\dfrac{1}{3}$, 将它代入曲线方程. 求得切点为 $M_1(1, -1, 1)$ 和 $M_2\left(\dfrac{1}{3}, -\dfrac{1}{9}, \dfrac{1}{27}\right)$.

二、曲面的切平面与法线

切平面　设曲面 Σ 的方程为

$$F(x, y, z) = 0.$$

如图 7.6.2, $M_0(x_0, y_0, z_0)$ 是曲面 Σ 上的一点, 并设函数 $F(x, y, z)$ 的偏导数在该点连续且不同时为零. 在曲面 Σ 上, 通过点 M_0 任意引一条曲线 Γ, 假定曲线 Γ 的参数方程式为

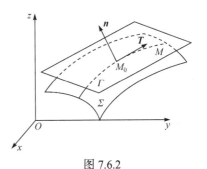

图 7.6.2

$x = \varphi(t)$, $y = \psi(t)$, $z = \omega(t)$, $t = t_0$ 对应于点 $M_0(x_0, y_0, z_0)$, 且 $\varphi'(t_0), \psi'(t_0), \omega'(t_0)$ 不全为零, 则曲线在该点的切向量为

$$\boldsymbol{T} = (\varphi'(t_0), \psi'(t_0), \omega'(t_0)).$$

考虑曲面方程 $F(x, y, z) = 0$ 两端在 $t = t_0$ 的全导数:

$$\left.\frac{\mathrm{d}F}{\mathrm{d}t}\right|_{t=t_0} = F_x(x_0, y_0, z_0)\varphi'(t_0) + F_y(x_0, y_0, z_0)\psi'(t_0) + F_z(x_0, y_0, z_0)\omega'(t_0) = 0.$$

记向量

$$\boldsymbol{n} = (F_x(x_0, y_0, z_0), F_y(x_0, y_0, z_0), F_z(x_0, y_0, z_0)),$$

易见 $\boldsymbol{T}$ 与 $\boldsymbol{n}$ 相互垂直. 因为曲线 $\varGamma$ 是曲面 $\varSigma$ 上通过点 M_0 的任意一条曲线, 它们在点 M_0 的切线都与同一向量 $\boldsymbol{n}$ 垂直, 所以曲面上通过点 M_0 的一切曲线在点 M_0 的切线都在同一个平面上, 这个平面称为曲面 $\varSigma$ 在点 M_0 的切平面, 该切平面的方程是

$$F_x(x_0, y_0, z_0)(x - x_0) + F_y(x_0, y_0, z_0)(y - y_0) + F_z(x_0, y_0, z_0)(z - z_0) = 0.$$

曲面的法线 通过点 $M_0(x_0, y_0, z_0)$ 且垂直于切平面的直线称为曲面在该点的法线, 法线方程为

$$\frac{x - x_0}{F_x(x_0, y_0, z_0)} = \frac{y - y_0}{F_y(x_0, y_0, z_0)} = \frac{z - z_0}{F_z(x_0, y_0, z_0)}.$$

曲面的法向量 垂直于曲面上切平面的向量称为曲面的法向量. 向量

$$\boldsymbol{n} = (F_x(x_0, y_0, z_0), F_y(x_0, y_0, z_0), F_z(x_0, y_0, z_0))$$

就是曲面 $\varSigma$ 在点 M_0 处的一个法向量.

例 4 求球面 $x^2 + y^2 + z^2 = 14$ 在点 $(1, 2, 3)$ 处的切平面及法线方程.

解 设 $F(x, y, z) = x^2 + y^2 + z^2 - 14$, 则

$$F_x = 2x, \quad F_y = 2y, \quad F_z = 2z, \quad F_x(1, 2, 3) = 2, \quad F_y(1, 2, 3) = 4, \quad F_z(1, 2, 3) = 6.$$

法向量为 $\boldsymbol{n} = (2, 4, 6)$, 或 $\boldsymbol{n} = (1, 2, 3)$. 于是所求切平面方程为

$$2(x - 1) + 4(y - 2) + 6(z - 3) = 0,$$

即

$$x + 2y + 3z - 14 = 0.$$

法线方程为

$$\frac{x - 1}{1} = \frac{y - 2}{2} = \frac{z - 3}{3}.$$

例 5 求旋转抛物面 $z = x^2 + y^2 - 1$ 在点 $(2, 1, 4)$ 处的切平面及法线方程.

解　令 $F(x,y,z)=x^2+y^2-1-z$，则
$$\boldsymbol{n}\big|_{(2,1,4)}=(2x,2y,-1)\big|_{(2,1,4)}=(4,2,-1),$$
故切平面方程为
$$4(x-2)+2(y-1)-(z-4)=0,\quad 即\ 4x+2y-z-6=0,$$
法线方程为
$$\frac{x-2}{4}=\frac{y-1}{2}=\frac{z-4}{-1}.$$

例 6　求曲面 $x^2+2y^2+3z^2=21$ 平行于平面 $x+4y+6z=0$ 的各切平面方程.

解　设 (x_0,y_0,z_0) 为曲面上的切点，则切平面方程为
$$2x_0(x-x_0)+4y_0(y-y_0)+6z_0(z-z_0)=0,$$
依题意，该切平面平行于已知平面，所以有
$$\frac{2x_0}{1}=\frac{4y_0}{4}=\frac{6z_0}{6},\quad 即\ 2x_0=y_0=z_0.$$

因为 (x_0,y_0,z_0) 是曲面上的切点，所以满足曲面方程，代入 $x^2+2y^2+3z^2=21$ 得 $x_0=\pm1$，故所求切点为 $(1,2,2),(-1,-2,-2)$，故平行于已知平面的切平面方程为
$$2(x-1)+8(y-2)+12(z-2)=0,\quad 即\ x+4y+6z=21$$
和
$$-2(x+1)-8(y+2)-12(z+2)=0,$$
即
$$x+4y+6z=-21.$$

例 7　求曲面 $x^2+y^2+z^2-xy-3=0$ 上同时垂直于平面 $z=0$ 与 $x+y+1=0$ 的切平面方程.

解　设 $F(x,y,z)=x^2+y^2+z^2-xy-3$，则
$$F_x=2x-y,\quad F_y=2y-x,\quad F_z=2z,$$
曲面在点 (x_0,y_0,z_0) 的法线向量为
$$\boldsymbol{n}=(2x_0-y_0)\boldsymbol{i}+(2y_0-x_0)\boldsymbol{j}+2z_0\boldsymbol{k}.$$
由于平面 $z=0$ 的法线向量 $\boldsymbol{n}_1=\boldsymbol{k}$，平面 $x+y+1=0$ 的法线向量 $\boldsymbol{n}_2=\boldsymbol{i}+\boldsymbol{j}$，而 $\boldsymbol{n}$ 同时垂直于 $\boldsymbol{n}_1$ 与 $\boldsymbol{n}_2$，所以 $\boldsymbol{n}$ 平行于 $\boldsymbol{n}_1\times\boldsymbol{n}_2$，而
$$\boldsymbol{n}_1\times\boldsymbol{n}_2=\begin{vmatrix} \boldsymbol{i} & \boldsymbol{j} & \boldsymbol{k} \\ 0 & 0 & 1 \\ 1 & 1 & 0 \end{vmatrix}=-\boldsymbol{i}+\boldsymbol{j},$$
所以存在实数 λ，使得

$$(2x_0 - y_0, 2y_0 - x_0, 2z_0) = \lambda(-1,1,0),$$

即

$$2x_0 - y_0 = -\lambda, \quad 2y_0 - x_0 = \lambda, \quad 2z_0 = 0,$$

解得 $x_0 = -y_0$, $z_0 = 0$, 将其代入原曲面方程, 求得切点 $M_1(1,-1,0)$ 和 $M_2(-1,1,0)$, 因而, 所求的切平面方程为

$$-(x-1) + (y+1) = 0, \quad 即 \ x - y - 2 = 0$$

和

$$-(x+1) + (y-1) = 0, \quad 即 \ x - y + 2 = 0.$$

问题讨论

1. 若曲线 Γ 的方程为 $y = \varphi(x), z = \psi(x)$, 问其切线和法平面方程是什么形式? 若曲线 Γ 的方程为 $F(x,y,z) = 0, G(x,y,z) = 0$. 问其切线和法平面方程又是什么形式?

2. 若曲面方程为 $z = f(x,y)$, 问曲面的切平面及法线方程是什么形式? 又若空间曲面以如下参数方程的形式给出

$$x = x(u,v), \quad y = y(u,v), \quad z = z(u,v) \quad (u,v) \in D,$$

你能推导出该曲面上一点的切平面和法线方程吗?

小结

本节对以参数方程表示的空间曲线给出了其上一点的切线和法平面方程, 对以一般方程表示的空间曲面给出了其上一点的切平面和法线方程, 而对用其他形式的方程来表示的曲线和曲面我们只给出了一些具体的例子, 其一般形式则作为问题交给读者去讨论.

习　题　7.6

1. 求下列曲线在指定点处的切线方程和法平面方程:

(1) $x = t^2, y = 1 - t, z = t^3$ 在 $(1,0,1)$ 处;

(2) $x = \dfrac{t}{1+t}, y = \dfrac{1+t}{t}, z = t^2$ 在 $t = 1$ 的对应点处;

(3) $x = t - \sin t, y = 1 - \cos t, z = 4\sin\dfrac{t}{2}$ 在点 $\left(\dfrac{\pi}{2} - 1, 1, 2\sqrt{2}\right)$ 处;

(4) $\begin{cases} x^2 + y^2 - 10 = 0, \\ y^2 + z^2 - 10 = 0 \end{cases}$ 在点 $(1,1,3)$ 处.

2. 在曲线 $x = t, y = t^2, z = t^3$ 上求一点，使此点的切线平行于平面 $x + 2y + z = 4$.

*3. 求曲线 $y^2 = 2mx, z^2 = m - x$ 在点 (x_0, y_0, z_0) 处的切线及法平面方程.

*4. 求曲线 $\begin{cases} x^2 + y^2 + z^2 - 3x = 0, \\ 2x - 3y + 5z - 4 = 0 \end{cases}$ 在点 $(1,1,1)$ 处的切线及法平面方程.

5. 求下列曲面在指定点处的切平面和法线方程：

(1) $3x^2 + y^2 - z^2 = 27$ 在点 $(3,1,1)$ 处；

(2) $z = \ln(1 + x^2 + 2y^2)$ 在点 $(1,1,\ln 4)$ 处；

(3) $z = \arctan \dfrac{y}{x}$ 在点 $\left(1,1,\dfrac{\pi}{4}\right)$ 处.

6. 求曲面 $x^2 + 2y^2 + 3z^2 = 21$ 上平行于平面 $x + 4y + 6z = 0$ 的切平面方程.

7. 证明：曲面 $F(x - az, y - bz) = 0$ 上任意点处的切平面与直线 $\dfrac{x}{a} = \dfrac{y}{b} = z$ 平行(其中 a,b 为常数，函数 $F(u,v)$ 可微).

8. 求旋转椭球面 $3x^2 + y^2 + z^2 = 16$ 上点 $(-1,-2,3)$ 处的切平面与 xOy 面的夹角的余弦.

9. 证明曲面 $xyz = a^3$ ($a > 0$，为常数)的任一切平面与三个坐标面所围成的四面体的体积为常数.

7.7　方向导数与梯度

　　一元函数的定义域一般是直线上一个区间，动点趋近于一给定点只有左右两个方向，在那里我们讨论了函数的左、右导数. 二元函数的定义域是一个平面区域，动点可以沿着任意方向以直线(或曲线)形式趋近于一个给定点，其方向有无穷多个，那么，沿着不同的方向其导数是否有所不同呢？我们前面学习的偏导数是否是沿着某一方向的导数呢？本节我们就来讨论这些问题.

一、方向导数

　　在许多问题中，不仅要知道函数在坐标轴方向上的变化率(即偏导数)，而且还要设法求得函数在其他特定方向上的变化率. 这就是本节所要讨论的方向导数. 现在我们来讨论函数 $u = f(x,y,z)$ 在一点 P 沿某一方向的变化率问题.

　　定义 1　设三元函数 f 在点 $P_0(x_0,y_0,z_0)$ 的某邻域 $U(P_0) \subset \mathbf{R}^3$ 内有定义，l 为从点 P_0 出发的射线，$P(x,y,z)$ 为 l 上且含于 $U(P_0)$ 内的任一点，以 ρ 表示 P 与 P_0 两点间的距离. 若极限

$$\lim_{\rho \to 0^+} \frac{f(P) - f(P_0)}{\rho} = \lim_{\rho \to 0^+} \frac{\Delta_l f}{\rho}$$

存在，则称此极限为函数 f 在点 P_0 沿方向 l 的方向导数，记作 $\left.\dfrac{\partial f}{\partial l}\right|_{P_0}$，$f_l(P_0)$ 或

$f_l(x_0, y_0, z_0)$.

容易看到, 若 f 在点 P_0 存在关于 x 的偏导数, 则 f 在点 P_0 沿 x 轴正向的方向导数恰为 $\dfrac{\partial f}{\partial l}\Big|_{P_0} = \dfrac{\partial f}{\partial x}\Big|_{P_0}$. 当 l 的方向为 x 轴的负方向时, 则有 $\dfrac{\partial f}{\partial l}\Big|_{P_0} = -\dfrac{\partial f}{\partial x}\Big|_{P_0}$.

沿任一方向的方向导数与偏导数的关系由下述定理给出.

定理 1　若函数 f 在点 $P_0(x_0, y_0, z_0)$ 可微, 则 f 在点 P_0 处沿任一方向 l 的方向导数都存在, 且

$$f_l(P_0) = f_x(P_0)\cos\alpha + f_y(P_0)\cos\beta + f_z(P_0)\cos\gamma,$$

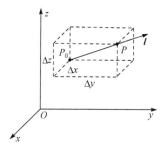

如图 7.7.1 所示, 其中 $\cos\alpha, \cos\beta, \cos\gamma$ 为方向 l 的方向余弦.

证明　设 $P(x, y, z)$ 为 l 上任一点, 于是(图 7.7.1)

$$\begin{cases} x - x_0 = \Delta x = \rho\cos\alpha, \\ y - y_0 = \Delta y = \rho\cos\beta, \\ z - z_0 = \Delta z = \rho\cos\gamma. \end{cases} \tag{7.23}$$

图 7.7.1

由假设 f 在点 P_0 可微, 则有

$f(P) - f(P_0) = f_x(P_0)\Delta x + f_y(P_0)\Delta y + f_z(P_0)\Delta z + o(\rho)$. 上式左、右两边皆除以 ρ , 并根据(7.23)式可得

$$\frac{f(P) - f(P_0)}{\rho} = f_x(P_0)\frac{\Delta x}{\rho} + f_y(P_0)\frac{\Delta y}{\rho} + f_z(P_0)\frac{\Delta z}{\rho} + \frac{o(\rho)}{\rho}$$

$$= f_x(P_0)\cos\alpha + f_y(P_0)\cos\beta + f_z(P_0)\cos\gamma + \frac{o(\rho)}{\rho}.$$

因为, 当 $\rho \to 0$ 时, 上式右边末项 $\dfrac{o(\rho)}{\rho} \to 0$, 于是左边极限存在且有

$$f_l(P_0) = \lim_{\rho \to 0^+} \frac{f(P) - f(P_0)}{\rho} = f_x(P_0)\cos\alpha + f_y(P_0)\cos\beta + f_z(P_0)\cos\gamma.$$

对于二元函数 $f(x, y)$ 来说, 相应的结果是

$$f_l(P_0) = f_x(x_0, y_0)\cos\alpha + f_y(x_0, y_0)\cos\beta,$$

其中 α, β 是平面向量 l 的方向角.

例 1　求函数 $z = xe^{2y}$ 在点 $P(1, 0)$ 沿着从点 $P(1, 0)$ 到点 $Q(2, -1)$ 的方向的方向导数.

解　这里方向 l 即向量 $\overrightarrow{PQ} = (1, -1)$ 的方向, 与 l 同方向的单位向量为

$$e_l = \left(\frac{1}{\sqrt{2}}, -\frac{1}{\sqrt{2}}\right).$$

因为函数在点 $P(1,0)$ 可微分, 且

$$\left.\frac{\partial z}{\partial x}\right|_{(1,0)} = \left.e^{2y}\right|_{(1,0)} = 1, \quad \left.\frac{\partial z}{\partial y}\right|_{(1,0)} = \left.2xe^{2y}\right|_{(1,0)} = 2,$$

所以所求方向导数为

$$\left.\frac{\partial z}{\partial l}\right|_{(1,0)} = 1 \cdot \frac{1}{\sqrt{2}} + 2 \cdot \left(-\frac{1}{\sqrt{2}}\right) = -\frac{\sqrt{2}}{2}.$$

例 2　求函数 $f(x,y) = x^2 - xy + y^2$ 在点 $(1,1)$ 沿着与 x 轴方向夹角为 α 的方向射线 l 的方向导数. 并问在怎样的方向上此方向导数有

(1) 最大值; (2) 最小值; (3) 等于零?

解　由方向导数的计算公式知

$$\begin{aligned}
\left.\frac{\partial f}{\partial l}\right|_{(1,1)} &= f_x(1,1)\cos\alpha + f_y(1,1)\sin\alpha \\
&= \left.(2x - y)\right|_{(1,1)}\cos\alpha + \left.(2y - x)\right|_{(1,1)}\sin\alpha \\
&= \cos\alpha + \sin\alpha = \sqrt{2}\sin\left(\alpha + \frac{\pi}{4}\right).
\end{aligned}$$

故: (1) 当 $\alpha = \dfrac{\pi}{4}$ 时, 方向导数达到最大值 $\sqrt{2}$;

(2) 当 $\alpha = \dfrac{5\pi}{4}$ 时, 方向导数达到最小值 $-\sqrt{2}$;

(3) 当 $\alpha = \dfrac{3\pi}{4}$ 和 $\alpha = \dfrac{7\pi}{4}$ 时, 方向导数等于 0.

例 3　求函数 $u = \ln(x + \sqrt{y^2 + z^2})$ 在点 $A(1,0,1)$ 处沿点 A 指向点 $B(3,-2,2)$ 方向的方向导数.

解　这里 l 为 $\overrightarrow{AB} = (2,-2,1)$ 的方向. 向量 $\overrightarrow{AB}$ 的方向余弦为

$$\cos\alpha = \frac{2}{3}, \quad \cos\beta = -\frac{2}{3}, \quad \cos\gamma = \frac{1}{3},$$

又

$$\frac{\partial u}{\partial x} = \frac{1}{x + \sqrt{y^2 + z^2}},$$

$$\frac{\partial u}{\partial y} = \frac{1}{x + \sqrt{y^2 + z^2}} \cdot \frac{y}{\sqrt{y^2 + z^2}},$$

$$\frac{\partial u}{\partial z} = \frac{1}{x + \sqrt{y^2 + z^2}} \cdot \frac{z}{\sqrt{y^2 + z^2}},$$

所以

$$\left. \frac{\partial u}{\partial x} \right|_A = \frac{1}{2}, \quad \left. \frac{\partial u}{\partial y} \right|_A = 0, \quad \left. \frac{\partial u}{\partial z} \right|_A = \frac{1}{2}.$$

于是

$$\left. \frac{\partial u}{\partial l} \right|_A = \frac{1}{2} \times \frac{2}{3} + 0 \times \left(-\frac{2}{3} \right) + \frac{1}{3} \times \frac{1}{2} = \frac{1}{2}.$$

例 4 求 $f(x,y,z) = xy + yz + zx$ 在点 $(1,1,2)$ 沿方向 l 的方向导数, 其中 l 的方向角分别为 $60°, 45°, 60°$.

解 与 l 同向的单位向量

$$\boldsymbol{e}_l = (\cos 60°, \cos 45°, \cos 60°) = \left(\frac{1}{2}, \frac{\sqrt{2}}{2}, \frac{1}{2} \right).$$

因为函数在点 $(1,1,2)$ 可微分, 且

$$f_x(1,1,2) = (y + z)|_{(1,1,2)} = 3,$$
$$f_y(1,1,2) = (x + z)|_{(1,1,2)} = 3,$$
$$f_z(1,1,2) = (y + x)|_{(1,1,2)} = 2,$$

故 $\left. \dfrac{\partial f}{\partial l} \right|_{(1,1,2)} = 3 \cdot \dfrac{1}{2} + 3 \cdot \dfrac{\sqrt{2}}{2} + 2 \cdot \dfrac{1}{2} = \dfrac{1}{2}(5 + 3\sqrt{2}).$

例 5 设 $\boldsymbol{n}$ 是曲面 $2x^2 + 3y^2 + z^2 = 6$ 在 $P(1,1,1)$ 处的指向外侧的法向量, 求函数 $u = \dfrac{1}{z}(6x^2 + 8y^2)^{\frac{1}{2}}$ 在点 $P(1,1,1)$ 处沿方向 $\boldsymbol{n}$ 的方向导数.

解 令 $F(x,y,z) = 2x^2 + 3y^2 + z^2 - 6$, 则

$$F_x|_P = 4x|_P = 4, \quad F_y|_P = 6y|_P = 6, \quad F_z|_P = 2z|_P = 2,$$

故

$$\boldsymbol{n} = (F_x, F_y, F_z) = (4,6,2), \quad |\boldsymbol{n}| = \sqrt{4^2 + 6^2 + 2^2} = 2\sqrt{14},$$

方向余弦为

$$\cos \alpha = \frac{2}{\sqrt{14}}, \quad \cos \beta = \frac{3}{\sqrt{14}}, \quad \cos \gamma = \frac{1}{\sqrt{14}}.$$

$$\left.\frac{\partial u}{\partial x}\right|_P = \left.\frac{6x}{z\sqrt{6x^2+8y^2}}\right|_P = \frac{6}{\sqrt{14}};$$

$$\left.\frac{\partial u}{\partial y}\right|_P = \left.\frac{8y}{z\sqrt{6x^2+8y^2}}\right|_P = \frac{8}{\sqrt{14}};$$

$$\left.\frac{\partial u}{\partial z}\right|_P = \left.-\frac{\sqrt{6x^2+8y^2}}{z^2}\right|_P = -\sqrt{14}$$

所以

$$\left.\frac{\partial u}{\partial \boldsymbol{n}}\right|_P = \left.\left(\frac{\partial u}{\partial x}\cos\alpha + \frac{\partial u}{\partial y}\cos\beta + \frac{\partial u}{\partial z}\cos\gamma\right)\right|_P = \frac{11}{7}.$$

注　本例题由于 $P(1,1,1)$ 是曲面上第一象限上的点, 其外法线的法向量 $\boldsymbol{n} = (F_x, F_y, F_z)_{(1,1,1)}$ 一定要 $F_z\big|_{(1,1,1)} > 0$. 故 $F(x,y,z)$ 不能设成

$$F(x,y,z) = 6 - 2x^2 - 3y^2 - z^2.$$

二、梯度与场

1. 梯度

定义 2　设函数 $z = f(x,y)$ 在平面区域 D 内具有一阶连续偏导数, 则对于每一点 $P_0(x_0,y_0) \in D$, 都可确定一个向量 $f_x(x_0,y_0)\boldsymbol{i} + f_y(x_0,y_0)\boldsymbol{j}$, 该向量称为函数 $f(x,y)$ 在点 $P_0(x_0,y_0)$ 的梯度, 记作 $\mathbf{grad}f(x_0,y_0)$, 即

$$\mathbf{grad}f(x_0,y_0) = f_x(x_0,y_0)\boldsymbol{i} + f_y(x_0,y_0)\boldsymbol{j}.$$

梯度与方向导数存在什么关系呢?

如果函数 $f(x,y)$ 在点 $P_0(x_0,y_0)$ 可微分, $\boldsymbol{e}_l = (\cos\alpha, \cos\beta)$ 是与方向 l 同方向的单位向量, 则由定理 1 和定义 2, 有

$$\left.\frac{\partial f}{\partial \boldsymbol{l}}\right|_{(x_0,y_0)} = f_x(x_0,y_0)\cos\alpha + f_y(x_0,y_0)\cos\beta$$

$$= \mathbf{grad}f(x_0,y_0) \cdot \boldsymbol{e}_l = \left|\mathbf{grad}f(x_0,y_0)\right| \cdot \cos(\mathbf{grad}f(x_0,y_0), \boldsymbol{e}_l)$$

上式清楚地表明了函数在一点的梯度与函数在该点的方向导数间的关系. 特别, 当向量 $\boldsymbol{e}_l$ 与 $\mathbf{grad}f(x_0,y_0)$ 的夹角 $\theta = 0$, 即沿梯度方向时, 方向导数 $\left.\dfrac{\partial f}{\partial \boldsymbol{l}}\right|_{(x_0,y_0)}$

取得最大值, 这个最大值就是梯度的模 $|\mathbf{grad}f(x_0,y_0)|$.

由此我们可以得到如下结论:

函数在某点的梯度是这样一个向量, 它的方向与取得最大方向导数的方向一致, 而它的模为方向导数的最大值.

梯度概念可以推广到三元函数的情形. 设函数 $f(x,y,z)$ 在空间区域 G 内具有一阶连续偏导数, 则对于每一点 $P_0(x_0,y_0,z_0) \in G$, 都有一个与之对应的向量

$$f_x(x_0,y_0,z_0)\boldsymbol{i} + f_y(x_0,y_0,z_0)\boldsymbol{j} + f_z(x_0,y_0,z_0)\boldsymbol{k},$$

该向量称为函数 $f(x,y,z)$ 在点 $P_0(x_0,y_0,z_0)$ 的梯度, 记为 $\mathbf{grad}f(x_0,y_0,z_0)$, 即

$$\mathbf{grad}f(x_0,y_0,z_0) = f_x(x_0,y_0,z_0)\boldsymbol{i} + f_y(x_0,y_0,z_0)\boldsymbol{j} + f_z(x_0,y_0,z_0)\boldsymbol{k}.$$

一般来说, 二元函数 $z = f(x,y)$ 在几何上表示一个曲面, 该曲面被平面 $z = c(c$ 是常数) 所截得的曲线 L 的方程为

$$\begin{cases} z = f(x,y), \\ z = c. \end{cases}$$

这条曲线 L 在 xOy 面上的投影是一条平面曲线 L^*, 它在 xOy 平面上的方程为

$$f(x,y) = c.$$

在曲线 L^* 上任取一点, 已给函数的函数值都是 c, 所以我们称平面曲线 L^* 为函数 $z = f(x,y)$ 的等值线.

若 f_x, f_y 不同时为零, 则等值线 $f(x,y) = c$ 上任一点 $P_0(x_0,y_0)$ 处的一个单位法向量为

$$\boldsymbol{n} = \frac{1}{\sqrt{f_x^2(x_0,y_0) + f_y^2(x_0,y_0)}}(f_x(x_0,y_0), f_y(x_0,y_0)).$$

这表明梯度 $\mathbf{grad}f(x_0,y_0)$ 的方向与等值线上该点的一个法线方向相同, 而沿这个方向的方向导数 $\dfrac{\partial f}{\partial \boldsymbol{n}}$ 就等于 $|\mathbf{grad}f(x_0,y_0)|$, 于是

$$\mathbf{grad}f(x_0,y_0) = \frac{\partial f}{\partial \boldsymbol{n}}\boldsymbol{n}.$$

这一关系式表明了函数在一点的梯度与过该点的等值线、方向导数间的关系. 这表明: 函数在一点的梯度方向与等值线在该点的一个法线方向相同, 它的指向为从数值较低的等值线指向数值较高的等值线, 梯度的模就等于函数在这个法线方向的方向导数.

类似地, 如果把曲面 $f(x,y,z) = c$ 称为函数的等量面, 则可得函数 $f(x,y,z)$

在点 $P_0(x_0,y_0,z_0)$ 的梯度方向与过点 P_0 的等量面 $f(x,y,z)=c$ 在该点的法线的一个方向相同, 且从数值较低的等量面指向数值较高的等量面, 而梯度的模等于函数在这个法线方向的方向导数.

例 6　(1) 求 $\mathbf{grad}\dfrac{1}{x^2+y^2}$;

(2) 设 $f(x,y,z)=x^2+y^2+z^2$, 求 $\mathbf{grad}f(1,-1,2)$.

解　(1) 这里 $f(x,y)=\dfrac{1}{x^2+y^2}$. 因为

$$\frac{\partial f}{\partial x}=-\frac{2x}{(x^2+y^2)^2},\quad \frac{\partial f}{\partial y}=-\frac{2y}{(x^2+y^2)^2},$$

所以

$$\mathbf{grad}\frac{1}{x^2+y^2}=-\frac{2x}{(x^2+y^2)^2}\boldsymbol{i}-\frac{2y}{(x^2+y^2)^2}\boldsymbol{j}.$$

(2) 因为 $\mathbf{grad}f=(f_x,f_y,f_z)=(2x,2y,2z)$, 所以 $\mathbf{grad}f(1,-1,2)=(2,-2,4)$.

例 7　求函数 $u=x^2+2y^2+3z^2+3x-2y$ 在点 $(1,1,2)$ 处的梯度, 并问在哪些点处梯度为零?

解　由梯度计算公式得

$$\mathbf{grad}u(x,y,z)=\frac{\partial u}{\partial x}\boldsymbol{i}+\frac{\partial u}{\partial y}\boldsymbol{j}+\frac{\partial u}{\partial z}\boldsymbol{k}=(2x+3)\boldsymbol{i}+(4y-2)\boldsymbol{j}+6z\boldsymbol{k},$$

故 $\mathbf{grad}u(1,1,2)=5\boldsymbol{i}+2\boldsymbol{j}+12\boldsymbol{k}$, 在 $P_0\left(-\dfrac{3}{2},\dfrac{1}{2},0\right)$ 处梯度为 **0**.

例 8　求函数 $u=xy^2+z^3-xyz$ 在点 $P_0(1,1,1)$ 处沿哪个方向的方向导数最大? 最大值是多少?

解　由 $\dfrac{\partial u}{\partial x}=y^2-yz,\dfrac{\partial u}{\partial y}=2xy-xz,\dfrac{\partial u}{\partial z}=3z^2-xy$,　得

$$\left.\frac{\partial u}{\partial x}\right|_{P_0}=0,\quad \left.\frac{\partial u}{\partial y}\right|_{P_0}=1,\quad \left.\frac{\partial u}{\partial z}\right|_{P_0}=2.$$

从而 $\mathbf{grad}u(P_0)=(0,1,2),\left|\mathbf{grad}u(P_0)\right|=\sqrt{0+1+4}=\sqrt{5}$. 于是, u 在点 P_0 处沿方向 $(0,1,2)$ 的方向导数最大, 最大值是 $\sqrt{5}$.

2. 数量场与向量场

如果对于空间区域 G 内的任一点 M, 都有一个确定的数量 $f(M)$ 与之对应, 则称在这空间区域 G 内确定了一个数量场(例如, 温度场、密度场等). 一个数量场

可用一个数量函数 $f(M)$ 来确定. 如果与点 M 相对应的是一个向量 $\boldsymbol{F}(M)$, 则称在该空间区域 G 内确定了一个向量场(例如, 力场、速度场等). 一个向量场可用一个向量函数 $\boldsymbol{F}(M)$ 来确定. 而

$$\boldsymbol{F}(M) = P(M)\boldsymbol{i} + Q(M)\boldsymbol{j} + R(M)\boldsymbol{k},$$

其中 $P(M), Q(M), R(M)$ 是点 M 的数量函数.

利用场的概念, 我们可以说向量函数 $\mathbf{grad}f(M)$ 确定了一个向量场——梯度场, 它是由数量场 $f(M)$ 产生的, 通常称函数 $f(M)$ 为这个向量场的势, 而这个向量场又称为势场. 必须注意, 任意一个向量场不一定是势场, 因为它不一定是某个数量函数的梯度场.

例 9　试求数量场 $\dfrac{m}{r}$ 所产生的梯度场, 其中常数 $m > 0, r = \sqrt{x^2 + y^2 + z^2}$ 为原点 O 与点 $M(x,y,z)$ 间的距离.

解　$\dfrac{\partial}{\partial x}\left(\dfrac{m}{r}\right) = -\dfrac{m}{r^2}\dfrac{\partial r}{\partial x} = -\dfrac{mx}{r^3}$, 根据对称性,

$$\frac{\partial}{\partial y}\left(\frac{m}{r}\right) = -\frac{my}{r^3}, \quad \frac{\partial}{\partial z}\left(\frac{m}{r}\right) = -\frac{mz}{r^3}.$$

从而

$$\mathbf{grad}\frac{m}{r} = -\frac{m}{r^2}\left(\frac{x}{r}\boldsymbol{i} + \frac{y}{r}\boldsymbol{j} + \frac{z}{r}\boldsymbol{k}\right).$$

如果用 $\boldsymbol{e}_r$ 表示与 $\overrightarrow{OM}$ 同方向的单位向量, 则

$$\boldsymbol{e}_r = \frac{x}{r}\boldsymbol{i} + \frac{y}{r}\boldsymbol{j} + \frac{z}{r}\boldsymbol{k}, \quad \mathbf{grad}\frac{m}{r} = -\frac{m}{r^2}\boldsymbol{e}_r.$$

上式右端在力学上可解析为: 位于原点 O 而质量为 m 的质点对位于点 M 而质量为 1 的质点的引力. 该引力的大小与两质点的质量的乘积成正比, 而与它们的距离平方成反比, 该引力的方向由点 M 指向原点.

问题讨论

1. 函数 $z = f(x,y)$ 在点 P 沿 x 轴正向、负向, 以及沿 y 轴正向、负向的方向导数是什么?

2. 讨论三元函数的方向导数与梯度的关系, 什么情况下 $\dfrac{\partial f}{\partial l}$ 取得最大值、最小值和零? 它们和梯度向量有何关系? 梯度向量有何特征(模、方向)?

小结

本节首先介绍了方向导数的概念, 给出了方向导数存在的条件和计算方向导数的公式(定理 1), 通过例题演示了计算方向导数的方法. 然后定义了梯度, 通过实例讨论了方向导数和梯度的关系. 最后简要介绍了向量场和数量场的概念以及例子.

习　题　7.7

1. 求函数 $z = x^2 + y^2$ 在点 $(1,2)$ 处沿该点到点 $(2, 2 + \sqrt{3})$ 方向的方向导数.

2. 求函数 $z = \ln(x^2 + y^2)$ 在点 $(1,1)$ 处沿与 x 轴正向夹角为 $60°$ 的方向的方向导数.

3. 求函数 $z = 1 - \left(\dfrac{x^2}{a^2} + \dfrac{y^2}{b^2} \right)$ 在点 $\left(\dfrac{a}{\sqrt{2}}, \dfrac{b}{\sqrt{2}} \right)$ 处沿曲线 $\dfrac{x^2}{a^2} + \dfrac{y^2}{b^2} = 1$ 在该点的内法线方向的方向导数.

4. 求函数 $u = x^2 - xy + z^2$ 在点 $(1,0,1)$ 处沿该点到 $(3,-1,3)$ 方向的方向导数.

5. 求函数 $u = x^2 + y^2 + z^2$ 在曲线 $x = t, y = t^2, z = t^3$ 上点 $(1,1,1)$ 处, 沿曲线在该点的切线正方向(对应于 t 增大的方向)的方向导数.

6. 求函数 $u = x + y + z$ 在球面 $x^2 + y^2 + z^2 = 1$ 上点 (x_0, y_0, z_0) 处, 沿球面在该点的外法线方向的方向导数.

7. 求函数 $u = xyz$ 在点 $(1,1,1)$ 处沿方向 $\boldsymbol{l} = (\cos a, \cos b, \cos c)$ 的方向导数、$|\mathbf{grad}u|$ 的值, 以及 $\mathbf{grad}u$ 的方向余弦.

8. 求函数 $u = xy + yz + zx$ 在点 $(1,2,3)$ 处的梯度.

9. 一个徒步旅行者爬山, 已知山的高度满足函数 $z = 1000 - 2x^2 - 3y^2$, 当他在点 $(1,1,995)$ 处时, 为了尽可能快地升高, 他应沿什么方向移动?

10. 设 u, v 都是 x, y, z 的函数, u, v 的各偏导数都存在且连续, 证明:

(1) $\mathbf{grad}(u + v) = \mathbf{grad}u + \mathbf{grad}v$;

(2) $\mathbf{grad}(uv) = v\mathbf{grad}u + u\mathbf{grad}v$;

(3) $\mathbf{grad}(u^2) = 2u\mathbf{grad}u$.

7.8　多元函数的极值及其求法

在第 3 章, 我们讨论了一元函数的极值、最值及其应用. 而在科学研究、生产实践和社会生活中, 我们更多遇到的往往是多元函数求极值、最值及其应用问题, 本节将探讨这些问题.

一、多元函数的极值与最值

1. 概念

定义 1　设函数 $z = f(x, y)$ 在点 $P_0(x_0, y_0)$ 的某邻域内有定义. 如果对于该邻域

内异于点 $P_0(x_0,y_0)$ 的任一点 $P(x,y)$，都有 $f(x,y) \leqslant f(x_0,y_0)$，则称函数 $f(x,y)$ 在点 $P_0(x_0,y_0)$ 处有极大值 $f(x_0,y_0)$；如果对于该邻域内异于点 $P_0(x_0,y_0)$ 的任一点 $P(x,y)$，都有 $f(x,y) \geqslant f(x_0,y_0)$，则称函数 $f(x,y)$ 在点 $P_0(x_0,y_0)$ 处有极小值 $f(x_0,y_0)$. 极大值与极小值统称为极值，使函数取得极值的点称为函数的极值点.

以上关于二元函数的极值概念可推广到 n 元函数.

设 n 元函数 $u=f(P)$ 在点 P_0 的某一邻域内有定义，如果对于该邻域内任何异于 P_0 的点 P，都有 $f(P) \leqslant f(P_0)$ (或 $f(P) \geqslant f(P_0)$)，则称函数 $f(P)$ 在点 P_0 有极大值(或极小值) $f(P_0)$.

例1 函数 $z=x^2+y^2$ 在点 $(0,0)$ 处有极小值. 因为对于点 $(0,0)$ 的任一邻域内异于 $(0,0)$ 的点 (x,y)，对应的函数值 $f(x,y)$ 都为正，即有 $f(x,y) > f(0,0)$，所以函数 $z=x^2+y^2$ 在点 $(0,0)$ 处有极小值 $f(0,0)=0$. 从几何上看，点 $(0,0,0)$ 是位于 xOy 平面上方的开口向上的旋转抛物面 $z=x^2+y^2$ 的顶点. 如图 7.8.1 所示.

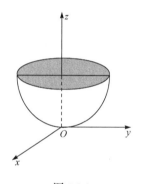

图 7.8.1

2. 多元函数取得极值的条件

定理1 (必要条件)　设函数 $z=f(x,y)$ 在点 $P_0(x_0,y_0)$ 处偏导数存在，且在点 $P_0(x_0,y_0)$ 处取得极值，则

$$f_x(x_0,y_0)=0, \quad f_y(x_0,y_0)=0.$$

证明　如果取 $y=y_0$，则函数 $f(x,y_0)$ 是 x 的一元函数，因为在 $x=x_0$ 处，$f(x_0,y_0)$ 是 $f(x,y_0)$ 的极值. 所以根据一元函数极值存在的必要条件，有 $f_x(x_0,y_0)=0$. 同理可证 $f_y(x_0,y_0)=0$.

与一元函数类似，使 $f_x(x_0,y_0)=0, f_y(x_0,y_0)=0$ 同时成立的点 (x_0,y_0) 称为函数 $z=f(x,y)$ 的驻点. 由定理 1 可知，在偏导数存在的条件下，函数的极值点必定是驻点，反过来，同一元函数类似，函数的驻点不一定是极值点，因为极值点也可能是使偏导数不存在的点.

如何判定一个驻点是否是极值点呢? 下面介绍一个判定二元函数极值的充分条件.

定理2 (充分条件)　设函数 $z=f(x,y)$ 在点 (x_0,y_0) 的某邻域内具有一阶及二阶连续偏导数，又 $f_x(x_0,y_0)=0, f_y(x_0,y_0)=0$. 记

$$f_{xx}(x_0,y_0)=A, \quad f_{xy}(x_0,y_0)=B, \quad f_{yy}(x_0,y_0)=C.$$

则

(1) 当 $AC - B^2 > 0$ 时, 函数 $z = f(x, y)$ 在点 (x_0, y_0) 处取得极值, 且当 $A > 0$ 时有极小值; 当 $A < 0$ 时有极大值.

(2) 当 $AC - B^2 < 0$ 时, 函数 $z = f(x, y)$ 在点 (x_0, y_0) 处没有极值.

(3) 当 $AC - B^2 = 0$ 时, 函数 $z = f(x, y)$ 在点 (x_0, y_0) 处可能有极值, 也可能没有极值.

证明从略.

3. 多元函数极值的求法

若函数 $z = f(x, y)$ 具有二阶连续偏导数, 根据定理 1 和定理 2, 可以概括出求二元函数极值的方法, 其步骤如下.

第一步: 解方程组

$$\begin{cases} f_x(x, y) = 0, \\ f_y(x, y) = 0. \end{cases}$$

求出函数 $f(x, y)$ 的一切驻点.

第二步: 对于每个驻点 (x_0, y_0), 计算出二阶偏导数的值 A, B 和 C.

第三步: 确定 $AC - B^2$ 的符号, 按定理 2 的结论判断 $f(x_0, y_0)$ 是否为极值, 再根据 A 的符号判定它是极大值还是极小值.

下面通过若干例题来熟悉求极值的方法.

例 2　求函数 $f(x, y) = x^3 + y^3 - 3(x^2 + y^2)$ 的极值.

解　(1) 解方程组

$$\begin{cases} f_x(x, y) = 3x^2 - 6x = 0, \\ f_y(x, y) = 3y^2 - 6y = 0, \end{cases}$$

求得驻点为 $(0, 0), (2, 0), (0, 2), (2, 2)$.

(2) 求函数的二阶偏导数

$$f_{xx}(x, y) = 6x - 6, \quad f_{xy}(x, y) = 0, \quad f_{yy}(x, y) = 6y - 6.$$

(3) 计算各点的二阶偏导数值 A, B 和 C, 确定 $AC - B^2$ 的符号, 判定其是否有极值, 在有极值的情况下, 根据 A 的符号判定其为极大值还是极小值.

在点 $(0, 0)$ 处: $A = -6, B = 0, C = -6, AC - B^2 = 36 > 0$ 且 $A = -6 < 0$, 所以, 函数 $f(x, y)$ 在点 $(0, 0)$ 处有极大值 $f(0, 0) = 0$;

在点 $(2, 0)$ 处: $A = 6, B = 0, C = -6, AC - B^2 = -36 < 0$, 所以函数 $f(x, y)$ 在点 $(2, 0)$ 处没有极值;

在点 $(0,2)$ 处: $A=-6,B=0,C=6,AC-B^2=-36<0$ ，所以函数 $f(x,y)$ 在点 $(0,2)$ 处没有极值;

在点 $(2,2)$ 处: $A=6,B=0,C=6,AC-B^2=36>0$ 且 $A=6>0$ ，所以，函数 $f(x,y)$ 在点 $(2,2)$ 处有极小值 $f(2,2)=-8$.

从 7.1 节我们知道，有界闭区域 D 上的连续函数 $f(x,y)$ 在 D 上必能取得最大值和最小值，这种使函数取得最大值和最小值的点可能在 D 的内部，也可能在 D 的边界上. 若函数在 D 上连续，在 D 内可微且只有有限个驻点，则函数在 D 的内部取到的最大值(最小值)也就是函数的极大值(极小值). 因此，在有界闭区域 D 上求连续函数 $f(x,y)$ 的最大值和最小值的方法是: 将函数 $f(x,y)$ 在 D 内所有驻点处的函数值、偏导数不存在的点处的函数值及 $f(x,y)$ 在 D 的边界上的最大值和最小值作比较，其中最大的就是最大值，最小的就是最小值. 在实际问题中，如果根据问题的性质知道函数 $f(x,y)$ 的最大值(或最小值)一定在区域 D 内取得，且在 D 内只有唯一的驻点，则该驻点处的函数值就是函数 $f(x,y)$ 在 D 上的最大值(或最小值).

例 3 求函数 $f(x,y)=x^2-y^2+2$ 在椭圆域 $D=\left\{(x,y)\left|x^2+\dfrac{y^2}{4}\leqslant 1\right.\right\}$ 上的最大值和最小值.

解 解方程组

$$\begin{cases} f_x(x,y)=2x=0, \\ f_y(x,y)=-2y=0, \end{cases}$$

得驻点 $(0,0)$. 驻点处的函数值为 $f(0,0)=2$.

在区域 D 的边界 $x^2+\dfrac{y^2}{4}=1$ 上，由于 $x^2=1-\dfrac{y^2}{4}$ ，所以原函数 $f(x,y)$ 变为一元函数

$$g(y)=1-\frac{y^2}{4}-y^2+2=-\frac{5}{4}y^2+3, \quad -2\leqslant y\leqslant 2.$$

由 $\dfrac{\mathrm{d}g(y)}{\mathrm{d}y}=-\dfrac{5}{2}y=0$ 得驻点值 $y=0$. 计算函数 $g(y)$ 在 $y=0,y=\pm 2$ 处的函数值，得 $g(0)=3,g(\pm 2)=-2$. 因此，$f(x,y)$ 在 D 的边界上的最大值是 3，最小值是-2. 将 $f(x,y)$ 在 D 的边界上的最大值、最小值及驻点的函数值比较，得函数 $f(x,y)$ 在 D 上的最大值是 3，最小值是-2.

注意，区域的边界是一个无穷集合，所以边界上的函数值可能有无穷多个，

因此有很多问题都未必能像上述例子那样容易求出边界上的最值, 所以, 这种判别方法并非总是有效的, 需要具体问题具体分析. 例如, 下面例子的处理方法就跟例 3 不一样.

例 4　求 $z = \dfrac{x+y}{x^2+y^2+1}$ 的最大值和最小值.

解　令

$$z_x = \frac{(x^2+y^2+1)-2x(x+y)}{(x^2+y^2+1)^2} = 0, \quad z_y = \frac{(x^2+y^2+1)-2y(x+y)}{(x^2+y^2+1)^2} = 0,$$

解得驻点

$$\left(\frac{1}{\sqrt{2}}, \frac{1}{\sqrt{2}}\right) \quad \text{和} \quad \left(-\frac{1}{\sqrt{2}}, -\frac{1}{\sqrt{2}}\right).$$

因为 $\lim\limits_{\substack{x\to\infty \\ y\to\infty}} \dfrac{x+y}{x^2+y^2+1} = 0$, 即边界上的值为零, 又

$$z\left(\frac{1}{\sqrt{2}}, \frac{1}{\sqrt{2}}\right) = \frac{1}{\sqrt{2}}, \quad z\left(-\frac{1}{\sqrt{2}}, -\frac{1}{\sqrt{2}}\right) = -\frac{1}{\sqrt{2}},$$

所以最大值为 $\dfrac{1}{\sqrt{2}}$, 最小值为 $-\dfrac{1}{\sqrt{2}}$.

在实际应用问题中, 通常是通过判断多元函数驻点的极值情况来解决这些问题. 这将在下面的若干例子中体现出来.

例 5　要造一个容量为 V 的长方体箱子, 问如何选择长、宽、高的尺寸, 才能使所用的材料最少?

解　设箱子的长、宽、高依次为 x, y, z , 则 $V = xyz$, 设箱子的表面积为 S, 则

$$S = 2(xy + yz + zx).$$

由于 $z = \dfrac{V}{xy}$, 所以

$$S = 2\left(xy + \frac{V}{x} + \frac{V}{y}\right) \quad (x > 0, y > 0),$$

这是 x, y 的二元函数. 解方程组

$$\begin{cases} S_x = 2\left(y - \dfrac{V}{x^2}\right) = 0, \\ S_y = 2\left(x - \dfrac{V}{y^2}\right) = 0, \end{cases}$$

得 $x=\sqrt[3]{V}, y=\sqrt[3]{V}$. 根据实际问题可知, 表面积 S 的最小值一定存在, 且在开区域 $D=\{(x,y)|x>0,y>0\}$ 内取得, 又函数 S 在 D 内只有唯一的驻点 $(\sqrt[3]{V},\sqrt[3]{V})$, 因此, 可以断定, 当 $x=\sqrt[3]{V}, y=\sqrt[3]{V}$ 时, S 取得最小值 $6V^{\frac{2}{3}}$, 即当箱子的长、宽、高相等的时候, 所用的材料最少.

例6 某工厂生产两种产品甲与乙, 出售单价分别为 10 元与 9 元, 生产 x 单位的产品甲与生产 y 单位的乙的总费用是

$$400+2x+3y+0.01(3x^2+xy+3y^2).$$

求两种产品各生产多少, 工厂可取得最大利润?

解 设 $L(x,y)$ 表示产品甲与乙分别生产 x 与 y 单位时所得的总利润. 因为总利润等于总收入减去总费用, 所以

$$L(x,y)=(10x+9y)-\left[400+2x+3y+0.01(3x^2+xy+3y^2)\right]$$
$$=8x+6y-0.01(3x^2+xy+3y^2)-400$$

由

$$\begin{cases} L_x(x,y)=8-0.01(6x+y)=0, \\ L_y(x,y)=6-0.01(x+6y)=0 \end{cases}$$

得驻点 $(120,80)$. 在 $(120,80)$ 点处

$$A=L_{xx}=-0.06<0, \quad B=L_{xy}=-0.01, \quad C=L_{yy}=-0.06,$$

而

$$AC-B^2=(0.06)^2-(0.01)^2=3.5\times10^{-3}>0,$$

所以, 当 $x=120, y=80$ 时, $L(120,80)=320$ 是极大值. 由题可知, 甲生产 120 件、乙生产 80 件时所得利润最大.

二、条件极值、拉格朗日乘数法

前面讨论的极值问题, 除了限制自变量在其定义域内以外, 并无其他条件, 这种极值问题称为无条件极值. 但在实际问题中, 常会遇到对函数的自变量还有附加条件的极值问题, 称它为条件极值.

求函数的条件极值, 有时可以将附加条件代入目标函数而化为无条件极值. 但在很多情况下, 将条件极值化为无条件极值并不简单, 甚至是不可能的. 因此需要寻求直接求条件极值的方法, 这就是下面介绍的拉格朗日乘数法.

拉格朗日乘数法 设 $f(x,y),\varphi(x,y)$ 在区域 D 内有二阶连续偏导数, 求

$z = f(x, y)$ 在 D 内满足条件 $\varphi(x, y) = 0$ 的极值. 该条件极值可以转化为求**拉格朗日函数**

$$L(x, y, \lambda) = f(x, y) + \lambda\varphi(x, y)$$

的无条件极值.

实际上, $L(x, y, \lambda)$ 的极值一定是 $z = f(x, y)$ 在 $\varphi(x, y) = 0$ 下的极值.

因为, 若 $L(x, y, \lambda)$ 在点 (x_0, y_0, λ_0) 取得极大值, 则由极值的必要条件可知

$$\begin{cases} L_x(x_0, y_0, \lambda_0) = f_x(x_0, y_0) + \lambda_0\varphi_x(x_0, y_0) = 0, \\ L_y(x_0, y_0, \lambda_0) = f_y(x_0, y_0) + \lambda_0\varphi_y(x_0, y_0) = 0, \\ L_\lambda(x_0, y_0, \lambda_0) = \varphi(x_0, y_0) = 0, \end{cases}$$

且在 (x_0, y_0, λ_0) 的某一邻域内, 有

$$L(x, y, \lambda) \leqslant L(x_0, y_0, \lambda_0),$$

即

$$f(x, y) + \lambda\varphi(x, y) \leqslant f(x_0, y_0) + \lambda_0\varphi(x_0, y_0).$$

因此, 在条件 $\varphi(x, y) = 0$ 下, 考虑到 $\varphi(x_0, y_0) = 0$, 有 $f(x, y) \leqslant f(x_0, y_0)$, 即 $f(x, y)$ 在 (x_0, y_0) 处取得条件 $\varphi(x, y) = 0$ 下的极大值.

同理, 若 $L(x, y, \lambda)$ 在点 (x_0, y_0, λ_0) 取得极小值, 则 $f(x, y)$ 在 (x_0, y_0) 处取得条件 $\varphi(x, y) = 0$ 下的极小值.

另外, $z = f(x, y)$ 在 $\varphi(x, y) = 0$ 下可能的极值点一定含在 $L(x, y, \lambda)$ 的可能极值点中, 并且 $z = f(x, y)$ 在条件 $\varphi(x, y) = 0$ 下的极大(小)值点一定是 $L(x, y, \lambda)$ 的极大(小)值点. 其中的道理就不在此赘述了.

上述通过构造拉格朗日函数求极值的方法称为拉格朗日乘数法, 其中, $L(x, y, \lambda)$ 称为拉格朗日函数, 参数 λ 称为拉格朗日乘数(乘子).

应用拉格朗日乘数法求 $z = f(x, y)$ 在条件 $\varphi(x, y) = 0$ 下的极值的步骤如下:

(1) 构造拉格朗日函数 $L(x, y, \lambda) = f(x, y) + \lambda\varphi(x, y)$;

(2) 求 $L(x, y, \lambda)$ 的驻点坐标 (x_0, y_0, λ_0), 即求解方程组

$$\begin{cases} L_x(x_0, y_0, \lambda_0) = f_x(x_0, y_0) + \lambda_0\varphi_x(x_0, y_0) = 0, \\ L_y(x_0, y_0, \lambda_0) = f_y(x_0, y_0) + \lambda_0\varphi_y(x_0, y_0) = 0, \\ L_\lambda(x_0, y_0, \lambda_0) = \varphi(x_0, y_0) = 0, \end{cases}$$

解出 (x_0, y_0, λ_0);

(3) 判别 $z = f(x, y)$ 在 (x_0, y_0) 处取何种极值, 在实际问题中, 常常由实际意义来判断.

拉格朗日乘数法还可以推广到多个附加条件的情形. 例如, 求目标函数

$$u = f(x,y,z,t),$$

在附加条件 $\phi(x,y,z,t) = 0, \varphi(x,y,z,t) = 0$ 下可能的极值点, 可构造拉格朗日函数

$$L(x,y,z,t,\lambda,u) = f(x,y,z,t) + \lambda\phi(x,y,z,t) + \mu\varphi(x,y,z,t),$$

其中 λ, μ 为参数, 对 $L(x,y,z,t,\lambda,u)$ 关于 x,y,z,t 求一阶偏导数并使之为零, 再与 $\phi(x,y,z,t) = 0, \varphi(x,y,z,t) = 0$ 联立起来求解, 得到的点 (x,y,z,t) 就是函数 $f(x,y,z,t)$ 在附加条件 $\phi(x,y,z,t) = 0$, $\varphi(x,y,z,t) = 0$ 下可能的极值点.

例 7 在经过点 $(1,2,3)$ 的所有平面中, 哪一个平面与坐标平面在第一卦限所围成的立体的体积最小, 并求出最小值.

解 设所求平面的方程为

$$\frac{x}{a} + \frac{y}{b} + \frac{z}{c} = 1 \quad (a > 0, b > 0, c > 0) ,$$

因为平面过点 $(1,2,3)$, 所以它满足条件

$$\frac{1}{a} + \frac{2}{b} + \frac{3}{c} = 1.$$

设所求立体的体积为 V , 则

$$V = \frac{1}{6}abc .$$

于是原问题转化为求 $V = \frac{1}{6}abc$ 在附加条件 $\frac{1}{a} + \frac{2}{b} + \frac{3}{c} = 1$ 下的最小值. 作拉格朗日函数

$$L(a,b,c,\lambda) = \frac{1}{6}abc + \lambda\left(\frac{1}{a} + \frac{2}{b} + \frac{3}{c} - 1\right),$$

解方程组

$$\begin{cases} L_a = \dfrac{1}{6}bc - \dfrac{\lambda}{a^2} = 0, \\[2mm] L_b = \dfrac{1}{6}ac - \dfrac{2\lambda}{b^2} = 0, \\[2mm] L_c = \dfrac{1}{6}ab - \dfrac{3\lambda}{c^2} = 0, \\[2mm] \dfrac{1}{a} + \dfrac{2}{b} + \dfrac{3}{c} - 1 = 0, \end{cases}$$

得 $a = 3, b = 6, c = 9$.

这是唯一可能的极值点, 由于实际问题的最小值一定存在, 所以最小值就在

这个可能的极值点取得. 故平面 $\dfrac{x}{3}+\dfrac{y}{6}+\dfrac{z}{9}=1$ 与坐标平面在第一卦限所围立体的

体积最小, 最小体积为

$$V=\frac{1}{6}\cdot 3\cdot 6\cdot 9=27\,.$$

例 8　求表面积为 a^2 而体积为最大的长方体的体积.

解　设长方体的三棱的长为 x,y,z , 则问题就是在条件

$$2(xy+yz+xz)=a^2$$

下求函数 $V=xyz$ 的最大值. 构造辅助函数(拉格朗日函数)

$$F(x,y,z,\lambda)=xyz+\lambda(2xy+2yz+2xz-a^2)\,,$$

解方程组

$$\begin{cases}F_x(x,y,z,\lambda)=yz+2\lambda(y+z)=0,\\F_y(x,y,z,\lambda)=xz+2\lambda(x+z)=0,\\F_z(x,y,z,\lambda)=xy+2\lambda(x+y)=0,\\2xy+2yz+2xz=a^2,\end{cases}$$

得 $x=y=z=\dfrac{\sqrt{6}}{6}a$.

这是唯一可能的极值点. 因为由问题本身可知最大值一定存在, 所以最大值

就在这个可能的极值点处取得. 此时 $V=\dfrac{\sqrt{6}}{36}a^3$.

例 9　设销售收入 R (单位:万元)与花费在两种广告宣传的费用 x,y (单位:万元)之间的关系为

$$R=\frac{200x}{x+5}+\frac{100y}{10+y}\,.$$

利润额相当于五分之一的销售收入, 并要扣除广告费用. 已知广告费用总预算金是 25 万元, 试问如何分配两种广告费用使利润最大?

解　设利润为 z, 有

$$z=\frac{1}{5}R-x-y=\frac{40x}{5+x}+\frac{20y}{10+y}-x-y\,,$$

限制条件为 $x+y=25$. 这是条件极值问题. 令

$$L(x,y,\lambda)=\frac{40x}{5+x}+\frac{20y}{10+y}-x-y+\lambda(x+y-25)\,,$$

从而

$$L_x = \frac{200}{(5+x)^2} - 1 + \lambda = 0, \quad L_y = \frac{200}{(10+y)^2} - 1 + \lambda = 0, \quad (5+x)^2 = (10+y)^2.$$

又 $y=25-x$，解得 $x=15, y=10$. 根据问题本身的意义及驻点的唯一性即知，当投入两种广告的费用分别为 15 万元和 10 万元时，可使利润最大.

*三、最小二乘法举例

　　*例10　为测定刀具的磨损速度，按每隔一小时测量一次刀具厚度的方式，得到实测数据如表 7.8.1 所示.

表 7.8.1　刀具厚度实测数据表

顺序编号 i	0	1	2	3	4	5	6	7
时间 t_i/小时	0	1	2	3	4	5	6	7
刀具厚度 y_i/毫米	27.0	26.8	26.5	26.3	26.1	25.7	25.3	24.8

　　试根据这组实测数据建立变量 y 和 t 之间的经验公式 $y=f(t)$.

　　解　观察表中的数值，易发现所求函数 $y=f(t)$ 可近似看作线性函数，即随时间增加 y_i 呈线性下降趋势，因此可设 $f(t)=at+b$，其中 a 和 b 是待定常数，但因为各数据点并不严格在同一条直线上，因此希望使偏差 $y_i - f(t_i)(i=0,1,2,\cdots,7)$ 都很小. 为了保证每个的偏差都很小，可考虑选取常数 a,b，使最小. 这种根据偏 $M = \sum_{i=0}^{7}[y_i-(at_i+b)]^2$ 差的平方和为最小的条件来选择常数 a,b 的方法称为**最小二乘法**.

　　求解本例　可考虑选取常数 a,b，使 $M=\sum_{i=0}^{7}[y_i-(at_i+b)]^2$ 最小. 把 M 看成自变量 a 和 b 的一个二元函数，那么问题就可归结为求函数 $M=M(a,b)$ 在哪些点处取得最小值. 令

$$\begin{cases} \dfrac{\partial M}{\partial a} = -2\sum_{i=0}^{7}[y_i-(at_i+b)]t_i = 0, \\ \dfrac{\partial M}{\partial b} = -2\sum_{i=0}^{7}[y_i-(at_i+b)] = 0, \end{cases} \quad 即 \begin{cases} \sum_{i=0}^{7}[y_i-(at_i+b)]t_i = 0, \\ \sum_{i=0}^{7}[y_i-(at_i+b)] = 0. \end{cases}$$

整理得

$$\begin{cases} a\sum_{i=1}^{7}t_i^{\,2} + b\sum_{i=1}^{7}t_i = \sum_{i=1}^{7}y_it_i, \\ a\sum_{i=1}^{7}t_i + 8b = \sum_{i=1}^{7}y_i, \end{cases} \tag{7.24}$$

计算得

$$\sum_{i=1}^{7}t_i = 28,\quad \sum_{i=1}^{7}t_i^{\,2} = 140,\quad \sum_{i=1}^{7}y_i = 208.5,\quad \sum_{i=1}^{7}y_it_i = 717.0.$$

代入(7.24)，得 $\begin{cases} 140a + 28b = 717, \\ 28a + 8b = 208.5, \end{cases}$ 解得 $a = -0.3036, b = 27.125$. 于是，所求经验公式为 $y = f(t) = -0.3036t + 27.125$.

根据上式计算出的 $f(t_i)$ 与实测的 y_i 有一定的偏差，如表 7.8.2 所示.

表 7.8.2

t_i	0	1	2	3	4	5	6	7
实测 y_i	27.0	26.8	26.5	26.3	26.1	25.7	25.3	24.8
计算 $f(t_i)$	27.125	26.821	26.518	26.214	25.911	25.607	25.303	25.000
偏差	−0.125	−0.021	−0.018	0.086	0.189	0.093	−0.003	−0.200

注　偏差的平方和 $M = 0.108165$，其平方根 $\sqrt{M} = 0.329$. 我们把 $\sqrt{M}$ 称为**均方误差**，它的大小在一定程度上反映了用经验公式近似表达原来函数关系的近似程度的好坏.

问题讨论

1. 多元函数的条件极值什么情况下可转化为无条件的多元函数求极值？

2. 用拉格朗日乘数法求函数 $u = f(x,y,z,t)$ 在附加条件

$$\phi(x,y,z,t) = 0,\quad \varphi(x,y,z,t) = 0$$

下的极值能否保证所求出的点确为函数 $u = f(x,y,z,t)$ 的极值点并满足上述两个附加条件？

*3. 现有一组观测数据 $x_1,x_2,\cdots,x_n;y_1,y_2,\cdots,y_n$，假设它们大致在直线 $y = ax+b$ 上，你能用最小二乘法估计出 a,b 吗？请写出主要步骤.

小结

本节学习了计算多元函数极值的方法和步骤. 对求函数的无条件极值，用必

要条件(定理 1)找驻点, 用充分条件(定理 2)判定驻点是否为极值点、极大值点还是极小值点并求出极值; 对求函数的条件极值, 简单问题可用代入法化为无条件极值, 一般问题用拉格朗日乘数法. 最后通过例子给出了根据观测数据求经验公式 $y = ax + b$ 的最小二乘法.

习　题　7.8

1. 求下列函数的极值:

(1) $f(x,y) = 3axy - x^3 - y^3, a > 0$;

(2) $f(x,y) = 4(x - y) - x^2 - y^2$;

(3) $f(x,y) = x^2 - xy + y^2 - 9x - 6y + 20$.

2. 求函数 $z = x^2 + y^2 + 1$ 在指定条件 $x + y - 3 = 0$ 下的条件极值.

3. 求三个正数, 使它们的和为 50 而它们的积最大.

4. 求函数 $z = xy$ 在附加条件 $x + y = 1$ 下的可能的极值点.

5. 在平面 $x + z = 0$ 上求一点, 使它到点 $A(1,1,1)$ 和 $B(2,3,-1)$ 的距离平方和最小.

6. 将周长为 $2l$ 的矩形绕它的一边旋转而构成一个圆柱体, 问矩形的边长各为多少时, 才可使圆柱体的体积最大.

7. 在直线 $\begin{cases} y + 2 = 0, \\ x + 2z = 7 \end{cases}$ 上找一点, 使它到点 $(0,-1,1)$ 的距离最短, 并求最短距离.

8. 设生产某种产品的数量 P 与所用两种原料 A,B 的数量 x,y 间的函数关系是 $P = P(x,y) = 0.005x^2y$. 欲用 150 万元资金购料, 已知 A,B 原料的单价分别为 1 万元/吨和 2 万元/吨, 问购进两种原料各多少时, 可使生产的产品数量最多?

*9. 某种合金的含铅量百分比(%)为 p, 其熔解温度(℃)为 θ, 由实验测得 p 与 θ 的数据如下表:

$p/\%$	36.9	46.7	63.7	77.8	84.0	87.5
$\theta/℃$	181	197	235	270	283	282

试用最小二乘法建立 p 与 θ 之间的经验公式 $\theta = ap + b$.

本　章　总　结

本章内容十分丰富, 包括较多的数学概念、方法与定理. 本章主要内容包括: 平面点集的概念与性质; 多元函数及其极限与连续性的概念, 极限存在的证明与求法, 极限不存在的证明, 连续函数的性质及连续性、不连续的证明等; 多元函数的偏导数和高阶偏导数的概念和求法; 全微分的概念, 全微分存在的必要条件和充分条件, 全微分的求法, 一阶全微分的形式不变性及其在解题中的应用等; 多元复合函数的概念、中间变量为各种情形时偏导数的求导法则——链式法则; 隐函数(包括由方程和方程组确定的隐函数)的概念, 隐函数存在的条件, 从方程或方程组出发求偏导数的方法等; 方向导数与梯度的概念和计算方法等; 曲线的切线和法平面及曲面的切平面和法线的概念, 以及如何求出它们的方程等; 多元函数极值和条件极值的概念, 多元函数极值存在的必要条件和充分条件, 求二元函数的极值和用拉格朗日乘数法求条件极值的方法、步骤, 求多元函数的最大值和最小值及用它们解决一些简单的应用问题等.

需要特别关注的几个问题

1. 关于极限问题

多元函数的极限比一元函数复杂得多, 以自变量趋于原点为例, 极限存在是指: 自变量在定义域内以任意方式(沿直线或曲线)趋于原点时都是同一个有限数值.

2. 几个基本概念之间的关系

多元函数的连续、可导(这里指偏导数、全导数、方向导数存在)、可微是本章的核心问题, 本章的全部内容都是围绕它们以及它们的各种应用来展开的. 这些概念之间有如下关系:

可微必可导, 可微必连续; 可导未必可微, 可导未必连续; 连续未必可导, 连续未必可微.

3. 求复合函数、隐函数的偏导数和微分的方法

有三个问题值得注意: 一是要认真分析函数的变量和结构, 针对所面临的对象识别自变量与因变量(一般说来, 自变量个数 = 变量总个数–方程总个数), 画出变量关系图, 即链式图, 弄清函数结构包括弄清显示结构和隐式结构、中间变量等; 二是要正确使用求导法则; 三是要注意正确使用求导符号.

有时利用一阶微分的形式不变性解题可能更加方便, 可针对具体问题使用.

4. 多元函数微分法的应用

多元函数微分法的应用包括在几何中的应用及极值与最值问题中的应用等.

在几何应用中, 求曲线在一点的切线及法平面时, 关键是根据所给对象求出切向量; 求曲面在一点的切平面及法线时的关键是求出法向量.

对已给定的函数或同时给定函数和约束条件的极值问题已有比较固定的方法(消元法、拉格朗日乘数法)和步骤(求极值可疑点和判定是否为极值). 对于最值的实际应用问题, 问题可能来自几何学、物理学、自然科学、经济管理及社会科学, 甚至生产和生活实际等. 解决这些问题, 首先需要对问题背景有一定的了解. 对于当今的信息和网络社会, 当我们遇到这些问题时, 可以通过网络或文献查找来

解决相关知识背景问题. 其次要建立数学模型, 即求出目标函数, 然后按多元函数求极值方法求最值. 某些问题可能使用微元分析法建立模型, 而更多地则没有固定的方法和模式. 本章已给出较多例子, 不再赘述.

测 试 题 A

一、选择题(每小题 2 分, 共 20 分)

1. 设集合 $E = \left\{ \left(\dfrac{1}{m}, \dfrac{1}{n} \right) \middle| m, n \in \mathbf{Z}^+ \right\}$, 其中 $\mathbf{Z}^+$ 表示全体正整数所组成的集合, 则点 $(0, 0)$ 是 E 的(　　).

　A. 内点　　　　　　　B. 外点　　　　　　C. 聚点　　　　　　D. 孤立点

2. 有且仅有一个间断点的二元函数(　　).

　A. $\dfrac{y}{x}$　　　　　　B. $e^{-x} \ln(x^2 + y^2)$　　C. $\dfrac{x}{x+y}$　　　　　D. $\arctan(xy)$

3. 下列极限存在的是(　　).

　A. $\lim\limits_{\substack{x \to 0 \\ y \to 0}} \dfrac{x}{x+y}$　　　　B. $\lim\limits_{\substack{x \to 0 \\ y \to 0}} \dfrac{1}{x+y}$　　　　C. $\lim\limits_{\substack{x \to 0 \\ y \to 0}} \dfrac{x^2}{x+y}$　　　　D. $\lim\limits_{\substack{x \to 0 \\ y \to 0}} x \sin \dfrac{1}{x+y}$

4. 函数 $z = f(x, y)$ 在点 (x_0, y_0) 处具有偏导数是它在该点存在全微分的(　　).

　A. 必要而非充分条件　　　　　　　B. 充分而非必要条件
　C. 充分必要条件　　　　　　　　　D. 既非充分又非必要条件

5. 设 $z = y^x$, 则 $\left(\dfrac{\partial z}{\partial x} + \dfrac{\partial z}{\partial y} \right)_{(2,1)} = ($　　$)$.

　A. 2　　　　　　　　B. $1 + \ln 2$　　　　　C. 0　　　　　　　　D. 1

6. 已知 $\dfrac{\partial f}{\partial x} > 0$, 则(　　).

　A. $f(x, y)$ 关于 x 为单调递增　　　B. $f(x, y) > 0$

　C. $\dfrac{\partial^2 f}{\partial x^2} > 0$　　　　　　　　　D. $f(x, y) = x(y^2 + 1)$

7. 设函数 $z = f(x, y, z)$, 则 $\dfrac{\partial z}{\partial x}$ 为(　　).

　A. $\dfrac{\partial f}{\partial x}$　　　　　　B. $\dfrac{\dfrac{\partial f}{\partial y}}{\dfrac{\partial f}{\partial x}}$　　　　　C. $\dfrac{\dfrac{\partial f}{\partial x}}{1 - \dfrac{\partial f}{\partial z}}$　　　D. $\dfrac{\dfrac{\partial f}{\partial x} + \dfrac{\partial f}{\partial y} \dfrac{\partial y}{\partial x}}{1 - \dfrac{\partial f}{\partial z}}$

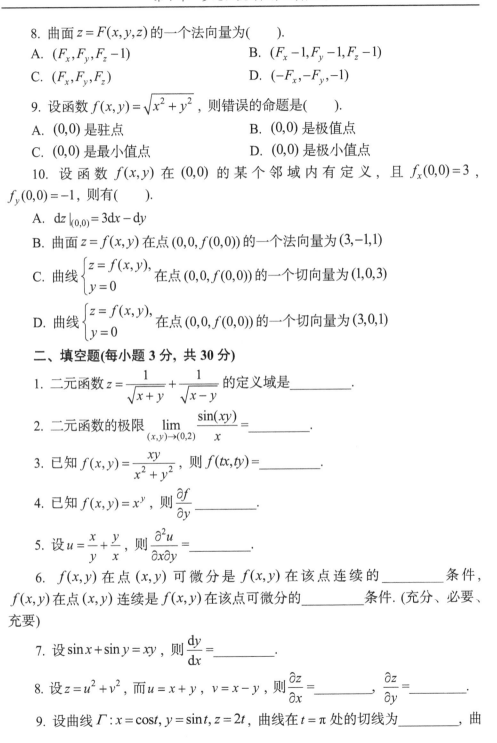

8. 曲面 $z = F(x,y,z)$ 的一个法向量为(　　).

A. $(F_x, F_y, F_z - 1)$　　　　　　B. $(F_x - 1, F_y - 1, F_z - 1)$

C. (F_x, F_y, F_z)　　　　　　　　D. $(-F_x, -F_y, -1)$

9. 设函数 $f(x,y) = \sqrt{x^2 + y^2}$ ，则错误的命题是(　　).

A. $(0,0)$ 是驻点　　　　　　　　B. $(0,0)$ 是极值点

C. $(0,0)$ 是最小值点　　　　　　D. $(0,0)$ 是极小值点

10. 设函数 $f(x,y)$ 在 $(0,0)$ 的某个邻域内有定义，且 $f_x(0,0) = 3$ ，$f_y(0,0) = -1$ ，则有(　　).

A. $\mathrm{d}z\big|_{(0,0)} = 3\mathrm{d}x - \mathrm{d}y$

B. 曲面 $z = f(x,y)$ 在点 $(0,0,f(0,0))$ 的一个法向量为 $(3,-1,1)$

C. 曲线 $\begin{cases} z = f(x,y), \\ y = 0 \end{cases}$ 在点 $(0,0,f(0,0))$ 的一个切向量为 $(1,0,3)$

D. 曲线 $\begin{cases} z = f(x,y), \\ y = 0 \end{cases}$ 在点 $(0,0,f(0,0))$ 的一个切向量为 $(3,0,1)$

二、填空题(每小题 3 分，共 30 分)

1. 二元函数 $z = \dfrac{1}{\sqrt{x+y}} + \dfrac{1}{\sqrt{x-y}}$ 的定义域是_____.

2. 二元函数的极限 $\lim\limits_{(x,y) \to (0,2)} \dfrac{\sin(xy)}{x} = $ _____.

3. 已知 $f(x,y) = \dfrac{xy}{x^2 + y^2}$ ，则 $f(tx,ty) = $ _____.

4. 已知 $f(x,y) = x^y$ ，则 $\dfrac{\partial f}{\partial y}$ _____.

5. 设 $u = \dfrac{x}{y} + \dfrac{y}{x}$ ，则 $\dfrac{\partial^2 u}{\partial x \partial y} = $ _____.

6. $f(x,y)$ 在点 (x,y) 可微分是 $f(x,y)$ 在该点连续的 _____ 条件，$f(x,y)$ 在点 (x,y) 连续是 $f(x,y)$ 在该点可微分的_____条件. (充分、必要、充要)

7. 设 $\sin x + \sin y = xy$ ，则 $\dfrac{\mathrm{d}y}{\mathrm{d}x} = $ _____.

8. 设 $z = u^2 + v^2$ ，而 $u = x + y$ ，$v = x - y$ ，则 $\dfrac{\partial z}{\partial x} = $ _____，$\dfrac{\partial z}{\partial y} = $ _____.

9. 设曲线 $\Gamma: x = \cos t, y = \sin t, z = 2t$ ，曲线在 $t = \pi$ 处的切线为_____，曲

线在 $t = \pi$ 处的法平面为_____.

10. 函数 $f(x,y) = 4(x-y) - x^2 - y^2$ 在点 $(2,-2)$ 处取得极 _____ 值 _____.

三、计算题(每小题 6 分, 共 36 分)

1. 求极限 $\lim\limits_{\substack{x\to 0 \\ y\to 0}} \dfrac{xy}{\sqrt{xy+1}-1}$.

2. $f(x,y) = \arctan\dfrac{x+y}{1-xy}$, 求 $f_x(0,0)$.

3. 求函数 $z = \dfrac{y}{x}$ 当 $x = 2, y = 1, \Delta x = 0.1, \Delta y = 0.2$ 时的 $\Delta z, \mathrm{d}z$.

4. $z = u^v$, 而 $u = x^2 + y^2$, $v = xy$, 求 $\dfrac{\partial z}{\partial x}, \dfrac{\partial z}{\partial y}$.

5. 设 $x^2 + 2y^2 + 3z^2 + xy - z - 9 = 0$, 求 $\dfrac{\partial^2 z}{\partial x \partial y}$.

6. 求曲线 $\Gamma: \begin{cases} x+y+z = 0, \\ x^2+y^2+z^2 = 1 \end{cases}$ 在点 $M_0\left(\dfrac{1}{\sqrt{2}}, -\dfrac{1}{\sqrt{2}}, 0\right)$ 处的切线和法平面.

四、证明题(5 分)

设 $x = x(y,z), y = y(x,z), z = z(x,y)$ 都是由方程 $F(x,y,z) = 0$ 所确定的具有连续偏导数的函数, 证明 $\dfrac{\partial x}{\partial y} \cdot \dfrac{\partial y}{\partial z} \cdot \dfrac{\partial z}{\partial x} = -1$.

五、综合题(9 分)

求函数 $z = \ln(x+y)$ 在抛物线 $y^2 = 4x$ 上点 $(1, 2)$ 处, 沿该抛物线在该点处偏向 x 轴正向的切线方向的方向导数.

测试题 B

一、选择题(每小题 2 分, 共 20 分)

1. 定义: 一个集合 E 的全体聚点构成的集合称为 E 的导集, 记为 E^{d}. 若 $E^{\mathrm{d}} \subset E$, 则 E 是(   ).

A. 开集   B. 闭集

C. 既是开集又是闭集   D. 既不是开集又不是闭集

2. 下列函数中没有间断点的函数是(   ).

A. $\dfrac{y}{\sqrt{2x}}$ B. $e^{-x}\ln(1+x^2+y^2)$ C. $\dfrac{x}{ax+by}$ D. $\sin\dfrac{1}{xy}$

3. 下列极限不存在的是( ).

A. $\lim\limits_{\substack{x\to0\\y\to0}}\dfrac{\sin(xy)}{x}$

B. $\lim\limits_{\substack{x\to0\\y\to0}}(x^2+y^2)\sin\dfrac{1}{x^2+y^2}$

C. $\lim\limits_{\substack{x\to0\\y\to0}}\dfrac{x+y}{x-y}$

D. $\lim\limits_{\substack{x\to0\\y\to0}}x\sin\dfrac{1}{x+y}$

4. 设 $z=x^3y^2-3xy^3-xy+25$, 则 $\dfrac{\partial^3 z}{\partial x^3}$ 在点 $(0,2)$ 的值是( ).

A. 12   B. 18   C. 24   D. 36

5. 在点 P 处, 函数 f 可微的充分条件是( ).

A. f 的全部二阶偏导数均连续   B. f 连续

C. f 的全部一阶偏导数均连续   D. f 连续且一阶偏导数均存在

6. 肯定不能成为某二元函数 $f(x,y)$ 全微分的是( ).

A. $y\mathrm{d}x+x\mathrm{d}y$ B. $y\mathrm{d}x-x\mathrm{d}y$ C. $x\mathrm{d}x+y\mathrm{d}y$ D. $x\mathrm{d}x-y\mathrm{d}y$

7. 使得 $\mathrm{d}f=\Delta f$ 的函数 f 是( ).

A. $ax+by+c$ B. $\sin xy$ C. $\mathrm{e}^x+\mathrm{e}^y$ D. x^2+y^2

8. 设函数 $u=\varphi(x+y)$, 写法错误的是( ).

A. $\dfrac{\partial\varphi}{\partial x}$ B. $\dfrac{\partial(\varphi(x+y))}{\partial x}$ C. $\varphi'(x+y)$ D. $\dfrac{\partial u}{\partial x}$

9. 设 $z=f(x,u),u=u(x,y)$, 则 $\dfrac{\partial u}{\partial x}$ 是( ).

A. $\dfrac{\partial u}{\partial f}\dfrac{\partial f}{\partial x}$ B. $\dfrac{\partial f}{\partial u}\dfrac{\partial u}{\partial x}$ C. $\dfrac{\dfrac{\partial f}{\partial u}}{\dfrac{\partial z}{\partial x}-\dfrac{\partial f}{\partial x}}$ D. $\dfrac{\dfrac{\partial z}{\partial x}-\dfrac{\partial f}{\partial x}}{\dfrac{\partial f}{\partial u}}$

10. 曲线 $y=y(x),z=z(x)$ 的切向量为( ).

A. $\left(\dfrac{\mathrm{d}y}{\mathrm{d}x},\dfrac{\mathrm{d}z}{\mathrm{d}x},1\right)$ B. $\left(\dfrac{\mathrm{d}y}{\mathrm{d}x},\dfrac{\mathrm{d}z}{\mathrm{d}x},-1\right)$ C. $\left(1,\dfrac{\mathrm{d}y}{\mathrm{d}x},\dfrac{\mathrm{d}z}{\mathrm{d}x}\right)$ D. $\left(-1,\dfrac{\mathrm{d}y}{\mathrm{d}x},\dfrac{\mathrm{d}z}{\mathrm{d}x}\right)$

二、填空题(每小题 3 分, 共 30 分)

1. 二元函数 $z=\sqrt{x+\sqrt{y}}$ 的定义域是_____.

2. 二元函数的极限 $\lim\limits_{\substack{x\to1\\y\to1}}\dfrac{1+xy}{x^2+y^2}=$_____.

3. 已知 $f(x,y,z)=x^y+y^z+z^x$, 则 $f(xy,x+y,x-y)=$_____.

4. $z=f(x,y)$ 在点 (x,y) 的偏导数 $\dfrac{\partial z}{\partial x}$ 及 $\dfrac{\partial z}{\partial y}$ 存在是 $f(x,y)$ 在该点可微分的

_____条件. $z = f(x,y)$ 在点 (x,y) 可微分是函数在该点的偏导数 $\dfrac{\partial z}{\partial x}$ 及 $\dfrac{\partial z}{\partial y}$ 存在的_____条件. (充分、必要、充要)

5. 已知 $z = f(x,y) = \dfrac{y}{x}$, 则 $\mathrm{d}z =$ _____.

6. 设 $u = xy + \dfrac{y}{x}$, 则 $\dfrac{\partial^2 u}{\partial x \partial y} =$ _____.

7. 设 $z = uv$, 而 $u = x + y$, $v = x - y$, 则 $\dfrac{\partial z}{\partial x} =$ _____, $\dfrac{\partial z}{\partial y} =$ _____.

8. 设 $\arctan(x+y) - y = \dfrac{1}{x+y}$, 则 $\dfrac{\mathrm{d}x}{\mathrm{d}y} =$ _____.

9. 设曲面 $z = xy$, 则曲线在 $(1,2,2)$ 处的切平面方程是_____, 法线方程是_____.

10. 函数 $z = 3x^2 + 4y^2$ 在点 $(0,0)$ 处有极_____值_____.

三、计算题(每小题 6 分, 共 36 分)

1. 求极限 $\lim\limits_{\substack{x \to 0 \\ y \to 0}} \dfrac{1 - \cos(x^2 + y^2)}{\sin(x^2 + y^2)}$.

2. 求全部二阶偏导 $z = \sin^2(ax + by)$.

3. 计算函数 $z = \ln\sqrt{1 + x^2 + y^2}$ 在点 $(1,1)$ 处的微分 $\mathrm{d}z$.

4. 设 $u = f(x, x^2, \mathrm{e}^{-x})$, 求 $\dfrac{\mathrm{d}u}{\mathrm{d}x}$.

5. 求由方程组 $\begin{cases} x = u + v, \\ y = u^2 + v^2 \end{cases}$ 确定的隐函数 $u = u(x,y)$ 的偏导数 $\dfrac{\partial u}{\partial x}, \dfrac{\partial v}{\partial x}$.

6. 求曲线 $x = t$, $y = t^2$, $z = t^3$ 上的点, 使该点的切线平行于平面:
$$x + 2y + z = 4.$$

四、证明题(5 分)

设 $\varphi(u,v)$ 具有连续偏导数, 证明由方程 $\varphi(cx - az, cy - bz) = 0$ 所确定的函数 $z = f(x,y)$ 满足
$$a\dfrac{\partial z}{\partial x} + b\dfrac{\partial z}{\partial y} = c.$$

五、综合题(9 分)

在平面 xOy 上求一点, 使它到 $x = 0$, $y = 0$ 及 $x + 2y - 16 = 0$ 三直线距离平方之和为最小.

第8章 重 积 分

在一元函数积分学中，我们分别讨论了函数的原函数、不定积分和定积分．一元函数积分解决了求不规则平面图形的面积、求变速直线运动物体的路程等实际问题．但不规则几何体的体积如何求？密度不均匀的物体质量如何求？这些问题就是多元函数积分学要研究的．由于多元函数的复杂性，积分学中引申出的问题也比一元函数多，有的问题尚无法与一元函数情形相对应，如不定积分；有的问题则可以较自然地对应，如定积分可推广到二重、三重积分．如何定义和计算多元函数积分呢？这就是本章所要解决的问题．

8.1　二重积分的概念与性质

一、二重积分的定义

定积分是某种确定形式"和式的极限"，把这种极限推广到二元函数，便得到二重积分的概念．为此，我们先看如下引例．

1. 引例　求曲顶柱体的体积

设有一立体，它的底是 xOy 平面上的有界闭区域 D，它的侧面是以 D 的边界曲线为准线而母线平行于 z 轴的柱面，它的顶是由二元非负函数 $f(x,y)$ 所确定的曲面，这种立体称为曲顶柱体，如图 8.1.1 所示．

对于一个平顶柱体，其体积等于底面积与高的乘积．而曲顶柱体的顶面 $f(x,y)$ 是 x,y 的函数，即高度不是常数，所以不能用计算平顶柱体体积的公式来计算．我们用类似求曲边梯形面积的方法解决这一问题．具体过程如下：

(1) 分割．用任一组曲线网把区域 D 分割为 n 个小闭区域 $\Delta\sigma_i(i=1,2,\cdots,n)$，同时用 $\Delta\sigma_i(i=1,2,\cdots,n)$ 表示该小区域的面积．每个小区域对应着一个小的曲顶柱体．小区域 $\Delta\sigma_i$ 上任意两点间距离的最大值，称为该小区域的直径，记为 $d_i(i=1,2,\cdots,n)$．

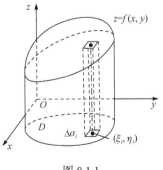

图 8.1.1

(2) 近似求和. 在 $\Delta\sigma_i\ (i=1,2,\cdots,n)$ 上任取一点 $P_i(\xi_i,\eta_i)$，那么，$f(\xi_i,\eta_i)\Delta\sigma_i$ 表示以 $\Delta\sigma_i$ 为底、$f(\xi_i,\eta_i)$ 为高的平顶柱体的体积. 若 $f(x,y)$ 是连续函数(或有界函数)，当 $\Delta\sigma_i$ 的直径很小时，$f(x,y)$ 在 $\Delta\sigma_i$ 上的变化也很小，因此 $f(\xi_i,\eta_i)\Delta\sigma_i$ 是以 $\Delta\sigma_i$ 为底、$z=f(x,y)$ 为顶的**小曲顶柱体体积**的近似值:

$$\Delta V_i \approx f(\xi_i,\eta_i)\Delta\sigma_i.$$

从而和式 $\sum_{i=1}^{n}f(\xi_i,\eta_i)\Delta\sigma_i$ 是所求曲顶柱体的体积 V 的近似值，即

$$V=\sum_{i=1}^{n}\Delta V_i \approx \sum_{i=1}^{n}f(\xi_i,\eta_i)\Delta\sigma_i.$$

(3) 取极限. 令 $\lambda=\max_{1\leqslant i\leqslant n}\{d_i\}$. 显然，如果这些小区域的最大直径 λ 趋于零，即曲线网**充分细密**，极限 $\lim_{\lambda\to 0}\sum_{i=1}^{n}f(\xi_i,\eta_i)\Delta\sigma_i$ 就给出了体积 V 的精确值，即

$$V = \lim_{\lambda\to 0}\sum_{i=1}^{n}f(\xi_i,\eta_i)\Delta\sigma_i.$$

我们看到，求曲顶柱体的体积与定积分概念一样，是通过"分割，近似求和，取极限"这三个步骤得到的，所不同的是现在讨论的对象为定义在平面区域上的二元函数. 这类问题在物理学与工程技术中也常碰到，如求密度不均匀物体的质量、重心、转动惯量等，这些都是研究多元函数积分的实际背景.

2. 二重积分的定义

定义　设 D 是 xOy 平面上的有界闭区域，$z=f(x,y)$ 是定义在 D 上的有界函数. 将区域 D 分割为 n 个小区域: $\sigma_1,\sigma_2,\cdots,\sigma_n$，同时以 $\Delta\sigma_i\ (i=1,2,\cdots,n)$ 表示第 i 个小区域 σ_i 的面积，在 σ_i 上任取一点 $P_i(\xi_i,\eta_i)$，作和式 $\sum_{i=1}^{n}f(\xi_i,\eta_i)\Delta\sigma_i$，记 $\lambda=\max_{1\leqslant i\leqslant n}\{d_i|d_i$ 为 σ_i 的直径$\}$，当 λ 趋于零时，如果上述和式的极限

$$\lim_{\lambda\to 0}\sum_{i=1}^{n}f(\xi_i,\eta_i)\Delta\sigma_i$$

存在，且此极限与区域的分法及点 P_i 取法无关，则称 $f(x,y)$ 在 D 上可积，并称此极限为函数 $z=f(x,y)$ 在区域 D 上的**二重积分**，记作 $\iint\limits_{D}f(x,y)\mathrm{d}\sigma$，即

$$\iint\limits_{D}f(x,y)\mathrm{d}\sigma = \lim_{\lambda\to 0}\sum_{i=1}^{n}f(\xi_i,\eta_i)\Delta\sigma_i,$$

其中区域 D 称为积分区域，$f(x,y)$ 称为被积函数，$f(x,y)\mathrm{d}\sigma$ 称为被积表达式，

x, y 称为积分变量，$\mathrm{d}\sigma$ 称为面积元素，$\sum\limits_{i=1}^{n} f(\xi_i, \eta_i)\Delta\sigma_i$ 称为积分和.

因为上述和式的极限存在与区域 D 的分法无关，在直角坐标系中，我们可以取两组分别平行于坐标轴的直线网分割区域 D，那么除了包含 D 的边界点的一些不规则小闭区域外，其他小区域都是矩形小区域. 矩形小区域 σ_i 的两边的长度分别记为 Δx_i 与 Δy_j，小矩形的面积为 $\Delta\sigma_i = \Delta x_i \Delta y_j$，当 $\lambda \to 0$ 时，$\Delta\sigma_i \to \mathrm{d}\sigma = \mathrm{d}x\mathrm{d}y$. 所以面积元素 $\mathrm{d}\sigma$ 也可表示为 $\mathrm{d}x\mathrm{d}y$. 于是

$$\iint\limits_{D} f(x, y)\mathrm{d}\sigma = \iint\limits_{D} f(x, y)\mathrm{d}x\mathrm{d}y .$$

记号 $\mathrm{d}x\mathrm{d}y$ 称为直角坐标系中的面积元素.

注 在 xOy 平面有界闭区域上定义的二元连续函数是可积的.

3. 二重积分的几何意义

如果在 xOy 平面上的有界闭区域 D 上定义有界函数 $f(x, y) \geqslant 0$，则二重积分 $\iint\limits_{D} f(x, y)\mathrm{d}\sigma$ 表示以 D 为底、曲面 $z = f(x, y)$ 为顶的**曲顶柱体的体积**. 这就是二重积分 $\iint\limits_{D} f(x, y)\mathrm{d}\sigma$ 的几何意义.

如果在有界闭区域 D 上 $f(x, y) < 0$，相应的曲顶柱体位于 xOy 平面的下方，二重积分的绝对值等于曲顶柱体的体积，但二重积分的值是负的，即二重积分 $\iint\limits_{D} f(x, y)\mathrm{d}\sigma$ 的几何意义是该曲顶柱体体积的相反数.

如果 $f(x, y)$ 在闭区域 D 的某些部分区域上为正，在其他部分区域上为负，我们规定，把 xOy 平面上方的柱体体积取正，xOy 平面下方的柱体体积取负，则二重积分 $\iint\limits_{D} f(x, y)\mathrm{d}\sigma$ 等于这些部分区域上曲顶柱体体积的代数和.

例 1 一球冠所在的球的半径为 R，球冠的高为 h、底圆半径为 a. 试用二重积分将球冠的体积表示出来 $(h < R)$.

解 如图 8.1.2 所示，设球心在 z 轴上，球面方程为 $x^2 + y^2 + [z - (h - R)]^2 = R^2$，球冠看作球体被 xOy 平面所截的上部分立体，其顶部就是二元函数 $z = \sqrt{R^2 - x^2 - y^2} - R + h$ 所表示的上半球面的一部分，其底部 D 是圆域 $x^2 + y^2 \leqslant a^2$，由二重积分

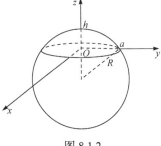

图 8.1.2

的几何意义, 得

$$V = \iint\limits_{D} (\sqrt{R^2 - x^2 - y^2} - R + h)\mathrm{d}\sigma.$$

二、二重积分的性质

由于二重积分定义与定积分定义是同一类型和式的极限, 因此它们有类似的性质, 现将主要性质叙述于下, 只证明性质 7, 其余证明从略.

性质 1　若 $f(x,y)$, $g(x,y)$ 在有界闭区域 D 上可积, 则 $f(x,y) + g(x,y)$ 在 D 上也可积, 且 $\iint\limits_{D} [f(x,y) + g(x,y)]\mathrm{d}\sigma = \iint\limits_{D} f(x,y)\mathrm{d}\sigma + \iint\limits_{D} g(x,y)\mathrm{d}\sigma.$

性质 2　若 $f(x,y)$ 在有界闭区域 D 上可积, α 为常数, 则 $\alpha f(x,y)$ 在 D 上也可积, 且 $\iint\limits_{D} \alpha f(x,y)\,\mathrm{d}\sigma = \alpha \iint\limits_{D} f(x,y)\,\mathrm{d}\sigma.$

性质 1 和性质 2 表明: 二重积分对被积函数的线性运算是封闭的.

性质 3　若在有界闭区域 D 上, $f(x,y) \equiv 1$, σ 为 D 的面积, 则

$$\iint\limits_{D} 1\mathrm{d}\sigma = \iint\limits_{D} \mathrm{d}\sigma = \sigma.$$

性质 3 的几何意义: 高为 1 的平顶柱体的体积在数值上等于柱体的底面积.

性质 4　若将有界闭区域 D 分为若干个互不重叠(边界除外)的区域 D_1 和 D_2, 则 $f(x,y)$ 在 D 的上积分等于 D_1 和 D_2 上的两个积分之和, 即

$$\iint\limits_{D} f(x,y)\mathrm{d}\sigma = \iint\limits_{D_1} f(x,y)\mathrm{d}\sigma + \iint\limits_{D_2} f(x,y)\mathrm{d}\sigma.$$

性质 4 表示二重积分对积分区域具有有限可加性.

性质 5　若在有界闭区域 D 上, 恒有 $f(x,y) \leqslant g(x,y)$, 则

$$\iint\limits_{D} f(x,y)\mathrm{d}\sigma \leqslant \iint\limits_{D} g(x,y)\mathrm{d}\sigma.$$

特别有

$$\left| \iint\limits_{D} f(x,y)\mathrm{d}\sigma \right| \leqslant \iint\limits_{D} |f(x,y)|\mathrm{d}\sigma \quad (-|f(x,y)| \leqslant f(x,y) \leqslant |f(x,y)|).$$

性质 5 表示二重积分具有保不等式性.

性质 6　设 m 和 M 分别是 $f(x,y)$ 在有界闭区域 D 上的最小值与最大值, σ 表示区域 D 的面积, 则有 $m\sigma \leqslant \iint\limits_{D} f(x,y)\mathrm{d}\sigma \leqslant M\sigma.$

性质 6 给出了二重积分的取值范围.

性质 7 (中值定理)　设 $f(x,y)$ 在有界闭区域 D 上连续，σ 是区域 D 的面积，则在 D 上至少存在一点 (ξ,η)，使得 $\iint\limits_D f(x,y)\mathrm{d}\sigma = f(\xi,\eta)\sigma$.

证明　由性质 6 可知

$$\min_D f(x,y) \leqslant \frac{1}{\sigma}\iint\limits_D f(x,y)\mathrm{d}\sigma \leqslant \max_D f(x,y).$$

由连续函数介值定理，至少有一点 $(\xi,\eta) \in D$，使

$$f(\xi,\eta) = \frac{1}{\sigma}\iint\limits_D f(x,y)\mathrm{d}\sigma,$$

因此，$\iint\limits_D f(x,y)\mathrm{d}\sigma = f(\xi,\eta)\sigma$.

中值定理的几何意义　当 $f(x,y) \geqslant 0$ 时，曲顶柱体的体积等于同底上某个平顶柱体的体积，这个平顶柱体的高等于函数 $f(x,y)$ 在 D 上某点 (ξ,η) 处的值 $f(\xi,\eta)$.

例 2　不作计算，估计 $I = \iint\limits_D \mathrm{e}^{(x^2+y^2)}\mathrm{d}\sigma$ 的值，其中 D 是椭圆闭区域：

$$\frac{x^2}{a^2} + \frac{y^2}{b^2} \leqslant 1 \quad (0 < b < a).$$

分析　只要找出被积函数在积分区域内的上、下界再分别乘以区域的面积即可.

解　区域 D 的面积 $\sigma = ab\pi$，在 D 上，由于 $0 \leqslant x^2 + y^2 \leqslant a^2$，所以 $1 = \mathrm{e}^0 \leqslant \mathrm{e}^{x^2+y^2} \leqslant \mathrm{e}^{a^2}$，由性质 6 知 $\sigma \leqslant \iint\limits_D \mathrm{e}^{(x^2+y^2)}\mathrm{d}\sigma \leqslant \sigma \cdot \mathrm{e}^{a^2}$，所以，$ab\pi \leqslant \iint\limits_D \mathrm{e}^{(x^2+y^2)}\mathrm{d}\sigma \leqslant ab\pi\mathrm{e}^{a^2}$.

例 3　估计二重积分 $I = \iint\limits_D \dfrac{\mathrm{d}\sigma}{\sqrt{x^2+y^2+2xy+16}}$ 的值，其中积分区域 D 为矩形闭区域 $\{(x,y)\,|\,0 \leqslant x \leqslant 1,\ 0 \leqslant y \leqslant 2\}$.

解　由于 $f(x,y) = \dfrac{1}{\sqrt{(x+y)^2+16}}$，积分区域面积 $\sigma = 2$，在 D 上 $f(x,y)$ 的最大值 $M = \dfrac{1}{4}$ $(x = y = 0)$，最小值 $m = \dfrac{1}{\sqrt{3^2+4^2}} = \dfrac{1}{5}$ $(x = 1, y = 2)$，故 $\dfrac{2}{5} \leqslant I \leqslant \dfrac{1}{2}$，所以，$0.4 \leqslant I \leqslant 0.5$.

例 4　判断积分 $\iint\limits_D \sqrt[3]{1-x^2-y^2}\,\mathrm{d}x\mathrm{d}y$ 有怎样的符号，其中 $D: x^2 + y^2 \leqslant 4$.

分析　要判断积分的符号，利用被积函数分区域的符号和不等式来估算积分的值，再综合考虑它的符号.

解　$\displaystyle\iint\limits_{D}\sqrt[3]{1-x^2-y^2}\,\mathrm{d}x\mathrm{d}y$

$\displaystyle=\iint\limits_{x^2+y^2\leqslant1}\sqrt[3]{1-x^2-y^2}\,\mathrm{d}x\mathrm{d}y+\iint\limits_{1<x^2+y^2<3}\sqrt[3]{1-x^2-y^2}\,\mathrm{d}x\mathrm{d}y+\iint\limits_{3<x^2+y^2<4}\sqrt[3]{1-x^2-y^2}\,\mathrm{d}x\mathrm{d}y$

$\displaystyle\leqslant\iint\limits_{x^2+y^2\leqslant1}\sqrt[3]{1-0}\,\mathrm{d}x\mathrm{d}y+\iint\limits_{3\leqslant x^2+y^2\leqslant4}\sqrt[3]{1-3}\,\mathrm{d}x\mathrm{d}y=\pi+(-\sqrt[3]{2})(4\pi-3\pi)=\pi(1-\sqrt[3]{2})<0.$

例 5　比较积分 $\displaystyle\iint\limits_{D}\ln(x+y)\mathrm{d}\sigma$ 与 $\displaystyle\iint\limits_{D}[\ln(x+y)]^2\mathrm{d}\sigma$ 的大小, 其中区域 D 是三角形闭区域, 三顶点各为 $(1,0),(1,1),(2,0)$.

分析　考虑各被积函数在同一个区域内的大小, 对应地, 可以判断它们的大小.

解　三角形斜边方程 $x+y=2$, 在 D 内有 $1\leqslant x+y\leqslant2<\mathrm{e}$, 故 $0\leqslant\ln(x+y)<1$, 于是 $\ln(x+y)>[\ln(x+y)]^2$, 因此 $\displaystyle\iint\limits_{D}\ln(x+y)\mathrm{d}\sigma>\iint\limits_{D}[\ln(x+y)]^2\mathrm{d}\sigma$.

问题讨论

1. 二重积分 $\displaystyle\iint\limits_{D}f(x,y)\mathrm{d}x\mathrm{d}y$ 的几何意义是以曲面 $z=f(x,y)$ 为曲顶、以 D 为底的曲顶柱体的体积, 是否正确?

2. 若将闭区域 D 分为两个以上互不重叠(边界除外)的区域, 性质 4 是否成立?

3. 如何比较同一区域上的二重积分的大小?

小结

本节给出了二重积分的定义及性质. 二重积分是定积分在平面区域上的推广, 其定义方法及性质与定积分类似. 所不同的是: 定积分的被积函数是一元函数, 积分范围是一个区间; 而二重积分的被积函数是二元函数, 积分范围是平面上的一个有界闭区域. 当给定被积函数和积分区域时, 二重积分是一个确定的数值. 定积分定义在区间上, 区间的长度容易计算, 而二重积分定义在平面区域上, 其面积的计算要复杂得多. 因此, 用定义计算二重积分比较困难.

习　题　8.1

1. 设有一平面薄板(不计其厚度), 占有 xOy 平面上的有界闭区域 D, 薄板上分布着面密度为 $\mu=\mu(x,y)$ 的电荷, 且 $\mu(x,y)$ 在 D 上连续, 试用二重积分表达该板上的全部电荷 Q.

2. 下列二重积分表达怎样的空间立体的体积? 试画出下列空间立体的图形.

(1) $\displaystyle\iint\limits_{D}(x^2+y^2+1)\mathrm{d}\sigma$, 其中区域 D 是圆域 $x^2+y^2\leqslant1$;

(2) $\displaystyle\iint_D y\mathrm{d}\sigma$，其中区域 D 是三角形域 $x\geqslant 0,y\geqslant 0,x+y\leqslant 1$.

3. 设 $I_1=\displaystyle\iint_{D_1}(x^2+y^2)^3\mathrm{d}\sigma$，其中

$$D_1=\{(x,y)|-1\leqslant x\leqslant 1,-2\leqslant y\leqslant 2\};$$

$I_2=\displaystyle\iint_{D_2}(x^2+y^2)^3\mathrm{d}\sigma$，其中

$$D_2=\{(x,y)|0\leqslant x\leqslant 1,0\leqslant y\leqslant 2\}.$$

试利用二重积分的几何意义说明 I_1 与 I_2 的关系.

4. 利用二重积分的定义证明：

(1) $\displaystyle\iint_D\mathrm{d}\sigma=\sigma\,(\sigma\text{为 }D\text{ 的面积})$;

(2) $\displaystyle\iint_D\alpha f(x,y)\mathrm{d}\sigma=\alpha\iint_D f(x,y)\mathrm{d}\sigma\,(k\text{ 为常数})$;

(3) $\displaystyle\iint_D f(x,y)\mathrm{d}\sigma=\iint_{D_1}f(x,y)\mathrm{d}\sigma+\iint_{D_2}f(x,y)\mathrm{d}\sigma$,

其中 $D=D_1\bigcup D_2,D_1,D_2$ 为两个无公共内点的闭区域.

5. 根据二重积分的性质，比较下列积分大小：

(1) $\displaystyle\iint_D(x+y)^2\mathrm{d}\sigma$ 与 $\displaystyle\iint_D(x+y)^3\mathrm{d}\sigma$，其中积分区域 D 是由 x 轴，y 轴与直线 $x+y=1$ 所围成；

(2) $\displaystyle\iint_D(x+y)^2\mathrm{d}\sigma$ 与 $\displaystyle\iint_D(x+y)^3\mathrm{d}\sigma$，其中积分区域 D 是由圆周 $(x-2)^2+(y-1)^2=2$ 所围成；

(3) $\displaystyle\iint_D\ln(x+y)\mathrm{d}\sigma$ 与 $\displaystyle\iint_D\big[\ln(x+y)\big]^2\mathrm{d}x\mathrm{d}y$，其中 D 是三角形闭区域，三角顶点分别为 $(1,0)$, $(1,1),(2,0)$;

(4) $\displaystyle\iint_D\ln(x+y)\mathrm{d}\sigma$ 与 $\displaystyle\iint_D\big[\ln(x+y)\big]^2\mathrm{d}x\mathrm{d}y$，其中 $D=\{(x,y)|3\leqslant x\leqslant 5,0\leqslant y\leqslant 1\}$.

6. 利用二重积分的性质估计下列积分的值：

(1) $I=\displaystyle\iint_D xy(x+y)\mathrm{d}\sigma$，其中 $D=\{(x,y)|0\leqslant x\leqslant 1,0\leqslant y\leqslant 1\}$;

(2) $I=\displaystyle\iint_D\sin^2 x\sin^2 y\mathrm{d}\sigma$，其中 $D=\{(x,y)|0\leqslant x\leqslant\pi,0\leqslant y\leqslant\pi\}$;

(3) $I=\displaystyle\iint_D(x+y+1)\mathrm{d}\sigma$，其中 $D=\{(x,y)|0\leqslant x\leqslant 1,0\leqslant y\leqslant 2\}$;

(4) $I=\displaystyle\iint_D(x^2+4y^2+9)\mathrm{d}\sigma$，其中 $D=\{(x,y)|x^2+y^2\leqslant 4\}$.

8.2 直角坐标系下的二重积分计算

除了一些特殊情形，利用定义来计算二重积分是非常困难的. 下面根据二重

积分的几何意义, 给出二重积分在直角坐标系下的计算方法——累次积分法.

设函数 $z = f(x,y)$ 在有界闭区域 D 上连续, 且当 $(x,y) \in D$ 时, $f(x,y) \geqslant 0$. 下面研究 $\iint\limits_D f(x,y)\mathrm{d}\sigma$ 在直角坐标系下累次积分计算方法.

一、先对 y 后对 x 的二次积分

如果区域 D 是由直线 $x = a$, $x = b$ 与连续曲线 $y = \varphi_1(x)$, $y = \varphi_2(x)$ 所围成, 如图 8.2.1 和图 8.2.2 所示, D 称为 x 型区域, 即

$$D = \{(x,y) \,|\, a \leqslant x \leqslant b, \varphi_1(x) \leqslant y \leqslant \varphi_2(x)\}.$$

二重积分 $\iint\limits_D f(x,y)\mathrm{d}\sigma$ 是以 D 为底面、以曲面 $z = f(x,y)$ 为顶的曲顶柱体的体积.

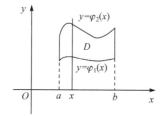

图 8.2.1

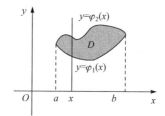

图 8.2.2

为了确定曲顶柱体的体积, 对任意 $x(a \leqslant x \leqslant b)$ 用平行于 yOz 平面的平面 $X = x$ 去截曲顶柱体. 设截面面积为 $A(x)$, 由第 5 章知, 平行截面面积为 $A(x)$ 的立体体积公式为 $\int_a^b A(x)\mathrm{d}x$. 所以, $\iint\limits_D f(x,y)\mathrm{d}\sigma = \int_a^b A(x)\,\mathrm{d}x$.

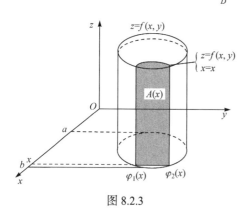

图 8.2.3

由图 8.2.3 可知, $A(x)$ 是一个曲边梯形的面积. 对固定的 x, 此曲边梯形的曲边是由方程 $z = f(x,y)$ 确定的 y 的一元函数的曲线, 而底边沿着 y 轴方向从 $\varphi_1(x)$ 变到 $\varphi_2(x)$. 因此, 由曲边梯形的面积公式得 $A(x) = \int_{\varphi_1(x)}^{\varphi_2(x)} f(x,y)\mathrm{d}y$. 从而,

$$\iint\limits_D f(x,y)\mathrm{d}\sigma = \int_a^b \left[\int_{\varphi_1(x)}^{\varphi_2(x)} f(x,y)\mathrm{d}y \right] \mathrm{d}x.$$

右端的积分称为先对 y 后对 x 的二次积分(或累次积分). 通常写成

$$\iint\limits_{D} f(x,y)\mathrm{d}\sigma = \int_{a}^{b}\mathrm{d}x\int_{\varphi_1(x)}^{\varphi_2(x)} f(x,y)\mathrm{d}y.$$

于是, 计算二重积分就化成计算两次定积分, 第一次计算单积分

$$A(x) = \int_{\varphi_1(x)}^{\varphi_2(x)} f(x,y)\mathrm{d}y$$

时, 把 x 看成常量, 这时 y 是积分变量; 第二次积分时, x 是积分变量.

二、先对 x 后对 y 的二次积分

若积分区域可表示为

$$D = \{(x,y)\,|\,c \leqslant y \leqslant d, \psi_1(y) \leqslant x \leqslant \psi_2(y)\},$$

其中 $\psi_1(y)$, $\psi_2(y)$ 在区间 $[c,d]$ 上连续, 则称 D 为 y 型区域. 与第一部分类似, 用平行于坐标平面 xOz 的平面去截以区域 D 为底、以曲面 $z = f(x,y)$ 为顶的曲顶柱体, 如图 8.2.4 和图 8.2.5 所示, 则可以得到 $\iint\limits_{D} f(x,y)\mathrm{d}\sigma = \int_{c}^{d}\mathrm{d}y\int_{\psi_1(y)}^{\psi_2(y)} f(x,y)\mathrm{d}x$, 即将二重积分化成先对 x 后对 y 的二次积分.

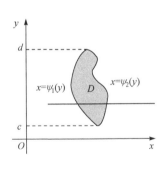

图 8.2.4

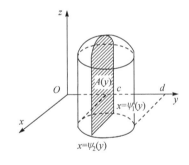

图 8.2.5

三、其他情形

(1) 若区域 D 是一个矩形, 即 $D = \{(x,y)\,|\,a \leqslant x \leqslant b, c \leqslant y \leqslant d\}$, 则

$$\iint\limits_{D} f(x,y)\mathrm{d}\sigma = \int_{a}^{b}\mathrm{d}x\int_{c}^{d} f(x,y)\mathrm{d}y = \int_{c}^{d}\mathrm{d}y\int_{a}^{b} f(x,y)\mathrm{d}x.$$

(2) 若函数 $f(x,y) = f_1(x)f_2(y)$ 可积, 且区域 $D = \{(x,y)\,|\,a \leqslant x \leqslant b, c \leqslant y \leqslant d\}$, 则

$$\iint\limits_{D} f(x,y)\mathrm{d}\sigma = \left(\int_{a}^{b} f_{1}(x)\mathrm{d}x \right)\left(\int_{c}^{d} f_{2}(y)\mathrm{d}y \right).$$

(3) 若平行于坐标的直线与区域 D 的边界线交点多于两个, 如图 8.2.6 所示, 则要将 D 分成几个小区域, 使每个小区域的边界线与平行于坐标轴的直线的交点不多于两个. 将这些小区域化为 x 型或 y 型区域, 然后再根据积分区域的可加性进行计算.

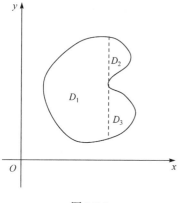

图 8.2.6

既然计算二重积分可归结于计算两次单积分, 那么计算二重积分就变得比较简单了.

在计算二重积分时, 究竟是先对 x 还是先对 y 积分, 这要视哪种积分顺序能简化运算来决定.

初学者可能会对选择积分顺序和确定积分上、下限感到困难. 建议先画出积分区域 D 的图形, 再写出区域 D 上的点的坐标所要满足的不等式, 确定 D 是 x 型还是 y 型区域.

若被积函数 $f(x,y)$ 在有界闭区域 D 上不是非负的, 则利用等式

$$f(x,y) = \frac{|f(x,y)| + f(x,y)}{2} - \frac{|f(x,y)| - f(x,y)}{2}$$

把 $f(x,y)$ 转化为两个非负函数之差, 再利用二重积分的运算性质同样可证明二重积分化累次积分计算公式成立.

例 1 计算下列二重积分:

(1) $\iint\limits_{D} (x^2 - y^2)\mathrm{d}\sigma$, 其中 D 是闭区域: $0 \leqslant y \leqslant \sin x, 0 \leqslant x \leqslant \pi$;

(2) $\iint\limits_{D} (1+x)\sin y\mathrm{d}\sigma$, 其中 D 是顶点分别为 $(0,0),(1,0),(1,2)$ 和 $(0,1)$ 的梯形闭区域.

解 (1) $\iint\limits_{D} (x^2 - y^2)\mathrm{d}\sigma = \int_{0}^{\pi}\int_{0}^{\sin x} (x^2 - y^2)\,\mathrm{d}y\mathrm{d}x = \int_{0}^{\pi}\left(x^2\sin x - \frac{1}{3}\sin^3 x \right)\mathrm{d}x$

$\qquad = \int_{0}^{\pi} x^2\sin x\mathrm{d}x + \int_{0}^{\pi}\frac{1}{3}(1-\cos^2 x)\mathrm{d}(\cos x) = \pi^2 - \frac{4}{9}.$

(2) 由题设可知 $D = \left\{ (x,y) \mid 0 \leqslant x \leqslant 1, 0 \leqslant y \leqslant 1+x \right\}$,

$$\iint\limits_{D} (1+x)\sin y\mathrm{d}\sigma = \int_{0}^{1}\mathrm{d}x\int_{0}^{1+x} (1+x)\sin y\mathrm{d}y = \int_{0}^{1} (1+x)(1-\cos(1+x))\mathrm{d}x.$$

令 $t = 1 + x$，原式 $= \int_1^2 (t - t\cos t)\mathrm{d}t = \dfrac{3}{2} + \cos 1 + \sin 1 - \cos 2 - 2\sin 2$.

例 2 将二重积分 $\displaystyle\iint_D f(x,y)\mathrm{d}\sigma$ 化为二次积分，其中积分区域 D 由抛物线 $y = x^2$ 与直线 $y = x$ 围成.

解 求得抛物线与直线的交点为 $(0,0)$，$(1,1)$，画出 D 如图 8.2.7 所示，它可表示为：$x^2 \leqslant y \leqslant x$，$0 \leqslant x \leqslant 1$，得

$$\iint_D f(x,y)\mathrm{d}\sigma = \int_0^1 \mathrm{d}x \int_{x^2}^x f(x,y)\mathrm{d}y .$$

D 也可表示为 $y \leqslant x \leqslant \sqrt{y}$，$0 \leqslant y \leqslant 1$，得

$$\iint_D f(x,y)\mathrm{d}\sigma = \int_0^1 \mathrm{d}y \int_y^{\sqrt{y}} f(x,y)\mathrm{d}x .$$

例 3 计算二重积分 $\displaystyle\iint_D xy\mathrm{d}x\mathrm{d}y$，其中区域 D 由 x 轴、y 轴和圆 $x^2 + y^2 = 1$ 在第一象限的部分所围成.

分析 根据题设画出积分区域 D，如图 8.2.8 所示. 类似于例 1 的分析可知，区域 D 既是 x 型区域又是 y 型区域. 先积 x 还是先积 y，要看被积函数先积哪个容易. 本题先积哪个都可.

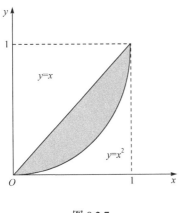

图 8.2.7

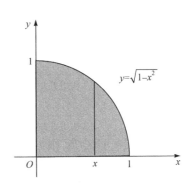

图 8.2.8

解 将区域 D 表示成 x 型区域 D：$0 \leqslant x \leqslant 1$，$0 \leqslant y \leqslant \sqrt{1 - x^2}$，于是

$$\iint_D xy\mathrm{d}x\mathrm{d}y = \int_0^1 \mathrm{d}x \int_0^{\sqrt{1-x^2}} xy\mathrm{d}y = \int_0^1 \frac{1}{2}x(1 - x^2)\mathrm{d}x = \frac{1}{2}\left(\frac{1}{2}x^2 - \frac{1}{4}x^4 \right)\Big|_0^1 = \frac{1}{8}.$$

同样，也可以将区域 D 表示成 y 型区域 D：$0 \leqslant y \leqslant 1$，$0 \leqslant x \leqslant \sqrt{1 - y^2}$，

则有

$$\iint\limits_{D} xy\mathrm{d}x\mathrm{d}y = \int_0^1 \mathrm{d}y \int_0^{\sqrt{1-y^2}} xy\mathrm{d}x = \frac{1}{8}.$$

例 4　计算二重积分 $\iint\limits_{D} \dfrac{x^2}{y^2}\mathrm{d}x\mathrm{d}y$，其中区域 D 是由直线 $y=2$，$y=x$ 和双曲线 $xy=1$ 所围成的.

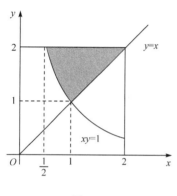

图 8.2.9

分析　根据题设画出积分区域 D，如图 8.2.9 所示，可将其表示为 y 型区域

$$D: \frac{1}{y} \leqslant x \leqslant y,\ 1 \leqslant y \leqslant 2.$$

解法一　先对 x 后对 y 积分，则有

$$\iint\limits_{D} \frac{x^2}{y^2}\mathrm{d}x\mathrm{d}y = \int_1^2 \mathrm{d}y \int_{\frac{1}{y}}^{y} \frac{x^2}{y^2}\mathrm{d}x = \frac{1}{3}\int_1^2\left(y - \frac{1}{y^5}\right)\mathrm{d}y$$

$$= \frac{1}{3}\left(\frac{1}{2}y^2 + \frac{1}{4y^4}\right)\Bigg|_1^2 = \frac{27}{64}.$$

区域 D 可表示为 x 型区域，由两个函数解析式给出，故需用直线 $x=1$ 将区域 D 分成 D_1 和 D_2，再利用积分区域的可加性完成.

解法二　区域 D 如图 8.2.9 所示，先对 y 后对 x 积分，由于区域 D 的下边界为

$$g(x) = \begin{cases} \dfrac{1}{x}, & \dfrac{1}{2} \leqslant x \leqslant 1, \\ x, & 1 < x \leqslant 2, \end{cases}$$

$$D_1: \frac{1}{2} \leqslant x \leqslant 1,\ \frac{1}{x} \leqslant y \leqslant 2,$$

$$D_2: 1 \leqslant x \leqslant 2,\ x \leqslant y \leqslant 2,$$

则 D_1 和 D_2 都是 x 型区域，根据二重积分对区域的可加性，有

$$\iint\limits_{D} \frac{x^2}{y^2}\mathrm{d}x\mathrm{d}y = \iint\limits_{D_1} \frac{x^2}{y^2}\mathrm{d}x\mathrm{d}y + \iint\limits_{D_2} \frac{x^2}{y^2}\mathrm{d}x\mathrm{d}y = \int_{\frac{1}{2}}^1 \mathrm{d}x \int_{\frac{1}{x}}^2 \frac{x^2}{y^2}\mathrm{d}y + \int_1^2 \mathrm{d}x \int_x^2 \frac{x^2}{y^2}\mathrm{d}y$$

$$= \int_{\frac{1}{2}}^1\left(x^3 - \frac{x^2}{2}\right)\mathrm{d}x + \int_1^2\left(x - \frac{x^2}{2}\right)\mathrm{d}x = \left(\frac{x^4}{4} - \frac{x^3}{6}\right)\Bigg|_{\frac{1}{2}}^1 + \left(\frac{x^2}{2} - \frac{x^3}{6}\right)\Bigg|_1^2 = \frac{27}{64}.$$

可见，把区域 D 表示成 y 型区域时，积分要简捷得多. 因此，计算二重积分时，应注意根据积分区域的特点，灵活选择积分的先后次序.

例 5　计算二重积分 $\iint\limits_{D}\dfrac{\sin y}{y}\mathrm{d}x\mathrm{d}y$，其中区域 D 是由直线 $y=x$ 及抛物线 $x=y^2$ 所围成的.

分析　画出积分区域 D，如图 8.2.10 所示，D 可表示成 y 型区域：

$$D:0\leqslant y\leqslant 1,\quad y^2\leqslant x\leqslant y,$$

也可表示成 x 型区域

$$D:\ 0\leqslant x\leqslant 1,\quad x\leqslant y\leqslant\sqrt{x}.$$

若先对 y 后对 x 积分，则

$$\iint\limits_{D}\frac{\sin y}{y}\mathrm{d}x\mathrm{d}y=\int_0^1\mathrm{d}x\int_x^{\sqrt{x}}\frac{\sin y}{y}\mathrm{d}y.$$

由于 $\dfrac{\sin y}{y}$ 的原函数不能用初等函数来表示，

积分难以进行，所以不宜按此次序积分.

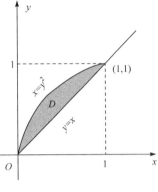

图 8.2.10

解　先对 x 后对 y 积分，则有

$$\iint\limits_{D}\frac{\sin y}{y}\mathrm{d}x\mathrm{d}y=\int_0^1\mathrm{d}y\int_{y^2}^{y}\frac{\sin y}{y}\mathrm{d}x=\int_0^1\frac{\sin y}{y}(y-y^2)\mathrm{d}y=1-\sin 1.$$

在选择累次积分的顺序时，除了要注意积分区域的特点外，还要注意被积函数的特点.

例 6　把累次积分

$$\int_0^1\mathrm{d}x\int_0^x f(x,y)\mathrm{d}y+\int_1^2\mathrm{d}x\int_0^{2-x}f(x,y)\mathrm{d}y$$

化为先对 x 后对 y 积分的累次积分.

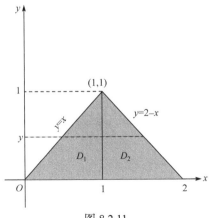

图 8.2.11

分析　解这类问题的思路是先根据原累次积分的积分限画出它的积分区域图形，再变更它的积分次序. 图形如图 8.2.11 所示.

解　第一项二重积分的积分区域 D_1 用不等式表示为 $0\leqslant x\leqslant 1$，$0\leqslant y\leqslant x$，它是由直线 $x=1$，$y=0$ 及 $y=x$ 所围成的区域.

第二项二重积分的积分区域 D_2 用不等式表示为 $1\leqslant x\leqslant 2$，$0\leqslant y\leqslant 2-x$，它是由直线 $x=1$，$y=0$ 及 $y=2-x$ 所围成的区域. 区域 D_1 和 D_2 的图形如图 8.2.11 所示.

分区域 D (由区域 D_1 和 D_2 组成)投影到 y 轴上得闭区间 $[0,1]$, 且其左、右边界各有一个函数解析式表示. 积分区域 D 表示为一个 y 型区域

$$D : 0 \leqslant y \leqslant 1, \quad y \leqslant x \leqslant 2 - y.$$

于是

$$\int_0^1 \mathrm{d}x \int_0^x f(x,y)\mathrm{d}y + \int_1^2 \mathrm{d}x \int_0^{2-x} f(x,y)\mathrm{d}y = \int_0^1 \mathrm{d}y \int_y^{2-y} f(x,y)\mathrm{d}x.$$

例 7　计算 $I = \iint\limits_{D} (xy + 1)\, \mathrm{d}x\mathrm{d}y$, 其中 $D : 4x^2 + y^2 \leqslant 4$ (图 8.2.12).

解法一　先对 y 积分, 积分区域

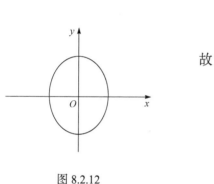

图 8.2.12

$$D : \begin{cases} -1 \leqslant x \leqslant 1, \\ -2\sqrt{1-x^2} \leqslant y \leqslant 2\sqrt{1-x^2}, \end{cases}$$

故

$$\begin{aligned}
I &= \int_{-1}^1 \mathrm{d}x \int_{-2\sqrt{1-x^2}}^{2\sqrt{1-x^2}} (xy + 1)\mathrm{d}y \\
&= \int_{-1}^1 \frac{1}{2}xy^2 \Big|_{-2\sqrt{1-x^2}}^{2\sqrt{1-x^2}} \mathrm{d}x + \int_{-1}^1 4\sqrt{1-x^2}\,\mathrm{d}x \\
&= 0 + 4 \cdot \frac{\pi}{2} = 2\pi.
\end{aligned}$$

解法二　先对 x 积分, 积分区域

$$D : \begin{cases} -2 \leqslant y \leqslant 2, \\ -\dfrac{1}{2}\sqrt{4-y^2} \leqslant x \leqslant \dfrac{1}{2}\sqrt{4-y^2}, \end{cases}$$

故

$$I = \int_{-2}^2 \mathrm{d}y \int_{-\frac{1}{2}\sqrt{4-y^2}}^{\frac{1}{2}\sqrt{4-y^2}} (xy + 1)\, \mathrm{d}x = 2\pi.$$

解法三　利用对称性, $I = \iint\limits_{D} xy\mathrm{d}x\mathrm{d}y + \iint\limits_{D} \mathrm{d}x\mathrm{d}y.$

因为积分域 D 关于 y 轴对称, 且函数 $f(x,y) = xy$ 关于 x 是奇函数, 所以 $\iint\limits_{D} xy\mathrm{d}x\mathrm{d}y = 0$. 又由于 $\iint\limits_{D} \mathrm{d}x\mathrm{d}y = 2\pi$, 故 $I = 2\pi$.

例 8　计算 $\iint\limits_{D} x^2 y^2 \mathrm{d}x\mathrm{d}y$, 其中区域 $D : |x| + |y| \leqslant 1$(图 8.2.13).

分析　若直接在 D 上求二重积分, 则要烦琐很多, 可以利用对称性求解.

解 因为 D 关于 x 轴和 y 轴对称, 且 $f(x,y)=x^2y^2$ 关于 x 或 y 为偶函数, 则

$$I = 4\iint\limits_{D_1} x^2y^2\mathrm{d}x\mathrm{d}y = 4\int_0^1\mathrm{d}x\int_0^{1-x}x^2y^2\mathrm{d}y = \frac{4}{3}\int_0^1 x^2(1-x)^3\mathrm{d}x = \frac{1}{45}.$$

例 7、例 8 告诉我们, 对称性是一种有力的解
题工具. 读者在解题时要注意观察积分区域的对
称性和被积函数的奇偶性, 充分应用对称性工具
简化计算.

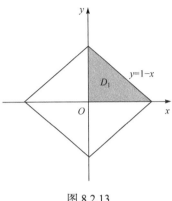

图 8.2.13

问题讨论

1. x 型区域的边界曲线的函数 $\varphi_1(x)$ 与 $\varphi_2(x)$
在 $a \leqslant x \leqslant b$ 上必须都用一个算式表示吗? y 型区域
呢? 若不满足, 应该怎样处理?

2. 如果二重积分的被积区域既是 x 型区域又
是 y 型区域, 应先用哪种累次积分计算二重积分?

小结

本节给出了二重积分在直角坐标系下的累次积分计算方法, 步骤为: 首先画
出积分区域 D 的草图; 其次将积分区域 D 化为 x 型或 y 型区域; 接着选择积分次
序; 最后确定累次积分的上、下限, 逐次计算定积分.

习 题 8.2

1. 化二重积分 $\iint\limits_D f(x,y)\mathrm{d}x\mathrm{d}y$ 为二次积分(写出两种积分次序).

(1) $D = \{(x,y)\mid |x|\leqslant 1, |y|\leqslant 1\}$;

(2) D 是由 y 轴, $y=1$ 及 $y=x$ 围成的区域;

(3) D 是由 x 轴, $y=\ln x$ 及 $x=e$ 围成的区域;

(4) D 是由 x 轴, 圆 $x^2+y^2-2x=0$ 在第一象限的部分及直线 $x+y=2$ 围成的区域;

(5) D 是由 x 轴与抛物线 $y=4-x^2$ 在第二象限的部分及圆 $x^2+y^2-4y=0$ 的第一象限部分
围成的区域.

2. 交换二次积分的次序:

(1) $\int_1^2\mathrm{d}x\int_x^{x^2}f(x,y)\mathrm{d}y + \int_2^8\mathrm{d}x\int_x^8 f(x,y)\mathrm{d}y$.

(2) $\int_0^1\mathrm{d}y\int_0^y f(x,y)\mathrm{d}x + \int_1^2\mathrm{d}y\int_0^{2-y} f(x,y)\mathrm{d}x$.

(3) $\int_0^4\mathrm{d}y\int_{-\sqrt{4-y}}^{\frac{1}{2}(y-4)} f(x,y)\mathrm{d}x$;

(4) $\int_0^1 \mathrm{d}x \int_{\sqrt{x}}^{1+\sqrt{1-x^2}} f(x,y)\mathrm{d}y$;

(5) $\int_{-\sqrt{2}}^{\sqrt{2}} \mathrm{d}x \int_{x^2}^{4-x^2} f(x,y)\mathrm{d}y$.

3. 求证: $\int_0^1 \mathrm{d}y \int_0^{\sqrt{y}} \mathrm{e}^y f(x)\mathrm{d}x = \int_0^1 (\mathrm{e} - \mathrm{e}^{x^2}) f(x)\mathrm{d}x$.

4. 计算下列曲线所围成的面积:

(1) $y = x^2$, $y = x + 2$; (2) $y = \sin x$, $y = \cos x$, $x = 0$.

5. 计算下列曲面所围成立体的体积:

(1) $z = 1 + x + y$, $z = 0$, $x + y = 1$, $x = 0$, $y = 0$; (2) $z = x^2 + y^2$, $y = 1$, $z = 0$, $y = x^2$.

6. 计算下列二重积分:

(1) $\iint\limits_D x\mathrm{e}^{xy}\mathrm{d}\sigma$, $D = \{(x,y)\,|\,0 \leqslant x \leqslant 1, 0 \leqslant y \leqslant 1\}$;

(2) $\iint\limits_D \dfrac{y}{(1+x^2+y^2)^{3/2}}\mathrm{d}\sigma$, $D = \{(x,y)\,|\,0 \leqslant x \leqslant 1, 0 \leqslant y \leqslant 1\}$;

(3) $\iint\limits_D xy^2\mathrm{d}\sigma$, D 是由抛物线 $y^2 = 2px$ 和直线 $x = \dfrac{p}{2}(p > 0)$ 围成的区域;

(4) $\iint\limits_D (x + 6y)\mathrm{d}\sigma$, D 是由 $y = x$, $y = 5x$, $x = 1$ 所围成的区域;

(5) $\iint\limits_D (x^2 + y^2)\mathrm{d}\sigma$, D 是由 $y = x$, $y = x + a$, $y = a$, $y = 3a(a > 0)$ 所围成的区域.

8.3　极坐标系下二重积分的计算

在 8.2 节我们给出了直角坐标系下二重积分的累次积分计算, 为二重积分的计算提供了十分有效的方法. 但有时利用这一方法计算二重积分不仅复杂而且无效. 例如, 计算二重积分

$$I = \iint\limits_D \mathrm{e}^{-(x^2+y^2)}\mathrm{d}x\mathrm{d}y, \quad D = \{(x,y)\,|\,x^2 + y^2 \leqslant a^2\}.$$

利用直角坐标系下二重积分的累次积分计算方法无法计算出结果, 这是因为函数 e^{-x^2} 及 e^{-y^2} 不存在原函数, 无法积分. 观察一下被积函数和积分区域的特点, 我们发现积分区域 D 的边界曲线和被积函数用极坐标表示比较简单. 因此, 当二重积分的被积区域是圆、圆环、扇形等图形时, 可以考虑利用极坐标系下二重积分的计算方法计算二重积分.

一般来说, 或当积分区域是圆形区域或圆形区域的一部分, 或区域 D 的边界

线容易由极坐标方程给出; 或当被积函数中含有 $x^2 + y^2$, $\dfrac{x}{y}$ 等表达式时, 计算二重积分往往在极坐标系下进行要简便得多. 下面研究二重积分在极坐标系下如何化成累次积分.

假定区域 D 的边界与过极点的射线相交不多于两点, 或者区域 D 的边界一部分是射线的一段; 被积函数在区域 D 上连续. 我们用圆心在极点的一族同心圆 $\rho =$ 常数和从极点出发的一族射线 $\theta =$ 常数, 把区域 D 分成 n 个小区域(图 8.3.1(a)), 除了包含边界点的一些小区域外, 其他小区域的形状如图 8.3.1(b)所示, 第 i 个小区域的面积 $\Delta \sigma_i$ 为

$$
\begin{aligned}
\Delta \sigma_i &= \frac{1}{2}(\rho_i + \Delta \rho_i)^2 \Delta \theta_i - \frac{1}{2}\rho_i^2 \Delta \theta_i \\
&= \frac{1}{2}(2\rho_i + \Delta \rho_i)\Delta \rho_i \Delta \theta_i \\
&= \frac{\rho_i + (\rho_i + \Delta \rho_i)}{2} \cdot \Delta \rho_i \cdot \Delta \theta_i \\
&= \bar{\rho}_i \cdot \Delta \rho_i \cdot \Delta \theta_i,
\end{aligned}
$$

其中 $\bar{\rho}_i$ 为相邻两圆弧的半径的平均值. 在该小区域内取圆周 $\rho = \bar{\rho}_i$ 上的一点($\bar{\rho}_i$, $\bar{\theta}_i$), 设该点的直角坐标为 ξ_i, η_i, 由极坐标和直角坐标之间的变换公式有

$$
\xi_i = \bar{\rho}_i \cos \bar{\theta}_i, \quad \eta_i = \bar{\rho}_i \sin \bar{\theta}_i.
$$

由二重积分定义有

$$
\begin{aligned}
\iint\limits_{D} f(x, y)\mathrm{d}x\mathrm{d}y &= \lim_{\lambda \to 0} \sum_{i=1}^{n} f(\xi_i, \eta_i)\Delta \sigma_i \\
&= \lim_{\lambda \to 0} \sum_{i=1}^{n} f(\bar{\rho}_i \cos \bar{\theta}_i, \bar{\rho}_i \sin \bar{\theta}_i)\bar{\rho}_i \cdot \Delta \rho_i \Delta \theta_i \\
&= \iint\limits_{D} f(\rho \cos \theta, \rho \sin \theta)\rho \mathrm{d}\rho \mathrm{d}\theta.
\end{aligned} \tag{8.1}
$$

这就是二重积分的变量从直角坐标变换为极坐标的变换公式, 其中 $\rho \mathrm{d}\theta \mathrm{d}\rho$ 就是极坐标系下的面积元素. 由此可知, 要把直角坐标下的二重积分 $\iint\limits_{D} f(x, y)\mathrm{d}x\mathrm{d}y$ 变换为极坐标下的二重积分, 只需把被积函数 $f(x, y)$ 换成 $f(\rho \cos \theta, \rho \sin \theta)$, 而把面积元素 $\mathrm{d}\sigma = \mathrm{d}x\mathrm{d}y$ 换成 $\rho \mathrm{d}\theta \mathrm{d}\rho$ 即可.

在极坐标系下计算二重积分, 同样也是化成累次积分来完成的. 下面分两种情况来讨论如何把 $\iint\limits_{D} f(\rho \cos \theta, \rho \sin \theta)\rho \mathrm{d}\rho \mathrm{d}\theta$ 化为累次积分.

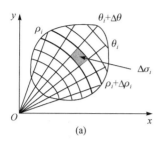 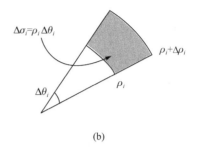

图 8.3.1

1. 极点不在区域 D 的内部

如果极点在积分区域 D 的外部, 如图 8.3.2 所示, 设积分区域 D 可以表示为

$$D: \ \alpha \leqslant \theta \leqslant \beta, \ \varphi_1(\theta) \leqslant \rho \leqslant \varphi_2(\theta),$$

其中 $\varphi_1(\theta)$ 和 $\varphi_2(\theta)$ 在区间 $[\alpha, \beta]$ 上连续.

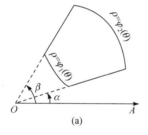 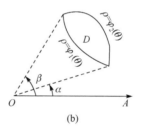

图 8.3.2

在区间 $[\alpha, \beta]$ 上任意取定一个 θ 值. 区域 D 中与这个 θ 值对应的点在线段 EF 上(图 8.3.3), EF 上任意一点的极径 ρ 都满足 $\varphi_1(\theta) \leqslant \rho \leqslant \varphi_2(\theta)$. 而 θ 是区间 $[\alpha, \beta]$ 上的任意点, 所以, θ 满足 $\alpha \leqslant \theta \leqslant \beta$. 因此, 极坐标系下二重积分化为累次积分的计算公式为

$$\iint\limits_D f(\rho\cos\theta, \rho\sin\theta)\rho\mathrm{d}\rho\mathrm{d}\theta = \int_\alpha^\beta \left[\int_{\varphi_1(\theta)}^{\varphi_2(\theta)} f(\rho\cos\theta, \rho\sin\theta)\rho\mathrm{d}\rho \right]\mathrm{d}\theta \qquad (8.2)$$

或简写成

$$\iint\limits_D f(\rho\cos\theta, \rho\sin\theta)\rho\mathrm{d}\rho\mathrm{d}\theta = \int_\alpha^\beta \mathrm{d}\theta \int_{\varphi_1(\theta)}^{\varphi_2(\theta)} f(\rho\cos\theta, \rho\sin\theta)\rho\mathrm{d}\rho. \qquad (8.2')$$

如果积分区域 D 是图 8.3.4 所示的曲边扇形, 那么它可以看作图 8.3.3 中当 $\varphi_1(\theta) \equiv 0$ 和 $\varphi_2(\theta) = \varphi(\theta)$ 时的特例, 即 D 可以表示为

$$D: \ \alpha \leqslant \theta \leqslant \beta, \ 0 \leqslant \rho \leqslant \varphi(\theta),$$

而公式(8.2′)变成

$$\iint_D f(\rho\cos\theta,\rho\sin\theta)\rho\mathrm{d}\rho\mathrm{d}\theta = \int_\alpha^\beta \mathrm{d}\theta \int_0^{\varphi(\theta)} f(\rho\cos\theta,\rho\sin\theta)\rho\mathrm{d}\rho . \tag{8.3}$$

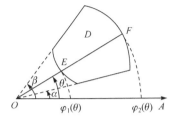

图 8.3.3

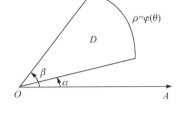

图 8.3.4

2. 极点位于区域 D 的内部

如果极点在积分区域 D 的内部, 如图 8.3.5 所示, 那么它可看作图 8.3.5 中当 $\alpha = 0$, $\beta = 2\pi$ 时的特例. 从而, 闭区域 D 可以表示为

$$D:\ 0 \leqslant \theta \leqslant 2\pi,\ 0 \leqslant \rho \leqslant \varphi(\theta),$$

其中 $\rho = \varphi(\theta)$ 是区域 D 的边界曲线的极坐标方程. 于是公式(8.3)变成

$$\iint_D f(\rho\cos\theta,\rho\sin\theta)\rho\mathrm{d}\rho\mathrm{d}\theta = \int_0^{2\pi} \mathrm{d}\theta \int_0^{\varphi(\theta)} f(\rho\cos\theta,\rho\sin\theta)\rho\mathrm{d}\rho . \tag{8.4}$$

从坐标原点 O 向外发散的区域 D, 如圆、圆环、扇形等的边界曲线, 用极坐标表示是比较方便的. 如果二重积分的被积函数也能够用极坐标简单表示(比如, 被积函数为 $f(x^2 + y^2)$ 等), 则利用极坐标计算二重积分更加方便.

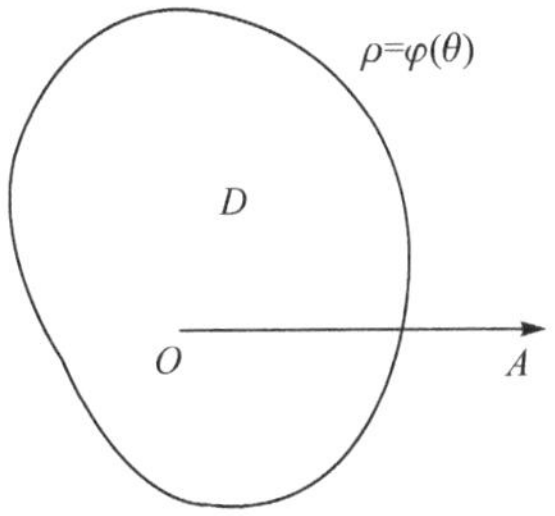

由二重积分的性质 2, 闭区域 D 的面积 σ 可表示为 $\sigma = \iint_D \mathrm{d}\sigma$.

图 8.3.5

在极坐标系下, 面积元素 $\mathrm{d}\sigma = \rho\mathrm{d}\rho\mathrm{d}\theta$, 上式成为

$$\sigma = \iint_D \rho\mathrm{d}\rho\mathrm{d}\theta .$$

如果闭区域 D 如图 8.3.3 所示, 则由公式(8.2′)有

$$\sigma = \iint_D \rho\mathrm{d}\rho\mathrm{d}\theta = \frac{1}{2}\int_\alpha^\beta [\varphi_2^2(\theta) - \varphi_1^2(\theta)]\mathrm{d}\theta .$$

特别地, 如果闭区域 D 如图 8.3.4 所示, 则 $\varphi_1(\theta) \equiv 0$, $\varphi_2(\theta) = \varphi(\theta)$. 于是

$$\sigma = \frac{1}{2}\int_\alpha^\beta \varphi^2(\theta)\mathrm{d}\theta .$$

例 1 计算 $\iint\limits_D e^{-x^2-y^2}dxdy$，其中 D 为圆域：$x^2+y^2 \leqslant a^2$.

解 积分区域 D 如图 8.3.6 所示，圆 $x^2+y^2=a^2$ 的极坐标方程为 $r=a$，则 D 可表示为：$0 \leqslant r \leqslant a$，$0 \leqslant \theta \leqslant 2\pi$，于是由公式(8.4)得

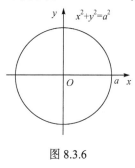

图 8.3.6

$$\iint\limits_D e^{-x^2-y^2}dxdy = \iint\limits_D e^{-r^2}rdrd\theta = \int_0^{2\pi}d\theta\int_0^a e^{-r^2}rdr$$

$$= \int_0^{2\pi}\left(-\frac{1}{2}e^{-r^2}\right)\Big|_0^a d\theta = \pi(1-e^{-a^2}).$$

此题如果采用直角坐标来计算，则会遇到积分 $\int e^{-x^2}dx$，它不能用初等函数来表示，因而无法计算，由此可见利用极坐标计算二重积分的优越性.

例 2 计算二重积分 $\iint\limits_D (x^2+y^2)\,dxdy$，其中

$$D: 1 \leqslant x^2+y^2 \leqslant 4, \quad x \geqslant 0, \quad y \geqslant 0.$$

分析 积分区域为圆环形区域，用极坐标形式较简单.

解 积分区域 D 如图 8.3.7 所示，作极坐标变换，化圆 $x^2+y^2=1$ 和 $x^2+y^2=4$ 的极坐标方程为 $r=1$ 和 $r=2$，D 可表示为

$$1 \leqslant r \leqslant 2, \quad 0 \leqslant \theta \leqslant \frac{\pi}{2},$$

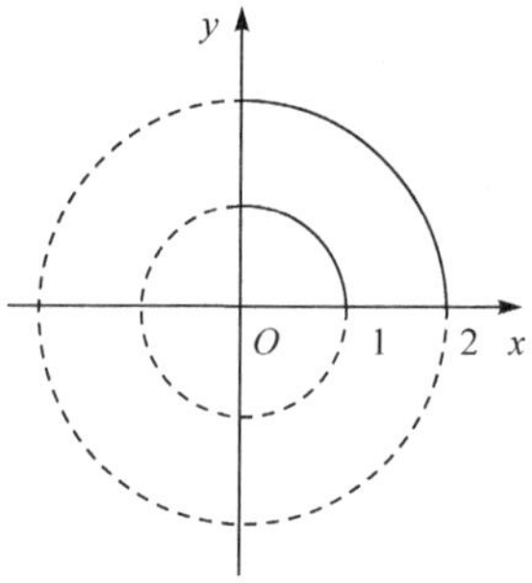

则

$$\iint\limits_D (x^2+y^2)\,dxdy = \iint\limits_D r^2 rdrd\theta = \int_0^{\frac{\pi}{2}}d\theta\int_1^2 r^3 dr$$

$$= \int_0^{\frac{\pi}{2}}\left(\frac{r^4}{4}\right)\Big|_1^2 d\theta = \int_0^{\frac{\pi}{2}}\frac{15}{4}d\theta = \frac{15}{8}\pi.$$

图 8.3.7

在计算熟练后，可直接按如下方式计算：

$$\int_0^{\frac{\pi}{2}}d\theta\int_1^2 r^2 rdr = \left(\int_0^{\frac{\pi}{2}}d\theta\right)\left(\int_1^2 r^2 rdr\right) = \frac{\pi}{2}\cdot\frac{15}{4} = \frac{15}{8}\pi$$

例 3 计算 $\iint\limits_D \sqrt{4a^2-x^2-y^2}dxdy$，$D$ 是半圆周 $y=\sqrt{2ax-x^2}$ 及 x 轴所围成的闭区域 $(a>0)$.

分析 根据题设画出被积函数与积分区域草图(图 8.3.8)，可见用极坐标计算

较简单. D 的边界曲线的极坐标方程为 $r = 2a\cos\theta$, 积分区域为

$$D = \{(r,\theta) \,|\, 0 \leqslant r \leqslant 2a\cos\theta, \ 0 \leqslant \theta \leqslant \pi/2\}.$$

解

$$\iint\limits_{D} \sqrt{4a^2 - x^2 - y^2}\,\mathrm{d}x\mathrm{d}y = \iint\limits_{D^*} \sqrt{4a^2 - r^2}\,r\mathrm{d}r\mathrm{d}\theta$$

$$= \int_0^{\frac{\pi}{2}} \mathrm{d}\theta \int_0^{2a\cos\theta} \sqrt{4a^2 - r^2}\,r\mathrm{d}r$$

$$= \frac{8}{3}a^3 \int_0^{\frac{\pi}{2}} (1 - \sin^3\theta)\mathrm{d}\theta = \frac{8}{3}a^3\left(\frac{\pi}{2} - \frac{2}{3}\right).$$

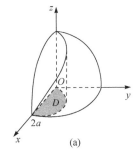 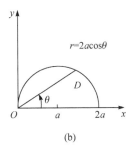

(a)　　　　　　　　　(b)

图 8.3.8

例 4 计算 $\iint\limits_{D} xy^2\mathrm{d}x\mathrm{d}y$, 其中 D 为半圆域: $x^2 + y^2 \leqslant 4$, $x \geqslant 0$.

解 积分区域 D 如图 8.3.9 所示, 圆 $x^2 + y^2 = 4$ 的极坐标方程为 $r = 2$, 则 D 可表示为: $0 \leqslant r \leqslant 2$, $-\dfrac{\pi}{2} \leqslant \theta \leqslant \dfrac{\pi}{2}$, 于是由公式(8.3)得

$$\iint\limits_{D} xy^2\mathrm{d}x\mathrm{d}y = \iint\limits_{D} r\cos\theta \cdot r^2\sin^2\theta \cdot r\mathrm{d}r\mathrm{d}\theta$$

$$= \int_{-\frac{\pi}{2}}^{\frac{\pi}{2}} \mathrm{d}\theta \int_0^2 \cos\theta\sin^2\theta \cdot r^4\mathrm{d}r$$

$$= \int_{-\frac{\pi}{2}}^{\frac{\pi}{2}} \cos\theta\sin^2\theta\left(\frac{r^5}{5}\right)\bigg|_0^2 \mathrm{d}\theta$$

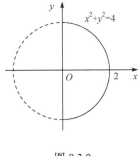

图 8.3.9

$$= \frac{32}{5}\int_{-\frac{\pi}{2}}^{\frac{\pi}{2}} \cos\theta\sin^2\theta\mathrm{d}\theta = \frac{64}{15}.$$

问题讨论

1. 什么情况下二重积分计算适合在极坐标系下进行?

2. 极点在积分区域的内部或外部, 极坐标变换公式有何区别? 积分区域的边界曲线经过原点时, 极坐标变换有何特点?

小结

本节分析了在何种情况下可以考虑在极坐标系下计算二重积分, 讨论了不同情况下被积区域的极坐标表示, 给出了在极坐标系下二重积分的计算公式.

习　题　8.3

1. 求由曲面 $z = x^2 + 2y^2$ 及 $z = 6 - 2x^2 - y^2$ 所围成的立体的体积.

2. 画出积分区域, 把积分 $\iint\limits_D f(x,y)\mathrm{d}\sigma$ 表示为极坐标形式的二次积分, 其中积分区域 D :

(1) $\{(x,y)\,|\,x^2 + y^2 \leqslant a^2\}\,(a > 0)$;　　　　(2) $\{(x,y)\,|\,x^2 + y^2 \leqslant 2x\}$;

(3) $\{(x,y)\,|\,a^2 \leqslant x^2 + y^2 \leqslant b^2\}$, 其中 $0 < a < b$;　　(4) $\{(x,y)\,|\,0 \leqslant y \leqslant 1 - x, 0 \leqslant x \leqslant 1\}$.

3. 化下列二次积分为极坐标形式的二次积分:

(1) $\displaystyle\int_0^1 \mathrm{d}x \int_0^1 f(x,y)\mathrm{d}y$;　　　　　　(2) $\displaystyle\int_0^2 \mathrm{d}x \int_x^{\sqrt{3}x} f(x,y)\mathrm{d}y$;

(3) $\displaystyle\int_0^1 \mathrm{d}x \int_{1-x}^{\sqrt{1-x^2}} f(x,y)\mathrm{d}y$;　　　(4) $\displaystyle\int_0^1 \mathrm{d}x \int_0^{x^2} f(x,y)\mathrm{d}y$.

4. 把下列积分化为极坐标形式, 并计算积分值:

(1) $\displaystyle\int_0^{2a} \mathrm{d}x \int_0^{\sqrt{2ax-x^2}} (x^2 + y^2)\mathrm{d}y$;　　(2) $\displaystyle\int_0^a \mathrm{d}x \int_0^x \sqrt{x^2 + y^2}\,\mathrm{d}y$;

(3) $\displaystyle\int_0^1 \mathrm{d}x \int_{x^2}^x (x^2 + y^2)^{-\frac{1}{2}}\mathrm{d}y$;　　(4) $\displaystyle\int_0^a \mathrm{d}y \int_0^{\sqrt{a^2-y^2}} (x^2 + y^2)\mathrm{d}x$.

5. 利用极坐标计算下列各题:

(1) $\iint\limits_D \mathrm{e}^{x^2+y^2}\mathrm{d}\sigma$, 其中 D 是由圆周 $x^2 + y^2 = 4$ 所围成的闭区域;

(2) $\iint\limits_D \arctan\dfrac{y}{x}\mathrm{d}\sigma$, 其中 D 是由圆周 $x^2 + y^2 = 4$, $x^2 + y^2 = 1$ 及直线 $y = 0$, $y = x$ 所围成的在第一象限内的闭区域.

6. 选用适当的坐标计算下列各题:

(1) $\iint\limits_D \dfrac{x^2}{y^2}\mathrm{d}\sigma$, 其中 D 是由直线 $x = 2$, $y = x$ 及曲线 $xy = 1$ 所围成的闭区域;

(2) $\iint\limits_D \sqrt{x^2 + y^2}\mathrm{d}\sigma$, 其中 D 是圆环形闭区域 $\{(x,y)\,|\,a^2 \leqslant x^2 + y^2 \leqslant b^2\}$;

(3) $\iint\limits_D (x^2 + y^2)\mathrm{d}\sigma$, 其中 D 是由直线 $y = x$, $y = x + a$, $y = a$, $y = 3a\,(a > 0)$ 所围成的闭

区域;

(4) $\iint\limits_{D}\sqrt{\dfrac{1-x^2-y^2}{1+x^2+y^2}}\mathrm{d}\sigma$，其中 D 是由圆周 $x^2+y^2=1$ 及坐标轴所围成的在第一象限内的闭区域.

7. 求由平面 $y=0$, $y=kx\,(k>0)$, $z=0$ 以及球心在原点、半径为 R 的上半球面所围成的在第一卦限内的立体的体积.

8.4 三重积分及其计算

空间密度不均匀物体的质量、质心、转动惯量如何求？这些实际计算问题二重积分无法解决，本节将通过三重积分的研究，给出解决这些问题的方法.

引例 求密度不均匀物体的质量 M.

在空间建立直角坐标系，如图 8.4.1，设一块非均匀物体占有空间有界闭区域 Ω，任意一点 $(x,y,z)\in\Omega$ 的体密度为 $\rho(x,y,z)$. 因为均匀物体的质量 = 密度(常数) × 体积，对非均匀物体 Ω，我们把 Ω 分成 n 个小的立体 $v_i(i=1,2,\cdots,n)$，以 Δv_i 记 v_i 的体积. 在每个小立体 v_i 上任取一点 $\rho(\xi_i,\eta_i,\zeta_i)$ $(i=1,2,\cdots,n)$，v_i 的平均密度近似为 $\rho(\xi_i,\eta_i,\zeta_i)$，则 v_i 的质量 $\approx\rho(\xi_i,\eta_i,\zeta_i)\Delta v_i$. 因此，$\Omega$ 的质量 $M\approx\sum\limits_{i=1}^{n}\rho(\xi_i,\eta_i,\zeta_i)\Delta v_i$.

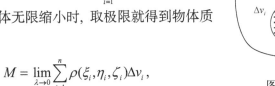

图 8.4.1

当划分使每个小立体无限缩小时，取极限就得到物体质量的精确值，即

$$M=\lim_{\lambda\to 0}\sum_{i=1}^{n}\rho(\xi_i,\eta_i,\zeta_i)\Delta v_i,$$

其中 $\lambda=\max\limits_{1\le i\le n}\{d_i\,|\,d_i$ 是 v_i 的直径$\}$.

这种类型的和式的极限就是我们要研究的三重积分的实际背景.

一、三重积分的概念及性质

1. 三重积分的概念

定义 设 $f(x,y,z)$ 是定义在空间有界闭区域 Ω 上的有界函数，将区域 Ω 任意分割成 n 个小区域 $v_i(i=1,2,\cdots,n)$，以 $\Delta v_i(i=1,2,\cdots,n)$ 记小区域 v_i 的体积，λ 记各小区域直径中的最大者，在每个小区域 v_i 上任取一点 $P_i(\xi_i,\eta_i,\zeta_i)$，作和式 $\sum\limits_{i=1}^{n}f(\xi_i,\eta_i,\zeta_i)\Delta v_i$. 当 $\lambda\to 0$ 时，若上述和式的极限存在，且此极限与区域 Ω 的分

法及点 P_i 取法无关, 则称函数 $f(x,y,z)$ 在区域 Ω 上可积, 此极限称为函数 $f(x,y,z)$ 在区域 Ω 上的三重积分, 记作 $\iiint\limits_{\Omega} f(x,y,z)\mathrm{d}v$, 即

$$\iiint\limits_{\Omega} f(x,y,z)\mathrm{d}v = \lim_{\lambda \to 0}\sum_{i=1}^{n} f(\xi_i,\eta_i,\zeta_i)\Delta v_i, \tag{8.5}$$

其中 $\mathrm{d}v$ 称为体积元素, Ω 称为积分区域, $f(x,y,z)$ 称为被积函数.

有界闭区域 Ω 上的连续函数 $f(x,y,z)$ 在 Ω 上三重积分存在.

由定义可知, 若物体 Ω 的体密度为连续函数 $f(x,y,z)$, 则该物体质量 M 为

$$M = \iiint\limits_{\Omega} f(x,y,z)\mathrm{d}v.$$

由于三重积分的值与区域的分法无关, 因此, 在直角坐标系中, 可用平行于坐标面的平面来划分 Ω, 那么除了包含 Ω 的边界点的一些不规则小闭区域外, 得到的小闭区域 v_i 为长方体. 设长方体小闭区域 v_i 的边长为 $\Delta x_i, \Delta y_j, \Delta z_k$, 则 $\Delta v_i = \Delta x_i \Delta y_j \Delta z_k$. 因此在直角坐标系中, 有时也把体积元素 $\mathrm{d}v$ 记作 $\mathrm{d}x\mathrm{d}y\mathrm{d}z$, 而把三重积分记作 $\iiint\limits_{\Omega} f(x,y,z)\mathrm{d}x\mathrm{d}y\mathrm{d}z$, 其中 $\mathrm{d}x\mathrm{d}y\mathrm{d}z$ 称为直角坐标系中的体积元素.

特别地, 当 $f(x,y,z) \equiv 1$ 时, Ω 上的三重积分在数值上就等于它的体积, 即

$$V = \iiint\limits_{\Omega} \mathrm{d}x\mathrm{d}y\mathrm{d}z.$$

2. 三重积分的性质

三重积分具有与二重积分类似的性质.

性质 1 若 $f(x,y,z), g(x,y,z)$ 在有界闭区域 Ω 上可积, 则 $f(x,y,z) \pm g(x,y,z)$ 在 Ω 上也可积, 且

$$\iiint\limits_{\Omega} [f(x,y,z) + g(x,y,z)]\mathrm{d}v = \iiint\limits_{\Omega} f(x,y,z)\mathrm{d}v + \iiint\limits_{\Omega} g(x,y,z)\mathrm{d}v.$$

性质 2 若 $f(x,y,z)$ 在有界闭区域 Ω 上可积, α 为常数, 则 $\alpha f(x,y,z)$ 在 Ω 上也可积, 且

$$\iiint\limits_{\Omega} \alpha f(x,y,z)\mathrm{d}v = \alpha \iiint\limits_{\Omega} f(x,y,z)\mathrm{d}v.$$

性质 3 若 $f(x,y,z)$ 在有界闭区域 Ω_1 和 Ω_2 上都可积, 且 Ω_1 和 Ω_2 无公共内点, 则 $f(x,y,z)$ 在 $\Omega_1 \cup \Omega_2$ 上也可积, 且

$$\iiint\limits_{\Omega_1 \cup \Omega_2} f(x,y,z)\mathrm{d}v = \iiint\limits_{\Omega_1} f(x,y,z)\mathrm{d}v + \iiint\limits_{\Omega_2} f(x,y,z)\mathrm{d}v.$$

性质 4 若 $f(x,y,z), g(x,y,z)$ 在有界闭区域 Ω 上可积, 且 $f(x,y,z) \leqslant g(x,y,z)$, $(x,y,z) \in \Omega$, 则

$$\iiint\limits_{\Omega} f(x,y,z)\mathrm{d}v \leqslant \iiint\limits_{\Omega} g(x,y,z)\mathrm{d}v.$$

性质 5 若 $f(x,y,z)$ 在有界闭区域 Ω 上可积, 则 $|f(x,y,z)|$ 在 Ω 上也可积, 且

$$\left| \iiint\limits_{\Omega} f(x,y,z)\mathrm{d}v \right| \leqslant \iiint\limits_{\Omega} |f(x,y,z)|\mathrm{d}v.$$

性质 6 若 $f(x,y,z)$ 在区域 Ω 上可积, 且 $m \leqslant f(x,y,z) \leqslant M$, $(x,y,z) \in \Omega$, 则

$$mV_{\Omega} \leqslant \iiint\limits_{\Omega} f(x,y,z)\mathrm{d}v \leqslant MV_{\Omega},$$

这里 V_{Ω} 是积分区域 Ω 的体积.

性质 7 (中值定理) 若 $f(x,y,z)$ 在有界闭区域 Ω 上连续, 则存在 $(\xi,\eta,\zeta) \in \Omega$, 使得 $\iiint\limits_{\Omega} f(x,y,z)\mathrm{d}v = f(\xi,\eta,\zeta)V_{\Omega}$, 这里 V_{Ω} 是积分区域 Ω 的体积.

二、直角坐标下计算三重积分

计算三重积分的基本方法与二重积分类似, 即将三重积分化成三次积分. 具体计算时还可细分为先计算一次定积分再计算一次二重积分; 或先计算一次二重积分再计算一次定积分, 最后化成三次积分. 前一种计算方法称为投影法, 后一种称为截痕法.

1. 投影法

设函数 $f(x,y,z)$ 在空间有界闭区域 Ω 上连续, 平行于 z 轴且穿过闭区域 Ω 内部的直线与闭区域 Ω 的边界曲面 S 相交不多于两点. 把闭区域 Ω 投影到 xOy 面上, 得一平面闭区域 D_{xy} (图 8.4.2). 以 D_{xy} 的边界为准线作母线平行于 z 轴的柱面, 该柱面与曲面 S 的交线把曲面 S 分为上、下两部分, 其方程分别为

$$S_1 : z = z_1(x,y), \quad S_2 : z = z_2(x,y),$$

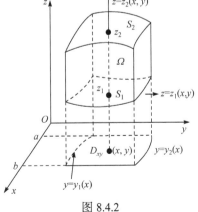

图 8.4.2

其中 $z_1(x,y)$ 与 $z_2(x,y)$ 均为 D_{xy} 上的连续函数, 并且 $z_1(x,y) \leqslant z_2(x,y)$. 过 D_{xy} 内任一点 (x,y) 作平行于 z 轴的直线, 该直线通过曲面 S_1 穿入 Ω 内, 然后通过曲面 S_2 穿出 Ω 外, 穿入点与穿出点的竖坐标分别为 $z_1(x,y)$ 与 $z_2(x,y)$.

对这种情形, 积分区域 Ω 可表示为

$$\Omega = \left\{ (x,y,z) \mid z_1(x,y) \leqslant z \leqslant z_2(x,y), (x,y) \in D_{xy} \right\}.$$

先对 z 积分: 此时把 x, y 看作常数, 则 $f(x,y,z)$ 只看作 z 的函数, 在区间 $[z_1(x,y), z_2(x,y)]$ 上对 z 积分. 积分的结果是 x, y 的函数, 记为 $F(x,y)$, 即

$$F(x,y) = \int_{z_1(x,y)}^{z_2(x,y)} f(x,y,z)\mathrm{d}z.$$

然后计算 $F(x,y)$ 在闭区域 D_{xy} 上的二重积分

$$\iint\limits_{D_{xy}} F(x,y)\mathrm{d}\sigma = \iint\limits_{D_{xy}} \left[\int_{z_1(x,y)}^{z_2(x,y)} f(x,y,z)\mathrm{d}z \right] \mathrm{d}\sigma.$$

假如闭区域

$$D_{xy} = \left\{ (x,y) \mid y_1(x) \leqslant y \leqslant y_2(x), a \leqslant x \leqslant b \right\},$$

根据 8.2 节, 容易把二重积分 $\iint\limits_{D_{xy}} F(x,y)\mathrm{d}\sigma$ 化为二次积分, 于是得到三重积分的计算公式

$$\iiint\limits_{\Omega} f(x,y,z)\mathrm{d}v \int_a^b \mathrm{d}x \int_{y_1(x)}^{y_2(x)} \mathrm{d}y \int_{z_1(x,y)}^{z_2(x,y)} f(x,y,z)\mathrm{d}z. \tag{8.6}$$

公式(8.6)把三重积分化为先对 z、次对 y、最后对 x 的**三次积分**.

也可把空间闭区域 Ω 投影到坐标平面 zOx 或 yOz 上, 分别得到先对 y、次对 z (或 x)、最后对 x (或 z)的三次积分, 或先对 x、次对 y (或 z), 最后对 z (或 y)的三次积分.

把这种计算方法总结如下:

若积分区域

$$\Omega = \left\{ (x,y,z) \mid z_1(x,y) \leqslant z \leqslant z_2(x,y), (x,y) \in D_{xy} \right\}$$

或

$$\Omega = \left\{ (x,y,z) \mid x_1(y,z) \leqslant x \leqslant x_2(y,z), (y,z) \in D_{yz} \right\}$$

或

$$\Omega = \left\{ (x,y,z) \mid y_1(z,x) \leqslant y \leqslant y_2(z,x), (z,x) \in D_{zx} \right\},$$

则三重积分

$$\iiint\limits_{\Omega} f(x,y,z)\mathrm{d}v = \iint\limits_{D_{xy}} \mathrm{d}x\mathrm{d}y \int_{z_1(x,y)}^{z_2(x,y)} f(x,y,z)\mathrm{d}z$$

或

$$\iiint\limits_{\Omega} f(x,y,z)\mathrm{d}v = \iint\limits_{D_{yz}} \mathrm{d}y\mathrm{d}z \int_{x_1(y,z)}^{x_2(y,z)} f(x,y,z)\mathrm{d}x$$

或

$$\iiint\limits_{\Omega} f(x,y,z)\mathrm{d}v = \iint\limits_{D_{zx}} \mathrm{d}z\mathrm{d}x \int_{y_1(z,x)}^{y_2(z,x)} f(x,y,z)\mathrm{d}y .$$

这种三重积分的计算方法的合理性可通过 Ω 所围几何体体积

$$V = \iiint\limits_{\Omega} \mathrm{d}x\mathrm{d}y\mathrm{d}z = \iint\limits_{D_{xy}} \mathrm{d}x\mathrm{d}y \int_{z_1(x,y)}^{z_2(x,y)} \mathrm{d}z = \iint\limits_{D_{xy}} \{z_2(x,y) - z_1(x,y)\}\mathrm{d}x\mathrm{d}y$$

得到证明.

例 1 计算三重积分 $\iiint\limits_{\Omega} x\mathrm{d}x\mathrm{d}y\mathrm{d}z$, 其中空间区域 Ω 是由三个坐标平面与 $x+y+z=1$ 所围成的区域.

分析 如图 8.4.3 所示，区域 Ω 的上方边界面为 $z=1-x-y$，下方边界面为 $z=0$. 区域 Ω 在坐标平面 xOy 上的投影区域 D_{xy} 是由直线 $x=0, y=0$ 及 $x+y=1$ 所围成的三角形. 视投影区域 D_{xy} 是 x 型, 即有 $D_{xy}: 0 \leqslant x \leqslant 1$, $0 \leqslant y \leqslant 1-x$. 在 D_{xy} 内任取一点 (x,y), 过此点作平行于 z 轴的直线, 该直线通过平面 $z=0$ 穿入 Ω 内, 然后通过平面 $z=1-x-y$ 穿出 Ω 外, 即在区域 Ω 内, 固定点 (x,y) 后, z 的取值是从 0 到 $1-x-y$.

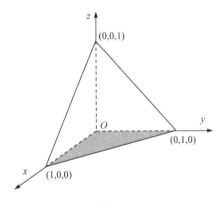

图 8.4.3

解 所求积分区域 Ω 可表示成 $0 \leqslant x \leqslant 1$, $0 \leqslant y \leqslant 1-x$, $0 \leqslant z \leqslant 1-x-y$, 于是

$$\iiint\limits_{\Omega} x\mathrm{d}x\mathrm{d}y\mathrm{d}z = \int_0^1 \mathrm{d}x \int_0^{1-x} \mathrm{d}y \int_0^{1-x-y} x\mathrm{d}z = \int_0^1 \mathrm{d}x \int_0^{1-x} x(1-x-y)\mathrm{d}y$$

$$= \frac{1}{2}\int_0^1 x(1-x)^2 \mathrm{d}x = \frac{1}{24}.$$

本题可以把空间闭区域投影到坐标平面 yOz 或 zOx 上计算积分吗? 如果可

以, 请你给出计算并比较哪种方法更简单.

例 2　计算三重积分 $\iiint\limits_{\Omega} xy\mathrm{d}x\mathrm{d}y\mathrm{d}z$, 其中闭区域 Ω 是由抛物柱面 $z = 2 - \dfrac{1}{2}x^2$ 与平面 $z = 0$, $y = x$, $y = 0$ 所围成的第一卦限的区域.

分析　闭区域 Ω 的图形如图 8.4.4 所示, 它在 xOy 平面上的投影区域 D_{xy} 是由直线 $x = 2, y = 0$ 及 $y = x$ 所成的三角形. 闭区域 Ω 的上、下边界曲面分别是 $z = 2 - \dfrac{1}{2}x^2$ 与 $z = 0$.

解　Ω 可表示成 $0 \leqslant x \leqslant 2, 0 \leqslant y \leqslant x, 0 \leqslant z \leqslant 2 - \dfrac{1}{2}x^2$, 于是

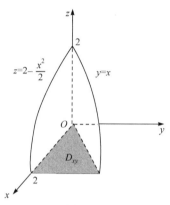

图 8.4.4

$$\iiint\limits_{\Omega} xy\mathrm{d}x\mathrm{d}y\mathrm{d}z = \int_0^2 \mathrm{d}x \int_0^x \mathrm{d}y \int_0^{2-\frac{1}{2}x^2} xy\mathrm{d}z$$

$$= \int_0^2 \mathrm{d}x \int_0^x xy\left(2 - \dfrac{1}{2}x^2\right)\mathrm{d}y$$

$$= \int_0^2 x\left(2 - \dfrac{1}{2}x^2\right) \int_0^x y\mathrm{d}y$$

$$= \dfrac{1}{2}\int_0^2 x^3\left(2 - \dfrac{1}{2}x^2\right)\mathrm{d}x = \dfrac{4}{3}.$$

注　本题也可以把闭区域 Ω 在坐标平面 zOx 上投影, 投影区域 D_{zx} 由直线 $x = 0, z = 0$ 及抛物线 $z = 2 - \dfrac{1}{2}x^2$ 所围成. 闭区域 Ω 的左、右两个边界曲面分别是平面 $y = 0$ 和 $y = x$.

闭区域可表示成 $0 \leqslant x \leqslant 2$, $0 \leqslant z \leqslant 2 - \dfrac{1}{2}x^2$, $0 \leqslant y \leqslant x$, 于是, 三重积分可化为先对 y、再对 z、后对 x 的三次积分来计算

$$\iiint\limits_{\Omega} xy\mathrm{d}x\mathrm{d}y\mathrm{d}z = \int_0^2 \mathrm{d}x \int_0^{2-\frac{1}{2}x^2} \mathrm{d}z \int_0^x xy\mathrm{d}y .$$

容易计算出与上述相同的结果.

2. 截痕法

若积分区域

$$\Omega = \left\{(x, y, z)\big| a \leqslant z \leqslant b, (x, y) \in D_z\right\}$$

或

$$\Omega = \left\{ (x,y,z) \middle| c \leqslant x \leqslant d, (y,z) \in D_x \right\}$$

或

$$\Omega = \left\{ (x,y,z) \middle| m \leqslant y \leqslant n, (z,x) \in D_y \right\}$$

则三重积分

$$\iiint\limits_{\Omega} f(x,y,z)\mathrm{d}v = \int_a^b \mathrm{d}z \iint\limits_{D_z} f(x,y,z)\mathrm{d}x\mathrm{d}y$$

或

$$\iiint\limits_{\Omega} f(x,y,z)\mathrm{d}v = \int_c^d \mathrm{d}x \iint\limits_{D_x} f(x,y,z)\mathrm{d}y\mathrm{d}z \,,$$

或

$$\iiint\limits_{\Omega} f(x,y,z)\mathrm{d}v = \int_m^n \mathrm{d}y \iint\limits_{D_y} f(x,y,z)\mathrm{d}z\mathrm{d}x \,.$$

采用何种方法或顺序计算更简便, 要视积分区域和被积函数特征而定. 我们通过如下例题说明这一计算方法.

例 3　计算 $\iiint\limits_{\Omega} z\mathrm{d}x\mathrm{d}y\mathrm{d}z$, 其中 Ω 是由锥面 $z = \dfrac{h}{R}\sqrt{x^2+y^2}$ 与平面 $z=h$ $(R>0,$ $h>0)$ 所围成的闭区域.

解　当 $0 \leqslant z \leqslant h$ 时, 过 $(0,0,z)$ 作平行于 xOy 面的平面, 截得立体 Ω 的截面为圆 D_z: $x^2 + y^2 = \left(\dfrac{R}{h}z\right)^2$, 故 D_z 的半径为 $\dfrac{R}{h}z$, 面积为 $\dfrac{\pi R^2}{h^2}z^2$, 于是

$$\iiint\limits_{\Omega} z\mathrm{d}x\mathrm{d}y\mathrm{d}z = \int_0^h z\mathrm{d}z \iint\limits_{D_z} \mathrm{d}x\mathrm{d}y = \frac{\pi R^2}{h^2} \int_0^h z^3\mathrm{d}z = \frac{\pi R^2 h^2}{4} \,.$$

三、柱面坐标下计算三重积分

对于三重积分, 当被积函数或积分区域边界曲面方程中含有 $x^2 + y^2$ 项, 或被积区域在各坐标平面投影是与圆和圆的一部分有关的图形时, 在直角坐标系下计算会比较复杂甚至无法计算, 为解决这些问题, 我们引入柱面坐标下计算三重积分方法.

柱面坐标是极坐标与直角坐标的有机组合. 在空间直角坐标系中, 设 $M(x,y,z)$ 为空间一点, 点 M 在平面 xOy 上的投影 P 的极坐标为 (ρ,θ), 则数组 (ρ,θ,z) 就称为点 M 的柱面坐标, 其中 ρ 是点 M 到 z 轴的距离, θ 是 zOx 与 zOP

两个平面的夹角, z 是点 M 的竖坐标(图 8.4.5). 这里规定 ρ, θ, z 的取值范围为:
$0 \leqslant \rho < +\infty, 0 \leqslant \theta \leqslant 2\pi, -\infty < z < +\infty$.

三组坐标面的方程分别为

$\rho = $ 常数(表示以 z 轴为轴的圆柱面);

$\theta = $ 常数(表示通过 z 轴的半平面);

$z = $ 常数(表示平行于 xOy 坐标面的平面).

根据直角坐标与极坐标的关系易知, 点 M 的直角坐标与柱面坐标的关系为

$$\begin{cases} x = \rho\cos\theta, \\ y = \rho\sin\theta, \\ z = z. \end{cases} \tag{8.7}$$

由三重积分的定义可知, 积分值的存在与对空间区域 Ω 的分法及小区域上的点的取法无关, 所以, 要把三重积分 $\iiint\limits_{\Omega} f(x, y, z)\mathrm{d}v$ 中的变量变换为柱面坐标, 只需用三组坐标面 $\rho = $ 常数, $\theta = $ 常数, $z = $ 常数把 Ω 分成许多小闭区域(图 8.4.6). 除了包含 Ω 的边界点的一些不规则小闭区域外, 其他小闭区域都是柱体. 当 ρ, θ, z 各取得微小增量 $\mathrm{d}\rho, \mathrm{d}\theta, \mathrm{d}z$ 时, 所成的柱体(图 8.4.6)的体积等于高与底面积的乘积. 这里高为 $\mathrm{d}z$, 底面积在不计高阶无穷小时为 $\rho\mathrm{d}\rho\mathrm{d}\theta$ (即极坐标系中的面积元素), 从而得柱面坐标的体积元素 $\mathrm{d}v = \rho\mathrm{d}\rho\mathrm{d}\theta\mathrm{d}z$, 由式(8.7), 得

$$\iiint\limits_{\Omega} f(x, y, z)\mathrm{d}v = \iiint\limits_{\Omega} f(\rho\cos\theta, \rho\sin\theta, z)\rho\mathrm{d}\rho\mathrm{d}\theta\mathrm{d}z \tag{8.8}$$

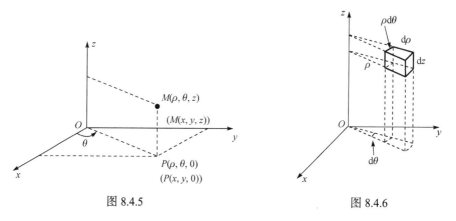

图 8.4.5　　　　　　　　　　　　图 8.4.6

(8.8)式就是把三重积分的变量从直角坐标变换为柱面坐标的公式. 这个三重积分可以化为三次积分来计算. 设空间区域 Ω 在 xOy 面上的投影区域为

$$D_{\rho\theta}: \ \alpha \leqslant \theta \leqslant \beta, \ \varphi_1(\theta) \leqslant \rho \leqslant \varphi_2(\theta),$$

对于 $D_{\rho\theta}$ 内每个固定的点 (ρ,θ)，在区域 Ω 内 z 的取值是从 $z_1(\rho,\theta)$ 到 $z_2(\rho,\theta)$，则在柱坐标系下的三次积分为

$$\iiint\limits_{\Omega} f(x,y,z)\mathrm{d}v = \int_{\alpha}^{\beta}\mathrm{d}\theta\int_{\varphi_1(\theta)}^{\varphi_2(\theta)}\rho\mathrm{d}\rho\int_{z_1(\rho,\theta)}^{z_2(\rho,\theta)}f(\rho\cos\theta,\rho\sin\theta,z)\mathrm{d}z. \qquad (8.9)$$

特别地，若积分区域 Ω 是圆柱体

$$0\leqslant\theta\leqslant 2\pi,\ 0\leqslant\rho\leqslant a,\ h_1\leqslant z\leqslant h_2,$$

则

$$\iiint\limits_{\Omega} f(x,y,z)\mathrm{d}v = \int_{0}^{2\pi}\mathrm{d}\theta\int_{0}^{a}\mathrm{d}\rho\int_{h_1}^{h_2}f(\rho\cos\theta,\rho\sin\theta,z)\rho\mathrm{d}z. \qquad (8.10)$$

一般来说，当空间区域 Ω 是圆柱体或区域 Ω 在坐标平面上的投影是以原点为圆心的圆域或圆的一部分时，用柱面坐标计算比较方便.

例 4 将三重积分 $\iiint\limits_{\Omega} f(x^2+y^2,z)\mathrm{d}v$ 化为柱面坐标系下的三次积分，其中 Ω 为介于 $z=1, z=2$ 之间的圆柱体：$x^2+y^2\leqslant a^2$.

分析 积分区域是圆柱体，被积函数中含有 x^2+y^2 项，因此用柱面坐标计算较简便.

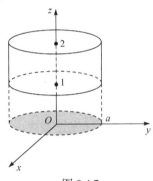

图 8.4.7

解 Ω 在 xOy 坐标面上的投影区域(图 8.4.7)

$$D_{\rho\theta}:\ 0\leqslant\theta\leqslant 2\pi,\ 0\leqslant\rho\leqslant a,$$

且 $\forall(\rho,\theta)\in D_{\rho\theta}$，均有 $1\leqslant z\leqslant 2$，所以

$$\Omega:\ 0\leqslant\theta\leqslant 2\pi,\ 0\leqslant\rho\leqslant a,\ 1\leqslant z\leqslant 2.$$

于是

$$\iiint\limits_{\Omega} f(x^2+y^2,z)\mathrm{d}v = \iiint\limits_{\Omega} f(\rho^2,z)\rho\mathrm{d}\rho\mathrm{d}\theta\mathrm{d}z$$

$$= \int_{0}^{2\pi}\mathrm{d}\theta\int_{0}^{a}\rho\mathrm{d}\rho\int_{1}^{2}f(\rho^2,z)\mathrm{d}z.$$

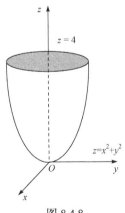

图 8.4.8

例 5 计算三重积分 $\iiint\limits_{\Omega} z\mathrm{d}x\mathrm{d}y\mathrm{d}z$，其中 Ω 是由曲面 $z=x^2+y^2$ 与平面 $z=4$ 所围成的闭区域.

分析 如图 8.4.8 所示把积分闭区域 Ω 投影到 xOy 平面上，得半径为 2 的圆形闭区域，被积函数为 z，因此本题用柱面坐标计算较简便.

解 积分区域边界曲面 $z=x^2+y^2$ 在柱面坐标系下的

方程为 $z = \rho^2$ ($0 \leqslant z \leqslant 4$), 积分闭区域在 xOy 面上的投影区域 $D_{\rho\theta}$: $0 \leqslant \theta \leqslant 2\pi$, $0 \leqslant \rho \leqslant 2$, 在 $D_{\rho\theta}$ 内任取一点 (ρ,θ) , 过此点作平行于 z 轴的直线, 此直线通过曲面 $z = x^2 + y^2$ 穿入 Ω 内, 然后通过平面 $z = 4$ 穿出 Ω 外. 因此在柱面坐标系下, 闭区域 Ω 可表示为

$$\Omega: \ 0 \leqslant \theta \leqslant 2\pi, \ 0 \leqslant \rho \leqslant 2, \ \rho^2 \leqslant z \leqslant 4.$$

于是

$$\iiint\limits_{\Omega} z \mathrm{d}x\mathrm{d}y\mathrm{d}z = \iiint\limits_{\Omega} z\rho \mathrm{d}\rho\mathrm{d}\theta\mathrm{d}z = \int_0^{2\pi} \mathrm{d}\theta \int_0^2 \rho \mathrm{d}\rho \int_{\rho^2}^4 z\mathrm{d}z$$

$$= \frac{1}{2} \int_0^{2\pi} \mathrm{d}\theta \int_0^2 \rho(16 - \rho^4)\mathrm{d}\rho = \frac{1}{2} \cdot 2\pi \left(8\rho^2 - \frac{1}{6}\rho^6 \right) \Big|_0^2 = \frac{64}{3}\pi .$$

四、球面坐标系下三重积分的计算

计算函数的三重积分, 当积分区域是与球有关的图形时, 用如下的球面坐标系下三重积分计算方法是一种好的选择.

设 $M(x,y,z)$ 为空间中一点, 点 M 在平面 xOy 上的投影是 $P(x,y,0)$, 则点 M 也可用有次序的一组数 r, φ, θ 来确定, 其中 r 是点 M 到原点的距离, φ 是有向线段 $\overrightarrow{OM}$ 与 z 轴正向所夹的角, θ 表示从 z 轴正方向看过去自 x 轴按逆时针方向旋转到有向线段 $\overrightarrow{OP}$ 的角(图 8.4.9). 这样的三个有序实数 r, φ, θ 称为点 M 的球面坐标, r, φ, θ 的变化范围为: $0 \leqslant \theta \leqslant 2\pi, 0 \leqslant \varphi \leqslant \pi, 0 \leqslant r < +\infty$. 三组坐标面的方程分别为

$\theta = $ 常数(表示经过 z 轴的半平面);

$\varphi = $ 常数(表示以原点为顶点、 z 轴为轴的圆锥面);

$r = $ 常数(表示以原点为中心的球面).

设点 P 在 x 轴上的投影为 A (图 8.4.9), 则 $OA = x, AP = y, PM = z$. 又

$$OP = r\sin\varphi, \ z = r\cos\varphi,$$

因此, 点 M 的直角坐标与球面坐标的关系为

$$\begin{cases} x = OP\cos\theta = r\sin\varphi\cos\theta, \\ y = OP\sin\theta = r\sin\varphi\sin\theta, \\ z = r\cos\varphi. \end{cases} \tag{8.11}$$

下面我们把三重积分中的变量从直角坐标变换为球面坐标, 为此, 用三组坐标面 $r = $ 常数, $\varphi = $ 常数和 $\theta = $ 常数把 Ω 分成 n 个小闭区域, 当 r, φ, θ 各取得微小增量 $\mathrm{d}r, \mathrm{d}\varphi, \mathrm{d}\theta$ 时所成的六面体(图 8.4.10)在不计高阶无穷小的情况下, 可看成长

方体, 其经线方向的长为 $r\mathrm{d}\varphi$, 纬线方向的宽为 $r\sin\varphi\mathrm{d}\theta$, 向径方向的高为 $\mathrm{d}r$,
从而体积元素为

$$\mathrm{d}v = r^2\sin\varphi\mathrm{d}\theta\mathrm{d}\varphi\mathrm{d}r,$$

由式(8.11)得

$$\iiint\limits_{\Omega} f(x,y,z)\mathrm{d}v = \iiint\limits_{\Omega} f(r\sin\varphi\cos\theta, r\sin\varphi\sin\theta, r\cos\varphi)r^2\sin\varphi\,\mathrm{d}\theta\mathrm{d}\varphi\mathrm{d}r. \quad(8.12)$$

这 就 是 三 重 积 分 从 直 角 坐 标 变 换 为 球 面 坐 标 的 计 算 公 式 , 其 中
$r^2\sin\varphi\mathrm{d}\theta\mathrm{d}\varphi\,\mathrm{d}r$ 是球面坐标系中的体积元素. 球面坐标系下的三重积分可以化为
对 r,φ 及 θ 的三次积分来计算. 一般次序是先对 r 、次对 φ 、最后对 θ .

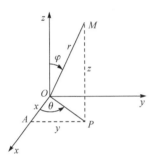

图 8.4.9

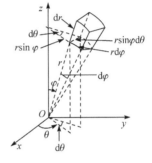

图 8.4.10

若积分区域 Ω 的边界曲面是一个包含原点在内的闭曲面, 该曲面方程为
$r = r(\varphi,\theta)$, 则

$$\iiint\limits_{\Omega} f(x,y,z)\mathrm{d}v = \int_0^{2\pi}\mathrm{d}\theta\int_0^{\pi}\sin\varphi\,\mathrm{d}\varphi\int_0^{r(\varphi,\theta)} F(r,\varphi,\theta)r^2\mathrm{d}r.$$

上式中, $F(r,\varphi,\theta) = f(r\sin\varphi\cos\theta, r\sin\varphi\sin\theta, r\cos\varphi)$.

特别地, 当积分区域 Ω 是由球面 $\rho = a$ 所围成时, 则有

$$\iiint\limits_{\Omega} f(x,y,z)\mathrm{d}v = \int_0^{2\pi}\mathrm{d}\theta\int_0^{\pi}\sin\varphi\mathrm{d}\varphi\int_0^{a} F(r,\varphi,\theta)r^2\mathrm{d}r.$$

当 $F(r,\varphi,\theta) = 1$ 时, 由上式得球体体积为

$$V = \int_0^{2\pi}\mathrm{d}\theta\int_0^{\pi}\sin\varphi\mathrm{d}\varphi\int_0^{a} r^2\mathrm{d}r = 2\pi\cdot 2\cdot\frac{a^3}{3} = \frac{4}{3}\pi a^3.$$

一般说来, 当空间区域 Ω 是球体区域或圆锥形区域时, 用球面坐标计算往往
比较方便.

例6　计算三重积分 $\iiint\limits_{\Omega} xyz\mathrm{d}x\mathrm{d}y\mathrm{d}z$，其中积分区域 Ω 是由球面 $x^2 + y^2 + z^2 = 1$ 与平面 $x = 0, y = 0, z = 0$ 所围成的第一卦限内的区域(图 8.4.11).

分析　积分区域为典型的球面区域, 因此用球面坐标计算较为方便.

解　在球面坐标系下积分区域 Ω 可表示为

$$0 \leqslant \theta \leqslant \frac{\pi}{2}, 0 \leqslant \varphi \leqslant \frac{\pi}{2}, 0 \leqslant r \leqslant 1.$$

于是

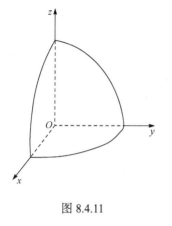

图 8.4.11

$$\iiint\limits_{\Omega} xyz\mathrm{d}x\mathrm{d}y\mathrm{d}z$$

$$= \iiint\limits_{\Omega} r^3 \sin^2\varphi\cos\varphi\sin\theta\cos\theta \cdot r^2 \sin\varphi\mathrm{d}\theta\mathrm{d}\varphi\mathrm{d}r$$

$$= \int_0^{\frac{\pi}{2}} \sin\theta\cos\theta\mathrm{d}\theta \int_0^{\frac{\pi}{2}} \sin^3\varphi\cos\varphi\mathrm{d}\varphi \int_0^1 r^5\mathrm{d}r$$

$$= \frac{1}{2}\sin^2\theta\Big|_0^{\frac{\pi}{2}} \cdot \frac{1}{4}\sin^4\varphi\Big|_0^{\frac{\pi}{2}} \cdot \frac{1}{6}r^6\Big|_0^1 = \frac{1}{48}.$$

例 7　设 $\Omega = \left\{(x, y, z)\big| x^2 + y^2 + z^2 \leqslant R^2, x^2 + y^2 \leqslant z^2, z \geqslant 0\right\}$，将三重积分 $\iiint\limits_{\Omega} f(x, y, z)\mathrm{d}v$ 在三种坐标系下化为累次积分.

分析　积分区域是球面和圆锥面的组合体, 如图 8.4.12 所示. 如前面所指出, 用球面坐标解此题较方便.

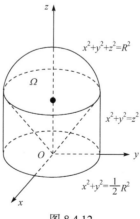

图 8.4.12

解　(1) 球面坐标系下, 积分区域 Ω 可表示为

$$\Omega = \left\{ (r, \varphi, \theta) \,\middle|\, 0 \leqslant r \leqslant R, 0 \leqslant \varphi \leqslant \frac{\pi}{4}, 0 \leqslant \theta \leqslant 2\pi \right\},$$

则

$$\iiint\limits_{\Omega} f(x, y, z) \mathrm{d}v = \iiint\limits_{\Omega} f(r \sin\varphi\cos\theta, r\sin\varphi\sin\theta, r\cos\varphi) r^2 \sin\varphi \mathrm{d}\rho \mathrm{d}\theta \mathrm{d}\varphi$$

$$= \int_0^{2\pi} \mathrm{d}\theta \int_0^{\frac{\pi}{4}} \sin\varphi \mathrm{d}\varphi \int_0^R f(r\sin\varphi\cos\theta, r\sin\varphi\sin\theta, r\cos\varphi) r^2 \mathrm{d}r .$$

我们再看看其他坐标系下的情形:

(2) 直角坐标系下, 先对 z 积分, 作平行于 z 轴并与其方向一致的射线穿入 Ω, 穿进的曲面 $z = \sqrt{x^2 + y^2}$ 是变量 z 的下限, 穿出的曲面 $z = \sqrt{R^2 - x^2 - y^2}$ 是变量 z 的上限, 将 Ω 投影到 xOy 面得闭区域

$$D_{xy} = \left\{ (x, y) \,\middle|\, -\sqrt{\frac{1}{2}R^2 - x^2} \leqslant y \leqslant \sqrt{\frac{1}{2}R^2 - x^2}, \ -\frac{\sqrt{2}}{2}R \leqslant x \leqslant \frac{\sqrt{2}}{2}R \right\},$$

在 Ω 上将三重积分转化为三次积分, 得

$$\iiint\limits_{\Omega} f(x, y, z) \mathrm{d}v = \int_{-\frac{\sqrt{2}}{2}R}^{\frac{\sqrt{2}}{2}R} \mathrm{d}x \int_{-\sqrt{\frac{1}{2}R^2 - x^2}}^{\sqrt{\frac{1}{2}R^2 - x^2}} \mathrm{d}y \int_{\sqrt{x^2 + y^2}}^{\sqrt{R^2 - x^2 - y^2}} f(x, y, z) \mathrm{d}z .$$

(3) 柱面坐标系下, 积分区域 Ω 可表示为

$$\Omega = \left\{ (\rho, \theta, z) \,\middle|\, \rho \leqslant z \leqslant \sqrt{R^2 - \rho^2}, 0 \leqslant \rho \leqslant \frac{\sqrt{2}}{2}R, 0 \leqslant \theta \leqslant 2\pi \right\},$$

则

$$\iiint\limits_{\Omega} f(x, y, z) \mathrm{d}v = \iiint\limits_{\Omega} f(\rho\cos\theta, \rho\sin\theta, z) \rho \mathrm{d}\rho \mathrm{d}\theta \mathrm{d}z$$

$$= \int_0^{2\pi} \mathrm{d}\theta \int_0^{\frac{\sqrt{2}}{2}R} \mathrm{d}\rho \int_{\rho}^{\sqrt{R^2 - \rho^2}} f(\rho\cos\theta, \rho\sin\theta, z) \rho \mathrm{d}z .$$

由上可见, 采用球面坐标和柱面坐标都能够较简便地把这个三重积分化成三次积分计算, 而采用直角坐标比较复杂. 因此, 在计算三重积分时, 要具体问题具体分析, 根据积分区域和被积函数的特征选择适当的坐标系, 使计算最简便.

问题讨论

1. 在直角坐标系下把三重积分化成三次积分都有什么方法? 这些方法有什么不同?

2. 在柱面坐标系下把多数小闭区域近似地看成柱体, 而在球面坐标系下把多数小闭区域近似地看成六面体, 从而得到体积元素表达式及直角坐标与柱面坐标、球面坐标三重积分的转换公式, 这样处理依据是什么?

3. 计算三重积分时, 选择适当坐标系可以简化计算, 何种情况下选取直角坐标系、柱面坐标系、球面坐标系计算为好?

小结

本节给出了三重积分的概念和性质, 分别讨论了在直角坐标系下、柱面坐标系下和球面坐标系下三重积分化成三次积分的计算方法并给出了计算公式. 三重积分的计算对初学者有两个难点: 一是画出正确的积分区域图; 二是选择适当的坐标系简化计算. 要克服这两个困难, 一是要进一步熟悉空间解析几何的相关内容, 培养空间想象能力; 二是要加强解题训练, 认真观察和分析积分区域和被积函数特征, 选择合适的坐标系简化计算.

习　题　8.4

1. 把三重积分 $\iiint\limits_{\Omega} f(x,y,z)\mathrm{d}v$ 化为三次积分, 其中 Ω 分别是

(1) 由平面 $x=1$, $x=2$, $z=0$, $y=x$ 和 $z=y$ 所围成的区域;

(2) 在第一卦限中由柱面 $z=\sqrt{y}$ 与平面 $x+y=4$, $x=0$, $z=0$ 所围成的区域;

(3) 由抛物面 $z=3x^2+y^2$ 和柱面 $z=1-x^2$ 所围成的区域.

2. 计算下列三重积分:

(1) $\iiint\limits_{\Omega} xy\mathrm{d}v$, 其中 Ω 是由 $0\leqslant z\leqslant\dfrac{1}{6}(12-3x-2y)$ 和不等式 $0\leqslant x\leqslant 1, 0\leqslant y\leqslant 3$ 所确定的区域;

(2) $\iiint\limits_{\Omega} \dfrac{1}{(1+x+y+z)^3}\mathrm{d}v$, 其中 Ω 为平面 $x+y+z=1, x=0, y=0, z=0$ 所围成的区域;

(3) $\iiint\limits_{\Omega} z\mathrm{d}v$, 其中 Ω 是由锥面 $z=\dfrac{h}{R}\sqrt{x^2+y^2}$ 与平面 $z=h$ ($R>0, h>0$)所围成的闭区域.

3. 用柱面坐标或球面坐标将三重积分 $\iiint\limits_{\Omega} f(x,y,z)\mathrm{d}v$ 化为三次积分, 其中 Ω 分别是如下各组不等式所确定的区域:

(1) $x^2+y^2+z^2\leqslant a^2, x^2+y^2+z^2\leqslant 2az$;

(2) $0\leqslant z\leqslant x^2+y^2, x^2+y^2\leqslant a^2, y\geqslant 0$;

(3) $x^2+y^2+z^2\leqslant a^2, z^2\leqslant 3(x^2+y^2)$;

(4) $x^2+y^2+z^2\leqslant a^2, x\geqslant 0, y\geqslant 0, z\geqslant 0$.

4. 在柱面坐标系中或球面坐标系中计算下列三重积分:

(1) $\iiint\limits_{\Omega} (x^2+y^2)\mathrm{d}v$, 其中 Ω 是由曲面 $x^2+y^2=2z$ 和平面 $z=2$ 所围成的区域;

(2) $\iiint\limits_{\Omega} \sqrt{x^2 + y^2 + z^2}\,\mathrm{d}v$, 其中 Ω 是由球面 $x^2 + y^2 + z^2 = z$ 所围成的闭区域;

(3) $\iiint\limits_{\Omega} z\sqrt{x^2 + y^2}\,\mathrm{d}v$, 其中 Ω 是由 $x = \sqrt{2y - y^2}$ 以及平面 $x = 0, z = 0, z = 1$ 所围成的区域;

(4) $\iiint\limits_{\Omega} \dfrac{\sin\sqrt{x^2 + y^2 + z^2}}{x^2 + y^2 + z^2}\,\mathrm{d}v$, 其中 Ω 是为球壳 $\dfrac{1}{4} \leqslant x^2 + y^2 + z^2 \leqslant 1$ 在第一卦限中的部分.

5. 利用三重积分求下列立体 Ω 的体积, 其中 Ω 分别为:

(1) 由柱面 $z = 9 - y^2$ 和平面 $3x + 4y = 12, x = 0, z = 0$ 所围成的区域;

(2) 由抛物面 $x^2 + y^2 = z$ 与 $x^2 + y^2 = 8 - z$ 所围成的区域;

(3) 由抛物面 $z = x^2 + y^2, z = 2(x^2 + y^2)$ 和柱面 $x = \sqrt{y}$ 以及平面 $y = x$ 所围成的区域.

8.5　重积分的应用

前面我们通过求曲边梯形的面积、求曲顶柱体的体积、求密度不均匀物体的质量引入了定积分、二重积分、三重积分的概念. 归纳起来可以发现, 所求面积、体积、质量等都是具有可加性的整体量, 即它们可以被分割成若干部分, 这些部分量的和等于整体量. 在计算这些整体量的方法上有以下共同特点: 一是把整体分割成若干部分(小曲边梯形、小曲顶柱体、空间小闭区域); 二是在各个小的部分中用一个常量来代替变量(小曲边梯形的高、小曲顶柱体的高、小闭区域的体密度)得到部分量的近似值, 其和是整体量的近似值; 三是把分割无限加密(闭区域直径趋于 0), 近似和的极限就是整体量的精确值.

这些共同特点可上升为一种科学方法, 称之为**元素法**(或微元分析法). 其要义如下: 如果所要计算的某个量 U 对于闭区域 D (闭区间、平面闭区域或空间闭区域)具有可加性(就是说, 当闭区域 D 分成许多小闭区域时, 所求量 U 相应地分成许多部分量, 且 U 等于部分量之和), 在闭区域 D 内任取一个直径很小的闭区域 $\mathrm{d}\sigma$ 时, 相应的部分量可近似地表示为 $f(X)\mathrm{d}\sigma$ (X 是 $\mathrm{d}\sigma$ 内的点)的形式, 则称 $f(X)\mathrm{d}\sigma$ 为所求量 U 的元素, 记为 $\mathrm{d}U$, 以它为被积表达式, 在闭区域 D 上积分:
$U = \int_D \mathrm{d}U \left(\int_D \mathrm{d}U$ 可以是定积分、二重积分或三重积分 $\right)$.

元素法在几何学、物理学、工程技术乃至经济学等领域有着广泛应用, 本节将给出几例应用.

一、体积

根据二重积分的几何意义, $\iint\limits_{D} f(x, y)\mathrm{d}\sigma$ 表示以曲面 $\Sigma: z = f(x, y)$ 为曲顶,

以 Σ 在 xOy 坐标平面的投影区域 D 为底的曲顶柱体的体积. 因此, 利用二重积分可以计算空间曲面所围立体的体积.

例 1　求球面 $x^2 + y^2 + z^2 = 4a^2$ 与圆柱面 $x^2 + y^2 = 2ax (a > 0)$ 所围立体的体积.

解　圆柱面经过 z 轴, 图 8.5.1(a)给出的是第一卦限部分, 图 8.5.1(b)是这部分在 xOy 坐标面上的投影, 由对称性得

$$V = 4\iint\limits_{D} \sqrt{4a^2 - x^2 - y^2}\,\mathrm{d}x\mathrm{d}y,$$

其中 D 为半圆周 $y = \sqrt{2ax - x^2}$ 及 x 轴所围成的闭区域(图 8.5.1(b)). 在极坐标系中, 闭区域 $D = \left\{(r,\theta)\middle|0 \leqslant r \leqslant 2a\cos\theta,\ 0 \leqslant \theta \leqslant \pi/2\right\}$, 于是

$$V = 4\iint\limits_{D} \sqrt{4a^2 - r^2}\,r\mathrm{d}r\mathrm{d}\theta = 4\int_0^{\frac{\pi}{2}}\mathrm{d}\theta\int_0^{2a\cos\theta}\sqrt{4a^2 - r^2}\,r\mathrm{d}r$$

$$= \frac{32}{3}a^3\int_0^{\frac{\pi}{2}}(1 - \sin^3\theta)\mathrm{d}\theta = \frac{32}{3}a^3\left(\frac{\pi}{2} - \frac{2}{3}\right).$$

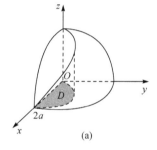 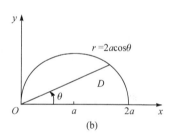

图 8.5.1

例 2　求由曲面 $z = x^2 + y^2, z = 2x^2 + 2y^2, y = x, y = x^2$ 所围立体的体积.

解　由于曲面 $z = x^2 + y^2$, $z = 2x^2 + 2y^2$ 仅相交于原点, 所以积分区域 Ω 在 xOy 平面上的投影区域为 $D: x^2 \leqslant y \leqslant x, 0 \leqslant x \leqslant 1$, 下曲面为 $z = x^2 + y^2$, 上曲面为 $z = 2x^2 + 2y^2$, 于是

$$V = \iiint\limits_{\Omega}\mathrm{d}v = \iint\limits_{D}\mathrm{d}x\mathrm{d}y\int_{x^2+y^2}^{2x^2+2y^2}\mathrm{d}z$$

$$= \int_0^1\mathrm{d}x\int_{x^2}^x\mathrm{d}y\int_{x^2+y^2}^{2x^2+2y^2}\mathrm{d}z = \int_0^1\mathrm{d}x\int_{x^2}^x(x^2 + y^2)\mathrm{d}y$$

$$= \int_0^1\left(\frac{4}{3}x^3 - x^4 - \frac{1}{3}x^6\right)\mathrm{d}x = \frac{3}{35}.$$

二、曲面的面积

设 D 为可求面积的平面有界闭区域, 函数 $f(x,y)$ 在 D 上具有连续的一阶偏导数, 讨论由方程 $z = f(x,y), (x,y) \in D$ 所确定的曲面 S 的面积.

为了定义曲面 S 的面积, 对区域 D 作分割 T, 它把 D 分成 n 个小区域 σ_i $(i = 1, 2, \cdots, n)$. 与这个分割相应地将曲面 S 分成 n 个小曲面片 $S_i(i = 1, 2, \cdots, n)$. 在每个 S_i 上任取一点 M_i, 作曲面在这一点的切平面 π_i, 并在 π_i 上取出一小块 A_i, 使得 A_i 与 S_i 在 xOy 平面上的投影都是 σ_i, 在点 M_i 附近, 用小切平面块 A_i 代替小曲面片 S_i, 从而当 λ (所有 A_i 的直径中的最大者)充分小时, 有 $S = \sum_{i=1}^{n} \Delta S_i \approx \sum_{i=1}^{n} \Delta A_i$, 这里 $S, \Delta S_i, \Delta A_i$ 分别表示曲面 S, 小曲面片 S_i, 小切平面块 A_i 的面积, 见图 8.5.2.

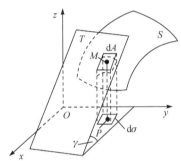

图 8.5.2

首先, 计算 A_i 的面积. 由于切平面 π_i 的法向量就是曲面 S 在 $M_i(\xi_i, \eta_i, \zeta_i)$ 处的法向量, 记它与 z 轴的夹角为 γ_i, 则

$$|\cos \gamma_i| = \frac{1}{\sqrt{1 + f_x^2(\xi_i, \eta_i) + f_y^2(\xi_i, \eta_i)}}.$$

因为 A_i 在 xOy 平面上的投影为 σ_i, 所以

$$\Delta A_i = \frac{\Delta \sigma_i}{\cos \gamma_i} = \sqrt{1 + f_x^2(\xi_i, \eta_i) + f_y^2(\xi_i, \eta_i)} \Delta \sigma_i.$$

其次, 由于和数

$$\sum_{i=1}^{n} \Delta A_i = \sum_{i=1}^{n} \sqrt{1 + f_x^2(\xi_i, \eta_i) + f_y^2(\xi_i, \eta_i)} \Delta \sigma_i$$

是连续函数 $\sqrt{1 + f_x^2(x,y) + f_y^2(x,y)}$ 在有界闭区域 D 上的积分和, 于是当 $\lambda \to 0$ 时, 就得到

$$S = \lim_{\lambda \to 0} \sum_{i=1}^{n} \sqrt{1 + f_x^2(\xi_i, \eta_i) + f_y^2(\xi_i, \eta_i)} \Delta \sigma_i = \iint_D \sqrt{1 + f_x^2(x,y) + f_y^2(x,y)} \mathrm{d}x\mathrm{d}y,$$

故由方程 $z = f(x,y), (x,y) \in D$ 所确定的曲面 S 的面积

$$S = \iint_D \sqrt{1 + f_x^2(x,y) + f_y^2(x,y)} \mathrm{d}x\mathrm{d}y. \tag{8.13}$$

例 3 求抛物面 $z = x^2 + y^2$ 在平面 $z = 1$ 下方的面积.

解　平面 $z=1$ 下方的抛物面在 xOy 面的投影区域

$$D_{xy}=\{(x,y)\,|\,x^2+y^2\leqslant 1\}.$$

又 $z_x=2x,z_y=2y,\sqrt{1+(z_x)^2+(z_y)^2}=\sqrt{1+4x^2+4y^2}$，利用极坐标计算可得

$$A=\iint\limits_{D_{xy}}\sqrt{1+4x^2+4y^2}\mathrm{d}x\mathrm{d}y=\iint\limits_{D_{xy}^*}\sqrt{1+4\rho^2}\rho\mathrm{d}\rho\mathrm{d}\theta$$

$$=\int_0^{2\pi}\mathrm{d}\theta\int_0^1(1+4\rho^2)^{\frac{1}{2}}\rho\mathrm{d}\rho=\frac{\pi}{6}(5\sqrt{5}-1).$$

例 4　计算双曲抛物面 $z=xy$ 被柱面 $x^2+y^2=R^2$ 所截出的面积 A.

解　曲面在 xOy 面上投影为 $D:x^2+y^2\leqslant R^2$，则

$$A=\iint\limits_{D}\sqrt{1+z_x^2+z_y^2}\mathrm{d}x\mathrm{d}y,$$

即有

$$A=\iint\limits_{D}\sqrt{1+x^2+y^2}\mathrm{d}x\mathrm{d}y=\int_0^{2\pi}\mathrm{d}\theta\int_0^R\sqrt{1+r^2}r\mathrm{d}r=\frac{2}{3}\pi\left[(1+R^2)^{\frac{3}{2}}-1\right].$$

如果曲面方程为 $x=g(y,z)$ 或 $y=h(x,z)$，则可以把曲面投影到 yOz 或 xOz 平面上，其投影区域为 D_{yz} 或 D_{xz}，类似地，有

$$A=\iint\limits_{D_{yz}}\sqrt{1+[g_y(y,z)]^2+[g_z(y,z)]^2}\mathrm{d}y\mathrm{d}z$$

或

$$A=\iint\limits_{D_{xz}}\sqrt{1+[h_x(z,x)]^2+[h_z(z,x)]^2}\mathrm{d}z\mathrm{d}x.$$

三、质心坐标

设 Ω 是密度函数为 $\rho(x,y,z)$ 的空间物体，$\rho(x,y,z)$ 在 Ω 上连续. 为求得 Ω 的质心坐标公式，先对 V 作分割 T，在属于分割 T 的每一小块 v_i 上任取一点 $(\xi_i,\eta_i,\varsigma_i)$，于是小块 v_i 的质量可用 $\rho(\xi_i,\eta_i,\varsigma_i)\Delta v_i$ 近似代替. 若把每一小块看作质量集中在 $(\xi_i,\eta_i,\varsigma_i)$ 的质点时，整个物体就可用这 n 个质点的质点系来近似代替. 由于质点系的质心坐标公式为

$$\overline{x}_n=\frac{\sum\limits_{i=1}^n\xi_i\rho(\xi_i,\eta_i,\zeta_i)\Delta v_i}{\sum\limits_{i=1}^n\rho(\xi_i,\eta_i,\zeta_i)\Delta v_i},$$

$$\overline{y}_n = \frac{\sum\limits_{i=1}^{n} \eta_i \rho(\xi_i, \eta_i, \zeta_i) \Delta v_i}{\sum\limits_{i=1}^{n} \rho(\xi_i, \eta_i, \zeta_i) \Delta v_i},$$

$$\overline{z}_n = \frac{\sum\limits_{i=1}^{n} \zeta_i \rho(\xi_i, \eta_i, \zeta_i) \Delta v_i}{\sum\limits_{i=1}^{n} \rho(\xi_i, \eta_i, \zeta_i) \Delta v_i}.$$

由此得到如下结论:当 $\lambda \to 0$ 时, $\overline{x}_n, \overline{y}_n, \overline{z}_n$ 的极限 $\overline{x}, \overline{y}, \overline{z}$ 即为 V 的质心坐标, 即

$$\overline{x} = \frac{\iiint\limits_{V} x\rho(x, y, z)\mathrm{d}v}{\iiint\limits_{V} \rho(x, y, z)\mathrm{d}v},$$

$$\overline{y} = \frac{\iiint\limits_{V} y\rho(x, y, z)\mathrm{d}v}{\iiint\limits_{V} \rho(x, y, z)\mathrm{d}v},$$

$$\overline{z} = \frac{\iiint\limits_{V} z\rho(x, y, z)\mathrm{d}v}{\iiint\limits_{V} \rho(x, y, z)\mathrm{d}v}.$$

类似地, 平面物体的质心坐标为

$$\overline{x} = \frac{\iint\limits_{D} x\rho(x, y)\mathrm{d}\sigma}{\iint\limits_{D} \rho(x, y)\mathrm{d}\sigma}, \quad \overline{y} = \frac{\iint\limits_{D} y\rho(x, y)\mathrm{d}\sigma}{\iint\limits_{D} \rho(x, y)\mathrm{d}\sigma}.$$

由上述公式易得

(1) 当物体 Ω 的密度均匀即 ρ 为常数时, 则有

$$\overline{x} = \frac{1}{V} \iiint\limits_{\Omega} x\mathrm{d}v, \quad \overline{y} = \frac{1}{V} \iiint\limits_{\Omega} y\mathrm{d}v, \quad \overline{z} = \frac{1}{V} \iiint\limits_{\Omega} z\mathrm{d}v,$$

这里 V 为 Ω 的体积. (这时, 物体的质心即它的几何中心, 也可称为形心.)

(2) 密度分布为 $\rho(x, y)$ 的平面薄板 D 的质心坐标是

$$\overline{x} = \frac{\iint\limits_{D} x\rho(x, y)\mathrm{d}\sigma}{\iint\limits_{D} \rho(x, y)\mathrm{d}\sigma}, \quad \overline{y} = \frac{\iint\limits_{D} y\rho(x, y)\mathrm{d}\sigma}{\iint\limits_{D} \rho(x, y)\mathrm{d}\sigma}.$$

(3) 当平面薄板 D 的密度均匀, 即 ρ 是常数时, 则有

$$\overline{x} = \frac{1}{A} \iint\limits_{D} x \mathrm{d}\sigma, \quad \overline{y} = \frac{1}{A} \iint\limits_{D} y \mathrm{d}\sigma,$$

这里 A 为平面薄板 D 的面积. 这时, 薄片的质心由 D 的几何形状决定, 因此其质心又称为形心(几何中心).

例 5 求均匀半球体的质心.

解 取半球体的对称轴为 z 轴, 原点取在球心上, 又设球半径为 a, 则半球体所占空间闭区域可表示为

$$\Omega = \{(x, y, z) \mid x^2 + y^2 + z^2 \leqslant a^2, z \geqslant 0\} .$$

显然, 质心在 z 轴上, 故 $\overline{x} = \overline{y} = 0$. $\Omega : 0 \leqslant r \leqslant a$, $0 \leqslant \varphi \leqslant \frac{\pi}{2}$, $0 \leqslant \theta \leqslant 2\pi$.

$$\iiint\limits_{\Omega} \mathrm{d}v = \int_0^{2\pi} \mathrm{d}\theta \int_0^{\frac{\pi}{2}} \mathrm{d}\varphi \int_0^a r^2 \sin\varphi \mathrm{d}r$$

$$= \int_0^{2\pi} \mathrm{d}\theta \int_0^{\frac{\pi}{2}} \sin\varphi \mathrm{d}\varphi \int_0^a r^2 \mathrm{d}r = \frac{2\pi a^3}{3},$$

$$\iiint\limits_{\Omega} z \mathrm{d}v = \int_0^{2\pi} \mathrm{d}\theta \int_0^{\frac{\pi}{2}} \mathrm{d}\varphi \int_0^a r\cos\varphi \cdot r^2 \sin\varphi \mathrm{d}r$$

$$= \frac{1}{2} \int_0^{2\pi} \mathrm{d}\theta \int_0^{\frac{\pi}{2}} \sin 2\varphi \mathrm{d}\varphi \int_0^a r^3 \mathrm{d}r = \frac{1}{2} \cdot 2\pi \cdot \frac{a^4}{4} = \frac{\pi a^4}{4} .$$

$$\overline{z} = \frac{\iiint\limits_{\Omega} z\rho \mathrm{d}v}{\iiint\limits_{\Omega} \rho \mathrm{d}v} = \frac{\iiint\limits_{\Omega} z \mathrm{d}v}{\iiint\limits_{\Omega} \mathrm{d}v} = \frac{3a}{8} .$$

故质心为 $\left(0, 0, \dfrac{3a}{8}\right)$.

四、转动惯量

现在我们应用元素法来讨论空间物体 V 的转动惯量问题.

设 $\rho(x, y, z)$ 为空间物体 V 的密度分布函数, 它在 V 上连续. 对 V 作分割 T, 在属于 T 的每一小块 v_i 上任取一点 (ξ_i, η_i, ζ_i), 于是 v_i 的质量可用 $\rho(\xi_i, \eta_i, \zeta_i)\Delta v_i$ 近似替代. 当以质点 $\{(\xi_i, \eta_i, \zeta_i), i = 1, 2, \cdots, n\}$ 近似替代 V 时, 由力学知道, 质点系对于 x 轴的转动惯量是 $J_x \approx \sum\limits_{i=1}^{n} (\eta_i^2 + \zeta_i^2)\rho(\xi_i, \eta_i, \zeta_i)\Delta v_i$.

由此我们给出如下结论:

(1) 在上述分析中, 当 $\lambda \to 0$ 时, 上述积分和

$$J_x \approx \sum_{i=1}^{n} (\eta_i^2 + \zeta_i^2) \rho(\xi_i, \eta_i, \zeta_i) \Delta v_i$$

的极限就是物体 V 对于 x 轴的转动惯量

$$J_x = \iiint\limits_V (y^2 + z^2) \rho(x, y, z) \mathrm{d}v.$$

(2) 类似可得物体 V 对于 y 轴与 z 轴的转动惯量分别为

$$J_y = \iiint\limits_V (z^2 + x^2) \rho(x, y, z) \mathrm{d}v, \quad J_z = \iiint\limits_V (x^2 + y^2) \rho(x, y, z) \mathrm{d}v.$$

类似地,还可得到物体 V 对于坐标平面的转动惯量分别为

$$J_{xy} = \iiint\limits_V z^2 \rho(x, y, z) \mathrm{d}v, \quad J_{yz} = \iiint\limits_V x^2 \rho(x, y, z) \mathrm{d}v, \quad J_{zx} = \iiint\limits_V y^2 \rho(x, y, z) \mathrm{d}v.$$

例 6 求密度均匀的圆环 D 对圆环面中心轴的转动惯量.

解 设圆环 D 为 $R_1^2 \leqslant x^2 + y^2 \leqslant R_2^2$,密度为 ρ,则 D 中任一点 (x, y) 与转轴的距离平方为 $x^2 + y^2$,于是转动惯量

$$J = \iint\limits_D \rho \cdot (x^2 + y^2) \mathrm{d}\sigma = \rho \int_0^{2\pi} \mathrm{d}\theta \int_{R_1}^{R_2} r^3 \mathrm{d}r = \frac{\pi\rho}{2}(R_2^4 - R_1^4) = \frac{m}{2}(R_2^2 + R_1^2),$$

其中 $m = \rho\pi(R_2^2 - R_1^2)$ 为圆环的质量.

五、引力

1. 平面薄片对质点的引力

若平面薄片占有平面闭区域 D,面密度 $\mu(x, y)$ 在 D 上连续,在 D 内任取一直径很小的薄片 $\mathrm{d}\sigma$(其面积也记作 $\mathrm{d}\sigma$),(x, y) 是 $\mathrm{d}\sigma$ 中的一点,于是小薄片的质量 $\mu(x, y)\mathrm{d}\sigma$ 可近似地看作位于点 (x, y) 处的质点的质量,根据两质点间的引力公式,小薄片对位于 (x_0, y_0) 处、质量为 m 的质点的引力可近似地表成

$$(\mathrm{d}F_x, \mathrm{d}F_y) = \left(Gm \frac{\mu(x, y)(x - x_0)\mathrm{d}\sigma}{r^3}, Gm \frac{\mu(x, y)(y - y_0)\mathrm{d}\sigma}{r^3} \right),$$

其中,$\mathrm{d}F_x, \mathrm{d}F_y$ 是引力元素在 x, y 轴上的分量,$r = \sqrt{(x - x_0)^2 + (y - y_0)^2}$,$G$ 为引力常数. 把 $\mathrm{d}F_x, \mathrm{d}F_y$ 在闭区域 D 上积分,得到薄片对质点的引力为

$$F_x = \iint\limits_D Gm \frac{(x - x_0)\mu}{r^3} \mathrm{d}\sigma, \quad F_y = \iint\limits_D Gm \frac{(y - y_0)\mu}{r^3} \mathrm{d}\sigma.$$

2. 空间物体对质点的引力

若物体占有空间闭区域 Ω,体密度为 $\mu(x, y, z)$,应用元素法,完全类似于平面薄片对质点引力的讨论,可以得到物体对位于 (x_0, y_0, z_0) 处,质量为 m 的质点

的引力为

$$F_x = Gm \iiint_{\Omega} \frac{(x - x_0)\mu}{r^3} \mathrm{d}v,$$

$$F_y = Gm \iiint_{\Omega} \frac{(y - y_0)\mu}{r^3} \mathrm{d}v,$$

$$F_z = Gm \iiint_{\Omega} \frac{(z - z_0)\mu}{r^3} \mathrm{d}v,$$

其中 $r = \sqrt{(x - x_0)^2 + (y - y_0)^2 + (z - z_0)^2}$，$G$ 为引力常数.

例 7　求一高为 R、底面半径为 R 的密度均匀的正圆锥对其顶点处的单位质点的引力.

解　以圆锥的顶点为原点、对称轴为 z 轴建立直角坐标系，此时圆锥的方程为 $\sqrt{x^2 + y^2} \leqslant z \leqslant R$，设正圆锥的体密度为 μ，由对称性可知 $F_x = F_y = 0$，由引力公式得

$$F_z = \iiint_{\Omega} G \frac{z\mu}{r^3} \mathrm{d}v = G\mu \iiint_{\Omega} \frac{z}{(\rho^2 + z^2)^{\frac{3}{2}}} \rho \mathrm{d}\rho \mathrm{d}\theta \mathrm{d}z$$

$$= G\mu \int_0^{2\pi} \mathrm{d}\theta \int_0^R \rho \mathrm{d}\rho \int_\rho^R \frac{z}{(\rho^2 + z^2)^{\frac{3}{2}}} \mathrm{d}z = G\mu \cdot 2\pi \int_0^R \left[-\rho(\rho^2 + z^2)^{-\frac{1}{2}} \right]\Big|_\rho^R \mathrm{d}\rho$$

$$= 2\pi G\mu \int_0^R \left(\frac{1}{\sqrt{2}} - \frac{\rho}{\sqrt{R^2 + \rho^2}} \right) \mathrm{d}\rho = 2\pi G\mu \left(1 - \frac{\sqrt{2}}{2} \right) = (2 - \sqrt{2})\pi G\mu R.$$

问题讨论

1. 你能在自己所学的专业领域中找到应用元素法的例子吗?

2. 计算旋转曲面的面积是否一定使用曲面面积的计算公式? 还有其他方法吗?

3. 写出密度不均匀平面薄板对于坐标轴的转动惯量.

小结

本节介绍了元素法的基本思想，应用元素法导出了闭曲面所围立体体积、曲面面积、质心坐标、转动惯量、引力等几何量和物理量的计算公式.

习　题　8.5

1. 求圆锥面 $z = \sqrt{x^2 + y^2}$ 被柱面 $x^2 + y^2 = 1$ 所割下部分的曲面面积.

2. 求由旋转抛物面 $z = x^2 + y^2$ 与平面 $z = 1$ 所围成立体在第一卦限部分的质量，假定其密

度为 $\mu = x + y$.

3. 求圆 $x^2 + y^2 = a^2$ 与 $x^2 + y^2 = 4a^2$ 所围的均匀环在第一象限部分的重心.

4. 求椭圆抛物面 $z = x^2 + y^2$ 与平面 $z = 1$ 所围成的均匀物体的重心.

5. 求半径为 a 、高为 h 的均匀圆柱体对于过中心而平行于母线的轴的转动惯量(设密度为 $\rho = 1$).

6. 在均匀的半径为 R 的半圆形薄板的直径另一边要接上一个一边与直径等长的同样材料的均匀矩形薄板, 为了使整个均匀薄板的重心恰好落在圆心上, 问接上去的均匀矩形薄板另一边的长度应是多少?

7. 求由抛物线 $y = x^2$ 及直线 $y = 1$ 所围成的均匀薄板(面密度为常数 ρ)对于直线 $y = -1$ 的转动惯量.

8. 设在 xOy 面上有一质量为 M 的匀质半圆形薄片, 占有平面闭区域 $D = \{(x,y) \mid x^2 + y^2 \leqslant R^2, y \geqslant 0\}$, 过圆心 O 垂直于薄片的直线上有一质量为 m 的质点 P , $OP = a$. 求半圆形薄片对质点 P 的引力.

本 章 总 结

本章将定积分是某种确定形式的和的极限概念推广到定义在平面区域、空间区域上的二元、三元函数, 分别通过曲顶柱体体积计算、空间非均匀物体质量计算引入了二重积分、三重积分的概念并讨论了其性质; 研究了二重积分在直角坐标系下、极坐标系下的计算方法, 三重积分在直角坐标系下、柱面坐标系下和球面坐标系下的计算方法, 最后研究了重积分(特别是元素法)在几何学、物理学中的应用.

计算二重积分的基本方法是将其化成二次积分. 选择坐标系和积分顺序要根据区域类型和被积函数特征来确定, 具体问题具体分析. 有的被积函数、坐标系或积分顺序选择不当, 可能使本来存在的积分值求不出来, 有的被积函数虽然在不同坐标系下或不同顺序下都能求出来, 但计算的繁简程度却很不一样. 所以, 选择坐标系和积分顺序的基本原则是使积分能够求出且计算过程更简便. 二重积分计算, 若选取直角坐标系, 一般来说, 对于 x 型区域先对变量 y 积分; 对于 y 型区域, 则先对变量 x 积分; 既是 x 型区域又是 y 型区域(x, y 型区域), 两种顺序均可. 当区域(圆域, 环域, 扇形域类区域)边界曲线或被积函数中含有因子时选取极坐标系可能使计算更简捷.

三重积分可在空间直角坐标系、柱面坐标系或球面坐标系下计算, 基本方法是将其化成三次积分, 其过程(顺序)可以分为先一次积分再二次积分(投影法), 或先二次积分再一次积分(截痕法). 在直角坐标系下, 投影法是把空间闭区域 Ω 向坐标面投影, 将三重积分化为定积分与二重积分计算; 截痕法适用于某一个变量(例如 z)具有常数上下限, 且用平行于坐标面(xOy 坐标面)的平面截空间区域 Ω 得到的平面区域 D_z 上的二重积分便于计算的三重积分计算方法. 例如 Ω 为球体、半球体、锥体等. 柱面坐标是直角坐标和极坐标的组合, 即某一个变量(例如 z)用直角坐标,而另外两个坐标 (x,y) 用极坐标表示,主要适用于积分区域 Ω 为圆柱体、圆锥体、球体、半球体等. 球面坐标又称为空间极坐标,其主要适用于 Ω 球体、半球体、圆锥体等. 三重积分选择坐标系和积分顺序的依据和原则与二重积分基本相同,选择计算方法要注意具体问题具体分析.

元素法(微元分析法)是从定积分和重积分总结提炼出来的,但作为一种科学方法,其意义不仅仅在于给出了定积分和重积分的计算公式,它在几何学、物理学乃至工程技术和社会经济领域都有着广泛的应用. 应用该方法的关键是根据元素法的思想,从具体问题中抽象出元素的表达式,再用定积分或重积分来计算结果.

需要特别关注的几个问题

1. 重积分计算的核心问题

如何将重积分正确地化成累次积分? 如何根据被积函数和积分域的特点,选择合适的坐标系和简便的计算方法? 以三重积分为例,在直角坐标系中三重积分化成累次积分的方法有两种:一是"先一后二"法,即先积一个变量,后积剩下的两个变量;二是"先二后一"法,或称"切片法",即先积两个变量,后积余下的一个变量. 两种方法比较起来,前者常用,容易掌握,后者对有些积分用起来比较简单. 在上述"先一后二"或"先二后一"方法中,把其中的二重积分按极坐标化成累次积分,就得到柱面坐标系下三重积分化成累次积分的表达式.

2. 二重积分如何选择积分次序?

怎样改变二次积分的积分次序? 选择积分次序要考虑到两个因素:被积函数和积分区域. 其原则是:要使两个积分都能积分出来,且使计算尽量简单. 二重积分改变积分次序,其步骤是:由所给二次积分,写出 D 的 x 型或 y 型区域不等式表示,然后还原为积分区域 D,最好画出 D 的图形,再将 D 按照选定的次序重新表示为 y 型或 x 型区域不等式表示,写出新次序的二次积分. 另外,改变积分次序还可以作为证明积分等式的一种方法.

3. 重积分计算转换坐标系时注意事项

重积分从一种坐标系下的计算转换成另一种坐标系下的计算,实质上是一种特殊的换元法,在变换变量的时候,面积元素和体积元素也要相应的改变,这是特别需要注意的.

4. 在重积分的计算中也可利用对称性来简化计算

以利用对称性计算二重积分为例,主要有以下几种情况.

设 $f(x,y)$ 在 D 上连续:

(1) 如果 D 关于 y 轴对称,则 $\forall (x,y) \in D$,有

$$\iint\limits_{D} f(x,y)\mathrm{d}x\mathrm{d}y = \begin{cases} 0, & f(x,y)\text{关于}x\text{为奇函数}, \\ 2\iint\limits_{D_1} f(x,y)\mathrm{d}x\mathrm{d}y, & f(x,y)\text{关于}x\text{为偶函数}, \end{cases}$$

其中 $D_1 = \{(x,y) \mid (x,y) \in D, x \geqslant 0\}$.

(2) 如果 D 关于 x 轴对称, 则 $\forall (x,y) \in D$, 有

$$\iint\limits_{D} f(x,y)\mathrm{d}x\mathrm{d}y = \begin{cases} 0, & f(x,y)\text{关于}y\text{为奇函数}, \\ 2\iint\limits_{D_2} f(x,y)\mathrm{d}x\mathrm{d}y, & f(x,y)\text{关于}y\text{为偶函数}, \end{cases}$$

其中 $D_2 = \{(x,y) \mid (x,y) \in D, y \geqslant 0\}$.

(3) 如果 D 关于原点对称, 则 $\forall (x,y) \in D$, 有

$$\iint\limits_{D} f(x,y)\mathrm{d}x\mathrm{d}y = \begin{cases} 0, & f(-x,-y) = -f(x,y), \\ 2\iint\limits_{D_1} f(x,y)\mathrm{d}x\mathrm{d}y\text{或}2\iint\limits_{D_2} f(x,y)\mathrm{d}x\mathrm{d}y, & f(-x,-y) = f(x,y), \end{cases}$$

其中 D_1, D_2 同上.

(4) 如果 D 关于直线 $y = x$ 对称, 则 $\iint\limits_{D} f(x,y)\mathrm{d}x\mathrm{d}y = \iint\limits_{D} f(y,x)\mathrm{d}x\mathrm{d}y$.

(1), (2), (3)可通过一元奇偶函数在关于原点的对称区间上的定积分性质得到, (4)则是二重积分的特殊性质.

测 试 题 A

一、选择题(每小题 3 分, 共 18 分)

1. 当 D 是( )围成的区域时, 二重积分 $\iint\limits_{D} \mathrm{d}x\mathrm{d}y = 1$.

A. x 轴, y 轴及 $2x + y - 2 = 0$ B. $|x| = \dfrac{1}{2}, |y| = \dfrac{1}{3}$

C. x 轴, y 轴及 $x = 4, y = 3$ D. $|x + y| = 1, |x - y| = 1$

2. $\displaystyle\int_0^1 \mathrm{d}x \int_0^{1-x} f(x,y)\mathrm{d}y = ($ $)$.

A. $\displaystyle\int_0^{1-x} \mathrm{d}y \int_0^1 f(x,y)\mathrm{d}x$ B. $\displaystyle\int_0^1 \mathrm{d}y \int_0^{1-x} f(x,y)\mathrm{d}x$

C. $\displaystyle\int_0^1 \mathrm{d}y \int_0^1 f(x,y)\mathrm{d}x$ D. $\displaystyle\int_0^1 \mathrm{d}y \int_0^{1-y} f(x,y)\mathrm{d}x$

3. 设 $I = \iint\limits_{D} (x^2 + y^2)\mathrm{d}x\mathrm{d}y$, 其中 D 由 $x^2 + y^2 = a^2$ 所围成, 则 $I = ($ $)$.

A. $\int_0^{2\pi} d\theta \int_0^a a^2 r dr = \pi a^4$　　　　　　B. $\int_0^{2\pi} d\theta \int_0^a r^2 \cdot r dr = \frac{1}{2}\pi a^4$

C. $\int_0^{2\pi} d\theta \int_0^a r^2 dr = \frac{2}{3}\pi a^3$　　　　　　D. $\int_0^{2\pi} d\theta \int_0^a a^2 \cdot a dr = 2\pi a^4$

4. $I = \iiint\limits_{\Omega}(x^2+y^2+z^2)dv$, $\Omega: x^2+y^2+z^2 \leqslant 1$, 则 I 等于(　　).

A. $\iiint\limits_{\Omega} dv$　　　　　　B. $\int_0^{2\pi} d\theta \int_0^{2\pi} d\varphi \int_0^1 \rho^2 \sin\theta d\rho$

C. $\int_0^{2\pi} d\theta \int_0^{\pi} d\varphi \int_0^1 \rho^4 \sin\varphi d\rho$　　　　　　D. $\int_0^{2\pi} d\theta \int_0^{\pi} d\varphi \int_0^1 \rho^4 \sin\theta d\rho$

5. 由曲面 $z = \sqrt{4-x^2-y^2}$ 和 $z=0$ 及柱面 $x^2+y^2=1$ 所围的体积是(　　).

A. $\int_0^{2\pi} d\theta \int_0^2 r\sqrt{4-r^2}dr$　　　　　　B. $4\int_{-\frac{\pi}{2}}^{\frac{\pi}{2}} d\theta \int_0^2 r\sqrt{4-r^2}dr$

C. $\int_0^{2\pi} d\theta \int_0^1 \sqrt{4-r^2}dr$　　　　　　D. $4\int_0^{\frac{\pi}{2}} d\theta \int_0^1 r\sqrt{4-r^2}dr$

6. 设 $f(x)$ 为连续函数, $F(t) = \int_1^t dy \int_y^t f(x)dx$, 则 $F'(3) = ($　　$)$.

A. $2f(3)$　　　　　B. $f(3)$　　　　　C. $-f(3)$　　　　　D. 0

二、填空题(每题 3 分, 共 18 分)

1. 已知积分区域 $D = \left\{(x,y)\big| x^2+y^2 \leqslant R^2\right\}$, 根据二重积分的几何意义可以得出 $\iint\limits_{D} \sqrt{R^2-x^2-y^2}dxdy = $_____.

2. 已知 $I = \iint\limits_{D} \sin^2 x \sin^2 y d\sigma$, 其中 $D = \{(x,y)|0 \leqslant x \leqslant \pi, 0 \leqslant y \leqslant \pi\}$, 利用二重积分的性质估计 I 值的范围为_____.

3. 以 $f(x,y)$ 为面密度的平面薄片 D 的质量可表示为_____.

4. 二重积分 $\iint\limits_{D} f(x,y)dxdy$ 化成极坐标形式的二次积分为_____, 其中积分区域为 $D: a^2 \leqslant x^2+y^2 \leqslant b^2$.

5. 已知积分区域 $D = \left\{(x,y)\big\| x| \leqslant 1, |y| \leqslant 1\right\}$, 二重积分 $\iint\limits_{D} f(x,y)dxdy$ 在直角坐标系下化为二次积分的结果是_____.

6. 设 D 是平面 xOy 内一薄板所在的有界闭区域, 其面密度 $\rho = \rho(x,y)$ 为连续函数, 则此薄板重心 $G(x,y)$ 可以用二重积分表示为_____.

三、计算题(每小题 6 分, 共 42 分)

1. 计算: $\iint\limits_{D}(x^2-y^2)\mathrm{d}\sigma$, 其 D 为闭区域: $0\leqslant y\leqslant\sin x$, $0\leqslant x\leqslant\pi$.

2. 利用极坐标计算 $\iint\limits_{D}\mathrm{e}^{-x^2-y^2}\mathrm{d}x\mathrm{d}y$, 其中 D 是由中心在原点、半径为 a 的圆周所围成的闭区域.

3. 计算三重积分 $\iiint\limits_{\Omega}(x^2+y^2+z^2)\mathrm{d}x\mathrm{d}y\mathrm{d}z$, 其中

$$\Omega:0\leqslant x\leqslant 1,0\leqslant y\leqslant 1,0\leqslant z\leqslant 1.$$

4. 计算: $\iint\limits_{D}|x^2+y^2-2|\mathrm{d}\sigma$, 其中 D: $x^2+y^2\leqslant 3$.

5. 计算 $\iiint\limits_{\Omega}(x^2+y^2)\mathrm{d}x\mathrm{d}y\mathrm{d}z$, 其中 Ω 是曲面 $x^2+y^2=2z,z=2$ 围成.

6. 求 $\iint\limits_{D}\dfrac{x}{y^2}\mathrm{d}x\mathrm{d}y$, 其中 D 为 $xy=1,y=x$ 及 $x=2$ 所围成的区域.

7. 作出积分区域图形并交换下列二次积分的次序:

$$\int_0^1\mathrm{d}y\int_0^{2y}f(x,y)\mathrm{d}x+\int_1^3\mathrm{d}y\int_0^{3-y}f(x,y)\mathrm{d}x.$$

四、应用题(每小题 8 分, 共 16 分)

1. 求抛物面 $z=x^2+y^2$ 在平面 $z=1$ 下面的面积.

2. 求由曲线 $ay=x^2,x+y=2a(a>0)$ 围成的均匀薄板的质心.

五、证明(6 分)

$$\int_a^b\mathrm{d}x\int_a^xf(y)\mathrm{d}y=\int_a^bf(y)(b-y)\mathrm{d}y.$$

测 试 题 B

一、选择题(每小题 3 分, 共 18 分)

1. 设 D 是 $(x-2)^2+(y-2)^2\leqslant 2$,

$$I_1=\iint\limits_{D}(x+y)^4\mathrm{d}\sigma,\quad I_2=\iint\limits_{D}(x+y)\mathrm{d}\sigma,\quad I_3=\iint\limits_{D}(x+y)^2\mathrm{d}\sigma,$$

则 I_1,I_2,I_3 之间的大小顺序为(   ).

A. $I_1<I_2<I_3$ \qquad\qquad B. $I_3<I_2<I_1$

C. $I_2<I_3<I_1$ \qquad\qquad D. $I_3<I_1<I_2$

2. 二次积分 $\int_0^1\mathrm{d}x\int_x^{\sqrt{x}}f(x,y)\mathrm{d}y$ 改变积分次序后得到(   ).

A. $\int_0^1 \mathrm{d}y \int_y^{\sqrt{y}} f(x,y)\mathrm{d}x$　　　　　　　　B. $\int_0^1 \mathrm{d}y \int_y^{y^2} f(x,y)\mathrm{d}x$

C. $\int_0^1 \mathrm{d}y \int_{y^2}^y f(x,y)\mathrm{d}x$　　　　　　　　D. $\int_0^1 \mathrm{d}y \int_{\sqrt{y}}^y f(x,y)\mathrm{d}x$

3. 二重积分 $\iint\limits_{1\leqslant x^2+y^2\leqslant 4} x^2 \mathrm{d}x\mathrm{d}y$ 可表示为二次积分(　　).

A. $\int_0^{2\pi} \mathrm{d}\theta \int_1^2 r^3 \cos^2\theta \mathrm{d}r$　　　　　　　B. $\int_0^{2\pi} r^3 \mathrm{d}r \int_1^2 \cos^2\theta \mathrm{d}\theta$

C. $\int_{-2}^2 \mathrm{d}x \int_{-\sqrt{4-x^2}}^{\sqrt{4-x^2}} x^2 \mathrm{d}y$　　　　　　　D. $\int_{-1}^1 \mathrm{d}y \int_{-\sqrt{1-y^2}}^{\sqrt{1-y^2}} x^2 \mathrm{d}x$

4. 三重积分 $\iiint\limits_{\Omega} f(x,y,z)\mathrm{d}x\mathrm{d}y\mathrm{d}z$, 其中 Ω 是由双曲抛物面 $xy=z$ 及平面 $x+y-1=0, z=0$ 所围成的闭区域, 则此三重积分表示为三次积分(　　).

A. $\int_0^1 \mathrm{d}x \int_0^{1-x} \mathrm{d}y \int_0^{xy} f(x,y,z)\mathrm{d}z$　　　　B. $\int_0^1 \mathrm{d}x \int_0^{1-x^2} \mathrm{d}y \int_0^{xy} f(x,y,z)\mathrm{d}z$

C. $\int_0^1 \mathrm{d}x \int_0^{1-x} \mathrm{d}y \int_{xy}^0 f(x,y,z)\mathrm{d}z$　　　　D. $\int_0^1 \mathrm{d}x \int_{1-x}^0 \mathrm{d}y \int_0^{xy} f(x,y,z)\mathrm{d}z$

5. 由曲面 $x^2+z^2=1$ 和 $x^2+y^2=1$ 所围的体积是(　　).

A. $\int_0^1 \mathrm{d}x \int_0^{\sqrt{1-x^2}} \sqrt{1-x^2}\,\mathrm{d}y$　　　　　B. $2\int_0^1 \mathrm{d}x \int_0^{\sqrt{1-x^2}} \sqrt{1-x^2}\,\mathrm{d}y$

C. $4\int_0^1 \mathrm{d}x \int_0^{\sqrt{1-x^2}} \sqrt{1-x^2}\,\mathrm{d}y$　　　　D. $8\int_0^1 \mathrm{d}x \int_0^{\sqrt{1-x^2}} \sqrt{1-x^2}\,\mathrm{d}y$

6. 由平面 $x=0, y=0, x+y=1$ 所围成的柱体被平面 $z=0$ 及抛物面 $x^2+y^2=6-z$ 所截得的立体体积是(　　).

A. $\int_0^1 \mathrm{d}x \int_0^{\sqrt{1-x}} (6-x^2-y^2)\mathrm{d}y$　　　　B. $\int_0^1 \mathrm{d}x \int_0^{1-x} (6-x^2-y^2)\mathrm{d}y$

C. $\int_0^1 \mathrm{d}x \int_{1-x}^0 (6-x^2-y^2)\mathrm{d}y$　　　　D. $\int_0^1 \mathrm{d}x \int_0^{\sqrt{1-x^2}} (6-x^2-y^2)\mathrm{d}y$

二、填空题(每题 3 分, 共 18 分)

1. 若 D 是以 $(0,0), (1,0), (0,1)$ 为顶点的三角形区域, 则由二重积分的几何意义知 $\iint\limits_{D} (1-x-y)\mathrm{d}\sigma$ 的值等于_____.

2. 已知 $f(x,y)$ 是连续函数, 则 $\lim\limits_{\rho\to 0} \dfrac{1}{\rho^2} \iint\limits_{x^2+y^2\leqslant\rho^2} f(x,y)\mathrm{d}x\mathrm{d}y =$_____.

3. 化简: $\int_0^1 \mathrm{d}y \int_{-\sqrt{1-y}}^{\sqrt{1-y}} f(x,y)\mathrm{d}x + \int_{-1}^0 \mathrm{d}y \int_{-\sqrt{1-y^2}}^{\sqrt{1-y^2}} f(x,y)\mathrm{d}x =$_____.

4. 已知积分区域 $D = \{(x,y) \| x | \leqslant a, | y | \leqslant b\}$，二重积分 $\iint\limits_{D} f(x,y)\mathrm{d}x\mathrm{d}y$ 在直角坐标系下化为二次积分的结果是_____.

5. 设某物体所占有的空间闭区域为 Ω，密度是连续函数 $\rho(x,y,z)$，则该物体的质量用三重积分表示为_____.

6. 设曲面 S 的方程为 $z = f(x,y)$，D 是 S 在 xOy 面上的投影区域，函数 $f(x,y)$ 在 D 上具有连续偏导数 $f_x(x,y)$ 和 $f_y(x,y)$，用重积分计算 S 的面积公式为_____.

三、计算题(每小题 6 分, 共 42 分)

1. 计算 $\iint\limits_{D}(x^2 + y^2 - x)\mathrm{d}\sigma$，其中 D 是由直线 $y = 2$，$y = x$ 及 $y = 2x$ 轴所围成的闭区域.

2. 计算 $\iint\limits_{\pi^2 \leqslant x^2 + y^2 \leqslant 4\pi^2} \sin\sqrt{x^2 + y^2}\mathrm{d}x\mathrm{d}y$.

3. 计算三重积分 $\iiint\limits_{\Omega} \dfrac{\mathrm{d}x\mathrm{d}y\mathrm{d}z}{(1 + x + y + z)^3}$，其中 Ω 是由三个坐标面及平面 $x + y + z = 1$ 所围成的区域.

4. 利用极坐标计算 $\int_0^{2a}\mathrm{d}x\int_0^{\sqrt{2ax - x^2}}(x^2 + y^2)\mathrm{d}y$.

5. 计算：$I = \iiint\limits_{\Omega}(x^2 + y^2)\mathrm{d}x\mathrm{d}y\mathrm{d}z$，其中 Ω 是曲线 $y^2 = 2z$，$x = 0$ 绕 Oz 轴旋转一周而成的曲面与两平面 $z = 0, z = 8$ 所围的立体.

6. 利用极坐标计算 $\iint\limits_{D}\arctan\dfrac{y}{x}\mathrm{d}x\mathrm{d}y$，$D$ 为圆：$x^2 + y^2 = 4, x^2 + y^2 = 1$ 及直线 $y = x, y = 0$ 所围成的在第一象限的区域.

7. 计算 $\iiint\limits_{\Omega}xyz\mathrm{d}x\mathrm{d}y\mathrm{d}z$，其中 Ω 是由曲面 $x^2 + y^2 + z^2 = 1$，$x \geqslant 0, y \geqslant 0, z \geqslant 0$ 围成.

四、应用题(每小题 8 分, 共 16 分)

1. 求球面 $x^2 + y^2 + z^2 = a^2$ 含在圆柱面 $x^2 + y^2 = ax$ 内部的那部分面积.

2. 设有一等腰三角形薄片，腰长为 a，各点处的面密度等于该点到直角顶点的平方，求这薄片的重心.

3. 求两曲面 $z = 6 - x^2 - y^2$ 与 $z = \sqrt{x^2 + y^2}$ 所围成的体积

五、证明(6 分)

设 $f(u)$ 连续，试证：$\iint\limits_{x+y\leqslant 1} f(x + y)\mathrm{d}x\mathrm{d}y = \int_{-1}^{1} f(u)\mathrm{d}u$.

第 9 章　曲线积分与曲面积分

二重积分、三重积分解决了求几何体的体积、曲面的面积, 以及密度不均匀物体的质量、质心、转动惯量和物体之间的引力等一系列实际问题. 那么, 密度不均匀的曲线构件的质量、变力沿曲线做功、密度不均匀的曲面质量、流体通过曲面的流量等一些实际计算问题如何解决呢? 本章我们将利用曲线积分和曲面积分解决这些问题.

9.1　对弧长的曲线积分

为了解决密度不均匀的曲线形构件的质量的计算问题, 我们引入了第一类曲线积分(对弧长的曲线积分).

一、对弧长的曲线积分的概念与性质

1. 引例　平面曲线形构件的质量

设非均匀平面曲线形构件在坐标系中为曲线弧 L, 其线密度 $\mu = \mu(x,y)$ 在 L 上连续, 求 L 的质量. 当 μ 为常数, 即质量均匀分布时, 则构件的质量 $M = \mu s, s$ 表示曲线弧 L 的弧长. 质量非均匀分布时曲线形构件的质量如何计算呢? 我们还是利用前面多次使用的分割、作和、取极限的方法来计算.

在 L 上任取 $n-1$ 个点 $M_1, M_2, \cdots, M_{n-1}$, 它们与 L 的端点一起将曲线弧 L 分割为 n 个小弧段(图 9.1.1): $\Delta s_1, \Delta s_2, \cdots, \Delta s_n$, 其中 Δs_i 既表示第 i 个小弧段, 同时也表示其长度; 在第 i $(i=1,2,\cdots,n)$ 个小弧段上任取一点 $(\xi_i,\eta_i) \in \Delta s_i$, 当 Δs_i 很小时, Δs_i 的线密度可用 $\mu(\xi_i,\eta_i)$ 近似表示. 于是第 i 个小弧段的质量 ΔM_i 可近似表示为

$$\Delta M_i \approx \mu(\xi_i,\eta_i)\Delta s_i \quad (i=1,2,\cdots,n).$$

这样整个曲线形构件的质量 M 可近似表示为

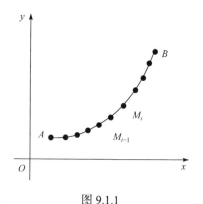

图 9.1.1

$$M = \sum_{i=1}^{n} \Delta M_i \approx \sum_{i=1}^{n} \mu(\xi_i, \eta_i) \Delta s_i.$$

记 $\lambda = \max_{1 \leqslant i \leqslant n} \{\Delta s_i\}$. 为了计算 M 的精确值, 上式右端之和令 $\lambda \to 0$ 取极限, 若极限存在, 求得 M:

$$M = \lim_{\lambda \to 0} \sum_{i=1}^{n} \mu(\xi_i, \eta_i) \Delta s_i.$$

把上面的和式极限抽象出来, 就得到对弧长的曲线积分概念.

2. 对弧长的曲线积分的定义

定义　设 L 为 xOy 面内的一条光滑曲线弧, A, B 是 L 的两个端点, 函数 $f(x, y)$ 在 L 上有界. 用点 $A = M_0, M_1, M_2, \cdots, M_{n-1}, M_n = B$ 把曲线弧 L 分割为 n 个小弧段. 设第 i 个小弧段的长度为 Δs_i $(i = 1, 2, \cdots, n)$, 记 $\lambda = \max_{1 \leqslant i \leqslant n} \{\Delta s_i\}$. 在第 i $(i = 1, 2, \cdots, n)$ 个小弧段上任取一点 $(\xi_i, \eta_i) \in \Delta s_i$, 作乘积 $f(\xi_i, \eta_i) \Delta s_i$ $(i = 1, 2, \cdots, n)$, 并作和 $\sum_{i=1}^{n} f(\xi_i, \eta_i) \Delta s_i$. 当 $\lambda \to 0$ 时, 若极限 $\lim_{\lambda \to 0} \sum_{i=1}^{n} f(\xi_i, \eta_i) \Delta s_i$ 存在, 且该极限与对弧段的分法及点 (ξ_i, η_i) 的取法均无关, 则称此极限为函数 $f(x, y)$ 在曲线 L 上对弧长的曲线积分或第一类曲线积分, 记作 $\int_L f(x, y) \mathrm{d}s$, 即

$$\int_L f(x, y) \mathrm{d}s = \lim_{\lambda \to 0} \sum_{i=1}^{n} f(\xi_i, \eta_i) \Delta s_i,$$

其中 $f(x, y)$ 称为被积函数, L 称为积分弧段(积分路径), $\mathrm{d}s$ 称为弧微分.

如果 L 是闭曲线, 那么函数 $f(x, y)$ 沿曲线 L 对弧长的曲线积分记为

$$\oint_L f(x, y) \mathrm{d}s.$$

把上述定义推广到空间曲线弧 Γ 上, 就得到函数 $f(x, y, z)$ 沿空间曲线弧 Γ 的第一类曲线积分

$$\int_\Gamma f(x, y, z) \mathrm{d}s = \lim_{\lambda \to 0} \sum_{i=1}^{n} f(\xi_i, \eta_i, \zeta_i) \Delta s_i.$$

根据曲线积分的定义, 引例中曲线形构件的质量就是线密度函数 $\mu(x, y)$ 沿曲线弧 L 的第一类曲线积分 $M = \int_L \mu(x, y) \mathrm{d}s$.

3. 对弧长的曲线积分的性质

由对弧长的曲线积分的定义, 可得以下性质(以平面曲线为例).

性质 1　设 α,β 为常数, L 为 xOy 面内的一条光滑曲线弧, $f(x,y),g(x,y)$ 在 L 上可积, 则

$$\int_L [\alpha f(x,y) + \beta g(x,y)]\mathrm{d}s = \alpha \int_L f(x,y)\mathrm{d}s + \beta \int_L g(x,y)\mathrm{d}s .$$

性质 2　若曲线弧 L 是由分段光滑的 n 段曲线弧 $L_1, L_2, \cdots, L_n$ 组成, 函数 $f(x,y)$ 沿每一弧段积分存在, 则

$$\int_L f(x,y)\mathrm{d}s = \sum_{i=1}^n \int_{L_i} f(x,y)\mathrm{d}s .$$

性质 3　设 L 为 xOy 面内的一条光滑曲线弧, $f(x,y)$, $g(x,y)$ 在 L 上可积, 且在 L 上 $f(x,y) \leqslant g(x,y)$, 则

$$\int_L f(x,y)\mathrm{d}s \leqslant \int_L g(x,y)\mathrm{d}s .$$

特别地, 有

$$\left| \int_L f(x,y)\mathrm{d}s \right| \leqslant \int_L |f(x,y)|\mathrm{d}s .$$

函数 $f(x,y,z)$ 沿空间曲线弧 Γ 对弧长的曲线积分有类似的性质, 请读者自行给出.

二、对弧长的曲线积分的计算

根据对弧长曲线积分的定义, 如果曲线形构件 L 的线密度为 $f(x,y)$, 则曲线形构件 L 的质量为 $\int_L f(x,y)\mathrm{d}s$.

若曲线 L 的参数方程为

$$x = x(t), \quad y = y(t), \quad \alpha \leqslant t \leqslant \beta ,$$

则质量元素为

$$f(x,y)\mathrm{d}s = f[x(t), y(t)]\sqrt{x'^2(t) + y'^2(t)}\,\mathrm{d}t ,$$

曲线形构件 L 的质量为

$$\int_\alpha^\beta f[x(t), y(t)]\sqrt{x'^2(t) + y'^2(t)}\,\mathrm{d}t .$$

因此

$$\int_L f(x,y)\mathrm{d}s = \int_\alpha^\beta f[x(t), y(t)]\sqrt{x'^2(t) + y'^2(t)}\,\mathrm{d}t .$$

定理　设函数 $f(x,y)$ 在曲线弧 L 上有定义且连续, L 的参数方程为

$$\begin{cases} x = x(t), \\ y = y(t) \end{cases} (\alpha \leqslant t \leqslant \beta),$$

其中 $x(t)$, $y(t)$ 在 $[\alpha,\beta]$ 上的导数连续且不同时为零, 则曲线积分 $\int_L f(x,y)\mathrm{d}s$ 存在, 且

$$\int_L f(x,y)\mathrm{d}s = \int_\alpha^\beta f[x(t),y(t)]\sqrt{x'^2(t)+y'^2(t)}\mathrm{d}t \quad (\alpha < \beta). \tag{9.1}$$

公式(9.1)推广到空间曲线弧 Γ 由参数方程

$$x = x(t), \quad y = y(t), \quad z = z(t) \quad (\alpha \leqslant t \leqslant \beta)$$

表示的情形:

$$\int_\Gamma f(x,y,z)\mathrm{d}s = \int_\alpha^\beta f[x(t),y(t),z(t)]\sqrt{x'^2(t)+y'^2(t)+z'^2(t)}\mathrm{d}t, \tag{9.2}$$

这里 $x'(t)$, $y'(t)$, $z'(t)$ 连续且不同时为零.

该定理告诉我们, 对弧长的曲线积分的计算可归结为定积分的计算. 计算对弧长的曲线积分时, 只要将被积表达式中的 $x,y,\mathrm{d}s$ 依次换为 $x(t),y(t)$, $\sqrt{x'^2(t)+y'^2(t)}\mathrm{d}t$, 然后以 α 和 β $(\alpha < \beta)$ 作为下上限进行定积分计算即可.

特别地, 如果平面曲线弧 L 是 $y = y(x)$, $a \leqslant x \leqslant b$, 且 $y'(x)$ 在 $[a,b]$ 上连续, 则

$$\int_L f(x,y)\mathrm{d}s = \int_a^b f(x,y(x))\sqrt{1+y'^2(x)}\mathrm{d}x. \tag{9.3}$$

如果曲线 L 的方程为 $x = x(y), c \leqslant y \leqslant d$, 则

$$\int_L f(x,y)\mathrm{d}s = \int_c^d f[x(y),y]\sqrt{1+x'^2(y)}\mathrm{d}y. \tag{9.4}$$

如果曲线 L 的方程为 $r = r(\theta), \alpha \leqslant \theta \leqslant \beta$, 则

$$\int_L f(x,y)\mathrm{d}s = \int_\alpha^\beta f(r\cos\theta, r\sin\theta)\sqrt{r^2(\theta)+r'^2(\theta)}\mathrm{d}\theta. \tag{9.5}$$

例 1　计算曲线积分 $\int_L \sqrt{y}\mathrm{d}s$, 其中 L 是抛物线 $y = x^2$ 上介于 $(0,0)$, $(1,1)$ 之间的一段弧(图 9.1.2).

分析　选择适当的参数很重要, 本题的参数选 x 为好.

解　因为 L: $y = x^2$, $0 \leqslant x \leqslant 1$,

$$\mathrm{d}s = \sqrt{1+(y')^2}\mathrm{d}x = \sqrt{1+4x^2}\mathrm{d}x,$$

所以

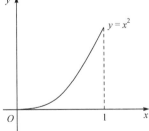

图 9.1.2

$$\int_L \sqrt{y}\,\mathrm{d}s = \int_0^1 x\sqrt{1+4x^2}\,\mathrm{d}x = \frac{1}{8}\cdot\frac{2}{3}(1+4x^2)^{\frac{3}{2}}\Big|_0^1 = \frac{1}{12}(5\sqrt{5}-1).$$

例2　计算曲线积分 $\displaystyle\int_\Gamma xyz\,\mathrm{d}s, \Gamma$ 为连接 $A(1,0,2)$ 与 $B(2,1,-1)$ 的直线段.

解　直线段 Γ 的参数方程为 $x=1+t, y=t, z=2-3t\,(0\leqslant t\leqslant 1)$，又

$$\mathrm{d}s = \sqrt{x'^2(t)+y'^2(t)+z'^2(t)}\,\mathrm{d}t = \sqrt{1^2+1^2+(-3)^2}\,\mathrm{d}t = \sqrt{11}\,\mathrm{d}t,$$

所以

$$\int_\Gamma xyz\,\mathrm{d}s = \int_0^1 (1+t)\cdot t\cdot(2-3t)\cdot\sqrt{11}\,\mathrm{d}t = \sqrt{11}\int_0^1 (-3t^3-t^2+2t)\cdot\mathrm{d}t = -\frac{1}{12}\sqrt{11}.$$

例3　计算曲线积分 $\displaystyle\oint_L \sqrt{x^2+y^2}\,\mathrm{d}s, L$ 为圆周： $x^2+y^2 = ax(a>0)$ (图 9.1.3).

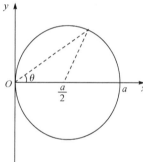

图 9.1.3

分析　此题如果直接把直角坐标 x (或 y)作为参数，计算将比较困难. 我们可选择其他参数试试.

解法一　圆周的极坐标方程为 $r=a\cos\theta$，坐标变换公式为 $\begin{cases} x=r\cos\theta, \\ y=r\sin\theta, \end{cases}$ 所以参数方程为

$$\begin{cases} x=a\cos^2\theta, \\ y=a\cos\theta\sin\theta, \end{cases} \quad -\frac{\pi}{2}\leqslant\theta\leqslant\frac{\pi}{2},$$

又

$$\mathrm{d}s = \sqrt{(x'^2(\theta)+y'^2(\theta))}\,\mathrm{d}\theta = \sqrt{(-2a\cos\theta\sin\theta)^2+(a\cos 2\theta)^2}\,\mathrm{d}\theta = a\,\mathrm{d}\theta.$$

所以

$$\oint_L \sqrt{x^2+y^2}\,\mathrm{d}s = \int_{-\frac{\pi}{2}}^{\frac{\pi}{2}} \sqrt{a^2\cos^2\theta}\cdot a\,\mathrm{d}\theta = 2a^2\int_0^{\frac{\pi}{2}}\cos\theta\,\mathrm{d}\theta = 2a^2.$$

解法二　因为圆周的方程可化为 $\left(x-\dfrac{a}{2}\right)^2+y^2 = \dfrac{a^2}{4}$，所以选择参数为 t，则 L:

$$\begin{cases} x=\dfrac{a}{2}+\dfrac{a}{2}\cos t, \\ y=\dfrac{a}{2}\sin t, \end{cases} \quad 0\leqslant t\leqslant 2\pi,$$

又

$$ds = \sqrt{(x')^2 + (y')^2}\,dt = \frac{a}{2}dt,$$

$$\sqrt{x^2 + y^2} = \sqrt{\frac{a^2}{4}(1+\cos t)^2 + \frac{a^2}{4}\sin^2 t} = a\left|\cos\frac{t}{2}\right|.$$

所以

$$\oint_L \sqrt{x^2+y^2}\,ds = \int_0^{2\pi} a\left|\cos\frac{t}{2}\right|\cdot\frac{a}{2}dt = a^2\int_0^{\pi}|\cos u|\,du = 2a^2\int_0^{\frac{\pi}{2}}\cos u\,du = 2a^2.$$

比较上面两种参数方程的选择, 解法二计算更简便. 所以, 选择适当的参数方程, 对简化计算很重要.

例 4 求曲线积分 $\oint_{\Gamma}(x^2+y^2+z^2)\,ds$, 其中 Γ: $\begin{cases} x^2+y^2+z^2=R^2, \\ x+y+z=0. \end{cases}$

分析 在曲线积分的计算中, 有时直接将曲线的方程代入被积函数中, 可以将积分转化为很简单的形式, 避免复杂的计算.

解 因为曲线 Γ 在球面 $x^2+y^2+z^2=R^2$ 上, 故曲线上的点 (x,y,z) 总满足 $x^2+y^2+z^2=R^2$, 又 Γ 所在的平面 $x+y+z=0$ 经过球心, 从而

$$\oint_{\Gamma}(x^2+y^2+z^2)\,ds = \oint_{\Gamma}R^2\,ds = 2\pi R^3.$$

例 5 求 $I = \int_{\Gamma}x^2\,ds$, 其中 Γ 为球面 $x^2+y^2+z^2=a^2$ 被平面 $x+y+z=0$ 所截得的圆周.

解 由对称性, 知 $\int_{\Gamma}x^2\,ds = \int_{\Gamma}y^2\,ds = \int_{\Gamma}z^2\,ds$, 所以

$$I = \frac{1}{3}\int_{\Gamma}(x^2+y^2+z^2)\,ds = \frac{1}{3}\int_{\Gamma}a^2\,ds = \frac{a^2}{3}\int_{\Gamma}ds = \frac{2\pi a^3}{3},$$

其中 $\int_{\Gamma}ds = 2\pi a$ 为球面的大圆周长.

问题讨论

1. 由定积分定义可知 $\int_a^b dx = b-a$, 由第一类曲线积分的定义, $\int_L ds = ?$ 你能否给出一个直观解释?

2. 对弧长的曲线积分化为定积分时, 下限可否大于上限? 为什么?

3. 选用不同的坐标系(或参数)计算, 弧微分 ds 的表达式是否一致? 举例说明. 若曲线 $L: x=x(y)(c \leqslant y \leqslant d)$, 其弧微分 $ds = ?$

4. 定积分能否看作第一类曲线积分的特例?

小结

本节给出了第一类曲线积分的定义、性质与计算方法, 并通过若干例子给出了不同参数方程表示的曲线的第一类曲线积分计算方法与计算技巧.

习 题 9.1

1. 计算曲线积分 $I = \int_L (x^2 + y^2) \mathrm{d}s$, 其中 L 是中心在 $(R,0)$、半径为 R 的上半圆周.

2. 计算半径为 R、中心角为 2α 的圆弧 L 对于它的对称轴的转动惯量 I (设线密度 $\rho = 1$).

3. 计算 $\int_L y \mathrm{d}s$, 其中积分弧段 L 是由折线 OAB 组成, 而 A 为 $(1,0)$, B 为 $(1,2)$.

4. $I = \int_L x \mathrm{d}s$, 其中 L 是圆 $x^2 + y^2 = 1$ 中 $A(0,1)$ 到 $B\left(\dfrac{1}{\sqrt{2}}, -\dfrac{1}{\sqrt{2}}\right)$ 之间的一段劣弧.

5. $\oint_L (x + y + 1) \mathrm{d}s$, 其中 L 是顶点为 $O(0,0), A(1,0)$ 及 $B(0,1)$ 所成三角形的边界.

6. $\int_L x^2 yz \mathrm{d}s$, 其中 L 为折线段 $ABCD$, 这里 A 为 $(0,0,0)$, B 为 $(0,0,2)$, C 为 $(1,0,2)$, D 为 $(1,2,3)$.

7. 设一段曲线 $y = \ln x (0 < a \leqslant x \leqslant b)$ 上任一点处的线密度的大小等于该点横坐标的平方, 求其质量.

9.2 对坐标的曲线积分

第一类曲线积分(对弧长的曲线积分)解决了求密度不均匀曲线形构件的质量、质心等问题. 这类问题不需要考虑曲线的方向, 但求变力沿曲线做功这类问题与曲线方向有关, 本节将通过第二类曲线积分(对坐标的曲线积分)的研究解决这类问题.

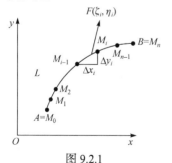

图 9.2.1

一、对坐标的曲线积分的概念与性质

引例 变力沿曲线的做功问题

在 xOy 平面内, 设一个质点在一变力

$$\boldsymbol{F} = P(x,y)\boldsymbol{i} + Q(x,y)\boldsymbol{j}$$

的作用下, 沿光滑曲线弧 L 由 A 点运动到 B 点(图 9.2.1), 其中 $P(x,y), Q(x,y)$ 在有向曲线弧 $L = AB$ 上连续, 求此过程中变力 $\boldsymbol{F}$ 所做的功.

如果 F 是一个常力, 作用于质点, 使之沿直线从 A 点运动到 B 点, 设 F 与位移方向 s 的夹角为 θ, 记 $|F|=F$, $|s|=s$, 则常力 F 沿直线所做的功为

$$W = F \cdot s = Fs\cos\theta.$$

对于变力沿曲线做功, 我们也可用分割、作和、取极限的积分法, 用常力代替变力、用有向直线段代替有向弧段得近似和, 再取极限得到功的精确值.

在 L 上沿 L 的方向插入 $n-1$ 个分点 M_1, M_2,$\cdots$, M_{n-1}, 将曲线弧 L 分割为 n 个有向小弧段(图 9.2.1): $M_{i-1}M_i$ $(i=1,2,\cdots,n, \ M_0 = A, M_n = B)$, 其长为 Δs_i. 当 Δs_i 很小时, 有向小弧段 $M_{i-1}M_i$ 可近似地用有向线段

$$\overrightarrow{M_{i-1}M_i} = (\Delta x_i)\boldsymbol{i} + (\Delta y_i)\boldsymbol{j}$$

来代替, 其中 $\Delta x_i = x_i - x_{i-1}$, $\Delta y_i = y_i - y_{i-1}$; 因为 $P(x,y), Q(x,y)$ 在 L 上连续, 所以可用有向小弧段 $M_{i-1}M_i$ 上任一点 (ξ_i, η_i) 处的力

$$\boldsymbol{F}(\xi_i, \eta_i) = P(\xi_i, \eta_i)\boldsymbol{i} + Q(\xi_i, \eta_i)\boldsymbol{j}$$

近似代替该小弧段上各点处的力. 这样, 变力 $F(x,y)$ 在有向小弧段 $M_{i-1}M_i$ 上所做的功 ΔW_i 可以近似地等于常力 $F(\xi_i, \eta_i)$ 沿有向线段 $\overrightarrow{M_{i-1}M_i}$ 所做的功

$$\Delta W_i \approx \boldsymbol{F}(\xi_i, \eta_i) \cdot \overrightarrow{M_{i-1}M_i}, \quad \text{即 } \Delta W_i \approx P(\xi_i, \eta_i)\Delta x_i + Q(\xi_i, \eta_i)\Delta y_i.$$

于是, F 在整个曲线弧 L 上所做的功的近似值为

$$W = \sum_{i=1}^n \Delta W_i \approx \sum_{i=1}^n [P(\xi_i, \eta_i)\Delta x_i + Q(\xi_i, \eta_i)\Delta y_i].$$

记 $\lambda = \max_{1 \leqslant i \leqslant n}\{\Delta s_i\}$. 上述和式对 $\lambda \to 0$ 取极限, 其极限值即可看成变力 $F(x,y)$ 沿有向线段弧 L 所做的功, 即

$$W = \lim_{\lambda \to 0} \sum_{i=1}^n [P(\xi_i, \eta_i)\Delta x_i + Q(\xi_i, \eta_i)\Delta y_i].$$

把上述过程一般化, 可引入对坐标的曲线积分的定义.

定义　设 L 是 xOy 平面上从点 A 到点 B 的一条有向光滑曲线弧, 函数 $P(x,y)$, $Q(x,y)$ 在 L 上有界. 在 L 上沿 L 的方向任意插入 $n-1$ 个分点 $M_1(x_1, y_1)$, $M_2(x_2, y_2)$, $\cdots$, $M_{n-1}(x_{n-1}, y_{n-1})$, 将曲线弧 L 分成 n 个有向小弧段 $M_{i-1}M_i$ $(i=1,2,\cdots,n, \ M_0 = A, M_n = B)$. 第 i 个小弧段 $M_{i-1}M_i$ 的长记为 Δs_i, 在第 i 个小弧段 $M_{i-1}M_i$ 上任取一点 (ξ_i, η_i), 弦 $M_{i-1}M_i$ 在 x 轴和 y 轴上的投影分别为 $\Delta x_i = x_i - x_{i-1}$, $\Delta y_i = y_i - y_{i-1}$, 作和

$$\sum_{i=1}^n [P(\xi_i, \eta_i)\Delta x_i + Q(\xi_i, \eta_i)\Delta y_i],$$

记 $\lambda = \max\limits_{1 \leqslant i \leqslant n}\{\Delta s_i\}$. 当 $\lambda \to 0$ 时，若极限 $\lim\limits_{\lambda \to 0}\sum\limits_{i=1}^{n}[P(\xi_i,\eta_i)\Delta x_i + Q(\xi_i,\eta_i)\Delta y_i]$ 存在，且此

极限与 L 的分法及点 (ξ_i,η_i) 的取法均无关，则称此极限为函数 $P(x,y)$，$Q(x,y)$ 沿

曲线 L 从点 A 到点 B 对坐标的曲线积分或第二类曲线积分，记作

$$\int_L P(x,y)\mathrm{d}x + Q(x,y)\mathrm{d}y ,$$

即

$$\int_L P(x,y)\mathrm{d}x + Q(x,y)\mathrm{d}y = \lim_{\lambda \to 0}\sum_{i=1}^{n}[P(\xi_i,\eta_i)\Delta x_i + Q(\xi_i,\eta_i)\Delta y_i],$$

其中 $P(x,y)$，$Q(x,y)$ 称为被积函数，L 称为积分路径，$\mathrm{d}x,\mathrm{d}y$ 分别称为对坐标 x,y 的微分.

特别，$\displaystyle\int_L P(x,y)\mathrm{d}x$ 称为函数 $P(x,y)$ 在有向曲线弧 L 上**对坐标 x 的曲线积分**，

$\displaystyle\int_L Q(x,y)\mathrm{d}y$ 称为函数 $Q(x,y)$ 在有向曲线弧 L 上**对坐标 y 的曲线积分**. 应用中常

遇到的是这两个积分的和，简记为

$$\int_L P(x,y)\mathrm{d}x + Q(x,y)\mathrm{d}y \equiv \int_L P(x,y)\mathrm{d}x + \int_L Q(x,y)\mathrm{d}y .$$

上面的积分也可写成向量形式 $\displaystyle\int_{AB}\boldsymbol{F}(x,y)\mathrm{d}\boldsymbol{s} = \int_{AB}P(x,y)\mathrm{d}x + Q(x,y)\mathrm{d}y$，其中

弧长元素向量 $\mathrm{d}\boldsymbol{s} = \mathrm{d}x\boldsymbol{i} + \mathrm{d}y\boldsymbol{j}$，其方向就是曲线 $L = AB$ 的方向.

据此定义，变力 $\boldsymbol{F} = P(x,y)\boldsymbol{i} + Q(x,y)\boldsymbol{j}$ 沿光滑曲线弧 L 从点 A 到点 B 对质点

所做的功可写成 $W = \displaystyle\int_L P(x,y)\mathrm{d}x + Q(x,y)\mathrm{d}y$.

上述定义推广到空间有向光滑曲线弧 Γ 的情形有

$$\int_\Gamma P(x,y,z)\mathrm{d}x + Q(x,y,z)\mathrm{d}y + R(x,y,z)\mathrm{d}z = \int_\Gamma P\mathrm{d}x + Q\mathrm{d}y + R\mathrm{d}z$$

或

$$\int_\Gamma \boldsymbol{A}(x,y,z)\mathrm{d}\boldsymbol{r} ,$$

其中 $\boldsymbol{A}(x,y,z) = P(x,y,z)\boldsymbol{i} + Q(x,y,z)\boldsymbol{j} + R(x,y,z)\boldsymbol{k}$，$\mathrm{d}\boldsymbol{r} = \mathrm{d}x\boldsymbol{i} + \mathrm{d}y\boldsymbol{j} + \mathrm{d}z\boldsymbol{k}$.

应用上述定义很容易证明，对坐标的曲线积分有如下性质.

性质 1 设 L 是有向光滑曲线弧，$\displaystyle\int_L F_1(x,y)\mathrm{d}\boldsymbol{s},\int_L F_2(x,y)\mathrm{d}\boldsymbol{s}$ 存在，α,β 为常

数，则

$$\int_L [\alpha F_1(x,y) + \beta F_2(x,y)]\,\mathrm{d}s = \alpha \int_L F_1(x,y)\,\mathrm{d}s + \beta \int_L F_2(x,y)\,\mathrm{d}s .$$

性质 2　若有向光滑曲线弧 L 可分成两段光滑的有向曲线弧 L_1 和 L_2，则

$$\int_L F(x,y)\,\mathrm{d}s = \int_{L_1} F(x,y)\,\mathrm{d}s + \int_{L_2} F(x,y)\,\mathrm{d}s .$$

性质 3　若 L 是有向光滑曲线弧, L^- 是 L 的反向曲线弧, 则

$$\int_L F(x,y)\,\mathrm{d}s = -\int_{L^-} F(x,y)\,\mathrm{d}s .$$

性质 3 表明, 当积分弧段改变方向时, 对坐标的曲线积分要改变符号, 即对坐标的曲线积分与积分弧段的方向有关, 这一点是与对弧长的曲线积分的不同之处.

性质 3 的物理意义很明显, 变力对质点所做的功与沿路径的方向有关, 如若质点沿曲线弧 L 从点 A 运动到点 B 时, 力 $\boldsymbol{F}$ 对质点所做的功为正值, 则质点沿曲线弧 L 从点 B 运动到点 A 时, 力 $\boldsymbol{F}$ 对质点所做的功就为负值.

对于沿空间曲线弧 Γ 的第二类曲线积分的性质, 请读者自行给出.

二、对坐标的曲线积分的计算

定理　设有向曲线弧 L 的参数方程为 $\begin{cases} x = \varphi(t), \\ y = \psi(t), \end{cases}$ 起点参数 $t = \alpha$, 终点参数 $t = \beta$. 当参数 t 单调地从 α 变到 β 时, 点 $M(x,y)$ 从 L 的起点 A 沿 L 运动到终点 B; $\varphi'(t)$, $\psi'(t)$ 在以 α 及 β 为端点的区间上连续且不同时为零, $P(x,y)$, $Q(x,y)$ 在 L 上连续, 则曲线积分 $\displaystyle\int_L P(x,y)\mathrm{d}x + Q(x,y)\mathrm{d}y$ 存在, 且

$$\int_L P(x,y)\mathrm{d}x + Q(x,y)\mathrm{d}y = \int_\alpha^\beta \{P[\varphi(t),\psi(t)]\varphi'(t) + Q[\varphi(t),\psi(t)]\psi'(t)\}\mathrm{d}t . \tag{9.6}$$

简要证明　不妨设 $\alpha \leqslant \beta$.

对应于 t 点与曲线 L 的方向一致的切向量为 $(\varphi'(t), \psi'(t))$, 它与 x 轴的夹角为 τ, 所以 $\cos\tau = \dfrac{\varphi'(t)}{\sqrt{\varphi'^2(t) + \psi'^2(t)}}$, 由元素法, 有 $\mathrm{d}x = \cos\tau\,\mathrm{d}s$, 从而

$$\begin{aligned}
\int_L P(x,y)\mathrm{d}x &= \int_L P(x,y)\cos\tau\,\mathrm{d}s \\
&= \int_\alpha^\beta P[\varphi(t),\psi(t)]\frac{\varphi'(t)}{\sqrt{\varphi'^2(t) + \psi'^2(t)}}\sqrt{\varphi'^2(t) + \psi'^2(t)}\,\mathrm{d}t \\
&= \int_\alpha^\beta P[\varphi(t),\psi(t)]\varphi'(t)\mathrm{d}t .
\end{aligned}$$

同理, 有 $\int_L Q(x,y)\mathrm{d}y = \int_\alpha^\beta Q[\varphi(t),\psi(t)]\psi'(t)\mathrm{d}t$.

需要注意的是: 对坐标的曲线积分化为定积分后, 要根据曲线的方向确定积分限, 起点的参数值对应积分下限 α, 终点的参数值对应积分上限 β. 不必要求 $\alpha < \beta$.

特别地, 如果曲线 L 的方程为 $y = y(x)$, 起点为 a, 终点为 b, 则

$$\int_L P\mathrm{d}x + Q\mathrm{d}y = \int_a^b \{P[x,y(x)] + Q[x,y(x)]y'(x)\}\mathrm{d}x.$$

如果曲线 L 的方程为 $x = x(y)$, 起点为 c, 终点为 d, 则

$$\int_L P\mathrm{d}x + Q\mathrm{d}y = \int_c^d \{P[x(y),y]x'(y) + Q[x(y),y]\}\mathrm{d}y.$$

把公式(9.6)推广到空间有向光滑曲线弧 $\Gamma: x = \varphi(t), y = \psi(t), z = \omega(t)(\alpha \leqslant t \leqslant \beta)$ 的情形, 有

$$\int_\Gamma P(x,y,z)\mathrm{d}x + Q(x,y,z)\mathrm{d}y + R(x,y,z)\mathrm{d}z$$

$$= \int_\alpha^\beta \{P[\varphi(t),\psi(t),\omega(t)]\varphi'(t) + Q[\varphi(t),\psi(t),\omega(t)]\psi'(t)$$

$$+ R[\varphi(t),\psi(t),\omega(t)]\omega'(t)\}\mathrm{d}t. \tag{9.7}$$

这里, 当参数 t 由 α 单调地变到 β 时, 曲线 Γ 上的点 M 从 Γ 的起点 A 沿 Γ 运动到终点 B .

例 1 计算曲线积分 $\int_L xy^3\mathrm{d}x$, 其中 L 为抛物线 $y^2 = x$ 上从点 $A(1,-1)$ 到点 $B(1,1)$ 的一段弧(图 9.2.2).

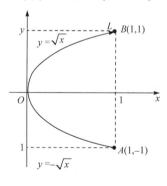

图 9.2.2

解法一 将所给积分化为对 y 的定积分来计算. 由于 L 的方程是 $x = y^2$, 当曲线 L 上的点 M 从 L 的起点 A 沿 L 运动到 L 的终点 B 时. y 从 -1 单调地变到 1, 因此

$$\int_L xy^3\mathrm{d}x = \int_{-1}^1 y^2 \cdot y^3 (2y\mathrm{d}y) = 4\int_0^1 y^6\mathrm{d}y = \frac{4}{7}.$$

解法二 将所给积分化为对 x 的定积分来计算. 由于 $y = \pm\sqrt{x}$ 不是单值函数, 所以要把 L 分为 AO 和 OB 两部分(图 9.2.2). 在 AO 上, $y = -\sqrt{x}$, x 从 1 单调地变到 0; 在 OB 上, $y = \sqrt{x}$, x 从 0 单调地变到 1. 所以

$$\int_L xy^2 dx = \int_{AO} xy^3 dx + \int_{OB} xy^3 dx = \int_1^0 x \cdot (-x^{\frac{3}{2}}) \cdot dx + \int_0^1 x \cdot x^{\frac{3}{2}} \cdot dx = 2\int_0^1 x^{\frac{5}{2}} dx = \frac{4}{7}.$$

注　易见化为对 y 的定积分计算较为简单.

例 2　计算曲线积分 $\oint_L xy dx$, L 是 $(x-a)^2 + y^2 = a^2$ 与 x 轴围成的上半圆域逆时针方向的边界曲线(图 9.2.3).

分析　由于 L 的方程不是由一个单值函数解析式给出的, 所以要把 L 分为 L_1 和 L_2 两部分. 不同部分使用不同的参数方程.

解　在 L_1 上, $y = 0$, x 从 0 单调地变到 $2a$; L_2 的参数方程为

$$\begin{cases} x = 2a\cos^2\theta, \\ y = 2a\cos\theta\sin\theta, \end{cases}$$

θ 从 0 单调地变到 $\frac{\pi}{2}$. 所以

$$\oint_L xy dx = \int_{L_1} xy dx + \int_{L_2} xy dx$$

$$= \int_0^{2a} x \cdot 0 dx + \int_0^{\frac{\pi}{2}} 2a\cos^2\theta \cdot 2a\cos\theta\sin\theta \cdot (-4a\cos\theta\sin\theta d\theta)$$

$$= -16a^3 \int_0^{\frac{\pi}{2}} \cos^4\theta\sin^2\theta d\theta = -16a^3 \int_0^{\frac{\pi}{2}} \cos^4\theta(1 - \cos^2\theta) d\theta$$

$$= -16a^3 \left(\frac{3}{4} \cdot \frac{1}{2} \cdot \frac{\pi}{2} - \frac{5}{6} \cdot \frac{3}{4} \cdot \frac{1}{2} \cdot \frac{\pi}{2} \right) = -\frac{\pi a^2}{2}.$$

例 3　计算 $\int_L y dx + x dy$, 其中 L 如图 9.2.4 所示.

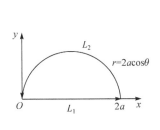

图 9.2.3

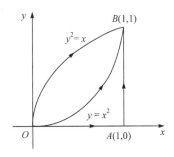

图 9.2.4

(1) 抛物线 $y = x^2$ 上从点 $O(0,0)$ 到点 $B(1,1)$ 的一段弧;

(2) 抛物线 $x = y^2$ 上从点 $O(0,0)$ 到点 $B(1,1)$ 的一段弧;

(3) 有向折线 OAB, 这里 O, A, B 的坐标分别是 $(0,0), (1,0), (1,1)$.

解 (1) L 的方程可看作参数为 x 的参数方程 $\begin{cases} x = x, \\ y = x^2, \end{cases}$ 其中参数 x 从 $x = 0$ 变到 $x = 1$，由对坐标的曲线积分的计算公式，有

$$\int_L y\mathrm{d}x + x\mathrm{d}y = \int_0^1 (x^2 + x \cdot 2x)\mathrm{d}x = 1.$$

(2) L 的方程可看作参数为 y 的参数方程 $\begin{cases} x = y^2, \\ y = y, \end{cases}$ 其中参数 y 从 $y = 0$ 变到 $y = 1$，由对坐标的曲线积分的计算公式，有

$$\int_L y\mathrm{d}x + x\mathrm{d}y = \int_0^1 (y \cdot 2y + y^2)\mathrm{d}y = 1.$$

(3) 在 OA 上，$y = 0$，x 从 0 变到 1，故

$$\int_L y\mathrm{d}x + x\mathrm{d}y = \int_0^1 (0 + x \cdot 0)\mathrm{d}x = 0.$$

在 AB 上，$x = 1$，y 从 0 变到 1，故

$$\int_{AB} y\mathrm{d}x + x\mathrm{d}y = \int_0^1 (y \cdot 0 + 1)\mathrm{d}y = 1,$$

于是

$$\int_L y\mathrm{d}x + x\mathrm{d}y = \int_{OA} y\mathrm{d}x + x\mathrm{d}y + \int_{AB} y\mathrm{d}x + x\mathrm{d}y = 0 + 1 = 1.$$

例 4　计算 $I = \int_L (x^2 - y)\mathrm{d}x + (y^2 + x)\mathrm{d}y$ 的值，其中 L 分别为如下路径：

(1) 从 $A(0,1)$ 到 $C(1,2)$ 的直线；

(2) 从 $A(0,1)$ 到 $B(1,1)$ 再从 $B(1,1)$ 到 $C(1,2)$ 的折线；

(3) 从 $A(0,1)$ 沿抛物线 $y = x^2 + 1$ 到 $C(1,2)$.

解　(1) 连接 $(0,1)$, $(1,2)$ 两点的直线方程为 $y = x + 1$，对应于 L 的方向，x 从 0 变到 1，所以

$$I = \int_L (x^2 - y)\mathrm{d}x + (y^2 + x)\mathrm{d}y$$

$$= \int_0^1 [(x^2 - x - 1) + (x + 1)^2 + x]\mathrm{d}x$$

$$= \int_0^1 (2x^2 + 2x)\mathrm{d}x = \frac{5}{3}.$$

(2) 从 $(0,1)$ 到 $(1,1)$ 的直线为 $y = 1$，x 从 0 变到 1，且 $\mathrm{d}y = 0$；又从 $(1,1)$ 到 $(1,2)$ 的直线为 $x = 1$，y 从 1 变到 2，且 $\mathrm{d}x = 0$，于是

$$I = \int_L (x^2 - y)\mathrm{d}x + (y^2 + x)\mathrm{d}y$$

$$= \int_{AB} (x^2 - y)\mathrm{d}x + (y^2 + x)\mathrm{d}y + \int_{BC} (x^2 - y)\mathrm{d}x + (y^2 + x)\mathrm{d}y$$

$$= \int_0^1 (x^2 - 1)\mathrm{d}x + \int_1^2 (y^2 + 1)\mathrm{d}y$$

$$= -\frac{2}{3} + \frac{10}{3} = \frac{8}{3}.$$

(3) 化为对 x 的定积分, $L: y = x^2 + 1$, x 从 0 变到 1, $\mathrm{d}y = 2x\mathrm{d}x$, 于是

$$I = \int_L (x^2 - y)\mathrm{d}x + (y^2 + x)\mathrm{d}y$$

$$= \int_0^1 \{[x^2 - (x^2 + 1)] + [(x^2 + 1)^2 + x] \cdot 2x\}\mathrm{d}x$$

$$= \int_0^1 (2x^5 + 4^3 + 2x^2 + 2x - 1)\mathrm{d}x = 2.$$

注　本例表明, 即使被积函数相同, 起点和终点也相同, 但沿不同的积分路径的积分结果并不相等. 从例 3 和例 4 可知, 两个曲线积分的被积函数相同, 起点和终点也相同, 沿不同的路径算出的值可以相同, 也可以不相同.

例 5　计算 $\int_\Gamma x\mathrm{d}x + y\mathrm{d}y + (x + y - 1)\mathrm{d}z$, Γ 为点 $A(2,3,4)$ 至点 $B(1,1,1)$ 的空间有向线段.

解　直线 AB 的方程为 $\dfrac{x-1}{1} = \dfrac{y-1}{2} = \dfrac{z-1}{3}$, 改写为参数方程为

$$x = t + 1, \quad y = 2t + 1, \quad z = 3t + 1 \quad (0 \leqslant t \leqslant 1),$$

$t = 1$ 对应着起点 A, $t = 0$ 对应着终点 B, 于是

$$\int_\Gamma x\mathrm{d}x + y\mathrm{d}y + (x + y - 1)\mathrm{d}z$$

$$= \int_1^0 [(t+1) + 2(2t+1) + 3(3t+1)]\mathrm{d}t$$

$$= \int_1^0 (14t + 6)\mathrm{d}t = -13.$$

例 6　设 z 轴的方向与重力方向一致, 求质量为 m 的质点从 $A(x_1, y_1, z_1)$ 沿直线移至 $B(x_2, y_2, z_2)$ 时, 重力所做的功.

分析　变力沿曲线做功是对坐标的曲线积分中最典型的问题, 首先写出变力的向量表达式, 再通过参数方程的选取, 写出变力做功的积分形式.

解　设 $\boldsymbol{F} = P\boldsymbol{i} + Q\boldsymbol{j} + R\boldsymbol{k}$, 则沿直线 AB 所做的功为 $W = \int_{AB} P\mathrm{d}x + Q\mathrm{d}y + R\mathrm{d}z$.

由已知, $\boldsymbol{F} = mg\boldsymbol{k}$, 即 $\boldsymbol{F} = 0\boldsymbol{i} + 0\boldsymbol{j} + mg\boldsymbol{k}$, 直线 AB 的参数方程为

$$\begin{cases} x = x_1 + (x_2 - x_1)t, \\ y = y_1 + (y_2 - y_1)t, \quad t\ \text{从}\ 0\ \text{单调地变到}\ 1. \\ z = z_1 + (z_2 - z_1)t, \end{cases}$$

所以 $W = \displaystyle\int_{AB} P\mathrm{d}x + Q\mathrm{d}y + R\mathrm{d}z = \int_{AB} mg\mathrm{d}z = mg\int_0^1 (z_2 - z_1)\mathrm{d}t = mg(z_2 - z_1)$.

三、两类曲线积分之间的关系

虽然对弧长的曲线积分与对坐标的曲线积分来自不同的物理模型, 且有着不同的特性, 但在一定的条件下, 如在规定了曲线的方向之后, 可以建立它们之间的联系.

设 L 为从 A 到 B 的有向光滑曲线弧, 其全长为 l, 以弧长 s 为参数, 设 L 的参数方程为 $\begin{cases} x = \varphi(s), \\ y = \psi(s), \end{cases} 0 \leqslant s \leqslant l$, 且点 A 与点 B 的坐标分别是 $(\varphi(0),\psi(0))$, $(\varphi(l),\psi(l))$. 曲线弧 L 上每一点的切线方向指向弧长增加的一方.

现以 α,β 分别表示切线方向与 x 轴、y 轴正向的夹角, 则由(9.6)式得

$$\int_L P\mathrm{d}x + Q\mathrm{d}y = \int_0^l \left\{ P[\varphi(s),\psi(s)]\frac{\mathrm{d}x}{\mathrm{d}s} + Q[\varphi(s),\psi(s)]\frac{\mathrm{d}y}{\mathrm{d}s} \right\} \mathrm{d}s$$

$$= \int_0^l \left\{ P[\varphi(s),\psi(s)]\cos\alpha + Q[\varphi(s),\psi(s)]\cos\beta \right\} \mathrm{d}s,$$

这里 $\cos\alpha = \dfrac{\mathrm{d}x}{\mathrm{d}s}$, $\cos\beta = \dfrac{\mathrm{d}y}{\mathrm{d}s}$ 是曲线弧 L 在点 (x,y) 处的切线方向余弦, 这样就得到了两种曲线积分之间的关系:

$$\int_L P(x,y)\mathrm{d}x + Q(x,y)\mathrm{d}y = \int_L [P(x,y)\cos\alpha + Q(x,y)\cos\beta]\mathrm{d}s.$$

同样, 对于空间曲线 Γ 上的曲线积分也有

$$\int_\Gamma P\mathrm{d}x + Q\mathrm{d}y + R\mathrm{d}z = \int_\Gamma (P\cos\alpha + Q\cos\beta + R\cos\gamma)\mathrm{d}s,$$

其中 $\cos\alpha,\cos\beta,\cos\gamma$ 是曲线弧 Γ 在点 (x,y,z) 处的切线的方向余弦.

例 7 把对坐标的曲线积分 $\displaystyle\int_L P(x,y)\mathrm{d}x + Q(x,y)\mathrm{d}y$ 化为对弧长的曲线积分, 其中 L 为: 从点 $(0,0)$ 沿抛物线 $y = x^2$ 到点 $(1,1)$.

解 $L: \begin{cases} x = x, \\ y = x^2, \end{cases} x:0 \to 1$, 由于 $0 < 1$, 故在 (x,y) 处切向量为 $(1,2x)$, 所以

$$\cos\alpha = \frac{1}{\sqrt{1+(2x)^2}} = \frac{1}{\sqrt{1+4x^2}}, \qquad \cos\beta = \frac{2x}{\sqrt{1+(2x)^2}} = \frac{2x}{\sqrt{1+4x^2}},$$

故

$$\int_L P(x,y)\mathrm{d}x + Q(x,y)\mathrm{d}y = \int_L [P(x,y)\cos\alpha + Q(x,y)\cos\beta]\mathrm{d}s$$

$$= \int_L \frac{P(x,y) + 2xQ(x,y)}{\sqrt{1+4x^2}}\mathrm{d}s.$$

问题讨论

1. 定积分可以看成第二类曲线积分的特例吗?

2. 若在 AB 上有 $f(x,y) \geqslant g(x,y)$, 是否有 $\displaystyle\int_{AB} f(x,y)\mathrm{d}x \geqslant \int_{AB} g(x,y)\mathrm{d}x$?

3. 对坐标的曲线积分化为定积分计算时, 应该注意什么?

4. 计算第二类曲线积分时, 沿着不同的路径, 起点、终点相同, 结果是否一样?

5. 设 L 的参数方程为 $\begin{cases} x = \varphi(s), \\ y = \psi(s), \end{cases}$ s 为弧长参数, 则 $\cos\alpha = \dfrac{\mathrm{d}x}{\mathrm{d}s}$, $\cos\beta = \dfrac{\mathrm{d}y}{\mathrm{d}s}$ 是曲线 L 在点 (x,y) 处的切线的方向余弦, 为什么?

小结

本节通过解决物理学的应用问题引入了第二类曲线积分的概念, 给出了第二类曲线积分的性质和计算方法, 揭示了两类曲线积分的联系与区别.

习　题　9.2

1. 设 L 为 xOy 面内一直线 $y = b$ (b 为常数), 证明

$$\int_L Q(x,y)\mathrm{d}y = 0 .$$

2. 计算 $\displaystyle\int_L xy\mathrm{d}x$, 其中 L 为抛物线 $y^2 = x$ 上从点 $A(1,-1)$ 到点 $B(1,1)$ 的一段弧.

3. 计算 $\displaystyle\int_L (x^2 + y^2)\mathrm{d}x + (x^2 - y^2)\mathrm{d}y$, 其中 L 是曲线 $y = 1 - |1 - x|$ 从对应于 $x = 0$ 时的点到 $x = 2$ 时的点的一段弧.

4. 计算 $\displaystyle\int_L xy^2\mathrm{d}y - x^2 y\mathrm{d}x$, 其中 L 沿右半圆 $x^2 + y^2 = a^2$ 以点 $A(0,a)$ 为起点, 经过点 $C(a,0)$ 到终点 $B(0,-a)$ 的路径.

5. 计算 $\displaystyle\int_L x^3\mathrm{d}x + 3zy^2\mathrm{d}y - x^2 y\mathrm{d}z$, 其中 L 为从点 $A(3,2,1)$ 到点 $B(0,0,0)$ 的直线段 AB.

6. 计算 $I = \displaystyle\oint_L (z-y)\mathrm{d}x + (x-z)\mathrm{d}y + (x-y)\mathrm{d}z$, L 为椭圆周 $\begin{cases} x^2 + y^2 = 1, \\ x - y + z = 2, \end{cases}$ 且从 z 轴正方向

看去, L 取顺时针方向.

7. 计算 $\int_L y\mathrm{d}x + x\mathrm{d}y$, 其中 L 分别为以下路线:

(1) 线段 $\overline{AB}$: $y = 2x - 1$;

(2) 抛物线 ACB : $y = 2(x-1)^2 + 1$;

(3) 折线 $\overline{ADB}$, 如图 9.25 所示.

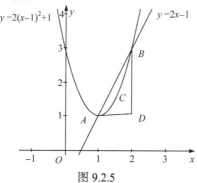

图 9.2.5

8. 求质点在力 $\boldsymbol{F} = x^2\boldsymbol{i} - xy\boldsymbol{j}$ 的作用下沿着曲线 L : $x = \cos t, y = \sin t$ 从点 $A(1,0)$ 移动到点 $B(0,1)$ 时所做的功.

9.3　格林公式及其应用

牛顿-莱布尼茨公式把区间上的定积分计算转化为被积函数的原函数在区间端点上的值之差表达. 平面闭区域上的二重积分与其边界曲线之间是否也有类似的关系呢? 本节将要学习的格林公式正是描述了二重积分与积分区域边界上的曲线积分之间的关系. 格林公式为二重积分和第二类曲线积分的计算提供了一条有效快捷的路径, 它在物理学和工程技术上有着广泛的应用.

一、格林公式

定义　设 D 为平面区域, 如果 D 内任意一条闭曲线所围成的部分都属于 D , 则称 D 为平面单连通区域, 否则称为复连通区域.

直观地看, 单连通区域是不含有"洞"(包括点"洞")的区域, 复连通区域就是含有"洞"(包括点"洞")的区域.

例如, 平面上的圆形区域 $\{(x,y)\,|\,x^2 + y^2 < 1\}$, 上半平面 $\{(x,y)\,|\,y > 0\}$ 都是单连通区域, 圆环形区域 $\{(x,y)\,|\,1 < x^2 + y^2 < 3\}$, $\{(x,y)\,|\,0 < x^2 + y^2 < 2\}$ 都是复连通区域.

设平面闭曲线 L 是区域 D 的边界, L 上的任何一点都可看作既是起点又是终点. 它的方向规定如下: 当观察者依某一方向沿 L 绕行时, 若区域 D 恒在其左侧, 则称此方向是 L 的正向, 反之是 L 的负向. 如对于单连通区域来说, 它的边界曲线的正向就是逆时针方向. 而对于复连通区域来说(例如圆环), 沿外边界线的逆时针方向为正方向, 沿内边界线的顺时针方向为正方向.

用 $\oint_L$ 表示沿闭曲线 L 的正向积分, 用 $\oint_{L^-}$ 表示沿闭曲线 L 的负向积分.

定理 1　设闭区域 D 由分段光滑的曲线 L 围成, 函数 $P(x,y)$, $Q(x,y)$ 在区域 D 上具有一阶连续偏导数, 则有

$$\oint_L P\mathrm{d}x + Q\mathrm{d}y = \iint_D \left(\frac{\partial Q}{\partial x} - \frac{\partial P}{\partial y}\right)\mathrm{d}x\mathrm{d}y, \tag{9.8}$$

其中曲线积分沿 L 的正向进行.

公式(9.8)称为**格林公式**.

证　先证明 D 是单连通区域的情形.

(1) 若区域 D 既是 x 型区域又是 y 型区域, 即平行于坐标轴的直线和 L 至多交于两点(图 9.3.1). 设区域 D (x 型区域)可表示为

$$a \leqslant x \leqslant b, \quad \varphi_1(x) \leqslant y \leqslant \varphi_2(x).$$

因为 $\dfrac{\partial P}{\partial y}$ 连续, 所以由二重积分的计算法有

$$\begin{aligned}
\iint_D \frac{\partial P}{\partial y}\mathrm{d}x\mathrm{d}y &= \int_a^b \mathrm{d}x \int_{\varphi_1(x)}^{\varphi_2(x)} \frac{\partial P}{\partial y}\mathrm{d}y \\
&= \int_a^b P(x,y)\Big|_{\varphi_1(x)}^{\varphi_2(x)}\,\mathrm{d}x \\
&= \int_a^b P[x,\varphi_2(x)]\mathrm{d}x - \int_a^b P[x,\varphi_1(x)]\mathrm{d}x.
\end{aligned}$$

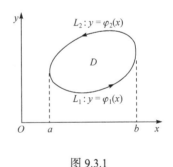

图 9.3.1

另一方面, 由对坐标的曲线积分的性质及计算法有

$$\begin{aligned}
\oint_L P\mathrm{d}x &= \int_{L_1} P\mathrm{d}x + \int_{L_2} P\mathrm{d}x = \int_a^b P[x,\varphi_1(x)]\mathrm{d}x + \int_b^a P[x,\varphi_2(x)]\mathrm{d}x \\
&= \int_a^b P[x,\varphi_1(x)]\mathrm{d}x - \int_a^b P[x,\varphi_2(x)]\mathrm{d}x \\
&= -\left\{\int_a^b P[x,\varphi_2(x)]\mathrm{d}x - \int_a^b P[x,\varphi_1(x)]\mathrm{d}x\right\}.
\end{aligned}$$

因此 $\oint_L P\mathrm{d}x = -\iint_D \dfrac{\partial P}{\partial y}\mathrm{d}x\mathrm{d}y$.

因为区域 D 又是 y 型区域, 所以类似地可证

$$\oint_L Q\mathrm{d}y = \iint_D \frac{\partial Q}{\partial x}\mathrm{d}x\mathrm{d}y .$$

上述两式同时成立, 合并这两式即得公式(9.8).

(2) 若区域 D 不满足(9.8)中的条件, 即平行于坐标轴的直线和曲线 L 有两个以上的交点时(图 9.3.2). 可以引进一条或几条辅助曲线把区域 D 分成有限个小区域, 使得每个小区域都满足(9.8)中的条件. 例如, 就图 9.3.2 所示的闭区域 D, 它的边界曲线 L 为 $\overgroup{MNPM}$, 引进一条辅助线 ABC, 把 D 分成 D_1, D_2, D_3 三个部分.

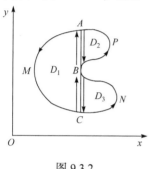

图 9.3.2

对于每个部分应用公式(9.8), 得

$$\iint_{D_1}\left(\frac{\partial Q}{\partial x}-\frac{\partial P}{\partial y}\right)\mathrm{d}x\mathrm{d}y = \oint_{MCBAM} P\mathrm{d}x + Q\mathrm{d}y,$$

$$\iint_{D_2}\left(\frac{\partial Q}{\partial x}-\frac{\partial P}{\partial y}\right)Ex\mathrm{d}y = \oint_{ABPA} P\mathrm{d}x + Q\mathrm{d}y ,$$

$$\iint_{D_3}\left(\frac{\partial Q}{\partial x}-\frac{\partial P}{\partial y}\right)\mathrm{d}x\mathrm{d}y = \oint_{BCNB} P\mathrm{d}x + Q\mathrm{d}y .$$

把这三个等式相加, 并注意到相加时沿辅助线来回的曲线积分因曲线的方向相反而相互抵消, 便得

$$\iint_D\left(\frac{\partial Q}{\partial x}-\frac{\partial P}{\partial y}\right)\mathrm{d}x\mathrm{d}y = \oint_L P\mathrm{d}x + Q\mathrm{d}y,$$

其中 L 的方向对于 D 来说为正方向.

如果 D 是复连通区域, 如图 9.3.3 所示, 可以用两条直线段 AB 和 CE 把区域 D 的边界曲线连接起来, 则 D 是以 $AB, L_2, BA, AFC, CE, L_3, EC$ 及 CGA 为边界曲线的单连通区域. 从而

$$\iint_D\left(\frac{\partial Q}{\partial x}-\frac{\partial P}{\partial y}\right)\mathrm{d}x\mathrm{d}y$$

$$=\left\{\int_{AB}+\int_{L_2}+\int_{BA}+\int_{AFC}+\int_{CE}+\int_{L_3}+\int_{EC}+\int_{CGA}\right\}(P\mathrm{d}x+Q\mathrm{d}y)$$

$$=\left\{\int_{L_2}+\int_{L_3}+\int_{L_1}\right\}(P\mathrm{d}x+Q\mathrm{d}y)$$

$$=\oint_L P\mathrm{d}x+Q\mathrm{d}y.$$

若在公式(9.8)中取 $P=-y$, $Q=x$, 即得区域 D 的面积为

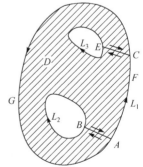

图 9.3.3

$$S_D = \iint\limits_{D} \mathrm{d}\sigma = \frac{1}{2}\oint_L x\mathrm{d}y - y\mathrm{d}x. \tag{9.9}$$

公式(9.9)说明, 区域 D 的面积可以表示为沿其边界曲线正向的一曲线积分.

格林公式建立了二重积分与曲线积分的关系. 应用格林公式可以简化某些曲线积分的计算.

例 1　计算曲线积分 $\oint_L (y^2 + x)\mathrm{d}x + x^2\mathrm{d}y$, 其中 L 是由 $x^2 + y^2 \leqslant R^2 (y \geqslant 0)$ 与 x 轴所围成的正向边界曲线.

分析　$P = y^2 + x$, $Q = x^2$ 连续并一阶可导, 可以直接使用格林公式.

解　因为 $P = y^2 + x$, $Q = x^2$, $\dfrac{\partial Q}{\partial x} - \dfrac{\partial P}{\partial y} = 2x - 2y$, 所以

$$\oint_L (y^2 + x)\mathrm{d}x + x^2\mathrm{d}y = \iint\limits_{D}\left(\frac{\partial Q}{\partial x} - \frac{\partial P}{\partial y}\right)\mathrm{d}\sigma = 2\iint\limits_{D}(x - y)\mathrm{d}\sigma$$

$$= -2\iint\limits_{D} y\mathrm{d}\sigma = -2\iint\limits_{D}\rho\sin\theta \cdot \rho\mathrm{d}\rho\mathrm{d}\theta$$

$$= -2\int_0^\pi \sin\theta\mathrm{d}\theta \cdot \int_0^R \rho^2\mathrm{d}\rho = -\frac{4}{3}R^3.$$

例 2　计算曲线积分 $\displaystyle\int_L (\mathrm{e}^x \sin y - 3y + x^2)\mathrm{d}x + (\mathrm{e}^x \cos y - x)\mathrm{d}y$, L 为如图 9.3.4 所示的上半椭圆: $\dfrac{x^2}{a^2} + \dfrac{y^2}{b^2} = 1$.

分析　因为 L 不是封闭曲线, 不能直接利用格林公式, 作一条有向的辅助线, 可构成一个闭区域, 添加的辅助线必须是有向的, 一般是平行于坐标轴的线段或折线.

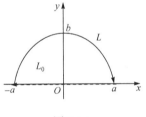

图 9.3.4

解　作一条有向的辅助线 L_0: $y = 0$, x 从 a 到 $-a$, 则

$$\int_L (\mathrm{e}^x \sin y - 3y + x^2)\mathrm{d}x + (\mathrm{e}^x \cos y - x)\mathrm{d}y$$

$$= \left(\int_{L+L_0} - \int_{L_0}\right)(\mathrm{e}^x \sin y - 3y + x^2)\mathrm{d}x + (\mathrm{e}^x \cos y - x)\mathrm{d}y$$

$$= \left(\oint_{L+L_0} - \int_{L_0}\right)(\mathrm{e}^x \sin y - 3y + x^2)\mathrm{d}x + (\mathrm{e}^x \cos y - x)\mathrm{d}y.$$

因为

$$\oint_{L+L_0} (e^x \sin y - 3y + x^2)dx + (e^x \cos y - x)dy$$

$$= -\iint_D (e^x \cos y - 1 - e^x \cos y + 3)d\sigma$$

$$= -2\iint_D d\sigma = -\pi ab,$$

又

$$\int_{L_0} (e^x \sin y - 3y + x^2)dx + (e^x \cos y - x)dy = \int_a^{-a} x^2 dx = -\frac{2}{3}a^3,$$

所以

$$\int_L = \oint_{L+L_0} - \int_{L_0} = -\pi ab + \frac{2}{3}a^3.$$

例 3　求椭圆 $x = a\cos\theta$，$y = b\sin\theta$ 所围成图形的面积 A.

解　所求面积

$$A = \frac{1}{2}\oint_L x dy - y dx = \frac{1}{2}\int_0^{2\pi} (ab\cos^2\theta + ab\sin^2\theta)d\theta = \frac{1}{2}ab\int_0^{2\pi} d\theta = \pi ab.$$

例 4　计算曲线积分 $\oint_L \dfrac{x dy - y dx}{x^2 + y^2}$，其中 L 是一条无重点、分段光滑的、不经过坐标原点的任一条正向闭曲线.

分析　当 $x^2 + y^2 = 0$（即 $x = 0, y = 0$）时，被积函数无定义，这样的点称为奇点. 本题必须考虑奇点(原点)的位置.

(1) 如果坐标原点不在 L 所围成的区域 D 的内部，则 D 是单连通区域，直接使用格林公式;

(2) 如果坐标原点在 L 所围成的区域 D 的内部，D 为复连通区域，要用特别的方法来处理.

解　因为 $P = \dfrac{-y}{x^2 + y^2}$，$Q = \dfrac{x}{x^2 + y^2}$（$x^2 + y^2 \neq 0$），所以

$$\frac{\partial P}{\partial y} = \frac{y^2 - x^2}{(x^2 + y^2)^2}, \quad \frac{\partial Q}{\partial x} = \frac{y^2 - x^2}{(x^2 + y^2)^2}.$$

(1) 如果坐标原点不在 L 所围成的区域 D 的内部，则在区域 D 上 $\dfrac{\partial Q}{\partial x}, \dfrac{\partial P}{\partial y}$ 连续且有 $\dfrac{\partial Q}{\partial x} = \dfrac{\partial P}{\partial y}$，从而 $\oint_L \dfrac{x dy - y dx}{x^2 + y^2} = \iint_D \left(\dfrac{\partial Q}{\partial x} - \dfrac{\partial P}{\partial y}\right)d\sigma = 0$.

(2) 如果坐标原点在 L 所围成的区域 D 的内部，则 $\dfrac{\partial Q}{\partial x}, \dfrac{\partial P}{\partial y}$ 在区域 D 内的点

$(0,0)$ 处不存在, 不能直接用格林公式. 为此, 作一个半径为 ε 的完全属于 D 的小圆(图 9.3.5) L_0: $x^2 + y^2 = \varepsilon^2$, 在曲线 L 之内且在曲线 L_0 之外的区域 $D_0 \subset D$ 上, $\dfrac{\partial Q}{\partial x}, \dfrac{\partial P}{\partial y}$ 连续, 且有 $\dfrac{\partial Q}{\partial x} = \dfrac{\partial P}{\partial y}$, 故

$$\oint_{L+L_0} \frac{x\mathrm{d}y - y\mathrm{d}x}{x^2 + y^2} = \iint_{D_0} \left(\frac{\partial Q}{\partial x} - \frac{\partial P}{\partial y} \right) \mathrm{d}\sigma = 0 ,$$

即

$$\oint_L \frac{x\mathrm{d}y - y\mathrm{d}x}{x^2 + y^2} + \oint_{L_0} \frac{x\mathrm{d}y - y\mathrm{d}x}{x^2 + y^2} = 0 ,$$

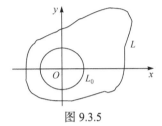

图 9.3.5

这里 L_0 的正方向取顺时针方向, 则有

$$\oint_L \frac{x\mathrm{d}y - y\mathrm{d}x}{x^2 + y^2} = \oint_{L_0^-} \frac{x\mathrm{d}y - y\mathrm{d}x}{x^2 + y^2}$$

$$= \int_0^{2\pi} \frac{1}{\varepsilon^2} \{ \varepsilon\cos\theta \cdot (\varepsilon\cos\theta) - \varepsilon\sin\theta(-\varepsilon\sin\theta) \} \mathrm{d}\theta$$

$$= \int_0^{2\pi} \mathrm{d}\theta = 2\pi .$$

注　最后的计算结果与曲线 L 及辅助线 L_0 无关. 本例在处理含有奇点(点洞)的区域时采用的方法有一定典型性, 有关问题可以用相似方法解决.

二、平面上曲线积分与路径无关的条件

一般情况下, 给定了函数 $P(x,y)$ 与 $Q(x,y)$ 之后, 对坐标的曲线积分 $\displaystyle\int_{AB} P\mathrm{d}x + Q\mathrm{d}y$ 的值不仅与积分路径的起点 A 和终点 B 的位置有关, 而且与连接 A, B 的路径有关. 但在物理学中的势场, 是研究场力所做的功与路径无关的情形的, 而在何种条件下场力所做的功与路径无关的问题就是数学上研究的曲线积分与路径无关的条件.

设 G 是一个平面区域, $P(x,y)$, $Q(x,y)$ 在区域 G 内具有一阶连续偏导数. A, B 是 G 内任意给定的两点, 如果对于 G 内从点 A 到点 B 的任意两条曲线 L_1 与 L_2, 等式 $\displaystyle\int_{L_1} P\mathrm{d}x + Q\mathrm{d}y = \int_{L_2} P\mathrm{d}x + Q\mathrm{d}y$ 都成立, 则称曲线积分 $\displaystyle\int_L P\mathrm{d}x + Q\mathrm{d}y$ 在区域 G 内与路径无关, 否则称与路径有关.

上述定义表明, 如果积分与路径无关, 那么给定起点 A 与终点 B 后, 取不同的积分路径都有相同的积分值, 因而在计算时可以取最简捷的积分路径. 区域 G 上的函数 P 与 Q 满足什么条件时, 曲线积分 $\displaystyle\int_{AB} P\mathrm{d}x + Q\mathrm{d}y$ 的值只与起点 A 和终点 B

的坐标有关, 而与连接 A, B 的积分路径无关呢? 下面的定理回答了这一问题.

定理 2　设 G 是单连通闭区域, 若函数 $P(x, y)$, $Q(x, y)$ 在 G 内连续, 且具有一阶连续偏导数, 则以下四个命题等价:

(1) $\displaystyle\int_L P \mathrm{d}x + Q \mathrm{d}y$ 在区域 G 内与路径无关;

(2) 对于 G 内任一分段光滑闭曲线 L, 有 $\displaystyle\oint_L P \mathrm{d}x + Q \mathrm{d}y = 0$;

(3) 在 G 内每一点处成立 $\dfrac{\partial Q}{\partial x} = \dfrac{\partial P}{\partial y}$;

(4) 存在 G 内的可微函数 $u(x, y)$, 使得 $\mathrm{d}u = P(x, y)\mathrm{d}x + Q(x, y)\mathrm{d}y$.

*证　所谓四个命题等价, 就是在总的前提条件下, 这四个命题互为条件和结论(或者说每个条件都是充分必要条件),　因此可采用循环路径证明, 如按 $(1) \Rightarrow (2) \Rightarrow (3) \Rightarrow (4) \Rightarrow (1)$ 证明.

$(1) \Rightarrow (2)$　设 L 是 G 内的任一分段光滑闭曲线, 因为在 G 内曲线积分 $\displaystyle\int_L P \mathrm{d}x + Q \mathrm{d}y$ 与路径无关, 则在 L 上任取两点 A, B (图 9.3.6)有 $\displaystyle\int_{ASB} P \mathrm{d}x + Q \mathrm{d}y = \int_{ARB} P \mathrm{d}x + Q \mathrm{d}y$, 即

$$\int_{ASB} P \mathrm{d}x + Q \mathrm{d}y - \int_{ARB} P \mathrm{d}x + Q \mathrm{d}y = 0.$$

所以, $\displaystyle\int_{ASB} P \mathrm{d}x + Q \mathrm{d}y + \int_{BRA} P \mathrm{d}x + Q \mathrm{d}y = 0$, 故 $\displaystyle\oint_G P \mathrm{d}x + Q \mathrm{d}y = 0$

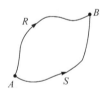

图 9.3.6

$(2) \Rightarrow (3)$　用反证法证明. 假设(3)不成立, 则 G 上至少存在一点 P_0, 使得 $\left(\dfrac{\partial P}{\partial y} - \dfrac{\partial Q}{\partial x}\right)_{P_0} = \lambda \neq 0$, 不妨设 $\left(\dfrac{\partial P}{\partial y} - \dfrac{\partial Q}{\partial x}\right)_{P_0} = \lambda > 0$, 因为 $P(x, y)$, $Q(x, y)$ 在 G 内具有一阶连续偏导数, 所以, $\dfrac{\partial P}{\partial y} - \dfrac{\partial Q}{\partial x}$ 在 P_0 点连续, 由保号性, 存在 P_0 闭邻域 $\overline{U}(P_0)$,

使得在 $\overline{U}(P_0)$ 上, $\left(\dfrac{\partial P}{\partial y} - \dfrac{\partial Q}{\partial x}\right) > \dfrac{\lambda}{2}$, 由格林公式和二重积分性质有

$$\oint_l P \mathrm{d}x + Q \mathrm{d}y = \iint_{\overline{U}(P_0)} \left(\dfrac{\partial P}{\partial y} - \dfrac{\partial Q}{\partial x}\right) \mathrm{d}x \mathrm{d}y > \dfrac{\lambda}{2}\sigma,$$

这里, l 是 $\overline{U}(P_0)$ 的正向边界曲线, σ 是 $\overline{U}(P_0)$ 的面积, 故 $\displaystyle\oint_l P \mathrm{d}x + Q \mathrm{d}y > 0$, 与条件(2) $\displaystyle\oint_l P \mathrm{d}x + Q \mathrm{d}y = 0$ 矛盾, 所以, $\dfrac{\partial Q}{\partial x} = \dfrac{\partial P}{\partial y}$ 在 G 内处处成立.

(3) $\Rightarrow$ (4)　对 G 内任两点 A, B, 设 ASB 和 ARB 是 G 内 A 到 B 的任何两条曲线, 则有

$$\int_{ASB} P\mathrm{d}x + Q\mathrm{d}y - \int_{ARB} P\mathrm{d}x + Q\mathrm{d}y = \oint_G P\mathrm{d}x + Q\mathrm{d}y .$$

因为, G 在内 $\dfrac{\partial Q}{\partial x} = \dfrac{\partial P}{\partial y}$ 成立, 由格林公式, 有

$$\oint_L P\mathrm{d}x + Q\mathrm{d}y = \iint_D \left(\frac{\partial P}{\partial y} - \frac{\partial Q}{\partial x} \right) \mathrm{d}x\mathrm{d}y = 0 ,$$

所以

$$\int_{ASB} P\mathrm{d}x + Q\mathrm{d}y = \int_{ARB} P\mathrm{d}x + Q\mathrm{d}y ,$$

故在 G 内起点为 $A(x_0, y_0)$ 和终点为 $B(x, y)$ 的任何曲线 L, 积分 $\int_L P\mathrm{d}x + Q\mathrm{d}y$ 均相等, 因此, 这一曲线积分可以写成

$$\int_{(x_0, y_0)}^{(x, y)} P(x, y)\mathrm{d}x + Q(x, y)\mathrm{d}y .$$

当 $A(x_0, y_0)$ 是固定点时, 此积分值由终点 $B(x, y)$ 决定, 它是 x, y 的二元函数, 记为 $u(x, y)$, 即

$$u(x, y) = \int_{(x_0, y_0)}^{(x, y)} P(x, y)\mathrm{d}x + Q(x, y)\mathrm{d}y ,$$

则 $u(x, y)$ 就是 $P(x, y)\mathrm{d}x + Q(x, y)\mathrm{d}y$ 的全微分. 事实上, 由于

$$\begin{aligned}
u(x + \Delta x, y) &= \int_{(x_0, y_0)}^{(x + \Delta x, y)} P\mathrm{d}x + Q\mathrm{d}y \\
&= \int_{(x_0, y_0)}^{(x, y)} P\mathrm{d}x + Q\mathrm{d}y + \int_{(x, y)}^{(x + \Delta x, y)} P\mathrm{d}x + Q\mathrm{d}y \\
&= u(x, y) + \int_x^{x + \Delta x} P(x, y)\mathrm{d}x,
\end{aligned}$$

因此由积分中值定理得

$$u(x + \Delta x, y) - u(x, y) = \int_x^{x + \Delta x} P(x, y)\mathrm{d}x = P(\xi, y)\Delta x \quad (\xi \text{ 介于 } x, x + \Delta x \text{ 之间}).$$

从而

$$\frac{\partial u}{\partial x} = \lim_{\Delta x \to 0} \frac{u(x + \Delta x, y) - u(x, y)}{\Delta x} = \lim_{\Delta x \to 0} \frac{P(\xi, y)\Delta x}{\Delta x} = \lim_{\Delta x \to 0} P(\xi, y) = P(x, y) .$$

故 $\dfrac{\partial u}{\partial x}=P(x,y)$. 同理可证 $\dfrac{\partial u}{\partial y}=Q(x,y)$. 又 $P(x,y),Q(x,y)$ 在 G 内连续, 因此, $u(x,y)$ 在 G 内具有一阶连续偏导数, 故 $u(x,y)$ 在 G 内可微, 且

$$du=\frac{\partial u}{\partial x}dx+\frac{\partial u}{\partial y}dy=P(x,y)dx+Q(x,y)dy.$$

$(4)\Rightarrow(1)$　由于 $du=P(x,y)dx+Q(x,y)dy$, 所以

$$\frac{\partial u}{\partial x}=P(x,y),\qquad \frac{\partial u}{\partial y}=Q(x,y).$$

又因为 $P(x,y)$, $Q(x,y)$ 在 G 内具有一阶连续偏导数, 所以,

$$\frac{\partial^2 u}{\partial x\partial y}=\frac{\partial P}{\partial y},\qquad \frac{\partial^2 u}{\partial y\partial x}=\frac{\partial Q}{\partial x},\qquad \frac{\partial^2 u}{\partial x\partial y}=\frac{\partial^2 u}{\partial y\partial x}.$$

故 $\dfrac{\partial Q}{\partial x}=\dfrac{\partial P}{\partial y}$. 由 $(3)\Rightarrow(4)$ 前部分证明可知, 当在区域 G 内 $\dfrac{\partial Q}{\partial x}=\dfrac{\partial P}{\partial y}$ 时, 曲线积分 $\displaystyle\int_L Pdx+Qdy$ 在区域 G 内与路径无关. 定理 2 证毕.

由定理 2 及其证明可见, 在 $\dfrac{\partial P}{\partial y}=\dfrac{\partial Q}{\partial x}$ 的条件下, 二元函数

$$u(x,y)=\int_{(x_0,y_0)}^{(x,y)}Pdx+Qdy$$

具有性质 $du=Pdx+Qdy$. 它与一元函数的原函数相仿, 所以也称 $u(x,y)$ 为 $Pdx+Qdy$ 的一个原函数. 那么, 我们怎样求出 $u(x,y)$ 呢? 根据定理 2, 积分与路径无关, 为计算简便, 我们在 G 内选择平行于坐标轴的直线段连成的折线 M_0RM 或者 M_0SM 作为积分路径(图 9.3.7), 则函数 $u(x,y)$ 可分别由下面的定积分求出

$$u(x,y)=\int_{x_0}^{x}P(x,y_0)dx+\int_{y_0}^{y}Q(x,y)dy \tag{9.10}$$

或

$$u(x,y)=\int_{y_0}^{y}Q(x_0,y)dy+\int_{x_0}^{x}P(x,y)dx. \tag{9.11}$$

例 5　计算曲线积分 $\displaystyle\int_L(x^2+y)dx+(x+\sin^2 y)dy$, L 是上半圆周 $y=\sqrt{2x-x^2}$ 上从 $(0,0)$ 到 $(1,1)$ 的圆弧(图 9.3.8).

分析　因为 $P=x^2+y,Q=x+\sin^2 y,\dfrac{\partial P}{\partial y}=1,\dfrac{\partial Q}{\partial x}=1$, 所以 $\dfrac{\partial Q}{\partial x}=\dfrac{\partial P}{\partial y}$ 在 xOy 平面上处处成立. 故在 xOy 平面内的曲线积分与路径无关. 为计算简便, 我们添加平行于坐标轴的直线段连成的折线与原来的半圆作为积分路径(图 9.3.8).

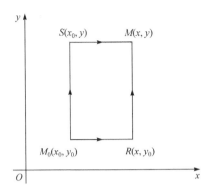

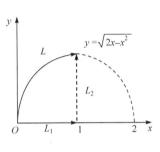

图 9.3.7　　　　　　　　　　　　　图 9.3.8

解
$$\int_L (x^2+y)\mathrm{d}x + (x+\sin^2 y)\mathrm{d}y = \left(\int_{L_1} + \int_{L_2}\right)(x^2+y)\mathrm{d}x + (x+\sin^2 y)\mathrm{d}y$$

$$= \int_{L_1}(x^2+y)\mathrm{d}x + \int_{L_2}(x+\sin^2 y)\mathrm{d}y$$

$$= \int_0^1 (x^2+0)\mathrm{d}x + \int_0^1 (1+\sin^2 y)\mathrm{d}y$$

$$= \frac{1}{3} + 1 + \int_0^1 \frac{1-\cos 2y}{2}\mathrm{d}y$$

$$= \frac{1}{3} + 1 + \frac{1}{2} - \frac{1}{4}\sin 2 = \frac{11}{6} - \frac{1}{4}\sin 2.$$

或 $L_0: y=x$，x 从 0 到 1，则

$$\int_L (x^2+y)\mathrm{d}x + (x+\sin^2 y)\mathrm{d}y = \int_{L_0}(x^2+y)\mathrm{d}x + (x+\sin^2 y)\mathrm{d}y$$

$$= \int_0^1 \{(x^2+x)+(x+\sin^2 x)\}\mathrm{d}x = \frac{1}{3} + 1 + \int_0^1 \sin^2 x\mathrm{d}x = \frac{11}{6} - \frac{1}{4}\sin 2.$$

例 6　试用曲线积分求 $(3x^2\sin y + x)\mathrm{d}x + (x^3\cos y - 2y)\mathrm{d}y$ 的一个原函数.

解　这里 $P = 3x^2\sin y + x$，$Q = x^3\cos y - 2y$，因为

$$\frac{\partial P}{\partial y} = 3x^2\cos y, \qquad \frac{\partial Q}{\partial x} = 3x^2\cos y,$$

故在整个平面上有 $\dfrac{\partial P}{\partial y} = \dfrac{\partial Q}{\partial x}$. 取 $(x_0, y_0) = (0,0)$，由公式(9.10)得

$$u(x,y) = \int_0^x x\mathrm{d}x + \int_0^y (x^3\cos y - 2y)\mathrm{d}y = \frac{x^2}{2} + x^3\sin y - y^2.$$

注　(1) (x_0, y_0) 的取法不同，求出的 $u(x,y)$ 可能相差一个常数.

(2) 推广的牛顿-莱布尼茨公式: 若 $P\mathrm{d}x + Q\mathrm{d}y$ 的一个原函数为 $u(x, y)$, 则

$$\int_{(x_0, y_0)}^{(x_1, y_1)} P\mathrm{d}x + Q\mathrm{d}y = u(x_1, y_1) - u(x_0, y_0).$$

例 7 设曲线积分 $\int_L xy^2\mathrm{d}x + y\varphi(x)\mathrm{d}y$ 与路径无关, 其中 $\varphi(x)$ 具有连续导数且 $\varphi(0) = 0$, 试计算 $I = \int_{(0,0)}^{(1,1)} xy^2\mathrm{d}x + y\varphi(x)\mathrm{d}y$.

分析 积分与路径无关, 可选取便于计算的路径, 最好是沿着坐标轴或平行于坐标轴的折线.

解法一 因为积分与路径无关, 选取路径为折线 OBA (图 9.3.9),

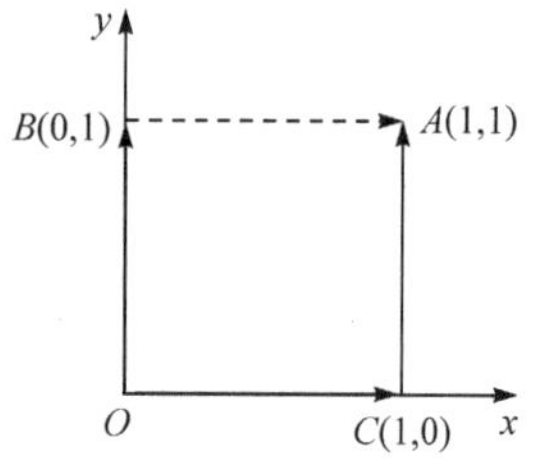

图 9.3.9

$$I = \int_{(0,0)}^{(1,1)} xy^2\mathrm{d}x + y\varphi(x)\mathrm{d}y$$

$$= \int_{(0,0)}^{(0,1)} xy^2\mathrm{d}x + y\varphi(x)\mathrm{d}y + \int_{(0,1)}^{(1,1)} xy^2\mathrm{d}x + y\varphi(x)\mathrm{d}y$$

$$= \int_{(0,0)}^{(0,1)} y\varphi(x)\mathrm{d}y + \int_{(0,1)}^{(1,1)} xy^2\mathrm{d}x$$

$$= \int_0^1 y\varphi(0)\mathrm{d}y + \int_0^1 x \cdot 1^2\mathrm{d}x = \frac{1}{2}.$$

解法二 因为积分中含有未知函数 $\varphi(x)$, 故只要求出 $\varphi(x)$ 即可以计算积分. 已知曲线积分与路径无关, 则有 $\dfrac{\partial Q}{\partial x} = \dfrac{\partial P}{\partial y}$, 即 $y\varphi'(x) = 2xy$, $\varphi'(x) = 2x$, 积分得 $\varphi(x) = x^2 + c$, 由 $\varphi(0) = 0$, 可得 $c = 0$, 从而 $\varphi(x) = x^2$, 则

$$I = \int_{(0,0)}^{(1,1)} xy^2\mathrm{d}x + y\varphi(x)\mathrm{d}y = \int_{(0,0)}^{(1,1)} xy^2\mathrm{d}x + yx^2\mathrm{d}y = \frac{1}{2}\int_{(0,0)}^{(1,1)} y^2\mathrm{d}x^2 + x^2\mathrm{d}y^2$$

$$= \frac{1}{2}\int_{(0,0)}^{(1,1)} \mathrm{d}(x^2y^2) = \frac{1}{2}(x^2y^2)\Big|_{(0,0)}^{(1,1)} = \frac{1}{2}.$$

例 8 验证: $\dfrac{x\mathrm{d}y - y\mathrm{d}x}{x^2 + y^2}$ 在右半平面$(x > 0)$内是某个函数的全微分, 并求出一个这样的函数.

解 这里 $P = \dfrac{-y}{x^2 + y^2}$, $Q = \dfrac{x}{x^2 + y^2}$.

因为 P, Q 在右半平面内具有一阶连续偏导数, 且有

$$\frac{\partial Q}{\partial x} = \frac{y^2 - x^2}{(x^2 + y^2)^2} = \frac{\partial P}{\partial y},$$

所以在右半平面内, $\dfrac{x\mathrm{d}y - y\mathrm{d}x}{x^2 + y^2}$ 是某个函数的全微分.

取积分路线为从 $A(1,0)$ 到 $B(x,0)$ 到 $C(x,y)$ 的折线, 则所求函数为

$$u(x,y) = \int_{(1,0)}^{(x,y)} \frac{x\mathrm{d}y - y\mathrm{d}x}{x^2 + y^2} = 0 + \int_0^y \frac{x\mathrm{d}y}{x^2 + y^2} = \arctan\frac{y}{x}.$$

思考　为什么 (x_0, y_0) 不取 $(0,0)$?

例 9　计算曲线积分 $\int_L y\mathrm{d}x + x\mathrm{d}y$, 其中 L 是圆 $x^2 + y^2 = 2x\,(y>0)$ 上从原点 $O(0,0)$ 到 $A(2,0)$ 的一段弧.

本题采用以下多种方法进行计算.

解法一　直角坐标系下化为定积分, 选变量 x 为参数.

OA 的方程为 $\begin{cases} x = x, \\ y = \sqrt{2x - x^2}, \end{cases}$ L 由 $O \to A$, x 由 $0 \to 2$, $\mathrm{d}y = \dfrac{1-x}{\sqrt{2x - x^2}}\mathrm{d}x$. 则

$$\int_L y\mathrm{d}x + x\mathrm{d}y = \int_0^2 \left[\sqrt{2x - x^2} + \frac{x(1-x)}{\sqrt{2x - x^2}} \right]\mathrm{d}x$$

$$= x\sqrt{2x - x^2}\bigg|_0^2 - \int_0^2 \frac{x(1-x)}{\sqrt{2x - x^2}}\mathrm{d}x + \int_0^2 \frac{x(1-x)}{\sqrt{2x - x^2}}\mathrm{d}x$$

$$= 2\sqrt{4 - 4} - 0 = 0.$$

解法二　直角坐标系下化为定积分, 选变量 y 为参数.

在弧 OA 上取 $B(1,1)$ 点, OB 的方程为 $\begin{cases} y = y, \\ x = 1 - \sqrt{1 - y^2}, \end{cases}$ L 由 $O \to B$, y 由 $0 \to 1$,

$\mathrm{d}x = \dfrac{y}{\sqrt{1 - y^2}}\mathrm{d}y$. BA 的方程为 $\begin{cases} y = y, \\ x = 1 + \sqrt{1 - y^2}, \end{cases}$ L 由 $B \to A$, y 由 $1 \to 0$, $\mathrm{d}x =$

$-\dfrac{y}{\sqrt{1 - y^2}}\mathrm{d}y$. 于是

$$\int_L y\mathrm{d}x + x\mathrm{d}y = \int_0^1 \left(\frac{y^2}{\sqrt{1 - y^2}} + 1 - \sqrt{1 - y^2} \right)\mathrm{d}y + \int_1^0 \left(-\frac{y^2}{\sqrt{1 - y^2}} + 1 + \sqrt{1 - y^2} \right)\mathrm{d}y$$

$$= 2\int_0^1 \frac{y^2}{\sqrt{1 - y^2}}\mathrm{d}y - 2\int_0^1 \sqrt{1 - y^2}\,\mathrm{d}y = 2\int_0^1 \frac{y^2}{\sqrt{1 - y^2}}\mathrm{d}y - 2y\sqrt{1 - y^2}\bigg|_0^1 + 2\int_0^1 \frac{-y^2}{\sqrt{1 - y^2}}\mathrm{d}y$$

$$= -2(\sqrt{1 - 1} - 0) = 0.$$

解法三　直角坐标系下化为定积分, 选 L 上的点与圆心连线与 x 轴的夹角 θ 为参数.

OA 的参数方程为 $x = 1 + \cos\theta$, $y = \sin\theta$, L 由 $O \to B \to A$, θ 由 $\pi \to 0$,

$$\mathrm{d}x = -\sin\theta\,\mathrm{d}\theta, \qquad \mathrm{d}y = \cos\theta\,\mathrm{d}\theta.$$

$$\int_L y\mathrm{d}x + x\mathrm{d}y = \int_\pi^0 [-\sin^2\theta + (1+\cos\theta)\cos\theta]\mathrm{d}\theta = \int_0^\pi (-\cos\theta - \cos 2\theta)\mathrm{d}\theta$$

$$= \left(-\sin\theta - \frac{1}{2}\sin 2\theta\right)\Big|_0^\pi = 0.$$

解法四　极坐标下化为定积分, 选极角 θ 为参数.

OA 的极坐标方程为 $r = 2\cos\theta$, 因此参数方程为 $x = r\cos\theta = 2\cos^2\theta$, $y = r\sin\theta = 2\sin\theta\cos\theta$, L 由 $O \to B \to A$, θ 由 $\dfrac{\pi}{2} \to 0$, $\mathrm{d}x = -4\sin\theta\cos\theta\mathrm{d}\theta$, $\mathrm{d}y = 2(\cos^2\theta - \sin^2\theta)\mathrm{d}\theta$.

$$\int_L y\mathrm{d}x + x\mathrm{d}y = \int_{\frac{\pi}{2}}^0 [-8\sin^2\theta\cos^2\theta + 4\cos^2\theta(\cos^2\theta - \sin^2\theta)]\mathrm{d}\theta$$

$$= 4\int_0^{\frac{\pi}{2}} (3\cos^2\theta + 4\cos^4\theta)\mathrm{d}\theta = 4\left(3\cdot\frac{1}{2}\cdot\frac{\pi}{2} - 4\cdot\frac{3}{4}\cdot\frac{1}{2}\cdot\frac{\pi}{2}\right) = 0.$$

注意, 从前面4种方法可见, 一条曲线的参数方程不是唯一的, 采用不同的参数, 转化所得的定积分是不同的, 计算的难易程度也不一样. 无论哪种参数, 都需用对应曲线起点(终点)对应的参数值作为定积分的下限(上限).

解法五　添加辅助线段 $\overline{AO}$, 利用格林公式求解.

因 $P = y, Q = x, \dfrac{\partial Q}{\partial x} - \dfrac{\partial P}{\partial y} = 1 - 1 = 0$, 于是 $\oint_{L+\overline{AO}} y\mathrm{d}x + x\mathrm{d}y = -\iint_D 0\mathrm{d}x\mathrm{d}y = 0$, 而

$$\oint_{\overline{AO}} y\mathrm{d}x + x\mathrm{d}y = \int_2^0 0\mathrm{d}x = 0,$$

故得

$$\oint_L y\mathrm{d}x + x\mathrm{d}y = \oint_{L+\overline{AO}} y\mathrm{d}x + x\mathrm{d}y - \oint_{\overline{AO}} y\mathrm{d}x + x\mathrm{d}y = 0.$$

注　在利用格林公式 $\oint_L P(x,y)\mathrm{d}x + Q(x,y)\mathrm{d}y = \iint_D \left(\dfrac{\partial Q}{\partial x} - \dfrac{\partial P}{\partial y}\right)\mathrm{d}x\mathrm{d}y$ 将所求曲线积分转化为二重积分计算时, 若所求曲线积分的路径为非封闭曲线, 则需添加辅助曲线, 将曲线积分变为封闭曲线积分, 进行计算, 再减去添加的辅助曲线积分, 但 P, Q 必须在补充后的封闭曲线所围的区域内有一阶连续偏导数.

解法六　应用曲线积分与路径无关的条件简化计算.

分析　由于 P, Q 在闭区域 D 上具有一阶连续偏导数, 且在 D 内, $P = y$, $Q = x, \dfrac{\partial Q}{\partial x} = \dfrac{\partial P}{\partial y} = 1$, 于是此积分与路径无关, 因此在 L 上的积分等于在 $\overline{OA}$ 上积分,

注意 O 点对应 L 的起点.

解　由上述分析, 所求积分为

$$\int_L y\mathrm{d}x + x\mathrm{d}y = \int_{\overline{OA}} y\mathrm{d}x + x\mathrm{d}y = \int_{(0,0)}^{(2,0)} y\mathrm{d}x + x\mathrm{d}y = \int_0^2 0\mathrm{d}x = 0.$$

注　一般选用与坐标轴平行的折线段作为新的积分路径, 可使原积分得到简化.

解法七　应用全微分求解.

分析　根据被积表达式的特征, 通过观察易知 $y\mathrm{d}x + x\mathrm{d}y = \mathrm{d}(xy)$, 所以用凑全微分法可直接求出.

解　由全微分求积公式, 有

$$\int_L y\mathrm{d}x + x\mathrm{d}y = \int_{(0,0)}^{(2,0)} \mathrm{d}(xy) = xy \Big|_{(0,0)}^{(2,0)} = 0.$$

问题讨论

1. 利用格林公式计算对坐标的曲线积分 $\int_L P(x,y)\mathrm{d}x + Q(x,y)\mathrm{d}y$, 应该注意些什么?

2. 如果单连通区域内任何闭曲线 C, 有 $\oint_C P(x,y)\mathrm{d}x + Q(x,y)\mathrm{d}y = 0$, 是否一定有 $\dfrac{\partial P}{\partial y} = \dfrac{\partial Q}{\partial x}$?

3. 平面上曲线积分与路径无关有哪些等价条件? 对定理 2, 一定要按 $(1) \Rightarrow (2) \Rightarrow (3) \Rightarrow (4) \Rightarrow (1)$ 的路径证明吗?

4. 当曲线积分与路径无关时, 选取路径应该遵循什么原则?

小结

本节研究了格林公式和平面上第二类曲线积分值与积分路径无关的等价条件. 格林公式是重要的积分计算公式, 它使第二类曲线积分和二重积分计算可以互相转化, 给两种积分计算提供了有效方法. 平面上曲线积分与路径无关的等价条件使一些第二类曲线积分的计算可以转化为简单路径的积分计算.

习　题　9.3

1. 应用格林公式计算下列积分.

(1) $\oint_\Gamma (2x - y + 4)\mathrm{d}x + (3x + 5y - 6)\mathrm{d}y$, 其中 L 是三顶点分别为 $(0,0)$, $(3,0)$ 和 $(3,2)$ 的三角形

正向边界;

(2) $\oint_L (x^2 y \cos x + 2xy \sin x - y^2 \mathrm{e}^x)\mathrm{d}x + (x^2 \sin x - 2y\mathrm{e}^x)\mathrm{d}y$，其中 L 为正向星形线

$$x^{\frac{2}{3}} + y^{\frac{2}{3}} = a^{\frac{2}{3}} \quad (a > 0);$$

(3) $\int_L (2xy^3 - y^2 \cos x)\mathrm{d}x + (1 - 2y \sin x + 3x^2 y^2)\mathrm{d}y$，其中 L 为抛物线 $2x = \pi y^2$ 上由点$(0,0)$到 $\left(\dfrac{\pi}{2}, 1\right)$ 的一段弧;

(4) $\int_L (x^2 - y)\mathrm{d}x - (x + \sin^2 y)\mathrm{d}y$，$L$ 是圆周 $y = \sqrt{2x - x^2}$ 上由点$(0,0)$到$(1,1)$的一段弧;

(5) $\int_L (\mathrm{e}^x \sin y - my)\mathrm{d}x + (\mathrm{e}^x \cos y - m)\mathrm{d}y$，其中 m 为常数，L 为由点$(a,0)$到$(0,0)$经过圆 $x^2 + y^2 = ax$ 上半部分的路线(a 为正数).

2. 利用曲线积分，求下列曲线所围成的图形的面积.

(1) 星形线 $x = a\cos^3 t$，$y = a\sin^3 t$;

(2) 双纽线 $r^2 = a^2 \cos 2\theta$;

(3) 圆 $x^2 + y^2 = 2ax$.

3. 证明下列曲线积分与路径无关，并计算积分值.

(1) $\int_{(0,0)}^{(1,1)} (x - y)(\mathrm{d}x - \mathrm{d}y)$;

(2) $\int_{(1,2)}^{(3,4)} (6xy^2 - y^3)\mathrm{d}x + (6x^2 y - 3xy^2)\mathrm{d}y$;

(3) $\int_{(1,1)}^{(1,2)} \dfrac{y\mathrm{d}x - x\mathrm{d}y}{x^2}$ 沿在右半平面的路径;

(4) $\int_{(1,0)}^{(6,8)} \dfrac{x\mathrm{d}x + y\mathrm{d}y}{\sqrt{x^2 + y^2}}$ 沿不通过原点的路径;

4. 验证下列 $P(x, y)\mathrm{d}x + Q(x, y)\mathrm{d}y$ 在整个 xOy 面内是某一函数 $u(x, y)$的全微分，并求这样的一个函数 $u(x, y)$.

(1) $(x + 2y)\mathrm{d}x + (2x + y)\mathrm{d}y$;

(2) $2xy\mathrm{d}x + x^2 \mathrm{d}y$;

(3) $(3x^2 y + 8xy^2)\mathrm{d}x + (x^3 + 8x^2 y + 12y\mathrm{e}^y)\mathrm{d}y$;

(4) $(2x\cos y + y^2 \cos x)\mathrm{d}x + (2y\sin x - x^2 \sin y)\mathrm{d}y$.

5. 证明: $\dfrac{x\mathrm{d}x + y\mathrm{d}y}{x^2 + y^2}$ 在整个 xOy 平面内除 y 的负半轴及原点外的开区域 G 内是某个二元函数的全微分，并求出这样的一个二元函数.

6. 设半平面 $x > 0$ 中有力 $\boldsymbol{F} = -\dfrac{k}{r^3}(x\boldsymbol{i} + y\boldsymbol{j})$ 构成力场，其中 k 为常数，$r = \sqrt{x^2 + y^2}$，证明: 在此力场中场力所做的功与所取的路径无关.

9.4　对面积的曲面积分

为了求密度不均匀的曲面的质量, 我们引入了第一类曲面积分(对面积的曲面积分).

一、对面积的曲面积分的概念与性质

1. 引例

考虑一密度不均匀曲面型物体 Σ, 其面密度函数为 $\rho = \rho(x,y,z)$, $\rho(x,y,z)$ 在曲面 Σ 上连续, 用与 9.1 节求曲线构件质量完全类似的方法, 可得曲面型物体 Σ 的质量 M 为

$$M = \lim_{\lambda \to 0} \sum_{i=1}^{n} \rho(\xi_i, \eta_i, \zeta_i) \Delta S_i,$$

其中 $\Delta S_i (1 \leqslant i \leqslant n)$ 既表示曲面 Σ 被分割的 n 个小曲面, 也表示小曲面的面积, (ξ_i, η_i, ζ_i) 是 $\Delta S_i (1 \leqslant i \leqslant n)$ 上的任意点, λ 表示 n 个小块曲面的直径的最大者.

为处理与此类似的问题, 把上述具体问题加以抽象, 可引入对面积的曲面积分的概念.

2. 概念与性质

定义　设 Σ 是有界的光滑曲面, 函数 $f(x,y,z)$ 在 Σ 上有界. 把曲面 Σ 任意分割成 n 小块: $\Delta S_1, \Delta S_2, \cdots, \Delta S_n$, 其中 ΔS_i 也表示第 i 块小曲面的面积, 记 $\lambda = \max_{1 \leqslant i \leqslant n} \{\Delta S_i$ 的直径$\}$. 在 ΔS_i 上任取一点 $(\xi_i, \eta_i, \zeta_i)(i=1,2,\cdots,n)$, 作和

$$\sum_{i=1}^{n} f(\xi_i, \eta_i, \zeta_i) \Delta S_i.$$

当 $\lambda \to 0$ 时, 若极限 $\lim\limits_{\lambda \to 0} \sum\limits_{i=1}^{n} f(\xi_i, \eta_i, \zeta_i) \Delta S_i$ 存在, 且极限与该曲面的分法及点 (ξ_i, η_i, ζ_i) 的取法均无关, 则称此极限为函数 $f(x,y,z)$ 在曲面 Σ 上对面积的曲面积分或第一类曲面积分, 记作 $\iint\limits_{\Sigma} f(x,y,z)\mathrm{d}S$, 即

$$\iint\limits_{\Sigma} f(x,y,z)\mathrm{d}S = \lim_{\lambda \to 0} \sum_{i=1}^{n} f(\xi_i, \eta_i, \zeta_i) \Delta S_i,$$

其中 $f(x,y,z)$ 称为被积函数, Σ 称为积分曲面, $\mathrm{d}S$ 称为曲面面积元素.

可以证明, 若 $f(x,y,z)$ 在分片光滑曲面 Σ 上连续, 则对面积的曲面积分是存在的.

由此定义, 引例中曲面型物体 Σ 的质量为 $M = \iint\limits_{\Sigma} \rho(x,y,z)\mathrm{d}S$.

注　$\mathrm{d}S$ 相应于和式中的 ΔS_i, 故 $\mathrm{d}S > 0$ 且称之为曲面 Σ 的面积元素.

对面积的曲面积分与对弧长的曲线积分有相似的性质.

性质 1　设 Σ 是有界光滑曲面, $f(x,y,z), g(x,y,z)$ 在 Σ 上可积, α, β 为常数, 则

$$\iint\limits_{\Sigma} [\alpha f(x,y,z) + \beta g(x,y,z)]\mathrm{d}S = \alpha \iint\limits_{\Sigma} f(x,y,z)\mathrm{d}S + \beta \iint\limits_{\Sigma} g(x,y,z)\mathrm{d}S.$$

性质 2　若有界光滑曲面 Σ 可分成两片光滑曲面 Σ_1 及 Σ_2, 则

$$\iint\limits_{\Sigma} f(x,y,z)\mathrm{d}S = \iint\limits_{\Sigma_1} f(x,y,z)\mathrm{d}S + \iint\limits_{\Sigma_2} f(x,y,z)\mathrm{d}S.$$

性质 3　设 $f(x,y,z), g(x,y,z)$ 在有界光滑曲面 Σ 上可积, 且 $f(x,y,z) \leqslant g(x,y,z)$, 则

$$\iint\limits_{\Sigma} f(x,y,z)\mathrm{d}S \leqslant \iint\limits_{\Sigma} g(x,y,z)\mathrm{d}S.$$

性质 4　设 Σ 是有界光滑曲面, 则 $\iint\limits_{\Sigma} \mathrm{d}S = A$, 其中 A 为 Σ 的面积.

二、对面积的曲面积分的计算

对面积的曲面积分可化为二重积分来计算. 设积分曲面 Σ 由方程 $z = z(x,y)$ 给出, Σ 和任一条平行于 z 轴的直线至多交于一点, D_{xy} 为 Σ 在 xOy 面上的投影区域. 设 $z = z(x,y)$ 在 D_{xy} 上具有一阶连续的偏导数, 根据曲面面积的计算公式, 曲面 Σ 的面积元素为 $\mathrm{d}S = \sqrt{1 + z_x^2(x,y) + z_y^2(x,y)}\,\mathrm{d}x\mathrm{d}y$. 所以, 对面积的曲面积分可表示为 xOy 面上投影区域 D_{xy} 上的二重积分

$$\iint\limits_{\Sigma} f(x,y,z)\mathrm{d}S = \iint\limits_{D_{xy}} f[x,y,z(x,y)]\sqrt{1 + z_x^2(x,y) + z_y^2(x,y)}\,\mathrm{d}x\mathrm{d}y. \qquad (9.12)$$

特别地, 当 $f(x,y,z) \equiv 1$ 时,

$$S = \iint\limits_{\Sigma} \mathrm{d}S = \iint\limits_{D_{xy}} \sqrt{1 + z_x^2(x,y) + z_y^2(x,y)}\,\mathrm{d}x\mathrm{d}y.$$

这与二重积分中的结论是一致的.

如果积分曲面 Σ 的方程为 $y = y(z,x)$, D_{zx} 为 Σ 在 zOx 面上的投影区域, 则函

数 $f(x,y,z)$ 在 Σ 上对面积的曲面积分为

$$\iint\limits_{\Sigma} f(x,y,z)\mathrm{d}S = \iint\limits_{D_{zx}} f[x,y(z,x),z]\sqrt{1+y_z^2(z,x)+y_x^2(z,x)}\mathrm{d}z\mathrm{d}x . \qquad (9.13)$$

如果积分曲面 Σ 的方程为 $x=x(y,z)$, D_{yz} 为 Σ 在 yOz 面上的投影区域, 则函数 $f(x,y,z)$ 在 Σ 上对面积的曲面积分为

$$\iint\limits_{\Sigma} f(x,y,z)\mathrm{d}S = \iint\limits_{D_{yz}} f[x(y,z),y,z]\sqrt{1+x_y^2(y,z)+x_z^2(y,z)}\mathrm{d}y\mathrm{d}z . \qquad (9.14)$$

求对面积的曲面积分一般方法 首先将积分曲面 Σ 投向使投影面积不为零的坐标面, 接着将曲面 Σ 的方程先化为投影面上两个变量的显函数, 再将该显函数代入被积表达式, 最后将 $\mathrm{d}S$ 换成投影面上用直角坐标系中面积元素表示的曲面面积元素, 即 $\mathrm{d}S = \sqrt{1+\left(\dfrac{\partial z}{\partial x}\right)^2+\left(\dfrac{\partial z}{\partial y}\right)^2}\mathrm{d}x\mathrm{d}y$, 或 $\mathrm{d}S = \sqrt{1+\left(\dfrac{\partial y}{\partial x}\right)^2+\left(\dfrac{\partial y}{\partial z}\right)^2}\mathrm{d}z\mathrm{d}x$, 或 $\mathrm{d}S = \sqrt{1+\left(\dfrac{\partial x}{\partial y}\right)^2+\left(\dfrac{\partial x}{\partial z}\right)^2}\mathrm{d}y\mathrm{d}z$, 将所给的第一类曲面积分化为二重积分计算.

如果曲面方程的选择不适宜, 会给投影区域的确定与二重积分的计算造成一定的困难.

例 1 计算曲面积分:

(1) $\iint\limits_{S}\mathrm{d}S$, 其中 S 是左半球面 $x^2+y^2+z^2=a^2$, $y \leqslant 0$;

(2) $\iint\limits_{\Sigma}z\mathrm{d}S$, 其中 Σ 为锥面 $z=\sqrt{x^2+y^2}$ 在柱体 $x^2+y^2 \leqslant 2x$ 内的部分.

解 (1) $\iint\limits_{S}\mathrm{d}S = \dfrac{1}{2}\times 4\pi a^2 = 2\pi a^2$.

(2) 由于 Σ 在 xOy 平面上的投影区域为 $D: x^2+y^2 \leqslant 2x$, 曲面 Σ 的方程为 $z=\sqrt{x^2+y^2}$, $(x,y)\in D$, 因此

$$\iint\limits_{\Sigma}z\mathrm{d}S = \iint\limits_{D}\sqrt{x^2+y^2}\sqrt{1+z_x^2+z_y^2}\mathrm{d}x\mathrm{d}y = \sqrt{2}\iint\limits_{D}\sqrt{x^2+y^2}\mathrm{d}x\mathrm{d}y.$$

对区域 D 作极坐标变换, 则该变换将区域 D 变成 (r,θ) 坐标系中的区域 $D\big|_{(r,\theta)}: -\dfrac{\pi}{2} \leqslant \theta \leqslant \dfrac{\pi}{2}$, $0 \leqslant r \leqslant 2\cos\theta$, 因此

$$\iint\limits_{D}\sqrt{x^2+y^2}\mathrm{d}x\mathrm{d}y = \int_{-\frac{\pi}{2}}^{\frac{\pi}{2}}\mathrm{d}\theta\int_{0}^{2\cos\theta}r^2\mathrm{d}r = \frac{8}{3}\int_{-\frac{\pi}{2}}^{\frac{\pi}{2}}\cos^3\theta\mathrm{d}\theta = \frac{32}{9}.$$

所以 $\iint\limits_{\Sigma} z\mathrm{d}S = \dfrac{32}{9}\sqrt{2}$.

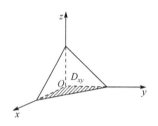

图 9.4.1

例 2 计算曲面积分 $\iint\limits_{\Sigma}\left(x + \dfrac{3y}{2} + \dfrac{z}{2}\right)\mathrm{d}S$，其中 Σ 为

平面 $\dfrac{x}{2} + \dfrac{y}{3} + \dfrac{z}{4} = 1$ 在第一卦限的部分(图 9.4.1).

解 将曲面的方程改写为 $\Sigma : z = 4\left(1 - \dfrac{x}{2} - \dfrac{y}{3}\right)$，则

$$\dfrac{\partial z}{\partial x} = -2, \quad \dfrac{\partial z}{\partial y} = -\dfrac{4}{3}, \text{ 从而}$$

$$\mathrm{d}S = \sqrt{1 + \left(\dfrac{\partial z}{\partial x}\right)^2 + \left(\dfrac{\partial z}{\partial y}\right)^2}\,\mathrm{d}x\mathrm{d}y = \dfrac{\sqrt{61}}{3}\mathrm{d}x\mathrm{d}y .$$

Σ 在 xOy 上的投影区域为 $D_{xy} = \left\{(x,y)\middle| 0 \leqslant x \leqslant 2, 0 \leqslant y \leqslant 3 - \dfrac{3}{2}x\right\}$，故

$$I = \iint\limits_{\Sigma}\left(x + \dfrac{3y}{2} + \dfrac{z}{2}\right)\mathrm{d}S = \iint\limits_{D_{xy}}\left[x + \dfrac{3}{2}y + 2\left(1 - \dfrac{x}{2} - \dfrac{y}{3}\right)\right]\dfrac{\sqrt{61}}{3}\mathrm{d}x\mathrm{d}y$$

$$= \dfrac{\sqrt{61}}{3}\int_0^2 \mathrm{d}x \int_0^{3 - \frac{3}{2}x}\left(2 + \dfrac{5}{6}y\right)\mathrm{d}y = \dfrac{17\sqrt{61}}{6} .$$

例 3 求抛物面壳 $z = \dfrac{1}{2}(x^2 + y^2)\ (0 \leqslant z \leqslant 1)$的质量，此壳的密度为 $\rho = z$.

解 在抛物面壳 $z = \dfrac{1}{2}(x^2 + y^2)\ (0 \leqslant z \leqslant 1)$上取一小块微小曲面 $\mathrm{d}S$，其质量

$\mathrm{d}m = z\mathrm{d}S$ 整个抛物面壳的质量为 $m = \iint\limits_{\Sigma} z\mathrm{d}S$. Σ 在 xOy 面上的投影 D_{xy} 为圆域

$x^2 + y^2 \leqslant 2$，$\dfrac{\partial z}{\partial x} = x$，$\dfrac{\partial z}{\partial y} = y$，故

$$m = \iint\limits_{\Sigma} z\mathrm{d}S = \iint\limits_{D_{xy}}\dfrac{1}{2}(x^2 + y^2)\sqrt{1 + (x^2 + y^2)}\,\mathrm{d}x\mathrm{d}y$$

$$= \dfrac{1}{2}\int_0^{2\pi}\mathrm{d}\theta \int_0^{\sqrt{2}}\sqrt{1 + r^2}\,r^3\mathrm{d}r = \dfrac{2\pi}{15}(6\sqrt{3} + 1).$$

问题讨论

1. 二重积分可以看成第一类曲面积分的特殊情形吗？

2. 如何选择积分曲面的投影区域？

3. 如果曲面 Σ 由 $F(x,y,z)=0$ 表示, 能求出 $\iint\limits_{\Sigma} f(x,y,z)\mathrm{d}S$ 吗?

小结

本节通过求密度不均匀的曲面质量的研究, 引入了对面积的曲面积分的概念, 给出了对面积的曲面积分的性质及计算方法.

习　题　9.4

1. 当 Σ 为 xOy 面内的一个闭区域时, 曲面积分 $\iint\limits_{\Sigma} f(x,y,z)\mathrm{d}S$ 与二重积分有什么关系?

2. 设光滑物质曲面 S 的面密度为 $\rho(x,y,z)$, 试用第一类曲面积分表示这个曲面对于三个坐标轴的转动惯量 I_x, I_y 和 I_z.

3. 计算曲面积分 $\iint\limits_{\Sigma}(x^2+y^2)\mathrm{d}S$, 其中 Σ 是锥面 $z=\sqrt{x^2+y^2}$ 及平面 $z=1$ 所围成的区域的整个边界曲面;

4. 求曲面积分 $\iint\limits_{\Sigma}\mathrm{d}S$, 其中 Σ 是抛物面在 xOy 面上方的部分: $z=2-(x^2+y^2)$, $z\geqslant 0$;

5. 计算曲面积分 $\iint\limits_{\Sigma}\dfrac{\mathrm{d}S}{z}$, 其中 Σ 是球面 $x^2+y^2+z^2=a^2$ 被平面 $z=h(0<h<a)$ 截出的顶部.

6. 设有一颗地球同步轨道卫星, 距地面的高度为 $h=36000$ km, 运行的角速度与地球自转的角速度相同. 试计算该通信卫星的覆盖面积与地球表面积的比值(地球半径 $R=6400$ km).

9.5　对坐标的曲面积分

为了解决流体通过曲面的流量等一些实际计算问题, 我们将研究另一种形式的曲面积分——第二类曲面积分(对坐标的曲面积分).

一、对坐标的曲面积分的概念与性质

1. 曲面的侧与投影

本节假设曲面是光滑的: 曲面上每一点处都存在切平面, 且当点沿曲面连续变动时, 切平面在曲面上也连续变动.

称曲面是**双侧的**: 是指曲面上一个动点在曲面上运动时, 如果不经过曲面的边缘(如果存在的话), 就不可能从曲面的一侧跑到另一侧. 例如, 由方程 $z=f(x,y)$ 表示的曲面, 对包含某一空间区域的闭曲面(如球面、椭球面等)是双侧的; 默比乌斯带是典型的单侧曲面(图 9.5.1).

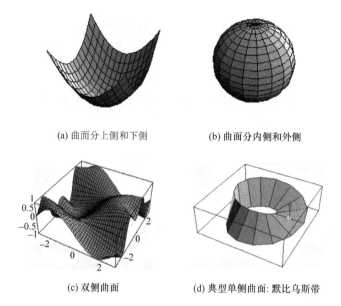

(a) 曲面分上侧和下侧　　　　(b) 曲面分内侧和外侧

(c) 双侧曲面　　　　(d) 典型单侧曲面: 默比乌斯带

图 9.5.1

$z = f(x, y)$ 有上侧和下侧, 闭曲面有内侧和外侧. 双侧曲面称为可定向曲面, 单侧曲面称为不可定向曲面. 本节研究的曲面通常都是可定向曲面, 即可以规定曲面的正侧. 如果取定了某一侧为正侧, 则另一侧为负侧. 取定了正侧的曲面称为有向曲面. 直观地, 可通过曲面法向量的指向来规定曲面的正侧. 例如, 曲面 $z = f(x, y)$, 若法向量指向朝上, 则取上侧为正侧, 其他类推; 对于闭曲面, 若法向量指向朝外, 一般取外侧为正侧.

为了引入对坐标的曲面积分概念, 需要规定曲面的正侧和小块曲面在坐标面上投影区域的面积间的联系.

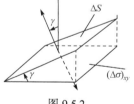

图 9.5.2

设 Σ 是有向曲面, ΔS 为 Σ 上一小块曲面(其面积仍记为 ΔS)(图 9.5.2). 将 ΔS 投影到 xOy 面上得一投影区域, 该投影区域的面积记为 $(\Delta\sigma)_{xy}$.

设 ΔS 上任一点处的法向量 $\boldsymbol{n}$ 与 z 轴正向之间的夹角为 γ (γ 也是 ΔS 与 xOy 面的夹角). 若 $\cos\gamma$ 在 ΔS 上都为正(或负), 规定 ΔS 在 xOy 面上的投影 $(\Delta S)_{xy}$ 为

$$(\Delta S)_{xy} = \begin{cases} (\Delta\sigma)_{xy}, & \cos\gamma > 0, \\ 0, & \cos\gamma \equiv 0, \\ -(\Delta\sigma)_{xy}, & \cos\gamma < 0, \end{cases} \quad \text{即} (\Delta S)_{xy} = \cos\gamma \Delta S , \qquad (9.15)$$

其中 $\cos\gamma = 0$, 即投影区域面积 $(\Delta\sigma)_{xy} = 0$. ΔS 在 xOy 面上的投影 $(\Delta S)_{xy}$ 就是对

投影区域面积规定一个正负号. 类似地, 可以定义 ΔS 在 yOz,zOx 面上的投影 $(\Delta S)_{yz}$ 及 $(\Delta S)_{zx}$.

(9.15)式可用来表示曲面的正侧与投影面积符号的对应关系. 以曲面 $z = f(x,y)$ 为例,

上侧为正侧, 此时 $\cos\gamma > 0$, $(\Delta S)_{xy} = (\Delta\sigma)_{xy}$;

下侧为负侧, 此时 $\cos\gamma < 0$, $(\Delta S)_{xy} = -(\Delta\sigma)_{xy}$.

为了引入对坐标的曲面积分的定义, 再考虑一个实际问题.

2. 对坐标的曲面积分的概念

引例　求流向曲面一侧的流量.

设空间有一稳定的不可压缩的(设密度为1)流体, 流速场为

$$\boldsymbol{v} = \boldsymbol{v}(x,y,z) = P(x,y,z)\boldsymbol{i} + Q(x,y,z)\boldsymbol{j} + R(x,y,z)\boldsymbol{k} .$$

Σ 是一片有向光滑曲面, 函数 P,Q,R 在曲面 Σ 上连续. 求流体在单位时间内流过曲面 Σ 的流量 Φ . 如图 9.5.3, 把曲面 Σ 分成 n 个小块 ΔS_i $(i=1,2,\cdots,n)$, 每小块的面积也记为 ΔS_i . 在每小块上任取一点 (ξ_i,η_i,ζ_i) , 在 Σ 是光滑的和 $\boldsymbol{v}$ 是连续的前提下, 只要 ΔS_i 的直径很小, 每小块上的流速可视为常数向量

$$\boldsymbol{v}_i = \boldsymbol{v}(\xi_i,\eta_i,\zeta_i) = P(\xi_i,\eta_i,\zeta_i)\boldsymbol{i} + Q(\xi_i,\eta_i,\zeta_i)\boldsymbol{j} + R(\xi_i,\eta_i,\zeta_i)\boldsymbol{k} .$$

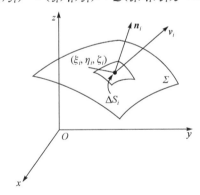

图 9.5.3

而 ΔS_i 可近似地看作平面. 这样在单位时间内通过小块 ΔS_i 流向指定侧的流量 $\Delta\Phi_i$ 可近似地看成底面积为 ΔS_i , 斜高为 $|\boldsymbol{v}_i|$ 的斜柱体, 因此有

$$\Delta\Phi_i \approx |\boldsymbol{v}_i|\cos\theta_i\Delta S_i = \boldsymbol{v}_i \cdot \boldsymbol{n}_i\Delta S_i \quad (i=1,2,\cdots,n) ,$$

其中, $\boldsymbol{n}_i$ 是曲面 Σ 在点 (ξ_i,η_i,ζ_i) 处指向流动一侧的单位法向量, θ_i 为 $\boldsymbol{n}_i$ 与 $\boldsymbol{v}_i$ 的夹角. 设 $\boldsymbol{n}_i$ 的方向余弦为 $(\cos\alpha_i,\cos\beta_i,\cos\gamma_i)$. 于是, 通过 Σ 流向指定侧的流量为

$$\Phi \approx \sum_{i=1}^{n} \boldsymbol{v}_i \cdot \boldsymbol{n}_i \Delta S_i = \sum_{i=1}^{n}[P(\xi_i,\eta_i,\zeta_i)\cos\alpha_i + Q(\xi_i,\eta_i,\zeta_i)\cos\beta_i$$
$$+ R(\xi_i,\eta_i,\zeta_i)\cos\gamma_i]\Delta S_i.$$

记 $\lambda = \max_{1 \le i \le n}\{\Delta S_i \text{ 直径}\}$, 当 $\lambda \to 0$ 时, 如果上式的极限存在, 则此极限就是流体在单位时间内通过曲面 Σ 的流量.

由于

$$\cos\alpha_i \Delta S_i \approx (\Delta S_i)_{yz}, \quad \cos\beta_i \Delta S_i \approx (\Delta S_i)_{zx}, \quad \cos\gamma_i \Delta S_i \approx (\Delta S_i)_{xy},$$

因此流量可以表示为

$$\Phi = \lim_{\lambda \to 0}\sum_{i=1}^{n}\{P(\xi_i,\eta_i,\zeta_i)(\Delta S_i)_{yz} + Q(\xi_i,\eta_i,\zeta_i)(\Delta S_i)_{zx} + R(\xi_i,\eta_i,\zeta_i)(\Delta S_i)_{xy}\}.$$

这样结构的极限在其他问题中也会遇到. 抽去具体的物理含义, 就得出了下面的对坐标的曲面积分的概念.

定义 设 Σ 是光滑或分片光滑的有向曲面, 函数 $P(x,y,z), Q(x,y,z)$, $R(x,y,z)$ 在曲面 Σ 上有界. 把 Σ 任意分为 n 块小曲面: $\Delta S_1, \Delta S_2, \cdots, \Delta S_n$, 其中 ΔS_i $(i=1,2,\cdots,n)$ 也表示第 i 块小曲面的面积, $(\Delta S_i)_{yz}, (\Delta S_i)_{zx}, (\Delta S_i)_{xy}$ 分别表示 ΔS_i 在三个坐标面上的投影. 在每个小曲面上任取一点 $(\xi_i, \eta_i, \xi_i) \in \Delta S_i$, 当每个小曲面的直径的最大者 $\lambda \to 0$ 时, 如果极限

$$\lim_{\lambda \to 0}\sum_{i=1}^{n}\{P(\xi_i,\eta_i,\zeta_i)(\Delta S_i)_{yz} + Q(\xi_i,\eta_i,\zeta_i)(\Delta S_i)_{zx} + R(\xi_i,\eta_i,\zeta_i)(\Delta S_i)_{xy}\}$$

存在, 且极限与曲面 Σ 的分法及点 (ξ_i, η_i, ζ_i) 的取法均无关, 则称此极限为 P, Q, R 在有向曲面 Σ 上沿指定一侧(正侧)上的对坐标的曲面积分(或第二类曲面积分), 记作

$$\iint_{\Sigma} P(x,y,z)\mathrm{d}y\mathrm{d}z + Q(x,y,z)\mathrm{d}z\mathrm{d}x + R(x,y,z)\mathrm{d}x\mathrm{d}y$$

或

$$\iint_{\Sigma} P(x,y,z)\mathrm{d}y\mathrm{d}z + \iint_{\Sigma} Q(x,y,z)\mathrm{d}z\mathrm{d}x + \iint_{\Sigma} R(x,y,z)\mathrm{d}x\mathrm{d}y.$$

积分 $\iint_{\Sigma} P(x,y,z)\mathrm{d}y\mathrm{d}z$, $\iint_{\Sigma} Q(x,y,z)\mathrm{d}z\mathrm{d}x$ 和 $\iint_{\Sigma} R(x,y,z)\mathrm{d}x\mathrm{d}y$ 也分别称为对坐标 y 和 z, z 和 x, x 和 y 的曲面积分.

如果 Σ 是包含某一空间区域的闭曲面, 则沿曲面 Σ 上的曲面积分记为

$$\oiint_{\Sigma} P\mathrm{d}y\mathrm{d}z + Q\mathrm{d}z\mathrm{d}x + R\mathrm{d}x\mathrm{d}y.$$

根据对坐标的曲面积分的定义, 流体的流量 Φ 可表示为

$$\Phi = \iint\limits_{\Sigma} P\mathrm{d}y\mathrm{d}z + Q\mathrm{d}z\mathrm{d}x + R\mathrm{d}x\mathrm{d}y .$$

3. 对坐标的曲面积分的性质

性质 1 若 $\Sigma = \Sigma_1 + \Sigma_2$, 则

$$\iint\limits_{\Sigma} P\mathrm{d}y\mathrm{d}z + Q\mathrm{d}z\mathrm{d}x + R\mathrm{d}x\mathrm{d}y$$

$$= \iint\limits_{\Sigma_1} P\mathrm{d}y\mathrm{d}z + Q\mathrm{d}z\mathrm{d}x + R\mathrm{d}x\mathrm{d}y + \iint\limits_{\Sigma_2} P\mathrm{d}y\mathrm{d}z + Q\mathrm{d}z\mathrm{d}x + R\mathrm{d}x\mathrm{d}y.$$

性质 2 设 Σ 是有向曲面, Σ^- 表示 Σ 取相反侧的有向曲面, 则

$$\iint\limits_{\Sigma^-} P\mathrm{d}y\mathrm{d}z + Q\mathrm{d}z\mathrm{d}x + R\mathrm{d}x\mathrm{d}y = -\iint\limits_{\Sigma} P\mathrm{d}y\mathrm{d}z + Q\mathrm{d}z\mathrm{d}x + R\mathrm{d}x\mathrm{d}y .$$

性质 2 说明, 对坐标的曲面积分与指定的曲面的侧有关.

二、对坐标的曲面积分的计算

设函数 $R(x,y,z)$ 是定义在曲面
$$\Sigma: \quad z = z(x,y) , (x,y) \in D_{xy} \quad (D_{xy} \text{ 为 } \Sigma \text{ 在 } xOy \text{ 面上的投影区域})$$
上的连续函数, 以 Σ 的上侧为正侧, 函数 $z = z(x,y)$ 在 D_{xy} 上具有一阶连续偏导数.

因为

$$(\Delta S_i)_{xy} = \begin{cases} (\Delta\sigma_i)_{xy}, & \cos\gamma > 0, \\ 0, & \cos\gamma \equiv 0, \\ -(\Delta\sigma_i)_{xy}, & \cos\gamma < 0, \end{cases}$$

又曲面取上侧, 所以 $\cos\gamma > 0$, 故 $(\Delta S_i)_{xy} = (\Delta\sigma_i)_{xy}$. 从而

$$\iint\limits_{\Sigma} R(x,y,z)\mathrm{d}x\mathrm{d}y = \lim_{\lambda\to 0}\sum_{i=1}^{n} R(\xi_i,\eta_i,\zeta_i)(\Delta S_i)_{xy}$$

$$= \lim_{\lambda\to 0}\sum_{i=1}^{n} R[\xi_i,\eta_i,z_i(\xi_i,\eta_i)](\Delta\sigma_i)_{xy}$$

$$= \iint\limits_{D_{xy}} R[x,y,z(x,y)]\mathrm{d}x\mathrm{d}y.$$

如果曲面取下侧, 可知 $\cos\gamma < 0$, 则 $(\Delta S_i)_{xy} = -(\Delta\sigma_i)_{xy}$, 从而

$$\iint\limits_{\Sigma} R(x,y,z)\mathrm{d}x\mathrm{d}y = \lim_{\lambda\to 0}\sum_{i=1}^{n} R(\xi_i,\eta_i,\zeta_i)(\Delta S_i)_{xy}$$

$$= -\lim_{\lambda\to 0}\sum_{i=1}^{n} R[\xi_i,\eta_i,z_i(\xi_i,\eta_i)](\Delta\sigma_i)_{xy}$$

$$= -\iint\limits_{D_{xy}} R[x,y,z(x,y)]\mathrm{d}x\mathrm{d}y.$$

综合上面的讨论, 有

$$\iint\limits_{\Sigma} R(x,y,z)\mathrm{d}x\mathrm{d}y = \pm\iint\limits_{D_{xy}} R[x,y,z(x,y)]\mathrm{d}x\mathrm{d}y , \tag{9.16}$$

Σ 取上侧时, 上式取 "+" 号, Σ 取下侧时, 上式取 "–" 号.

类似地, 可以得到

$$\iint\limits_{\Sigma} P(x,y,z)\mathrm{d}y\mathrm{d}z = \pm\iint\limits_{D_{yz}} P[x(y,z),y,z]\mathrm{d}y\mathrm{d}z , \tag{9.17}$$

Σ 取前侧时, 上式取 "+" 号, Σ 取后侧时, 上式取 "–" 号.

$$\iint\limits_{\Sigma} Q(x,y,z)\mathrm{d}z\mathrm{d}x = \pm\iint\limits_{D_{zx}} Q[x,y(x,z),z]\mathrm{d}z\mathrm{d}x , \tag{9.18}$$

Σ 取右侧时, 上式取 "+" 号, Σ 取左侧时, 上式取 "–" 号.

计算曲面积分一般采用的方法是: 首先将积分曲面 Σ 向某一坐标面投影, 接着将 Σ 的方程化为投影面上两个变量的显函数, 再将该显函数代入被积表达式, 最后依曲面 Σ 的定侧, 决定二重积分前的 "+""–" 符号, 当 Σ 的定侧向量指向坐标面的上(右、前)方时, 二重积分前面取 "+", 反之取 "–", 这就是 "一投、二代、三定号" 的法则将第二类曲面积分转化为求二重积分.

例 1　计算曲面积分 $\iint\limits_{\Sigma} z\mathrm{d}x\mathrm{d}y$, 其中 Σ 为上半球面 $x^2+y^2+z^2=R^2$ 的上侧.

分析　根据曲面方程, 取 xOy 面作为投影面, 上侧取 "+" 号.

解　Σ 的方程是 $z=\sqrt{R^2-x^2-y^2}$, 在 xOy 面上的投影区域 D_{xy}: $x^2+y^2\leqslant R^2$, 注意到曲面取上侧, 有

$$\iint\limits_{\Sigma} z\mathrm{d}x\mathrm{d}y = \iint\limits_{D_{xy}} \sqrt{R^2-x^2-y^2}\mathrm{d}x\mathrm{d}y = \iint\limits_{D_{xy}} \sqrt{R^2-\rho^2}\rho\mathrm{d}\rho\mathrm{d}\theta$$

$$= -\frac{1}{2}\int_0^{2\pi}\mathrm{d}\theta\int_0^R \sqrt{R^2-\rho^2}\mathrm{d}(R^2-\rho^2) = \pi\int_0^R \rho^3\sqrt{R^2-\rho^2}\mathrm{d}\rho = \frac{2\pi}{3}R^3.$$

例 2　计算曲面积分 $\oiint\limits_{\Sigma}(x-y)\mathrm{d}x\mathrm{d}y + x(y-z)\mathrm{d}y\mathrm{d}z$, 其中 Σ 为柱面 $x^2+y^2=1$

与平面 $z=0, z=3$ 围成圆柱体的外侧表面.

分析　积分曲面较复杂时可分片计算, 也可以根据积分表达式和曲面特征作适当组合或拆分.

解　(1) 先计算 $\oiint\limits_{\Sigma}(x-y)\mathrm{d}x\mathrm{d}y$.

把曲面 Σ 分为 Σ_1, Σ_2 和 Σ_3 三部分:

Σ_1: $z=3$ (上侧);　Σ_2: $z=0$ (下侧);

Σ_1, Σ_2 在 xOy 面上的投影区域均为 D_{xy}: $x^2+y^2 \leqslant 1$;

Σ_3: $x^2+y^2=1$, 圆柱面的外侧, 法向量垂直于 z 轴, 由于 Σ_3 在 xOy 面上的投影区域的面积为 0, 所以 $\iint\limits_{\Sigma_3}(x-y)\mathrm{d}x\mathrm{d}y=0$. 从而

$$\oiint\limits_{\Sigma}(x-y)\mathrm{d}x\mathrm{d}y = \iint\limits_{\Sigma_1}(x-y)\mathrm{d}x\mathrm{d}y + \iint\limits_{\Sigma_2}(x-y)\mathrm{d}x\mathrm{d}y + 0$$

$$= \iint\limits_{D_{xy}}(x-y)\mathrm{d}x\mathrm{d}y - \iint\limits_{D_{xy}}(x-y)\mathrm{d}x\mathrm{d}y = 0.$$

(2) 再计算 $\oiint\limits_{\Sigma}x(y-z)\mathrm{d}y\mathrm{d}z$.

由于 Σ_1 与 Σ_2 在 yOz 面上的投影区域的面积均为 0, 所以

$$\iint\limits_{\Sigma_1}x(y-z)\mathrm{d}y\mathrm{d}z = \iint\limits_{\Sigma_2}x(y-z)\mathrm{d}y\mathrm{d}z = 0.$$

从而 $\oiint\limits_{\Sigma}x(y-z)\mathrm{d}y\mathrm{d}z = \iint\limits_{\Sigma_3}x(y-z)\mathrm{d}y\mathrm{d}z$.

记 $\Sigma_3=\Sigma_{31}+\Sigma_{32}$, Σ_{31}: $x=\sqrt{1-y^2}$ (前侧);　Σ_{32}: $x=-\sqrt{1-y^2}$ (后侧). 它们在 yOz 面上的投影区域均为 D_{yz}: $-1 \leqslant y \leqslant 1$, $0 \leqslant z \leqslant 3$, 则

$$\oiint\limits_{\Sigma}x(y-z)\mathrm{d}y\mathrm{d}z = \iint\limits_{\Sigma_{31}}x(y-z)\mathrm{d}y\mathrm{d}z + \iint\limits_{\Sigma_{32}}x(y-z)\mathrm{d}y\mathrm{d}z$$

$$= \iint\limits_{D_{yz}}\sqrt{1-y^2}(y-z)\mathrm{d}y\mathrm{d}z - \iint\limits_{D_{yz}}-\sqrt{1-y^2}(y-z)\mathrm{d}y\mathrm{d}z$$

$$= 2\iint\limits_{D_{yz}}\sqrt{1-y^2}(y-z)\mathrm{d}y\mathrm{d}z$$

$$= -2\iint\limits_{D_{yz}}z\sqrt{1-y^2}\mathrm{d}y\mathrm{d}z = -\frac{9\pi}{2}.$$

所以

$$\iint\limits_{\Sigma} (x-y)\mathrm{d}x\mathrm{d}y + x(y-z)\mathrm{d}y\mathrm{d}z = \iint\limits_{\Sigma} (x-y)\mathrm{d}x\mathrm{d}y + \iint\limits_{\Sigma} x(y-z)\mathrm{d}y\mathrm{d}z = -\frac{9\pi}{2}.$$

例 3　设流体的速度是 $\boldsymbol{v} = xy\boldsymbol{i} + yz\boldsymbol{j} + zx\boldsymbol{k}$，求流体穿出球面 $x^2 + y^2 + z^2 = 1$ 在第一卦限部分的流量 Φ．

解　$\Phi = \iint\limits_{\Sigma} xy\mathrm{d}y\mathrm{d}z + yz\mathrm{d}z\mathrm{d}x + zx\mathrm{d}x\mathrm{d}y$．由对称性得 $\Phi = 3\iint\limits_{\Sigma} zx\mathrm{d}x\mathrm{d}y$．

由于 Σ：$z = \sqrt{1-x^2-y^2}$（上侧），Σ 在 xOy 面上的投影区域

$$D_{xy}：x^2 + y^2 \leqslant 1,\ x \geqslant 0,\ y \geqslant 0.$$

所以

$$\Phi = 3\iint\limits_{D_{xy}} x\sqrt{1-x^2-y^2}\mathrm{d}x\mathrm{d}y = 3\int_0^{\frac{\pi}{2}} \cos\theta\mathrm{d}\theta \int_0^1 \rho^2\sqrt{1-\rho^2}\mathrm{d}\rho = \frac{3}{16}\pi.$$

三、两类曲面积分之间的联系

由前面讨论，知 $(\Delta S_i)_{xy} = \cos\gamma_i \Delta S_i$，所以

$$\begin{aligned}
\iint\limits_{\Sigma} R(x,y,z)\mathrm{d}x\mathrm{d}y &= \lim_{\lambda \to 0}\sum_{i=1}^{n} R(\xi_i, \eta_i, \zeta_i)(\Delta S_i)_{xy} \\
&= \lim_{\lambda \to 0}\sum_{i=1}^{n} R(\xi_i, \eta_i, \zeta_i)\cos\gamma_i \Delta S_i \\
&= \iint\limits_{\Sigma} R(x,y,z)\cos\gamma\mathrm{d}S,
\end{aligned}$$

即 $\iint\limits_{\Sigma} R(x,y,z)\mathrm{d}x\mathrm{d}y = \iint\limits_{\Sigma} R(x,y,z)\cos\gamma\mathrm{d}S$．

同理可得

$$\iint\limits_{\Sigma} P(x,y,z)\mathrm{d}y\mathrm{d}z = \iint\limits_{\Sigma} P(x,y,z)\cos\alpha\mathrm{d}S,$$

$$\iint\limits_{\Sigma} Q(x,y,z)\mathrm{d}z\mathrm{d}x = \iint\limits_{\Sigma} Q(x,y,z)\cos\beta\mathrm{d}S.$$

若有向曲面 Σ 指定一侧的法向量的方向余弦为 $\cos\alpha, \cos\beta, \cos\gamma$，则两类曲面积分的关系为

$$\iint\limits_{\Sigma} P\mathrm{d}y\mathrm{d}z + Q\mathrm{d}z\mathrm{d}x + R\mathrm{d}x\mathrm{d}y = \iint\limits_{\Sigma} (P\cos\alpha + Q\cos\beta + R\cos\gamma)\mathrm{d}S. \tag{9.19}$$

由上式还可得

$$\mathrm{d}y\mathrm{d}z = \cos\alpha\mathrm{d}S, \quad \mathrm{d}z\mathrm{d}x = \cos\beta\mathrm{d}S, \quad \mathrm{d}x\mathrm{d}y = \cos\gamma\mathrm{d}S. \tag{9.20}$$

两类曲面积分之间的联系也可写成如下向量的形式:

$$\iint\limits_{\Sigma} \boldsymbol{A} \cdot \mathrm{d}\boldsymbol{S} = \iint\limits_{\Sigma} \boldsymbol{A} \cdot \boldsymbol{n}\mathrm{d}S,$$

其中 $\boldsymbol{A} = (P, Q, R)$, $\boldsymbol{n} = (\cos\alpha, \cos\beta, \cos\gamma)$ 是有向曲面 Σ 上点 (x, y, z) 处的单位法向量, $\mathrm{d}\boldsymbol{S} = \boldsymbol{n}\mathrm{d}S = (\mathrm{d}y\mathrm{d}z, \mathrm{d}z\mathrm{d}x, \mathrm{d}x\mathrm{d}y)$, 称为有向曲面元, $\boldsymbol{A} \cdot \boldsymbol{n}$ 为向量 $\boldsymbol{A}$ 在向量 $\boldsymbol{n}$ 上的投影.

例 4　计算 $\iint\limits_{\Sigma} x\mathrm{d}y\mathrm{d}z - z\mathrm{d}x\mathrm{d}y$, 其中 Σ 是旋转抛物面 $z = \dfrac{x^2 + y^2}{2}$ 介于平面 $z = 0$ 及 $z = 2$ 之间的部分的下侧.

解　积分曲面在 xOy 坐标面投影区域为 $D_{xy} : x^2 + y^2 \leqslant 4$, 由式(9.19), (9.20), 有

$$\iint\limits_{\Sigma} x\mathrm{d}y\mathrm{d}z = \iint\limits_{\Sigma} x\cos\alpha\mathrm{d}S = \iint\limits_{\Sigma} x\frac{\cos\alpha}{\cos\gamma}\mathrm{d}x\mathrm{d}y.$$

在曲面 Σ 上, 有 $\dfrac{\cos\alpha}{\cos\gamma} = \dfrac{z_x}{-1} = \dfrac{x}{-1} = -x.$

$$\iint\limits_{\Sigma} x\mathrm{d}y\mathrm{d}z - z\mathrm{d}x\mathrm{d}y = \iint\limits_{\Sigma}[x(-x) - z]\mathrm{d}x\mathrm{d}y = -\iint\limits_{D_{xy}}\left[-x^2 - \frac{1}{2}(x^2 + y^2)\right]\mathrm{d}x\mathrm{d}y$$

$$= \iint\limits_{D_{xy}}\left[x^2 + \frac{1}{2}(x^2 + y^2)\right]\mathrm{d}x\mathrm{d}y = \int_0^{2\pi}\mathrm{d}\theta\int_0^2\left(r^2\cos^2\theta + \frac{1}{2}r^2\right)r\mathrm{d}r = 8\pi.$$

问题讨论

1. 当 Σ 是 xOy 面内的一个闭区域时, 曲面积分 $\iint\limits_{\Sigma} f(x, y, z)\mathrm{d}x\mathrm{d}y$ 与二重积分有什么关系?

2. 如何确定有向曲面在各坐标平面投影的符号?

3. 两类曲面积分在计算上有何异同?

小结

本节主要阐述了对坐标的曲面积分的概念及性质, 对坐标的曲面积分的计算法及两类曲面积分之间的联系.

习　题　9.5

1. 按对坐标的曲面积分的定义证明公式:

$$\iint\limits_{\Sigma}[P_1(x,y,z)\pm P_2(x,y,z)]\mathrm{d}y\mathrm{d}z = \iint\limits_{\Sigma}P_1(x,y,z)\mathrm{d}y\mathrm{d}z \pm \iint\limits_{\Sigma}P_2(x,y,z)\mathrm{d}y\mathrm{d}z .$$

2. 计算 $\iint\limits_{\Sigma}xyz\mathrm{d}x\mathrm{d}y$, 其中 Σ 是球面 $x^2+y^2+z^2=1$ 外侧在 $x\geqslant 0, y\geqslant 0$ 的部分.

3. 计算 $\iint\limits_{\Sigma}z\mathrm{d}x\mathrm{d}y + x\mathrm{d}y\mathrm{d}z + y\mathrm{d}z\mathrm{d}x$, 其中 Σ 是柱面 $x^2+y^2=1$ 被平面 $z=0$ 及 $z=3$ 所截得的在第一卦限内的部分的前侧.

4. $\iint\limits_{\Sigma}[f(x,y,z)+x]\mathrm{d}y\mathrm{d}z + [2f(x,y,z)+y]\mathrm{d}z\mathrm{d}x + [f(x,y,z)+z]\mathrm{d}x\mathrm{d}y$, 其中 $f(x,y,z)$ 为连续函数, Σ 是平面 $x-y+z=1$ 在第四卦限部分的上侧.

9.6　高斯公式　斯托克斯公式

格林公式给出了平面闭区域上二重积分与其边界曲线上的曲线积分之间的关系. 那么, 三重积分与其边界曲面上的曲面积分之间, 空间曲面上的曲面积分和曲面边界的曲线积分也有类似关系吗? 本节将介绍这些结论.

一、高斯公式及其应用

格林公式建立了平面闭区域上的二重积分与其边界曲线上的曲线积分之间的关系. 高斯(Gauss)推广了格林公式, 得到了空间区域上的三重积分与其边界曲面上的曲面积分之间的关系.

定理 1　设空间有界闭区域 Ω 是由分片光滑的闭曲面 Σ 所围成的, 函数 $P(x,y,z),Q(x,y,z),R(x,y,z)$ 在 Ω 及 Σ 上具有连续的一阶偏导数, 则有

$$\iiint\limits_{\Omega}\left(\frac{\partial P}{\partial x}+\frac{\partial Q}{\partial y}+\frac{\partial R}{\partial z}\right)\mathrm{d}x\mathrm{d}y\mathrm{d}z = \oiint\limits_{\Sigma}P\mathrm{d}y\mathrm{d}z + Q\mathrm{d}z\mathrm{d}x + R\mathrm{d}x\mathrm{d}y \qquad (9.21)$$

或

$$\iiint\limits_{\Omega}\left(\frac{\partial P}{\partial x}+\frac{\partial Q}{\partial y}+\frac{\partial R}{\partial z}\right)\mathrm{d}x\mathrm{d}y\mathrm{d}z = \oiint\limits_{\Sigma}(P\cos\alpha+Q\cos\beta+R\cos\gamma)\mathrm{d}S , \qquad (9.21')$$

其中 Σ 是 Ω 的整个边界曲面的外侧, α,β,γ 是 Σ 在点 (x,y,z) 处的外法向量的方向角. 公式(9.21)(或(9.21′))称为**高斯公式**.

证明 略.

在公式(9.21)中, 令 $P = x, Q = y, R = z$, 可得闭曲面 Σ 包围立体的体积为

$$V = \iiint\limits_{\Omega} \mathrm{d}x\mathrm{d}y\mathrm{d}z = \frac{1}{3} \oiint\limits_{\Sigma} x\mathrm{d}y\mathrm{d}z + y\mathrm{d}z\mathrm{d}x + z\mathrm{d}x\mathrm{d}y .$$

例 1 求 $\oiint\limits_{\Sigma} x\mathrm{d}y\mathrm{d}z + y\mathrm{d}z\mathrm{d}x + z\mathrm{d}x\mathrm{d}y$, 其中 Σ 是介于 $z = 0$ 和 $z = 3$ 之间的圆柱体 $x^2 + y^2 = 9$ 的整个表面的外侧.

分析 由于外表面是平面, 积分区域较为简单, 应用高斯公式将曲面积分化为三重积分计算更简便.

解 由高斯公式得

$$\oiint\limits_{\Sigma} x\mathrm{d}y\mathrm{d}z + y\mathrm{d}z\mathrm{d}x + z\mathrm{d}x\mathrm{d}y = \iiint\limits_{\Omega} \left(\frac{\partial P}{\partial x} + \frac{\partial Q}{\partial y} + \frac{\partial R}{\partial z} \right) \mathrm{d}v$$

$$= 3\iiint\limits_{\Omega} \mathrm{d}v = 3 \cdot \pi \cdot 3^2 \cdot 3 = 81\pi.$$

例 2 求 $\oiint\limits_{\Sigma} x^2\mathrm{d}y\mathrm{d}z + y^2\mathrm{d}z\mathrm{d}x + z^2\mathrm{d}x\mathrm{d}y$, 其中 Σ 为平面

$$x = 0, \quad y = 0, \quad z = 0, \quad x = a, \quad y = a, \quad z = a$$

所围成的立体的表面的外侧.

解 由高斯公式得

$$\oiint\limits_{\Sigma} x^2\mathrm{d}y\mathrm{d}z + y^2\mathrm{d}z\mathrm{d}x + z^2\mathrm{d}x\mathrm{d}y = \iiint\limits_{\Omega} (2x + 2y + 2z)\mathrm{d}v = 2\iiint\limits_{\Omega} (x + y + z)\mathrm{d}v$$

$$\xlongequal{\text{对称性}} 6\iiint\limits_{\Omega} x\mathrm{d}v = 6\int_0^a x\mathrm{d}x \int_0^a \mathrm{d}y \int_0^a \mathrm{d}z = 3a^4.$$

二、斯托克斯公式

斯托克斯公式是格林公式的另一推广形式. 它建立了空间曲面 Σ 上的曲面积分与沿 Σ 的边界曲线的曲线积分之间的关系式.

设 Σ 是一片光滑的双侧曲面, 其边界曲线为 Γ, 指定 Σ 的一侧为正侧, Γ 的一个方向为其正方向. 当右手除拇指外的四指指向 Γ 的正向时, 若拇指所指的方向与 Σ 上法向量的指向相同, 则称 Γ 的正向与 Σ 的侧符合右手法则(图 9.6.1), 此时也称 Γ 是有向曲面 Σ

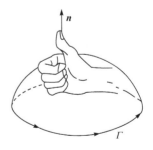

图 9.6.1

的正向边界曲线.

定理2　设有向光滑曲面 Σ 的边界 Γ 是分段光滑的有向连续闭曲线, Γ 的正向与 Σ 的侧符合右手法则. 函数 $P(x,y,z),Q(x,y,z),R(x,y,z)$ 在曲面 Σ 及边界 Γ 上的一阶偏导数连续, 则

$$\oint_{\Gamma} P\mathrm{d}x + Q\mathrm{d}y + R\mathrm{d}z = \iint_{\Sigma}\left(\frac{\partial R}{\partial y} - \frac{\partial Q}{\partial z}\right)\mathrm{d}y\mathrm{d}z$$
$$+\left(\frac{\partial P}{\partial z} - \frac{\partial R}{\partial x}\right)\mathrm{d}z\mathrm{d}x + \left(\frac{\partial Q}{\partial x} - \frac{\partial P}{\partial y}\right)\mathrm{d}x\mathrm{d}y \quad\text{或}$$

$$\oint_{\Gamma} P\mathrm{d}x + Q\mathrm{d}y + R\mathrm{d}z$$
$$= \iint_{\Sigma}\left[\left(\frac{\partial R}{\partial y} - \frac{\partial Q}{\partial z}\right)\cos\alpha + \left(\frac{\partial P}{\partial z} - \frac{\partial R}{\partial x}\right)\cos\beta + \left(\frac{\partial Q}{\partial x} - \frac{\partial P}{\partial y}\right)\cos\gamma\right]\mathrm{d}S, \quad (9.22)$$

其中 $\boldsymbol{n} = \cos\alpha\,\boldsymbol{i} + \cos\beta\,\boldsymbol{j} + \cos\gamma\,\boldsymbol{k}$ 是有向曲面 Σ 在点 (x,y,z) 处的单位法向量. 公式 (9.22) 称为**斯托克斯公式**.

为了便于记忆, 可用行列式记号把公式(9.22)写成

$$\oint_{\Gamma} P\mathrm{d}x + Q\mathrm{d}y + R\mathrm{d}z = \iint_{\Sigma}\begin{vmatrix} \mathrm{d}y\mathrm{d}z & \mathrm{d}z\mathrm{d}x & \mathrm{d}x\mathrm{d}y \\ \dfrac{\partial}{\partial x} & \dfrac{\partial}{\partial y} & \dfrac{\partial}{\partial z} \\ P & Q & R \end{vmatrix} \quad (9.23)$$

或

$$\oint_{\Gamma} P\mathrm{d}x + Q\mathrm{d}y + R\mathrm{d}z = \iint_{\Sigma}\begin{vmatrix} \cos\alpha & \cos\beta & \cos\gamma \\ \dfrac{\partial}{\partial x} & \dfrac{\partial}{\partial y} & \dfrac{\partial}{\partial z} \\ P & Q & R \end{vmatrix}\mathrm{d}S . \quad (9.23')$$

把其中的行列式按第一行展开, 偏导符号 $\dfrac{\partial}{\partial x}$ 等与函数 R 等的"积"理解为求偏导数 $\dfrac{\partial R}{\partial x}$ 等.

例3　求 $\oint_{\Gamma} 2y\mathrm{d}x + 3x\mathrm{d}y - z^2\mathrm{d}z$, 其中 Γ 是圆周 $x^2 + y^2 + z^2 = 9$, $z = 0$, 若从 z 轴正向看去, 该圆周是取逆时针方向.

解　圆周 $x^2 + y^2 + z^2 = 9$, $z = 0$ 实际就是 xOy 面上的圆 $x^2 + y^2 = 9$, $z = 0$, 取 $\Sigma: z = 0, D_{xy}: x^2 + y^2 \leqslant 9$, 由斯托克斯公式得

$$\oint_{\Gamma} 2y\mathrm{d}x + 3x\mathrm{d}y - z^2\mathrm{d}z = \iint_{\Sigma}(0-0)\mathrm{d}y\mathrm{d}z + (0-0)\mathrm{d}z\mathrm{d}x + (3-2)\mathrm{d}x\mathrm{d}y$$

$$= \iint_{\Sigma}\mathrm{d}x\mathrm{d}y = \iint_{D_{xy}}\mathrm{d}x\mathrm{d}y = \pi\cdot 3^2 = 9\pi.$$

例 4　计算曲线积分 $\oint_{\Gamma} z\mathrm{d}x + x\mathrm{d}y + y\mathrm{d}z$，其中 Γ 是平面 $x + y + z = 1$ 被三坐标面所截成的三角形的整个边界，它的正向与这个三角形上侧的法向量之间符合右手规则.

解　按斯托克斯公式，有

$$\oint_{\Gamma} z\mathrm{d}x + x\mathrm{d}y + y\mathrm{d}z = \iint_{\Sigma}\mathrm{d}y\mathrm{d}z + \mathrm{d}z\mathrm{d}x + \mathrm{d}x\mathrm{d}y,$$

由于 Σ 的法向量的三个方向余弦都为正，再由对称性知

$$\iint_{\Sigma}\mathrm{d}y\mathrm{d}z + \mathrm{d}z\mathrm{d}x + \mathrm{d}x\mathrm{d}y = 3\iint_{D_{xy}}\mathrm{d}x\mathrm{d}y,$$

所以 $\oint_{\Gamma} z\mathrm{d}x + x\mathrm{d}y + y\mathrm{d}z = \dfrac{3}{2}$.

问题讨论

1. 如果 Σ 是面 xOy 上的一块平面闭区域，斯托克斯公式将变成什么？

2. 试把牛顿-莱布尼茨公式、格林公式、高斯公式、斯托克斯公式进行比较，它们有什么共同特征？

小结

本节主要介绍了高斯公式、斯托克斯公式；并举例说明了如何利用高斯公式计算闭曲面上的曲面积分，如何利用斯托克斯公式计算空间闭曲线上的曲线积分.

习　题　9.6

1. 利用高斯公式，计算下列曲面积分:

(1) $\iint_{\Sigma}(x^2y + z)\mathrm{d}y\mathrm{d}z + (\mathrm{e}^x + \sin z^2)\mathrm{d}z\mathrm{d}x + (x - y)\mathrm{d}x\mathrm{d}y$，其中 Σ 是由三个坐标面与平面 $x + y + z = 1$ 所围成的四面体 Ω 的外侧表面.

(2) $\oiint_{\Sigma}x^3\mathrm{d}y\mathrm{d}z + y^3\mathrm{d}z\mathrm{d}x + z^3\mathrm{d}x\mathrm{d}y$，其中 Σ 为球面 $x^2 + y^2 + z^2 = a^2$ 的外侧;

(3) $\oiint_{\Sigma}xz^2\mathrm{d}y\mathrm{d}z + (x^2y - z^3)\mathrm{d}z\mathrm{d}x + (2xy + y^2z)\mathrm{d}x\mathrm{d}y$，其中 Σ 为上半球体 $x^2 + y^2 \leqslant a^2$，$0 \leqslant z \leqslant$

$\sqrt{a^2 - x^2 - y^2}$ 的表面外侧;

(4) 计算 $\iint\limits_{\Sigma} (x^2 \cos\alpha + y^2 \cos\beta + z^2 \cos\gamma) \mathrm{d}S$, 其中 Σ 为锥面 $x^2 + y^2 = z^2$ $(0 \leqslant z \leqslant h)$, $\cos\alpha$, $\cos\beta, \cos\gamma$ 为此曲面外法线向量的方向余弦.

2. 利用斯托克斯公式, 计算下列曲线积分:

(1) $\oint_{\Gamma} 3y\mathrm{d}x + xz\mathrm{d}y + yz^2\mathrm{d}z$, 其中 Γ 是圆周 $x^2 + y^2 = 2z, z = 2$, 若从 z 轴正向看去, 该圆周是取逆时针方向.

(2) $\oint_{\Gamma} y\mathrm{d}x + z\mathrm{d}y + x\mathrm{d}z$, 其中 Γ 为圆周 $x^2 + y^2 + z^2 = a^2, x + y + z = 0$, 若从 x 轴的正向看去, 该圆周是取逆时针的方向.

(3) $\oint_{\Gamma} (y^2 - z^2)\mathrm{d}x + (z^2 - x^2)\mathrm{d}y + (x^2 - y^2)\mathrm{d}z$, 其中 Γ 是用平面 $x + y + z = \dfrac{3}{2}$ 截立方体: $0 \leqslant x \leqslant 1$, $0 \leqslant y \leqslant 1$, $0 \leqslant z \leqslant 1$ 的表面所得的截痕, 若从 Ox 轴的正向看去, 取逆时针方向.

本 章 总 结

本章给出了第一类、第二类曲线积分的概念、计算方法及两类曲线积分之间的联系, 第一类曲面积分、第二类曲面积分的概念、计算方法及两类曲面积分的关系; 研究了格林公式、平面曲线积分与路径无关的等价条件、高斯公式、斯托克斯公式.

曲线积分与曲面积分的计算方法: 利用性质计算曲线积分和曲面积分; 直接化为定积分或二重积分计算曲线或曲面积分; 利用积分与路径无关计算对坐标的曲线积分; 利用格林公式计算平面闭曲线上的曲线积分; 利用斯托克斯公式计算空间闭曲线上的曲线积分; 利用高斯公式计算闭曲面上的曲面积分.

格林公式建立了第二类闭曲线积分和二重积分之间的联系; 高斯公式建立了第二类闭曲面积分与三重积分之间的联系; 斯托克斯公式建立了第二类闭曲线积分与第二类曲面积分之间的联系.

格林公式是二重积分与曲线积分之间的转换, 高斯公式、斯托克公式是格林公式的推广. 高斯公式是三重积分与曲面积分的转换; 斯托克公式把曲面积分与沿曲面边界的曲线积分联系起来. 注意斯托克公式中, 若边界 L 在 xOy 面上, 则有 $\mathrm{d}z = 0$. 即得到了格林公式.

需要特别关注的几个问题

(1) 计算曲线积分的步骤: 判定所求曲线积分的类型(对弧长的曲线积分或对坐标的曲线积分); 对弧长的曲线积分, 一般将其化为定积分直接计算;

(2) 对特殊的坐标的曲线积分计算: 判断积分是否与路径无关, 若积分与路径无关, 重新选取特殊路径积分; 判断是否满足或添加辅助线后满足格林公式的条件, 若满足条件, 利用格林公式计算(添加的辅助线要减掉); 将其化为定积分直接计算. 对空间曲线上的曲线积分, 判断是否满足斯托克斯公式的条件, 若满足条件, 利用斯托克斯公式计算; 若不满足, 将其化为定积分直接计算.

(3) 计算曲面积分的步骤: 判定所求曲线积分的类型(对面积的曲面积分或对坐标的曲面积分); 对面积的曲面积分, 一般将其化为二重积分直接计算.

对坐标的曲面积分, 除用一般方法将其投影到相应的坐标面上, 化为二重积分直接计算, 还可以判断是否满足或添加辅助面后满足高斯公式的条件, 若满足条件, 利用高斯公式计算(添加的辅助面要减掉).

(4) 在利用格林公式、高斯公式、斯托克公式计算曲线、曲面积分与重积分时, 一定要注意考虑曲线、曲面的方向.

测 试 题 A

一、选择题(每小题 2 分, 共 20 分)

1. 设 L 是从 $A(1, 0)$ 到 $B(-1, 2)$ 的线段, 则曲线积分 $\int_L (x + y)\mathrm{d}s = ($ 　　 $)$.

　A. $-2\sqrt{2}$ 　　　　B. $2\sqrt{2}$ 　　　　C. 2 　　　　D. 0

2. L 是圆周 $x^2 + y^2 = a^2$ 的负向一周, 则曲线积分 $\oint_L (x^3 - x^2 y)\mathrm{d}x + (xy^2 - y^3)\mathrm{d}y = ($ 　　 $)$.

　A. $-\dfrac{\pi a^4}{2}$ 　　　　B. $-\pi a^4$ 　　　　C. πa^4 　　　　D. $\dfrac{2}{3}\pi a^4$

3. 已知 L: $x = \varphi(t), y = \phi(t)(\alpha \leqslant t \leqslant \beta)$ 是一连接 $A(\alpha), B(\beta)$ 两点的有向光滑曲线段, 其中始点为 $B(\beta)$, 终点为 $A(\alpha)$, 则 $\int_L f(x, y)\mathrm{d}x = ($ 　　 $)$.

　A. $\displaystyle\int_\alpha^\beta f(\varphi(t), \phi(t))\mathrm{d}t$ 　　　　　　B. $\displaystyle\int_\beta^\alpha f(\varphi(t), \phi(t))\mathrm{d}t$

　C. $\displaystyle\int_\beta^\alpha f(\varphi(t), \phi(t))\varphi'(t)\mathrm{d}t$ 　　　　D. $\displaystyle\int_\alpha^\beta f(\varphi(t), \phi(t))\varphi'(t)\mathrm{d}t$

4. 设函数 $P(x, y), Q(x, y)$ 在单连通区域 D 上具有一阶连续的偏导数, 则曲线积分 $\oint_L P\mathrm{d}x + Q\mathrm{d}y$ 在 D 域内与路径无关的充要条件是(　　).

　A. $-\dfrac{\partial P}{\partial y} = \dfrac{\partial Q}{\partial x}$ 　　B. $\dfrac{\partial P}{\partial x} = \dfrac{\partial Q}{\partial y}$ 　　C. $-\dfrac{\partial P}{\partial x} = \dfrac{\partial Q}{\partial y}$ 　　D. $\dfrac{\partial P}{\partial y} = \dfrac{\partial Q}{\partial x}$

5. 设曲线 L 是区域 D 的正向边界, 那么 D 的面积为(　　).

　A. $\dfrac{1}{2}\oint_L x\mathrm{d}y - y\mathrm{d}x$ 　　B. $\oint_L x\mathrm{d}y + y\mathrm{d}x$ 　　C. $\oint_L x\mathrm{d}y - y\mathrm{d}x$ 　　D. $\dfrac{1}{2}\oint_L x\mathrm{d}y + y\mathrm{d}x$

6. Σ 为球面 $x^2 + y^2 + z^2 = R^2$ 的下半球面下侧，则 $I = \iint\limits_{\Sigma} z\mathrm{d}x\mathrm{d}y = ($ $)$.

A. $-\int_0^{2\pi}\mathrm{d}\theta\int_0^R\sqrt{R^2 - r^2}\mathrm{d}r$ B. $\int_0^{2\pi}\mathrm{d}\theta\int_0^R\sqrt{R^2 - r^2}\,r\mathrm{d}r$

C. $-\int_0^{2\pi}\mathrm{d}\theta\int_0^R\sqrt{R^2 - r^2}\,r\mathrm{d}r$ D. $\int_0^{2\pi}\mathrm{d}\theta\int_0^R\sqrt{R^2 - r^2}\mathrm{d}r$

7. 设 Σ 为部分锥面 $x^2 + y^2 = z^2, 0 \leqslant z \leqslant 1$，则 $\iint\limits_{\Sigma}(x^2 + y^2)\mathrm{d}S = ($ $)$.

A. $\int_0^{\pi}\mathrm{d}\theta\int_0^1 r^2 \cdot r\mathrm{d}r$ B. $\int_0^{2\pi}\mathrm{d}\theta\int_0^1 r^2 \cdot r\mathrm{d}r$

C. $\sqrt{2}\int_0^{\pi}\mathrm{d}\theta\int_0^1 r^2 \cdot r\mathrm{d}r$ D. $\sqrt{2}\int_0^{2\pi}\mathrm{d}\theta\int_0^1 r^2 \cdot r\mathrm{d}r$

8. $\dfrac{(x + ay)\mathrm{d}x + y\mathrm{d}y}{(x + y)^2}$ 为某函数的全微分，则 $a = ($ $)$.

A. -1 B. 0   C. 1   D. 2

9. L 是圆周 $x^2 + y^2 = a^2$ 的负向一周，则曲线积分 $\oint\limits_{L}(x^3 - x^2 y)\mathrm{d}x + (xy^2 - y^3)\mathrm{d}y = ($ $)$.

A. $-\dfrac{\pi a^4}{2}$ B. $-\pi a^4$ C. πa^4 D. $\dfrac{2}{3}\pi a^4$

10. 设 Σ 为曲面 $z = 2 - (x^2 + y^2)$ 在 xOy 平面上方的部分，则 $I = \iint\limits_{\Sigma} z\mathrm{d}S = ($ $)$.

A. $\int_0^{2\pi}\mathrm{d}\theta\int_0^{2-r^2}(2 - r^2)\sqrt{1 + 4r^2}\,r\mathrm{d}r$ B. $\int_0^{2\pi}\mathrm{d}\theta\int_0^2(2 - r^2)\sqrt{1 + 4r^2}\,r\mathrm{d}r$

C. $\int_0^{2\pi}\mathrm{d}\theta\int_0^{\sqrt{2}}(2 - r^2)\,r\mathrm{d}r$ D. $\int_0^{2\pi}\mathrm{d}\theta\int_0^{\sqrt{2}}(2 - r^2)\sqrt{1 + 4r^2}\,r\mathrm{d}r$

二、填空题(每小题 3 分，共 15 分)

1. 当曲线积分 $\int_L f(x,y)\mathrm{d}s$ 表示曲线 L 的质量时，则函数 $f(x,y)$ 是 L 的 _____.

2. 设 L 为 $y = x^2$ 上点 $(0,0)$ 到 $(1,1)$ 的一段弧，则曲线积分
$$\int_L \sqrt{y}\mathrm{d}s = \underline{\hspace{2cm}}.\text{(写出定积分形式，不必计算)}$$

3. 设函数 $f(x,y,z)$ 为连续函数，Σ 表示平面 $x + y + z = 1$ 位于第一卦限内的部分，则曲面积分 $\iint\limits_{\Sigma} f(x,y,z)\mathrm{d}S = \underline{\hspace{2cm}}.$ (用累次积分表示，不必计算)

4. 设 C 为逆时针方向的闭曲线，其方程为 $(x - 1)^2 + y^2 = 1$，则

$$\oint_C (x^2 - y^2)\mathrm{d}x + (y^2 - 2xy)\mathrm{d}y = \underline{\qquad}.$$

5. 设 L 为 xOy 面内直线 $x = a$ 上的一段, 则 $\int_L P(x, y)\mathrm{d}x = \underline{\qquad}$.

三、计算题(每小题 7 分, 共 42 分)

1. 计算曲线积分 $\int_\Gamma (x^2 + y^2 + z^2)\mathrm{d}s$, 其中 Γ 为螺旋线 $x = \alpha\cos t, y = \alpha\sin t, z = kt$ 上相应于 t 从 0 到 2π 的一段弧.

2. 计算 $\int_L (\mathrm{e}^x\sin y - 2y)\mathrm{d}x + (\mathrm{e}^x\cos y - 2)\mathrm{d}y$, 其中 L 为上半圆周 $(x - a)^2 + y^2 = a^2$, $y \geqslant 0$, 沿逆时针方向.

3. 求曲面积分 $I = \iint_\Sigma (z - 1)\mathrm{d}x\mathrm{d}y$, 其中 Σ 是球面 $x^2 + y^2 + z^2 = 1$ 在第一卦限内的部分, 方向是球的内侧.

4. 求 $\oiint_\Sigma x^2\mathrm{d}y\mathrm{d}z + z^2\mathrm{d}x\mathrm{d}y$, 其中 Σ 为 $z = x^2 + y^2$ 和 $z = 1$ 所围立体边界的外侧.

5. 验证: $(3x^2 y + 8xy^2)\mathrm{d}x + (x^3 + 8x^2 y + 12ye^y)\mathrm{d}y = 0$ 在整个 xOy 平面内是一个全微分方程, 并求该方程的通解.

6. 计算曲面积分 $\iint_\Sigma \left(z + 2x + \dfrac{4}{3}y\right)\mathrm{d}S$, 其中 Σ 为平面 $\dfrac{x}{2} + \dfrac{y}{3} + \dfrac{z}{4} = 1$ 在第一卦限中的部分.

四、应用题(7 分)

求质点 $M(x, y)$ 受作用力 $\boldsymbol{F} = (y + 3x)\boldsymbol{i} + (2y - x)\boldsymbol{j}$ 沿路径 L 顺时针方向运动一周所做的功, 其中 L 为圆 $x^2 + y^2 = 4$.

五、综合题(每小题 8 分, 共 16 分)

1. 设曲线积分 $\int_L xy^2\mathrm{d}x + y\phi(x)\mathrm{d}y$ 与路径无关, 其中 ϕ 具有连续的导数, 且 $\phi(0) = 0$, 计算 $\int_{(0,0)}^{(1,1)} xy^2\mathrm{d}x + y\phi(x)\mathrm{d}y$.

2. 计算 $\iint_\Sigma x\mathrm{d}y\mathrm{d}z + y\mathrm{d}z\mathrm{d}x + z\mathrm{d}x\mathrm{d}y$, 其中 Σ 为半球面 $z = \sqrt{R^2 - x^2 - y^2}$ 的上侧.

测 试 题 B

一、选择题(每小题 2 分, 共 20 分)

1. L 为逆时针方向的圆周: $(x - 2)^2 + (y + 3)^2 = 4$, 则 $\oint_L y\mathrm{d}x - x\mathrm{d}y = (\qquad)$.

A. 8π　　　　　　B. -8π　　　　　　C. 4π　　　　　　D. -4π

2. 设 L 是曲线 $y=x^3$ 与直线 $y=x$ 所围成区域的整个边界曲线, $f(x,y)$ 是连续函数, 则曲线积分 $\int_L f(x,y)\mathrm{d}s=($ 　　　$)$.

A. $\int_0^1 f(x,x^3)\mathrm{d}x+\int_0^1 f(x,x)\mathrm{d}x$

B. $\int_0^1 f(x,x^3)\mathrm{d}x+\int_0^1 f(x,x)\sqrt{2}\mathrm{d}x$

C. $\int_0^1 f(x,x^3)\sqrt{1+9x^4}\mathrm{d}x+\int_0^1 f(x,x)\sqrt{2}\mathrm{d}x$

D. $\int_{-1}^1 [f(x,x^3)\sqrt{1+9x^4}+f(x,x)\sqrt{2}]\mathrm{d}x$

3. 设 Σ 为球面 $x^2+y^2+z^2=R^2$ 的上半部分的上侧, 则下列结论不正确的是
(　　　).

A $\iint\limits_{\Sigma} x^2\mathrm{d}y\mathrm{d}z=0$　　　　　　B. $\iint\limits_{\Sigma} x\mathrm{d}y\mathrm{d}z=0$

C. $\iint\limits_{\Sigma} y^2\mathrm{d}y\mathrm{d}z=0$　　　　　　D. $\iint\limits_{\Sigma} y\mathrm{d}y\mathrm{d}z=0$

4. 对于格林公式 $\oint_L P\mathrm{d}x+Q\mathrm{d}y=\iint\limits_{D}\left(\dfrac{\partial Q}{\partial x}-\dfrac{\partial P}{\partial y}\right)\mathrm{d}x\mathrm{d}y$, D 为 L 围成的单连通区域, 下列说法正确的(　　　).

A.L 取逆时针方向, 函数 P,Q 在闭域 D 上存在一阶偏导数且 $\dfrac{\partial P}{\partial y}=\dfrac{\partial Q}{\partial x}$

B.L 取顺时针方向, 函数 P,Q 在闭域 D 上存在一阶偏导数且 $\dfrac{\partial P}{\partial y}=\dfrac{\partial Q}{\partial x}$

C.L 取逆时针方向, 函数 P,Q 在闭域 D 上存在一阶连续的偏导数

D.L 取顺时针方向, 函数 P,Q 在闭域 D 上存在一阶连续的偏导数

5. 设曲线 $L:x=t,y=\dfrac{t^2}{2},z=\dfrac{t^3}{3}(0\leqslant t\leqslant 1)$, 其线密度 $\rho=\sqrt{2y}$, 则曲线的质量为(　　　).

A. $\int_0^1 t\sqrt{1+t^2+t^4}\mathrm{d}t$　　　　　　B. $\int_0^1 2t^3\sqrt{1+t^2+t^4}\mathrm{d}t$

C. $\int_0^1 \sqrt{1+t^2+t^4}\mathrm{d}t$　　　　　　D. $\int_0^1 \sqrt{t}\sqrt{1+t^2+t^4}\mathrm{d}t$

6. 计算 $\oint (-x^2y)\mathrm{d}x+xy^2\mathrm{d}y=($ 　　　$)$, 其中 $x^2+y^2=R^2$ 按逆时针方向绕一周.

A. $-\int_0^{2\pi}\mathrm{d}\theta\int_0^R\rho^3\mathrm{d}\rho=-\dfrac{\pi R^4}{2}$ 　　　　B. $\iint\limits_D 0\mathrm{d}x\mathrm{d}y=0$

C. $\iint\limits_D(x^2+y^2)\mathrm{d}x\mathrm{d}y=\dfrac{\pi R^4}{2}$ 　　　　D. $\iint\limits_D\rho^2\mathrm{d}\rho\mathrm{d}\theta=\int_0^{2\pi}\mathrm{d}\theta\int_0^R\rho^2\mathrm{d}\rho=\dfrac{2\pi R^3}{3}$

7. 设 $\varSigma$ 为曲面 $z=2-(x^2+y^2)$ 在 xOy 平面上方的部分, 则 $I=\iint\limits_{\varSigma}z\mathrm{d}S=(\qquad)$.

A. $\int_0^{2\pi}\mathrm{d}\theta\int_0^{2-r^2}(2-r^2)\sqrt{1+4r^2}r\mathrm{d}r$ 　　　　B. $\int_0^{2\pi}\mathrm{d}\theta\int_0^2(2-r^2)\sqrt{1+4r^2}r\mathrm{d}r$

C. $\int_0^{2\pi}\mathrm{d}\theta\int_0^{\sqrt2}(2-r^2)r\mathrm{d}r$ 　　　　D. $\int_0^{2\pi}\mathrm{d}\theta\int_0^{\sqrt2}(2-r^2)\sqrt{1+4r^2}r\mathrm{d}r$

8. $\dfrac{(x+ay)\mathrm{d}x+y\mathrm{d}y}{(x+y)^2}$ 为某函数的全微分，则 $a=(\qquad)$.

A. -1 　　　　B. 0 　　　　C. 1 　　　　D. 2

9. 若 $\varSigma$ 是空间区域 $\varOmega$ 的外表面, 下述计算中运用高斯公式正确的是$(\qquad)$.

A. $\oiint\limits_{\varSigma_{外侧}}x^2\mathrm{d}y\mathrm{d}z+(z+2y)\mathrm{d}x\mathrm{d}y=\iiint\limits_{\varOmega}(2x+2)\mathrm{d}x\mathrm{d}y\mathrm{d}z$

B. $\oiint\limits_{\varSigma_{外侧}}x^3\mathrm{d}y\mathrm{d}z-y^2y\mathrm{d}z\mathrm{d}x+z\mathrm{d}x\mathrm{d}y=\iiint\limits_{\varOmega}(3x^2-2y^2+1)\mathrm{d}x\mathrm{d}y\mathrm{d}z$

C. $\oiint\limits_{\varSigma_{内侧}}x^2\mathrm{d}y\mathrm{d}z+(z+2y)\mathrm{d}x\mathrm{d}y=\iiint\limits_{\varOmega}(2x+1)\mathrm{d}x\mathrm{d}y\mathrm{d}z$

D. $\oiint\limits_{\varSigma_{外侧}}x^3\mathrm{d}y\mathrm{d}z+x^2\mathrm{d}z\mathrm{d}x+x\mathrm{d}x\mathrm{d}y=\iiint\limits_{\varOmega}(3x^2+2x+1)\mathrm{d}x\mathrm{d}y\mathrm{d}z$

10. 曲面积分 $\iint\limits_{\varSigma}z^2\mathrm{d}x\mathrm{d}y$ 在数值上等于$(\qquad)$.

A. 面密度为 z^2 在曲面 $\varSigma$ 的质量

B. 向量 $z^2\boldsymbol{i}$ 穿过曲面 $\varSigma$ 的流量

C. 向量 $z^2\boldsymbol{j}$ 穿过曲面 $\varSigma$ 的流量

D. 向量 $z^2\boldsymbol{k}$ 穿过曲面 $\varSigma$ 的流

二、填空题(每空 3 分, 共 15 分)

1. $\int_L y\mathrm{d}x+x\mathrm{d}y=$ _____, 其中 L 为圆周 $x=2\cos t, y=2\sin t$ 上对应 t 从 0 到 $\dfrac{\pi}{4}$ 的一段弧.

2. 第二类曲线积分 $\int_\varGamma P\mathrm{d}x+Q\mathrm{d}y+R\mathrm{d}z$ 化成第一类曲线积分是_____.

3. 曲面积分 $I = \iint\limits_{\Sigma} (z-1)\mathrm{d}x\mathrm{d}y$ 之值为_____,其中 Σ 是球面 $x^2 + y^2 + z^2 = 1$ 在第一卦限内的部分,方向是球的内侧.

4. $\oiint\limits_{\Sigma} (x^2 + y^2 + z^2)\mathrm{d}s = $_____,其中 Σ 为球面 $x^2 + y^2 + z^2 = a^2, a > 0$.

5. 设 L 为在右半平面内的任意一条闭的光滑曲线,曲线积分 $\int_{L} \dfrac{y}{x}\mathrm{d}x + \ln x\mathrm{d}y = $
_____.

三、计算题(每小题 7 分, 共 42 分)

1. 计算曲线积分 $I = \int_{L} xy^2 z\mathrm{d}s$,其中 L 是从点 $(1,0,1)$ 到点 $(0,3,6)$ 的线段.

2. 设 L 是曲线 $x = t+1, y = t^2+1$ 上从点 $(1, 1)$ 到点 $(2, 2)$ 的一段弧,计算

$$I = \int_{L} 2y\mathrm{d}x + (2-x)\mathrm{d}y .$$

3. 计算 $\int_{L} (\mathrm{e}^x \sin y - 2y)\mathrm{d}x + (\mathrm{e}^x \cos y - 2)\mathrm{d}y$,其中 L 为上半圆周 $y = \sqrt{2ax - x^2}$ 沿逆时针方向.

4. 证明曲线积分 $\int_{(0,0)}^{(1,1)} (x^2 + y)\mathrm{d}x + (x - 2\sin^2 y)\mathrm{d}y$ 与路径无关,并计算积分值.

5. 求 $\oiint\limits_{\Sigma} x^2\mathrm{d}y\mathrm{d}z + z^2\mathrm{d}x\mathrm{d}y$,其中 Σ 为 $z = x^2 + y^2$ 和 $z = 1$ 所围立体边界的外侧.

6. 计算曲线积分 $\int_{L} (2xy^3 - y^2\cos x)\mathrm{d}x + (1 - 2y\sin x + 3x^2 y^2)\mathrm{d}y$,其中 L 为在抛物线 $2x = \pi y^2$ 由 $(0, 0)$ 到 $\left(\dfrac{\pi}{2}, 1\right)$ 的一段弧.

四、应用题(7 分)

设有平面力场 $\boldsymbol{F} = (x+y)\boldsymbol{i} + 2xy\boldsymbol{j}$,求质点在力 $\boldsymbol{F}$ 作用下沿曲线 $L : \begin{cases} x = t^2, \\ y = 2t+1 \end{cases}$ 从 $t = 0$ 到 $t = 1$ 所做的功.

五、综合题(每小题 8 分, 共 16 分)

1. 设在半平面 $x > 0$ 内有力 $\boldsymbol{F} = -\dfrac{k}{\rho^3}(x\boldsymbol{i} + y\boldsymbol{j})$ 构成力场,其中 k 为常数, $\rho = \sqrt{x^2 + y^2}$. 证明在此力场中场力所做的功与所取的路径无关.

2. 计算 $\iint\limits_{\Sigma} x\mathrm{d}y\mathrm{d}z + y\mathrm{d}z\mathrm{d}x + (z^2 - 2z)\mathrm{d}x\mathrm{d}y$,其中, Σ 是锥面 $z = \sqrt{x^2 + y^2}$ 被平面 $z = 1$ 所截有限部分的下侧.

第 10 章　常微分方程

在研究函数的微积分时, 函数是以抽象的形式如 $y = f(x)$ 或具体的表达式如 $y = \sin x$ 等直接给出变量之间的关系的. 但是在现实问题中, 往往不容易甚至不可能直接找出反映自变量和未知函数之间的关系. 不过, 根据实际问题所提供的有关信息, 经过分析、处理和适当的简化, 我们往往能够建立起含有自变量、未知函数及其导数(或微分)所满足的方程式, 这样的方程是微分方程. 微分方程建立以后, 可以对它进行求解, 得出未知函数, 从而使实际问题得到解决. 微分方程是描述客观事物数量关系的一种重要的数学模型. 它在几何学、物理学、工程技术和经济学等许多领域有广泛应用.

本章首先介绍常微分方程的基本概念, 然后学习一些常见的常微分方程解法, 包括可分离变量的微分方程、齐次方程、一阶线性微分方程、可降阶的高阶微分方程、高阶线性微分方程、常系数齐次线性微分方程和常系数非齐次线性微分方程等.

10.1　常微分方程的基本概念

常微分方程可以来自于数学本身, 如几何学, 也可以来自物理学或生产、生活实践. 本节将通过几个具体例子介绍微分方程的基本概念.

一、引例

例 1　一曲线通过点 $(0,1)$ 且在该曲线上任一点 $M(x,y)$ 处切线的斜率为 x, 求该曲线的方程.

解　设所求曲线的方程为 $y = f(x)$. 根据导数的几何意义, 可得

$$\frac{\mathrm{d}y}{\mathrm{d}x} = f'(x) = x, \tag{10.1}$$

且未知函数 $y = f(x)$ 还应满足以下条件: $x = 0$ 时 $y = 1$.

把式(10.1)两端积分, 得

$$y = \int x \mathrm{d}x, \quad 即 \ y = \frac{1}{2}x^2 + C, \tag{10.2}$$

其中 C 为任意常数. 把条件"$x=0$ 时 $y=1$"代入式(10.2)可得 $1=\dfrac{1}{2}\times 0^2+C$, 解出 $C=1$, 即得所求曲线方程

$$y=\dfrac{1}{2}x^2+1.$$

例 2　在离地面高度为 $S_0(\mathrm{m})$ 处, 将一小球以初速度 $V_0(\mathrm{m/s})$ 垂直上抛, 若不计空气阻力, 求物体的运动方程, 物体何时回到原处.

解　设小球的运动方程为 $S=S(t)$, 如图 10.1.1 建立坐标系. 由于小球仅受重力作用(不计空气阻力), 因此其加速度就是重力加速度, 再由二阶导数的力学意义, 可得

$$\dfrac{\mathrm{d}^2 S}{\mathrm{d}t^2}=-g, \tag{10.3}$$

其中负号是因为重力方向与选定的坐标轴 S 的正方向相反. 此外, $S(t)$ 还应满足下列条件:

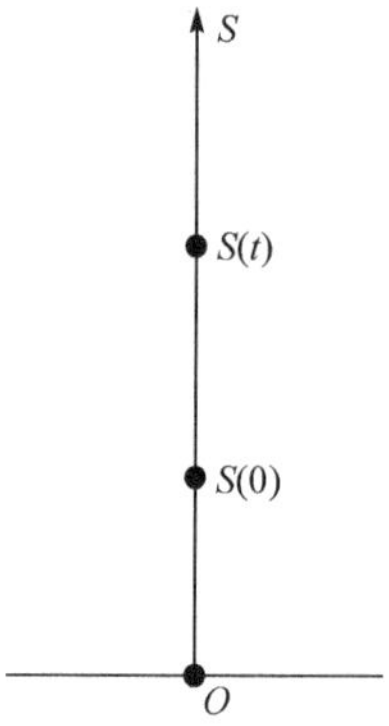

$$S\big|_{t=0}=S_0, \qquad \dfrac{\mathrm{d}S}{\mathrm{d}t}\bigg|_{t=0}=V_0.$$

对式(10.3)两端积分一次, 得

$$\dfrac{\mathrm{d}S}{\mathrm{d}t}=-gt+C_1. \tag{10.4}$$

再积分一次得

$$S=-\dfrac{1}{2}gt^2+C_1 t+C_2, \tag{10.5}$$

图 10.1.1　　其中 C_1, C_2 都是任意常数.

将条件 $\dfrac{\mathrm{d}S}{\mathrm{d}t}\bigg|_{t=0}=V_0$ 代入(10.4)式, 得 $C_1=V_0$, 将条件 $S\big|_{t=0}=S_0$ 代入(10.5)式, 得 $C_2=S_0$, 即所求运动方程为

$$S=-\dfrac{1}{2}gt^2+V_0 t+S_0. \tag{10.6}$$

在式(10.6)中令 $S=S_0$ 得 $t_1=0, t_2=\dfrac{2V_0}{g}$, 即经过 $\dfrac{2V_0}{g}$ 秒后, 小球回到原处.

例 3　已知生产某产品的边际成本为 $C'(x)=10+\dfrac{25}{x}$, 且满足 $C(1)=1000$, 求生产 x 个该产品的成本函数.

解　设该产品的成本函数为 $C=C(x)$, 则由题意可得

$$C'(x) = 10 + \frac{25}{x}.$$

(10.7)

两端积分可得 $C(x) = 10x + 25\ln x + c$，其中 c 为任意常数. 因成本函数还满足 $C(1) = 1000$，代入函数关系式得 $c = 990$，即所求成本函数为

$$C(x) = 10x + 25\ln x + 990 = C_1(x) + C_0,$$

其中 $C_0 = 990$ 称为固定成本，$C_1(x) = 10x + 25\ln x$ 称为可变成本.

二、基本概念

上述三个例子中得到的方程都含有未知函数的导数或微分，这样的方程就是微分方程. 下面给出与微分方程有关的概念.

定义 1 含有自变量、未知函数以及未知函数导数或微分的方程，称为微分方程，简称方程. 未知函数为一元函数的称为常微分方程.

定义 2 微分方程中所含未知函数导数的最高阶数称为微分方程的阶.

例 1 和例 3 得到的方程(10.1)及(10.7)所含未知函数的导数都为一阶导数，故此两方程为一阶微分方程；而例 2 得到的方程(10.3)则是二阶微分方程. 又如，方程 $x^2 y''' + e^x y'' - \sin xy' + 3x^2 = 0$ 是三阶微分方程；$\mathrm{d}y + y\sin x\mathrm{d}x = 0$ 为一阶微分方程；$\dfrac{\partial^2 z}{\partial x^2} + \dfrac{\partial^2 z}{\partial y^2} = 0$ 为二阶偏微分方程. 一般地，n 阶微分方程记为

$$F(x, y, y', \cdots, y^{(n)}) = 0,$$

(10.8)

其中 F 是 $n+2$ 个变量的函数，x 为自变量，y 为 x 的未知函数，而 $y', \cdots, y^{(n)}$ 依次是未知函数 y 的一阶、二阶、$\cdots$、n 阶导数.

注意，在方程(10.8)中，$y^{(n)}$ 是必须出现的，而 $x, y, y', \cdots, y^{(n-1)}$ 等变量则可以部分或全部不出现. 例如，方程 $y^{(n)} + 1 = 0$ 就是 n 阶微分方程，除 $y^{(n)}$ 以外，其余变量都没有出现.

如果能从方程(10.8)中解出最高阶导数，则微分方程可写成

$$y^{(n)} = f(x, y, y' \cdots, y^{(n-1)}).$$

(10.9)

本章所讨论的微分方程都是已解出或能解出最高阶导数的方程，且式(10.9)右端的函数 f 在所讨论的范围内连续.

若微分方程中未知函数 y 及其各阶导数 $y', \cdots, y^{(n)}$ 都是一次的(且不含交叉乘积)，则称它为线性方程，否则称为非线性方程. 例如，$y' + y - e^x = 0$ 是线性方程，而 $\left(\dfrac{\mathrm{d}y}{\mathrm{d}x}\right)^2 + \ln y + \cos x = 0$，$x\dfrac{\mathrm{d}y}{\mathrm{d}x} + 2y^2 = 1$，$y'' + yy' + \cos x = 0$ 都是非线性方程.

定义 3 设函数 $y = y(x)$ 在某区间 I 上有直到 n 阶的连续导数, 若将它及其各阶导数代入方程(10.8), 能使方程恒成立, 即

$$F(x, y(x), y'(x), \cdots y^{(n)}(x)) \equiv 0,$$

则称 $y = y(x)$ 是微分方程(10.8)在区间 I 的**解**. 如果 n 阶微分方程的解中含有 n 个彼此独立的任意常数, 则称它为方程的**通解**. 若给这些任意常数以特定值, 则称它为**特解**.

微分方程的解可以是显函数, 也可以是隐函数.

例如, 例 1 中函数 $y = \frac{1}{2}x^2 + C$ 是方程 $\frac{dy}{dx} = x$ 的通解, 而 $y = \frac{1}{2}x^2 + 1$ 是该方程的一个特解. 例 2 中函数 $S = -\frac{1}{2}gt^2 + C_1 t + C_2$ 是微分方程 $\frac{d^2 S}{dt^2} = -g$ 的通解, 而函数 $S = -\frac{1}{2}gt^2 + V_0 t + S_0$ 则是该方程的一个特解. 这两例中的通解和特解都是显函数.

值得注意的是, 通解中的任意常数必须是相互独立的, 即它们之间不存在相关性, 因此不能把两个或多个常数合并成一个常数. 例如, $y = (C_1 + C_2)e^x$ 是 $y'' - y' = 0$ 的解, 但不是通解, 因为 C_1, C_2 不是两个独立的任意常数, 它们可以合并成为一个任意常数 C.

由于微分方程的通解中含有任意常数, 因此, 它反映的函数关系是不唯一的. 要完全确定地反映实际问题的客观规律性, 就要确定这些常数, 以明确实际问题的函数关系. 为此, 在微分方程求解中, 要根据实际问题提供的信息, 给出某些特定条件, 用以确定任意常数的值.

设微分方程中的未知函数为 $y = y(x)$, 如果微分方程是一阶的, 通常用来确定任意常数的条件是未知函数在某点处的函数值, 即

$$x = x_0 \text{ 时}, \qquad y = y_0$$

或写成

$$y\big|_{x=x_0} = y_0 ,$$

其中, x_0, y_0 都是给定的值; 如果微分方程是二阶的, 通常用于确定任意函数的条件是

$$x = x_0 \text{ 时}, \qquad y = y_0, \qquad y' = y_0'$$

或写成

$$y\big|_{x=x_0} = y_0 , \qquad y'\big|_{x=x_0} = y_0' ,$$

其中 x_0, y_0, y_0' 都是给定的值, 这种用来确定任意常数的条件称为初始条件或初值条件.

求一阶微分方程 $y' = f(x, y)$ 满足初始条件 $y\big|_{x=x_0} = y_0$ 的特解这样一个问题, 称为一阶微分方程的初值问题, 记作

$$\begin{cases} y' = f(x, y), \\ y\big|_{x=x_0} = y_0. \end{cases} \qquad (10.10)$$

微分方程特解的图形是一条曲线, 称为微分方程的积分曲线, 通解的图形是一族相互平行的曲线(有无数多条), 称为**积分曲线族**.

初值问题(10.10)的几何意义是求积分曲线族中通过点 (x_0, y_0) 的那条积分曲线. 而二阶微分方程的初值问题

$$\begin{cases} y'' = f(x, y, y'), \\ y\big|_{x=x_0} = y_0, \quad y'\big|_{x=x_0} = y_0' \end{cases}$$

的几何意义则是求微分方程 $y'' = f(x, y, y')$ 通过点 (x_0, y_0) 且在该点处的切线斜率为 y_0' 的那条积分曲线.

例 4　验证函数 $y = C_1 e^{-2x} + C_2 e^x$ (C_1, C_2 为任意常数)是二阶微分方程 $y'' + y' - 2y = 0$ 的解.

证明　因为

$$y' = -2C_1 e^{-2x} + C_2 e^x, \qquad y'' = 4C_1 e^{-2x} + C_2 e^x,$$

将 y, y', y'' 代入方程 $y'' + y' - 2y = 0$ 的左边得

$$4C_1 e^{-2x} + C_2 e^x - 2C_1 e^{-2x} + C_2 e^x - 2C_1 e^{-2x} - 2C_2 e^x = 0,$$

因此, 函数 $y = C_1 e^{-2x} + C_2 e^x$ 是方程 $y'' + y' - 2y = 0$ 的解.

问题讨论

1. 函数的(不定)积分和微分方程有什么区别和联系?

2. 微分方程的初始条件和确定微分方程特解条件有何不同?

3. 已知曲线上任意点 $P(x, y)$ 处的法线与 x 轴交点为 Q 且线段 PQ 被 y 轴平分, x, y 应满足怎样的关系?

小结

本节应用几何学、物理学和经济学中的具体实例, 给出了微分方程的若干基本概念, 包括微分方程、微分方程的阶、微分方程的通解与特解、初始条件等概念.

习　题　10.1

1. 指出下列微分方程的阶, 并验证所给函数是否为所给微分方程的解:

(1)　$y' + y = 0, y = 3\sin x - 4\cos x$;

(2)　$y'' - 2y' + y = 0, y = x^2 e^x$;

(3)　$y'' - (\lambda_1 + \lambda_2)y' + \lambda_1 \lambda_2 y = 0, \ y = C_1 e^{\lambda_1 x} + C_2 e^{\lambda_2 x}$.

2. 在下列各题中, 验证所给二元方程所确定的函数为所给微分方程的解:

(1)　$(x - 2y)y' = 2x - y, x^2 - xy + y^2 = C$;

(2)　$(xy - x)y'' + xy'^2 + yy' - 2y' = 0, y = \ln(xy)$.

3. 在下列各题中, 确定函数关系式中所含的参数, 使函数满足所给的初始条件:

(1)　$y = (C_1 + C_2 x)e^{2x}, y|_{x=0} = 0, y'|_{x=0} = 1$;

(2)　$y = C_1 \sin(x - C_2), y|_{x=\pi} = 1, y'|_{x=\pi} = 0$.

4. 写出由下列条件确定的曲线所满足的微分方程:

(1)　一曲线通过点 $(1, 2)$, 在该曲线上任意点处的法线斜率为 $2x$;

(2)　曲线在点 (x, y) 处的切线的斜率等于该点横坐标的平方.

5. 列车在平直路上以 30m/s 的速度行驶, 制动时的加速度为 $-a(\text{m/s}^2)$, a 为正常数. 求制动后列车的运动规律.

10.2　一阶微分方程

　　本节我们将讨论一阶微分方程的解法. 由式(10.8), 一阶微分方程的一般形式为

$$F(x, y, y') = 0, \tag{10.11}$$

其中 F 是表示含有 x, y, y' 的关系式, 且不可缺 y', x 是自变量, y 是 x 的未知函数.

　　在式(10.11)中, 关于 y', 即 $\dfrac{\mathrm{d}y}{\mathrm{d}x}$, 解出一般形式为

$$\frac{\mathrm{d}y}{\mathrm{d}x} = y' = f(x, y), \tag{10.12}$$

其中 $f(x, y)$ 表示含有 x, y 的关系式.

　　一阶微分方程有时也可写成如下的对称形式:

$$P(x, y)\mathrm{d}x + Q(x, y)\mathrm{d}y = 0. \tag{10.13}$$

在方程(10.13)中, 变量 x 与 y 对称, 该方程既可以看作以 x 为自变量, y 为未知数的方程

$$\frac{dy}{dx} = -\frac{P(x, y)}{Q(x, y)},$$ (10.14)

此时要求 $Q(x, y) \neq 0$；也可以看作以 y 为自变量，x 为未知函数的方程

$$\frac{dx}{dy} = -\frac{Q(x, y)}{P(x, y)},$$ (10.15)

此时要求 $P(x, y) \neq 0$.

一、可分离变量微分方程

定义 1 如果在式(10.12)中的 $f(x, y)$ 可以写成一个仅含有 x 的函数与一个仅含有 y 的函数的乘积，即

$$\frac{dy}{dx} = f(x)g(y),$$ (10.16)

则称这类方程为**可分离变量的微分方程**.

下面我们讨论方程(10.16)的解法.

若 $g(y) \neq 0$，可将方程(10.16)化为

$$\frac{dy}{g(y)} = f(x)dx.$$ (10.17)

这一步骤称为分离变量. 上式两边分别对各自的自变量积分，可得

$$\int \frac{1}{g(y)} dy = \int f(x)dx + C,$$ (10.18)

其中 $\int \frac{1}{g(y)} dy$ 和 $\int f(x)dx$ 分别表示两个确定的原函数，C 为任意常数，此时式 (10.18)就是方程(10.16)的通解.

解这类方程的一般步骤是：方程经过适当的变形后，对变量进行分离，再两边积分，就可以求出通解. 当 $f(x) \neq 0$ 时，可类似求解.

注意，若存在 y_0 使得 $g(y_0) = 0$，则显然 $y = y_0$ 是方程(10.16)的解，但这种解未必包含在通解(10.18)中，所以通解不一定是全部解，要注意解题过程是否发生漏解现象.

例 1 求微分方程 $\frac{dy}{dx} - xy = 0$ 的通解.

解 当 $y \neq 0$ 时，将方程分离变量，得

$$\frac{dy}{y} = xdx.$$

两边积分, 得 $\int \dfrac{1}{y}\mathrm{d}y = \int x\mathrm{d}x$, 即 $\ln|y| = \dfrac{1}{2}x^2 + C_1$ 或 $|y| = \mathrm{e}^{\frac{1}{2}x^2+C_1}$, 所以

$$y = \pm\mathrm{e}^{\frac{1}{2}x^2+C_1} = \pm\mathrm{e}^{C_1}\mathrm{e}^{\frac{1}{2}x^2}.$$

当 C_1 取遍任何实数时, $\pm\mathrm{e}^{C_1}$ 取遍了除零以外的任何实数. 记 $C = \pm\mathrm{e}^{C_1}$, 于是有

$$y = C\mathrm{e}^{\frac{1}{2}x^2} \quad (C \neq 0). \tag{10.19}$$

而另一方面, 显然 $y = 0$ 也是原方程的解, 则在式(10.19)中, 若 $C = 0$, 即可以得到 $y = 0$ 这个解, 因此, 方程的通解为

$$y = C\mathrm{e}^{\frac{1}{2}x^2} \quad (C \text{ 为任意常数}).$$

说明: 为方便起见, 以后解微分方程的过程中, 如果积分后出现对数, 可以不再详细写出处理绝对值记号的过程, 即若已解出

$$\ln|y| = f(x) + C,$$

则可以立即写出: $y = C\mathrm{e}^{f(x)}$.

例 2　求初值问题 $\begin{cases} \dfrac{\mathrm{d}y}{\mathrm{d}x} = \mathrm{e}^{2x-y}, \\ y|_{x=0} = 0 \end{cases}$ 的解.

解　方程 $\dfrac{\mathrm{d}y}{\mathrm{d}x} = \mathrm{e}^{2x-y}$ 是一个可分离变量的微分方程, 分离变量后, 得 $\mathrm{e}^y\mathrm{d}y = \mathrm{e}^{2x}\mathrm{d}x$, 两边积分, 得 $\mathrm{e}^y = \dfrac{1}{2}\mathrm{e}^{2x} + C$. 代入初始条件 $y|_{x=0} = 0$, 解得 $C = \dfrac{1}{2}$, 所以满足初值问题的特解是

$$\mathrm{e}^y = \dfrac{1}{2}(\mathrm{e}^{2x} + 1).$$

说明: 这个解是方程的隐式解, 这里没有必要解出 y. 实际上, 有些方程只能得到隐式解.

例 3　设 $p(x)$ 为连续函数, 求解微分方程 $\dfrac{\mathrm{d}y}{\mathrm{d}x} + P(x)y = 0$.

解　这是一个可分离变量的微分方程. 当 $y \neq 0$ 时, 分离变量后, 得

$$\dfrac{\mathrm{d}y}{y} = -P(x)\mathrm{d}x.$$

两边积分, 得 $\ln|y| = -\int P(x)\mathrm{d}x + \ln|C|$.

由例 1 的说明, 可得

$$y = Ce^{-\int P(x)\mathrm{d}x}, \tag{10.20}$$

其中我们把 $\int P(x)\mathrm{d}x$ 看成 $P(x)$ 的一个确定的原函数, 不含积分常数, 同时, 在式 (10.20)中, 若 $C = 0$, 则 $y = 0$, 仍然是原方程的解, 因此式(10.20)是方程的通解.

二、齐次微分方程

定义 2　在一阶微分方程 $\dfrac{\mathrm{d}y}{\mathrm{d}x} = f(x, y)$ 中, 若 $f(x, y)$ 能写成 $\dfrac{y}{x}$ 的函数, 即 $f(x, y) = \varphi\left(\dfrac{y}{x}\right)$, 这时

$$\frac{\mathrm{d}y}{\mathrm{d}x} = \varphi\left(\frac{y}{x}\right), \tag{10.21}$$

则称其为齐次变量型微分方程, 简称齐次方程, 其中 $\varphi(u)$ 是 u 的连续函数.

齐次方程 $\dfrac{\mathrm{d}y}{\mathrm{d}x} = \varphi\left(\dfrac{y}{x}\right)$ 不是可分离变量的微分方程, 但通过适当的变量代换, 可变成关于新的变量的可分离变量的微分方程. 下面我们来讨论具体的解法.

令

$$u = \frac{y}{x}, \tag{10.22}$$

则有 $y = ux$, 因此, $\dfrac{\mathrm{d}y}{\mathrm{d}x} = u + x\dfrac{\mathrm{d}u}{\mathrm{d}x}$, 代入式(10.21)中得 $u + x\dfrac{\mathrm{d}u}{\mathrm{d}x} = \varphi(u)$, 再分离变量, 可得

$$\frac{\mathrm{d}u}{\varphi(u) - u} = \frac{1}{x}\mathrm{d}x,$$

两边积分, 得

$$\int \frac{\mathrm{d}u}{\varphi(u) - u} = \int \frac{1}{x}\mathrm{d}x.$$

求出积分后, 再以 $\dfrac{y}{x}$ 代替 u, 就可以得齐次方程(10.21)的通解.

例 4　求微分方程 $xy' = y(\ln y - \ln x)$ 的通解.

解　将方程整理后, 得

$$\frac{\mathrm{d}y}{\mathrm{d}x} = \frac{y}{x}\ln\frac{y}{x}.$$

这是一个齐次方程, 令 $u = \dfrac{y}{x}$, 则方程化为

$$u + x\frac{\mathrm{d}u}{\mathrm{d}x} = u\ln u .$$

分离变量后, 得

$$\frac{\mathrm{d}u}{u(\ln u - 1)} = \frac{1}{x}\mathrm{d}x .$$

积分, 得

$$\ln|\ln u - 1| = \ln|x| + \ln|C| \quad (C \neq 0).$$

于是有

$$\ln u - 1 = Cx \quad \text{或} \quad u = \mathrm{e}^{Cx+1}(C \neq 0).$$

代回原变量, 得原方程的解

$$y = x\mathrm{e}^{Cx+1}(C \neq 0).$$

当 $\ln u - 1 = 0$ 时, 即 $\dfrac{y}{x} = \mathrm{e}$ 或 $y = \mathrm{e}x$ 也是原方程的解. 此解可从上述解中取 $C = 0$ 得到. 因此, 当上式中 C 取任意常数时, 它就是原方程的通解.

例 5　求方程 $x\dfrac{\mathrm{d}y}{\mathrm{d}x} + 2\sqrt{xy} = y(x < 0)$ 通解.

解　将方程整理后, 得

$$\frac{\mathrm{d}y}{\mathrm{d}x} - 2\sqrt{\frac{y}{x}} = \frac{y}{x} \quad (x < 0).$$

令 $u = \dfrac{y}{x}$, 将 $\dfrac{\mathrm{d}y}{\mathrm{d}x} = u + x\dfrac{\mathrm{d}u}{\mathrm{d}x}$ 代入上式, 得

$$x\frac{\mathrm{d}u}{\mathrm{d}x} - 2\sqrt{u} = 0 .$$

分离变量, 得

$$\frac{\mathrm{d}u}{2\sqrt{u}} = \frac{1}{x}\mathrm{d}x .$$

积分, 得

$$\sqrt{u} = \ln(-x) + C \quad (x < 0),$$

即

$$u = [\ln(-x) + C]^2 ,$$

代入原来的变量, 得原方程的通解 $y = x[\ln(-x) + C]^2$.

三、一阶线性微分方程

定义 3　方程

$$\frac{\mathrm{d}y}{\mathrm{d}x} + P(x)y = Q(x) \tag{10.23}$$

称为**一阶线性微分方程**(因为它对于未知函数 y 及其导数 y' 是一次方程), 其中 $P(x), Q(x)$ 是 x 的已知连续函数.

当 $Q(x) \equiv 0$ 时, 方程(10.23)变为

$$\frac{\mathrm{d}y}{\mathrm{d}x} + P(x)y = 0, \tag{10.24}$$

方程(10.24)称为**一阶线性齐次微分方程**.

当 $Q(x) \neq 0$ 时, 方程(10.23)称为**一阶线性非齐次微分方程**, 并称方程(10.24)为**对应于方程(10.23)的线性齐次微分方程**, $Q(x)$ 称为自由项或非齐次项.

下面我们讨论一阶线性微分方程的解法. 在例 3 中我们已知找到了一阶线性齐次微分方程(10.24)的通解为

$$y = C\mathrm{e}^{-\int P(x)\mathrm{d}x}. \tag{10.25}$$

可验证(10.25)不是线性非齐次方程(10.23)的解. 但方程(10.24)是(10.23)对应的线性齐次微分方程, 两者的解之间必存在一定的联系.

下面我们从式(10.25)出发, 用**常数变易法**求解非齐次线性方程. 将式(10.25)中的常数 C 换成 x 的未知函数 $u(x)$, 即

$$y = u(x)\mathrm{e}^{-\int P(x)\mathrm{d}x}. \tag{10.26}$$

两边关于 x 求导, 可得

$$\frac{\mathrm{d}y}{\mathrm{d}x} = u'(x)\mathrm{e}^{-\int P(x)\mathrm{d}x} - u(x)P(x)\mathrm{e}^{-\int P(x)\mathrm{d}x}.$$

代入方程(10.23)中, 得

$$u'(x)\mathrm{e}^{-\int P(x)\mathrm{d}x} - u(x)P(x)\mathrm{e}^{-\int P(x)\mathrm{d}x} + u(x)P(x)\mathrm{e}^{-\int P(x)\mathrm{d}x} = Q(x).$$

消去同类项, 可得

$$u'(x) = Q(x)\mathrm{e}^{\int P(x)\mathrm{d}x}.$$

再积分, 得

$$u(x) = \int\left[Q(x)\mathrm{e}^{\int P(x)\mathrm{d}x}\right]\mathrm{d}x + C. \tag{10.27}$$

再代入式(10.26), 便可得非齐次线性方程(10.23)的通解

$$y = \mathrm{e}^{-\int P(x)\mathrm{d}x}\left[\int Q(x)\mathrm{e}^{\int P(x)\mathrm{d}x}\,\mathrm{d}x + C\right] \tag{10.28}$$

或

$$y = C\mathrm{e}^{-\int P(x)\mathrm{d}x} + \mathrm{e}^{-\int P(x)\mathrm{d}x}\int Q(x)\mathrm{e}^{\int P(x)\mathrm{d}x}\,\mathrm{d}x. \tag{10.28'}$$

上式右端第一项恰好是线性齐次方程(10.24)的通解, 第二项是线性非齐次方程(10.23)的一个特解(在方程(10.23)的通解(10.28)中令 $C = 0$). 故有以下重要结论:

一阶线性非齐次微分方程的通解等于对应的线性齐次微分方程的通解与该线性非齐次方程的一个特解之和.

这就是一阶线性非齐次微分方程通解的结构.

例 6　求方程 $\dfrac{\mathrm{d}y}{\mathrm{d}x} + \dfrac{y}{x} = \dfrac{\cos x}{x}$ 的通解.

解法一　常数变易法.

先求 $\dfrac{\mathrm{d}y}{\mathrm{d}x} + \dfrac{y}{x} = 0$ 的通解. 当 $y \neq 0$ 时, 分离变量, 得

$$\frac{\mathrm{d}y}{y} = -\frac{\mathrm{d}x}{x}.$$

两边积分, 得

$$\ln|y| = -\ln|x| + \ln|C|,$$

其中 C 为非零任意常数, 化简得

$$y = \frac{C}{x}.$$

由于 $y = 0$ 也是该方程的解, 可由上式 $C = 0$ 得到, 所以线性齐次方程的通解就是

$$y = \frac{C}{x},$$

其中 C 为任意常数.

用常数变易法, 把常数换成 $C = u(x)$, 得

$$y = \frac{u(x)}{x}.$$

两边求导, 可得

$$\frac{\mathrm{d}y}{\mathrm{d}x} = \frac{u'(x)x - u(x)}{x^2}.$$

代入原方程, 得

$$\frac{u'(x)}{x} = \frac{\cos x}{x} \quad 或 \quad u'(x) = \cos x .$$

两边积分得 $u(x) = \sin x + C$, 所以原方程的通解为

$$y = \frac{1}{x}(\sin x + c) .$$

解法二　直接用公式(10.25). 设 $P(x) = \frac{1}{x}$, $Q(x) = \frac{\cos x}{x}$, 代入式(10.28), 则有

$$y = \mathrm{e}^{-\int P(x)\mathrm{d}x}\left[\int Q(x)\mathrm{e}^{\int P(x)\mathrm{d}x}\,\mathrm{d}x + C\right]$$

$$= \frac{1}{x}\left(\int \frac{\cos x}{x}x\mathrm{d}x + C\right)$$

$$= \frac{1}{x}(\sin x + C) .$$

请读者把两种解法作比较, 哪种方法更适合你呢?

例 7　求微分方程 $\dfrac{\mathrm{d}y}{\mathrm{d}x} = \dfrac{y}{y^3 + x}$ 的通解.

解　由于方程中出现 y 的 3 次幂, 因此, 该方程不是未知函数 y 的线性方程. 因为自变量和因变量可以互相转换, 所以我们可以把 y 看作自变量, x 是关于 y 的未知函数, 则原方程变形为

$$\frac{\mathrm{d}x}{\mathrm{d}y} - \frac{x}{y} = y^2 .$$

这是一个以 y 为自变量、x 为未知函数的非齐次线性微分方程, 可设 $P(y) = -\dfrac{1}{y}$, $Q(y) = y^2$, 则

$$x = C\mathrm{e}^{-\int -\frac{1}{y}\mathrm{d}y} + \mathrm{e}^{-\int -\frac{1}{y}\mathrm{d}y}\int y^2 \mathrm{e}^{\int -\frac{1}{y}\mathrm{d}y}\,\mathrm{d}y$$

$$= Cy + y\int y\mathrm{d}y$$

$$= Cy + \frac{1}{2}y^3 ,$$

故原方程的通解为 $x = Cy + \dfrac{1}{2}y^3$.

请仿照例 6 的解法一求解本题, 熟练掌握常数变易法.

*四、伯努利方程

定义 4　方程

$$\frac{\mathrm{d}y}{\mathrm{d}x} + P(x)y = Q(x)y^n \quad (n \neq 0,1) \tag{10.29}$$

称为伯努利(Bernoulli)方程.

当 $n = 0$ 或 $n = 1$ 时, 这就是线性微分方程.

伯努利方程是非线性的, 该如何求解呢? 我们看到伯努利方程与线性微分方程的区别就在于右端的自由项, 能否将伯努利方程变成线性微分方程的形式呢? 事实上, 以 y^n 除伯努利方程(10.29)的两端可得

$$y^{-n}\frac{\mathrm{d}y}{\mathrm{d}x} + P(x)y^{1-n} = Q(x). \tag{10.30}$$

而上式左端第一项与 $\frac{\mathrm{d}}{\mathrm{d}x}y^{1-n}$ 只差一个常数因子 $1-n$, 因此, 设 $z = y^{1-n}$, 则有

$$\frac{\mathrm{d}z}{\mathrm{d}x} = (1-n)y^{-n}\frac{\mathrm{d}y}{\mathrm{d}x},$$

用 $1-n$ 乘方程(10.30)的两端, 再通过上述变量代换便得到线性微分方程

$$\frac{\mathrm{d}z}{\mathrm{d}x} + (1-n)P(x)z = (1-n)Q(x).$$

求出该方程的通解后, 以 y^{1-n} 代 z 便可得到伯努利方程的通解.

例 8　求方程 $\dfrac{\mathrm{d}y}{\mathrm{d}x} + \dfrac{y}{3} = \dfrac{(1-2x)y^4}{3}$ 的通解.

解　该方程是伯努利方程, 两边同时除以 $\dfrac{y^4}{3}(y \neq 0)$, 得

$$3y^{-4}\frac{\mathrm{d}y}{\mathrm{d}x} + y^{-3} = 1 - 2x \quad (y \neq 0).$$

令 $z = y^{-3}$, 则上式化为 $\dfrac{\mathrm{d}z}{\mathrm{d}x} - z = 2x - 1$, 可求得解

$$z = \mathrm{e}^{-\int -1\mathrm{d}x}\left[\int (2x-1)\mathrm{e}^{\int -1\mathrm{d}x}\mathrm{d}x + C\right]$$

$$= \mathrm{e}^x\left[\int (2x-1)\mathrm{e}^{-x}\mathrm{d}x + C\right]$$

$$= -1 - 2x + C\mathrm{e}^x,$$

故原方程的解为 $y^{-3} = -1 - 2x + C\mathrm{e}^x$ 或 $y^3(C\mathrm{e}^x - 1 - 2x) = 1$ (C 为任意常数).

显然, $y = 0$ 也是原方程的解.

*五、全微分方程

在本节开始的时候我们说过，一阶微分方程可化成对称形式. 对称形式有什么好处呢？我们接下来讨论这个问题.

定义 5　如果方程

$$P(x, y)\mathrm{d}x + Q(x, y)\mathrm{d}y = 0 \tag{10.31}$$

的左端是某个函数 $u(x, y)$ 的全微分，即存在可微函数 $u(x, y)$，使得

$$\mathrm{d}u = P\mathrm{d}x + Q\mathrm{d}y,$$

则该方程称为**全微分方程**. 它的通解是 $u(x, y) = C$.

在学习曲线积分的时候我们已知道，当 $P(x, y), Q(x, y)$ 在单连通区域 G 内具有一阶连续偏导数时，方程(10.31)成为全微分方程的充要条件是 $\dfrac{\partial P}{\partial y} = \dfrac{\partial Q}{\partial x}$.

此时，通解为

$$u(x, y) = \int_{(x_0, y_0)}^{(x, y)} P\mathrm{d}x + Q\mathrm{d}y = C, \tag{10.32}$$

其中 $M_0(x_0, y_0)$ 为区域 G 内某个确定的点.

例 9　求方程 $(x^2 - y)\mathrm{d}x - x\mathrm{d}y = 0$ 的通解

解　设 $P(x, y) = x^2 - y, Q(x, y) = -x$，易知

$$\frac{\partial P}{\partial y} = -1 = \frac{\partial Q}{\partial x}.$$

所以，该方程为全微分方程，且 P, Q 在 R^2 上都有一阶连续偏导数，因此取定点 $(0, 0) \in \mathbf{R}^2$，则

$$\begin{aligned}
u(x, y) &= \int_{(0,0)}^{(x, y)} (s^2 - t)\mathrm{d}s - s\mathrm{d}t \\
&= \int_0^x s^2 \mathrm{d}s - \int_0^y s\mathrm{d}t \\
&= \frac{1}{3}x^3 - xy,
\end{aligned}$$

故所求方程的通解为 $\dfrac{1}{3}x^3 - xy = C$.

问题讨论

1. 一阶微分方程有哪些类型？

2. 齐次微分方程的解法实际上是一个变量代换的过程. 那么, 形如 $\dfrac{dy}{dx} = f\left(\dfrac{a_1 x + b_1 y + C_1}{a_2 x + b_2 y + C_2}\right)$ 的微分方程如何求解?

*3. 全微分方程和可分离变量微分方程有何区别?

小结

本节我们学习了一阶微分方程的有关概念和五种类型的一阶微分方程: 可分离变量方程、齐次方程、一阶线性方程、伯努利方程和全微分方程; 介绍了求解这些方程的基本方法: 分离变量法、常数变易法、变量代换等. 对这五种基本类型方程的标准形式及解法, 必须十分清楚. 一阶微分方程求解的关键就是把一般一阶微分方程转化成上述五种基本形式.

习　题　10.2

1. 求下列微分方程的通解:

(1) $2xy' - y\ln y = 0$;

(2) $\sqrt{1 + x^2}\,dy - \sqrt{1 + y^2}\,dx = 0$;

(3) $\dfrac{dy}{dx} + \dfrac{x\cos x}{y\sin y} = 0$;

(4) $\dfrac{dy}{dx} = 5^{x+y}$;

(5) $(1 + x)dy - y^2 dx = 0$;

(6) $y' = xy + 2x + y + 2$.

2. 求下列微分方程满足初始条件的解:

(1) $2x\,dy + y\,dx = 0, y\big|_{x=2} = 1$;

(2) $\dfrac{dy}{dx} = \dfrac{2x\ln x + x}{\sin y + y\cos y}, y\big|_{x=1} = 0$;

(3) $y' = e^{3x+y}, y\big|_{x=0} = 0$;

(4) $\dfrac{dy}{dx} = (1 + \ln x)y, y\big|_{x=1} = 1$.

3. 求下列齐次方程的通解:

(1) $\dfrac{dy}{dx} = e^{2\frac{y}{x}} + \dfrac{y}{x}$;

(2) $\dfrac{dy}{dx} = \dfrac{y}{x}(\ln y - \ln x)$;

(3) $(x^2 - y^2)dx + xy\,dy = 0$;

(4) $\dfrac{dy}{dx} = \dfrac{2x^3 y - y^4}{x^4 - 2xy^3}$.

4. 求下列齐次方程满足初始条件的解:

(1) $(y^2 + 2x^2)dy + xy\,dx = 0, y\big|_{x=0} = 1$;

(2) $(y + \sqrt{x^2 + y^2})dx - x\,dy = 0, y\big|_{x=1} = 0$.

5. 求下列微分方程的通解:

(1) $y' + \dfrac{y}{x} = \dfrac{\sin x}{x}$;

(2) $(x^2 + 1)y' + 2xy - \sin x = 0$;

(3) $y' + y\sin x = e^{\cos x}$;

(4) $\dfrac{dy}{dx} = \dfrac{y}{x - y}$.

6. 求下列微分方程的特解:

(1) $\dfrac{dy}{dx} + \dfrac{2y}{x} = xe^x, y\big|_{x=1} = 0$;

(2) $\dfrac{dy}{dx} + y\tan x = \sec x, y\big|_{x=0} = 0$;

(3) $y\ln y dx + (x - \ln y)dy = 0, y\big|_{x=0} = 1$;

(4) $\dfrac{dy}{dx} + \dfrac{2 - 3x^2}{x^3} y = 1, y\big|_{x=1} = 0$.

7. 求下列方程的通解:

(1) $y' = (x + y)^3$;

(2) $y' = \dfrac{1}{x + y} + 1$;

(3) $\dfrac{dy}{dx} + y = y^2(\cos x + \sin x)$;

(4) $\dfrac{dy}{dx} + y = xy^5$.

8. 求下列微分方程的通解或特解:

(1) $(x + 2y)dx + (2x + y)dy = 0$;

(2) $(e^{x+y} + e^x)dx + (e^{x+y} + e^y)dy = 0$;

(3) $\sin y\cos x dy + \cos y\sin x dx = 0, y\big|_{x=0} = \dfrac{\pi}{4}$;

(4) $(3x^2 + 6xy^2)dx + (6x^2y + 4y^2)dy = 0, y\big|_{x=0} = 1$.

10.3　可降阶的微分方程

10.2 节讨论了一阶微分方程可求解的基本类型及其解法与应用. 本节讨论**高阶**(二阶及其以上)微分方程及其解法, 主要研究二阶微分方程的解法.

设二阶微分方程

$$y'' = f(x, y, y'),\tag{10.33}$$

其中 f 为含有 x, y, y' 三个变量的函数.

我们从简单的方程入手, 先讨论所谓可降阶的微分方程. 当 x, y, y' 三个变量不同时出现的几种特殊形式, 它们可以通过变量代换化为一阶微分方程求解, 故称为可降阶的微分方程.

一、$y'' = f(x)$ 型

此类方程的特点是函数 f 只是 x 的函数, 不出现 y 及 y'.

令 $y' = p(x)$, 则 $y'' = \dfrac{dp}{dx}$. 于是原方程降为一阶微分方程

$$\frac{dp}{dx} = f(x).\tag{10.34}$$

两边积分可得

$$\frac{\mathrm{d}y}{\mathrm{d}x} = p(x) = \int f(x)\mathrm{d}x + C_1.\tag{10.35}$$

再积分一次, 便可得原方程的通解

$$y = \int p(x)\mathrm{d}x + C_2 = \int \left[\int f(x)\mathrm{d}x + C_1\right]\mathrm{d}x + C_2,$$

其中 C_1, C_2 为任意常数.

　　说明: 此方程解法可推广到更高阶的微分方程. 例如: $y^{(n)} = f(x)$, 只要将其连续积分 n 次, 就可以得到通解.

　　例 1　求微分方程 $y'' = \sin x + x$ 的通解.

　　解　对原方程两边关于 x 积分一次, 可得

$$y' = \int(\sin x + x)\mathrm{d}x = -\cos x + \frac{1}{2}x^2 + C_1.$$

再积分一次, 得原方程的通解

$$y = \int\left(-\cos x + \frac{1}{2}x^2 + C_1\right)\mathrm{d}x = -\sin x + \frac{1}{6}x^3 + C_1 x + C_2 \quad (C_1, C_2 \text{ 为任意常数}).$$

二、$y'' = f(x, y')$ 型

　　此类方程的特点是右端 f 未明显包含变量 y. 如果令 $y' = p(x)$, 则 $y'' = \dfrac{\mathrm{d}p}{\mathrm{d}x}$, 代回原方程, 得

$$\frac{\mathrm{d}p}{\mathrm{d}x} = f(x, p).\tag{10.36}$$

这是一个关于变量 p, x 的一阶微分方程, 可按一阶微分方程的解法求解. 设求得其通解为 $p(x) = \varphi(x, C_1)$, 即 $\dfrac{\mathrm{d}y}{\mathrm{d}x} = \varphi(x, C_1)$, 两边积分一次, 即可求得原方程的通解

$$y = \int \varphi(x, C_1)\mathrm{d}x + C_2,\tag{10.37}$$

其中 C_1, C_2 为任意常数.

　　例 2　求微分方程 $x^2 y'' - (y')^2 = 0$ 满足 $y(0) = 1, y'(1) = 1$ 的特解.

　　解　原方程中不显含 y, 故设 $y' = p(x)$, 则 $y'' = p'$ 代入原方程, 得

$$x^2 p' - p^2 = 0.$$

这是一阶微分方程, 分离变量解得

$$p^{-1} = x^{-1} + C_1.$$

又 $y'(1) = 1$，即 $p(1) = 1$，故 $C_1 = 0$，所以

$$y' = p = x.$$

上式两边积分，得

$$y = \frac{1}{2}x^2 + C_2.$$

代入 $y(0) = 1$，得 $C_2 = 1$，故所求特解为

$$y = \frac{1}{2}x^2 + 1.$$

三、$y'' = f(y, y')$ 型

此类方程的特点是右端 f 不明显包含自变量 x．令 $y' = p(y)$，则

$$y'' = \frac{\mathrm{d}}{\mathrm{d}x}(y') = \frac{\mathrm{d}p}{\mathrm{d}y}\frac{\mathrm{d}y}{\mathrm{d}x} = p\frac{\mathrm{d}p}{\mathrm{d}y}.$$

代入原方程得

$$p\frac{\mathrm{d}p}{\mathrm{d}y} = f(y, p). \tag{10.38}$$

这是一个关于 y, p 的一阶微分方程，若能求出其通解 $p = \varphi(y, C_1)$，即

$$\frac{\mathrm{d}y}{\mathrm{d}x} = \varphi(y, C_1).$$

分离变量，得 $\dfrac{\mathrm{d}y}{\varphi(y, C_1)} = \mathrm{d}x$，两边积分，可得原方程的通解

$$\int \frac{\mathrm{d}y}{\varphi(y, C_1)} = x + C_2,$$

其中 C_1, C_2 为任意常数.

例 3　求微分方程 $yy'' - y'^2 = 0$ 的通解

解　方程不明显包含自变量 x，故设 $y' = p(y)$，则 $y'' = p\dfrac{\mathrm{d}p}{\mathrm{d}y}$，代入原方程，得

$$yp\frac{\mathrm{d}p}{\mathrm{d}y} - p^2 = 0.$$

当 $y \neq 0, p \neq 0$ 时，可得

$$\frac{\mathrm{d}p}{p} = \frac{\mathrm{d}y}{y}.$$

两边积分，得

$$\ln|p| = \ln|y| + C_0.$$

整理得

$$p = C_1 y \quad 或 \quad y' = C_1 y \quad (C_1 = \pm e^{C_0}).$$

分离变量, 解得

$$\ln|y| = C_1 x + C_2'.$$

整理得

$$y = C_2 e^{C_1 x} \quad (C_2 = \pm e^{C_2'}).$$

显然 $y = 0$ 是原方程的解, 便可得通解: $y = C_2 e^{C_1 x}$ (C_1, C_2 为任意常数).

问题讨论

1. 若 $y'' = f(x, y')$, 则 f 只是 x, y' 的函数(或说 f 只与 x, y' 有关). 同理, 若 $y'' = f(y, y')$, 则 f 只是 y, y' 的函数(或说 f 只与 y, y' 有关), 这种说法正确吗? 为什么?

2. 讨论求解上述三类微分方程的一般思路和应注意的问题.

3. 求解方程 $\dfrac{y^2}{y'} - \displaystyle\int_0^x y(t)\mathrm{d}t = 1, y(0) = 1$.

小结

本节我们学习了三类可降阶的二阶微分方程. 第一种类型 $y'' = f(x)$ 的解法相对简单, 只需两边积分两次即可. 而后面两种类型都是使用变量代换的方法, 但又有区别. 第二种类型 $y'' = f(x, y')$ 的特点是方程不显含 y, 故变量代换设为: $y' = p(x)$, 则 $y'' = p'(x)$, 原方程化为一阶方程: $p' = f(x, p)$. 第三种类型 $y'' = f(y, y')$ 的特点是方程不显含 x, 故变量代换设为: $y' = p(y)$, 则 $y'' = p\dfrac{\mathrm{d}p}{\mathrm{d}y}$, 原方程化为一阶方程 $p' = f(y, p)$.

习　题　10.3

1. 求下列微分方程的解:

(1) $y'' = x + \cos x$;

(2) $y'' = \dfrac{1}{1 + x^2}$;

(3) $y''' = \ln x$;

(4) $y^{(4)} = e^{2x}$.

2. 求下列微分方程的解:

(1) $y'' = y' - x$;

(2) $y'' = y' + e^x$;

(3)　$x^2y'' + xy' = 3, y\big|_{x=1} = 3, y'\big|_{x=1} = 1$；　　　　　(4)　$y''\tan x = y' + 1, y\big|_{x=0} = 1, y'\big|_{x=0} = 0$.

3. 求下列微分方程的解：

(1)　$y'' = 1 + (y')^2; y\big|_{x=0} = 0, y'\big|_{x=0} = 0$　　　　　(2)　$y'' = \dfrac{1}{\sqrt{y}}; y\big|_{x=0} = 0, y'\big|_{x=0} = 0$

(3)　$yy'' = (y')^2, y\big|_{x=0} = 1, y'\big|_{x=0} = 2$；　　　　　(4)　$y'' + y' = y'y, y\big|_{x=0} = 2, y'\big|_{x=0} = \dfrac{1}{2}$.

　　4. 设曲线对称于 x 轴，且由原点发射出的光线经过该曲线发射后都平行于 x 轴的反方向，求该曲线方程.

10.4　线性微分方程解的结构

　　通过 10.2 节学习的一阶线性微分的解法，我们知道，一阶线性齐次方程和非齐次方程有很好的解的结构；同样，二阶、三阶、$\cdots$、n 阶线性方程也有类似的解的结构.

　　二阶线性微分方程的一般形式是

$$y'' + p(x)y' + q(x)y = f(x)，\tag{10.39}$$

其中 $p(x), q(x), f(x)$ 为定义在某区间 I 上的连续函数，若 $f(x) \equiv 0$，则方程(10.39)变为

$$y'' + p(x)y' + q(x)y = 0，\tag{10.40}$$

称之为对应于(10.39)的齐次方程，而(10.39)称为非齐次方程，$f(x)$ 称为自由项.

　　本节我们将讨论方程(10.39)及(10.40)解的基本性质，并将这些性质推广到 n 阶线性微分方程

$$y^{(n)} + p_1(x)y^{(n-1)} + p_2(x)y^{(n-2)} + \cdots + p_n(x)y = f(x).\tag{10.41}$$

　　定理 1　设 $y_1(x)$，$y_2(x)$ 都是方程(10.40)的解，则 $C_1y_1 + C_2y_2$ 也是方程(10.40)的解，其中 C_1, C_2 为任意常数.

　　证明　因为 $y_1(x)$，$y_2(x)$ 都是方程(10.40)的解，将 $C_1y_1 + C_2y_2$ 代入方程(10.40)可得

$$(C_1y_1'' + C_2y_2'') + p(x)(C_1y_1' + C_2y_2') + q(x)(C_1y_1 + C_2y_2)$$
$$= C_1(y_1'' + p(x)y_1' + q(x)y_1) + C_2(y_2'' + p(x)y_2' + q(x)y_2)$$
$$= 0,$$

故 $C_1y_1 + C_2y_2$ 也是方程(10.40)的解.

　　注　(1) 此定理说明齐次线性方程的解符合**叠加原理**；

　　(2) $C_1y_1 + C_2y_2$ 称为 y_1 与 y_2 的**线性组合**.

问题　C_1, C_2 为任意常数, 那么 $C_1 y_1 + C_2 y_2$ 是否为方程(10.40)的通解?

答案是否定的. 假设 y_1 是方程(10.40)的解, 不妨设 $y_2 = 2y_1$, 则显然 y_2 也是方程(10.40)的解, 此时线性组合 $y = C_1 y_1 + C_2 y_2 = C_1 y_1 + 2C_2 y_1 = (C_1 + 2C_2) y_1 = C y_1$, 其中 $C = C_1 + 2C_2$, 这显然不是方程(10.40)的通解.

那么在什么情况下, 线性组合 $C_1 y_1 + C_2 y_2$ 才是方程(10.40)的通解呢? 直观来看, 当 C_1 与 C_2 不能合并成一个任意常数时, 线性组合 $C_1 y_1 + C_2 y_2$ 才是方程(10.40)的通解, 为此, 我们给出如下线性相关和线性无关的定义.

定义 1　设 $y_1(x), y_2(x), \cdots, y_n(x)$ 为定义在某区间 I 上的 n 个函数, 如果存在 n 个不全为零的常数 $k_1, k_2, \cdots, k_n$, 使得 $\forall x \in I$ 时, 恒有等式

$$k_1 y_1(x) + k_2 y_2(x) + \cdots + k_n y_n(x) \equiv 0$$

成立, 则称这 n 个函数在区间 I 上线性相关, 否则称为线性无关.

例 1　证明函数 $1, \cos^2 x, \sin^2 x$ 在实数域 $\mathbf{R}$ 上线性相关, 而函数 $1, x, x^2$ 在任意区间 (a, b) 内部线性无关.

证明　因为 $\forall x \in \mathbf{R}$, 只需取 $k_1 = 1, k_2 = k_3 = -1$, 则有

$$1 - \cos^2 x - \sin^2 x \equiv 0,$$

故 $1, \cos^2 x, \sin^2 x$ 在 $\mathbf{R}$ 上线性相关.

对 $1, x, x^2$ 而言, 如果 k_1, k_2, k_3 不全为 0, 则在 (a, b) 区间至多有两个点, 使得

$$k_1 + k_2 x + k_3 x^2 = 0,$$

要使上式恒等于 0, 必须 $k_1 = k_2 = k_3 = 0$, 故 $1, x, x^2$ 在任意区间 (a, b) 内部线性无关.

特别地, 对两个函数, y_1, y_2 线性相关的充要条件是 $\dfrac{y_1}{y_2} = k$ (k 为非零常数).

定理 2　如果 $y_1(x), y_2(x)$ 是方程(10.40)的两个线性无关的解, 则线性组合 $C_1 y_1 + C_2 y_2$ (C_1, C_2 为任意常数)是方程(10.40)的通解.

证明　由定理 1 已知 $C_1 y_1 + C_2 y_2$ 是方程(10.40)的解, 又 $y_1(x), y_2(x)$ 线性无关, 故 $y_1(x) \neq k y_2(x)$, 即 C_1, C_2 两个任意常数不能合并, 是相互独立的, 故线性组合 $C_1 y_1 + C_2 y_2$ 是方程(10.40)的通解.

推论 1　设 $y_1(x), y_2(x), \cdots, y_n(x)$ 是 n 阶线性方程(10.40)的 n 个线性无关的解, 则此方程的通解为

$$y = C_1 y_1 + C_2 y_2 + \cdots + C_n y_n,$$

其中, $C_1, C_2, \cdots, C_n$ 为任意常数.

下面我们进一步讨论非齐次线性方程(10.39)的解的性质.

我们已经知道一阶非齐次线性方程的通解可由两部分叠加而成: 对应的齐次

方程的通解, 加上非齐次方程本身的一个特解. 那么, 对于二阶以及二阶以上的非齐次线性方程, 是否有类似的结论呢?

定理 3 设 $y^*(x)$ 是方程(10.39)的一个特解, $Y(x)$ 是对应的齐次方程(10.40)的通解, 则 $y = Y(x) + y^*(x)$ 是非齐次方程(10.39)的通解.

证明 将 $y = Y(x) + y^*(x)$ 代入方程(10.39), 得

$$(Y'' + y^{*''}) + p(x)(Y' + y^{*'}) + q(x)(Y + y^*)$$
$$= [Y'' + p(x)Y' + q(x)Y] + [y^{*''} + p(x)y^{*'} + q(x)y^*]$$
$$= 0 + f(x)$$
$$= f(x),$$

故 $y = Y(x) + y^*(x)$ 是方程(10.39)的解, 且 $Y(x)$ 中含有两个独立的任意常数, 故 y 是方程(10.39)的通解.

推论 2 设 $y^*(x)$ 是 n 阶线性非齐次方程

$$y^{(n)} + p_1 y^{(n-1)} + \cdots + p_n y = f(x) \tag{10.42}$$

的特解, $Y(x)$ 是对应的齐次方程 $y^{(n)} + p_1 y^{(n-1)} + \cdots + p_n y = 0$ 的通解, 则 $y = Y(x) + y^*(x)$ 是方程(10.42)的通解.

证明略.

推论 3 设非齐次方程(10.39)右端 $f(x)$ 是几个函数之和, 不妨设为

$$y'' + p(x)y' + q(x)y = f_1(x) + f_2(x). \tag{10.43}$$

而 y_1^* 与 y_2^* 分别是方程

$$y'' + p(x)y' + q(x)y = f_1(x), \tag{10.44}$$

$$y'' + p(x)y' + q(x)y = f_2(x) \tag{10.45}$$

的特解, 则 $y = y_1^* + y_2^*$ 是原方程(10.43)的特解.

证明 将 $y = y_1^* + y_2^*$ 代入方程(10.43), 得

$$(y_1^{*''} + y_2^{*''}) + p(x)(y_1^{*'} + y_2^{*'}) + q(x)(y_1^* + y_2^*)$$
$$= [y_1^{*''} + p(x)y_1^{*'} + q(x)y_1^*] + [y_2^{*''} + p(x)y_2^{*'} + q(x)y_2^*]$$
$$= f_1(x) + f_2(x),$$

故 $y = y_1^* + y_2^*$ 是方程(10.43)的特解.

这个定理称为非齐次线性方程解的叠加原理, 并可推广到 n 阶非齐次线性方程.

问题讨论

1. 如果 n 个函数线性无关, 应该满足什么条件?

2. 函数 $f_1(x), f_2(x)$ 线性无关是否意味着这两个函数之间没有什么关系, 为什么?

3. 设 $y_1(x), y_2(x), y_3(x)$ 是二阶线性非齐次方程的三个线性无关的解, 如何利用这三个解来表示方程的通解?

小结

本节我们学习了函数线性相关和线性无关的概念, 讨论了二阶线性微分方程的解的结构. 二阶线性齐次微分方程的通解可由其两个线性无关解的线性组合表示; 二阶线性非齐次微分方程的通解可由对应的齐次方程的通解加上非齐次方程的一个特解表示.

习　题　10.4

1. 判断下列函数在其定义区间内的线性相关性:

(1) $2x, x^2$;

(2) $2x, 5x$;

(3) $e^x, 2e^{3x}$;

(4) $e^{2x}, 3e^{2x}$;

(5) $x\cos x, x\sin x$;

(6) $\sin 2x, \cos x\sin x$;

(7) $e^{2x}\cos x, e^x\sin x$;

(8) $2\ln x, x\ln x$.

2. 验证 $y_1 = \sin\theta x, y_2 = \cos\theta x$ 都是方程 $y'' + \theta^2 y = 0$ 的解, 并求其通解.

3. 验证 $y_1 = e^{-x}$ 和 $y_2 = e^{5x}$ 都是方程 $y'' - 4y' - 5y = 0$ 的解, 并求其通解.

4. 验证:

(1) $y = e^x$ 是方程 $(2x+1)y'' - (2x-1)y' - 2y = 0$ 的解.

(2) $y = C_1 x^2 + C_2 x^2 \ln x$ (C_1, C_2 为任意常数)是方程 $x^2 y'' - 3xy' + 4y = 0$ 的通解.

10.5　二阶常系数线性微分方程

10.3 节我们讨论了三种特殊的二阶微分方程的解法, 10.4 节我们讨论了二阶线性微分方程的解的结构. 本节我们将讨论二阶常系数线性微分方程的解法.

定义 1　在线性方程

$$y'' + py' + qy = f(x) \tag{10.46}$$

中, 如果 p, q 为常数, 则称该方程为**二阶常系数线性微分方程**. 当 $f(x) = 0$ 时, 有

$$y'' + py' + qy = 0 , \tag{10.47}$$

称之为**二阶常系数齐次线性微分方程**. 当 $f(x) \neq 0$ 时, 方程(10.46)称为**二阶常系数非齐次线性微分方程**.

一、二阶常系数齐次线性微分方程

在 10.4 节我们讨论了线性微分方程的解的结构, 由 10.4 节的定理 2 知, 要解出方程(10.47)的通解, 只要找出其两个线性无关的特解即可. 那么如何寻找这两个特解呢? 我们还得从方程(10.47)的特点去分析. 方程(10.47)的左端是 y'', y' 及 y 的线性关系式, 且 p, q 都是常数, 要使 y'', py', qy 三项之和为零, 则 y'', y', y 应该是同一类型的函数. 而指数函数的各阶导数仍然是指数函数, 正好符合这点要求. 这启发我们可以尝试用 $y = \mathrm{e}^{rx}$ (r 为待定常数)作为方程(10.47)的解, 看看 r 应该满足什么条件.

对 $y = \mathrm{e}^{rx}$ 求一阶、二阶导数, 得

$$y' = r\mathrm{e}^{rx}, \quad y'' = r^2\mathrm{e}^{rx},$$

把 y'', y', y 代入方程(10.47), 得

$$(r^2 + pr + q)\mathrm{e}^{rx} = 0.$$

由于 $\mathrm{e}^{rx} \neq 0$, 故有

$$r^2 + pr + q = 0. \tag{10.48}$$

这表明, 只要 r 是代数方程(10.48)的根, 那么 $y = \mathrm{e}^{rx}$ 就是微分方程(10.47)的解. 这样就把求微分方程解的问题转化为求代数方程根的问题了.

代数方程(10.48)称为微分方程(10.47)的**特征方程**, 特征方程的根称为**特征根**. 如果特征方程(10.48)有两个根, 如何能求出微分方程(10.47)的两个线性无关的特解呢? 这要根据特征方程(10.48)的两个根

$$r_{1,2} = \frac{-p + \sqrt{p^2 - 4q}}{2}$$

是相异实根、重根、共轭复根 3 种情形而定. 我们分别进行讨论:

(1) 当 $p^2 - 4p > 0$ 时, 特征方程有两个相异的实根 r_1, r_2, 此时微分方程(10.47)对应的两个特解为 $y_1 = \mathrm{e}^{r_1 x}, y_2 = \mathrm{e}^{r_2 x}$, 且因为

$$\frac{y_1}{y_2} = \frac{\mathrm{e}^{r_1 x}}{\mathrm{e}^{r_2 x}} = \mathrm{e}^{r_1 - r_2} \neq 常数,$$

故 y_1 与 y_2 线性无关, 由 10.4 节定理 2 可得方程(10.47)的通解为

$$y = C_1\mathrm{e}^{r_1 x} + C_2\mathrm{e}^{r_2 x} \quad (C_1, C_2 为任意常数).$$

(2) 当 $p^2 - 4q = 0$ 时, 特征方程有两个相等的实根, 记为 $r = -\dfrac{p}{2}$, 这时可得方程(10.47)的一个特解 $y_1 = \mathrm{e}^{rx}$. 还需要再找另一个与 y_1 线性无关的特解 y_2, 即 $\dfrac{y_2}{y_1} \ne$ 常数. 故可设 $y_2 = u(x)y_1 = u(x)\mathrm{e}^{r_1 x}$, 其中 $u(x)$ 为待定函数.

假设 y_2 是方程(10.47)的解, 则它满足方程(10.47), 因

$$y_2' = \mathrm{e}^{rx}(u' + ru),$$

$$y_2'' = \mathrm{e}^{rx}(u'' + 2ru' + r^2 u),$$

将 $y_2, y_2' y_2''$ 代入方程(10.47), 可得

$$\mathrm{e}^{rx}[(u'' + 2ru' + r^2 u) + p(u' + ru) + qu)] = 0.$$

因为 $\mathrm{e}^{rx} \ne 0$, 故有

$$u'' + (2r + p)u' + (r^2 + pr + q)u = 0.$$

又因为 $r = -\dfrac{p}{2}$ 为特征根, 即

$$2r + p = 0, \quad r^2 + pr + q = 0,$$

故有 $u'' = 0$.

取其一个特解 $u = x$, 则 $y_2 = xy_1 = x\mathrm{e}^{rx}$ 是方程(10.47)的与 y_1 线性无关的一个特解, 可得方程(10.47)的通解为

$$y = (C_1 + C_2 x)\mathrm{e}^{rx} \quad (C_1, C_2 \text{为任意常数}).$$

(3) 当 $p^2 - 4q < 0$ 时, 特征方程(10.48)有一对共轭复根, 设为

$$r_1 = \alpha + \mathrm{i}\beta, \quad r_2 = \alpha - \mathrm{i}\beta,$$

其中 $\alpha = -\dfrac{p}{2}, \beta = \dfrac{\sqrt{4q - p^2}}{2}$, 这时微分方程(10.47)有两个复数解

$$y_1 = \mathrm{e}^{(\alpha + \mathrm{i}\beta)x}, \quad y_2 = \mathrm{e}^{(\alpha - \mathrm{i}\beta)x}.$$

而实际中, 我们常用的是实数形式的解, 因此需对上述两个特解做一些处理. 应用欧拉公式 $\mathrm{e}^{\mathrm{i}\theta} = \cos\theta + \mathrm{i}\sin\theta$, 可将 y_1, y_2 变形为

$$y_1 = \mathrm{e}^{(\alpha + \mathrm{i}\beta)x} = \mathrm{e}^{\alpha x + \mathrm{i}\beta x} = \mathrm{e}^{\alpha x}(\cos\beta x + \mathrm{i}\sin\beta x),$$

$$y_2 = \mathrm{e}^{(\alpha - \mathrm{i}\beta)x} = \mathrm{e}^{\alpha x - \mathrm{i}\beta x} = \mathrm{e}^{\alpha x}(\cos\beta x - \mathrm{i}\sin\beta x).$$

记 $\bar{y}_1 = \dfrac{1}{2}(y_1 + y_2) = \mathrm{e}^{\alpha x}\cos\beta x$, $\quad \bar{y}_2 = \dfrac{1}{2\mathrm{i}}(y_1 - y_2) = \mathrm{e}^{\alpha x}\sin\beta x$, 由 10.4 节定理 1

知 $\bar{y}_1, \bar{y}_2$ 都是微分方程(10.47)的解, 且有

$$\frac{\bar{y}_1}{\bar{y}_2} = \frac{\mathrm{e}^{rx}\cos\beta x}{\mathrm{e}^{rx}\sin\beta x} = \tan\beta x \neq \text{常数},$$

故 $\bar{y}_1$ 和 $\bar{y}_2$ 线性无关, 因此方程(10.47)的通解为

$$y = C_1\bar{y}_1 + C_2\bar{y}_2 = (C_1\cos\beta x + C_2\sin\beta x)\mathrm{e}^{\alpha x}.$$

综上所述, 我们得到求解二阶常系数齐次线性方程通解的步骤及结论如下:

(1) 写出对应的特征方程 $r^2 + pr + q = 0$;

(2) 求出特征方程的根 r_1, r_2;

(3) 根据两个特征根的不同情形, 写出微分方程(10.47)的通解(表 10.5.1).

表 10.5.1

特征方程 $r^2 + pr + q = 0$ 的根	方程 $y'' + py' + qy = 0$ 的通解
两个不等实根: $r_1 \neq r_2$	$y = C_1\mathrm{e}^{r_1 x} + C_2\mathrm{e}^{r_2 x}$
两个相等实根: $r_1 = r_2 = r$	$y = (C_1 + C_2 x)\mathrm{e}^{rx}$
一对共轭复根: $r = \alpha \pm \mathrm{i}\beta$	$y = \mathrm{e}^{\alpha x}(C_1\cos\beta x + C_2\sin\beta x)$

例 1　求微分方程 $y'' + 2y' - 3y = 0$ 的通解.

解　特征方程为 $r^2 + 2r - 3 = 0$, 解出特征根 $r_1 = -3, r_2 = 1$, 故所求微分方程的通解为 $y = C_1\mathrm{e}^{-3x} + C_2\mathrm{e}^x$ (c_1, c_2 为任意常数).

例 2　求微分方程 $y'' - 4y' + 4y = 0$ 满足初始条件 $y|_{x=0} = 1, y'|_{x=0} = 0$ 的特解.

解　先求出通解, 再求满足初始条件的特解.

特征方程: $r^2 - 4r + 4 = 0$, 特征根为二重根 $r = 2$. 故通解为

$$y = (C_1 + C_2 x)\mathrm{e}^{2x}.$$

代入 $y|_{x=0} = 1$, 得 $C_1 = 1$; 再求出

$$y' = 2(1 + C_2 x)\mathrm{e}^{2x} + C_2\mathrm{e}^{2x} = \mathrm{e}^{2x}(2 + C_2 + 2C_2 x),$$

代入 $y'|_{x=0} = 0$, 求得 $C_2 = -2$, 故特解为

$$y = (1 - 2x)\mathrm{e}^{2x}.$$

例 3　求微分方程 $y'' + 2y' + 3y = 0$ 的通解.

解　特征方程为 $r^2 + 2r + 3 = 0$, 求解得共轭复根为

$$r_{1,2} = \frac{-2 \pm \mathrm{i}\sqrt{12 - 4}}{2} = -1 \pm \sqrt{2}\mathrm{i},$$

即 $\alpha = -1, \beta = \sqrt{2}$，故原方程的通解为

$$y = \mathrm{e}^{-x}(C_1 \cos \sqrt{2}x + C_2 \sin \sqrt{2}x).$$

二、二阶常系数线性非齐次微分方程

由 10.4 节定理 3 知，要求二阶常系数线性非齐次方程(10.46)的通解只需求出对应的齐次方程(10.47)的通解 Y，以及非齐次方程(10.46)的一个特解 y^*，就可以求出方程(10.46)的通解. 前面，我们已经解决了求 Y 的问题，下面将讨论如何求解方程(10.46)的特解 y^*.

当方程(10.46)的自由项 $f(x)$ 为两种常见形式时，可用待定系数法求 y^*. 该方法的特点是不需积分就可以求出 y^*.

1. $f(x) = P_n(x)\mathrm{e}^{\lambda x}$ 型

此时方程(10.46)，变为

$$y'' + py' + qy = P_n(x)\mathrm{e}^{\lambda x}, \tag{10.49}$$

其中 λ 是常数，$P_n(x)$ 为关于 x 的 n 次多项式

$$P_n(x) = a_0 x^n + a_1 x^{n-1} + \cdots + a_{n-1}x + a_n.$$

在前面讨论中，我们已知 y, y', y'' 为相同形式的函数，而同样的理由，在方程(10.49)中，y, y', y'' 应该与方程右端的形式是一致的. 故假设方程(10.49)有形如

$$y^* = Q(x)\mathrm{e}^{\lambda x} \tag{10.50}$$

的特解，其中 $Q(x)$ 为某个多项式(次数待定). 将

$$y^* = Q(x)\mathrm{e}^{\lambda x},$$

$$y^{*\prime} = [\lambda Q(x) + Q'(x)]\mathrm{e}^{\lambda x},$$

$$y^{*\prime\prime} = [\lambda^2 Q(x) + 2\lambda Q'(x) + Q''(x)]\mathrm{e}^{\lambda x}$$

代入方程(10.49)中，整理可得

$$Q''(x) + (2\lambda + p)Q'(x) + (\lambda^2 + p\lambda + q)Q(x) = P_n(x). \tag{10.51}$$

这表明，若 $y^* = Q(x)\mathrm{e}^{\lambda x}$ 是方程(10.49)的解，则 $Q(x)$ 必然是方程(10.51)的解. 因此，我们可以通过方程(10.51)的解 $Q(x)$，进而确定 y^*；并且方程(10.51)的右端为 n 次多项式，故 $Q(x)$ 也应该是多项式. 对于多项式 $Q(x)$，其次数及系数就是我们要确定的. 下面分情况讨论 $Q(x)$ 的次数及系数.

$Q(x)$ 的系数与 λ 有关:

(1) 若 λ 不是特征方程 $\lambda^2 + p\lambda + q = 0$ 的根, 即 $\lambda^2 + p\lambda + q \neq 0$, 故方程(10.51) 的左端多项式的最高次幂出现在 $Q(x)$ 中, 因此 $Q(x)$ 的次数与 $P_n(x)$ 的次数相同, 为 n 次. 不妨设

$$Q(x) = b_0 x^n + b_1 x^{n-1} + \cdots + b_{n-1} x + b_n \triangleq Q_n(x).$$

(2) 若 λ 是特征方程 $\lambda^2 + p\lambda + q = 0$ 的实单根, 即满足

$$\begin{cases} \lambda^2 + p\lambda + q = 0, \\ 2\lambda + p \neq 0. \end{cases}$$

此时, 方程(10.51)简化为

$$Q''(x) + (2\lambda + p)Q'(x) = P_n(x).$$

因此 $Q'(x)$ 与 $P_n(x)$ 的次数相同, 故 $Q(x)$ 应为 $n+1$ 次多项式, 为使讨论的形式简化, 我们设 $Q(x) = xQ_n(x)$.

(3) 若 λ 是特征方程 $\lambda^2 + p\lambda + q = 0$ 的实重根, 即满足

$$\begin{cases} \lambda^2 + p\lambda + q = 0, \\ 2\lambda + p = 0. \end{cases}$$

方程(10.51)变为

$$Q''(x) = P_n(x),$$

故 $Q(x)$ 应为 $n+2$ 次多项式, 不妨设

$$Q(x) = x^2 Q_n(x).$$

综上所述, 特解 y^* 和 λ 的关系可以统一表示为

$$y^* = x^k Q_n(x)\mathrm{e}^{\lambda x},$$

其中 $Q_n(x)$ 是与 $P_n(x)$ 同次的多项式, k 根据不是特征根、是实单根、是实重根分别取 $0, 1$ 或 2, 如表 10.5.2 所示.

表 10.5.2

λ	k	y^*
不是特征根	0	$y^* = Q_n(x)\mathrm{e}^{\lambda x}$
是实单根	1	$y^* = xQ_n(x)\mathrm{e}^{\lambda x}$
是实重根	2	$y^* = x^2 Q_n(x)\mathrm{e}^{\lambda x}$

　　说明: 以上结论可推广到 n 阶常系数非齐次线性微分方程, 注意 k 是特征方程中特征根 λ 的重复次数, 即若 λ 不是特征根, 则 $k=0$; 若 λ 是 s 重实根, 则 $k=s$.

　　例4　求方程 $y'' - 2y' + 3y = 2x + 1$ 的通解.

　　解　对应的特征方程为 $r^2 - 2r + 3 = 0$, 特征根 $r_1 = 1 + \sqrt{2}\mathrm{i}, r_2 = 1 - \sqrt{2}\mathrm{i}$, 故对应的齐次方程的通解为

$$Y = \mathrm{e}^x (C_1 \cos \sqrt{2}x + C_2 \sin \sqrt{2}x).$$

因为 $f(x) = 2x + 1$, 所以 $\lambda = 0$, $n = 1$. 又因为 $\lambda = 0$ 不是特征根, 故 $k = 0$, 即可设 $y^* = ax + b$. 因 $y^{*\prime} = a, y^{*\prime\prime} = 0$, 代入原方程, 整理得

$$3ax - 2a + 3b = 2x + 1.$$

比较方程两边同次幂(同类项)系数得

$$a = \frac{2}{3}, \quad b = \frac{7}{9},$$

于是有

$$y^* = \frac{2}{3}x + \frac{7}{9},$$

故原方程的通解为

$$y = Y + y^* = \mathrm{e}^x (C_1 \cos \sqrt{2}x + C_2 \sin \sqrt{2}x) + \frac{2}{3}x + \frac{7}{9}.$$

　　例5　求方程 $y'' + 4y' + 4y = 3x\mathrm{e}^{-2x}$ 的通解.

　　解　对应的特征方程为 $r^2 + 4r + 4 = 0$, 特征根 $r_1 = r_2 = -2$, 故对应的齐次方程的通解为

$$Y = (C_1 + C_2 x)\mathrm{e}^{-2x}.$$

　　因为 $f(x) = 3x\mathrm{e}^{-2x}$, 所以 $\lambda = -2$, $n = 1$, 又因为 $\lambda = -2$ 是特征方程的二重根, 故 $k = 2$, 即可设

$$y^* = x^2(ax + b)\mathrm{e}^{-2x}.$$

因为

$$y^{*\prime} = \mathrm{e}^{-2x}[-2ax^3 + (3a - 2b)x^2 + 2bx],$$
$$y^{*\prime\prime} = \mathrm{e}^{-2x}[4ax^3 + (-12a + 4b)x^2 + (6a - 8b)x + 2b],$$

代入原方程, 整理得

$$(6a - 6b)x + 2b = 3x,$$

解得

$$a = \frac{1}{2}, \quad b = 0,$$

于是有

$$y^* = \frac{1}{2}x^3 e^{-2x},$$

故原方程的通解为

$$y = Y + y^* = (C_1 + C_2 x)e^{-2x} + \frac{1}{2}x^3 e^{-2x}.$$

2. $f(x) = e^{\lambda x}[P_l(x)\cos \omega x + \tilde{P}_n(x)\sin \omega x]$ 型

此时方程(10.46)变为

$$y'' + py' + qy = e^{\lambda x}[P_l(x)\cos \omega x + \tilde{P}_n(x)\sin \omega x], \tag{10.52}$$

其中 λ, ω 是常实数, $P_l(x), \tilde{P}_n(x)$ 分别为关于 x 的 l, n 次多项式. 则其特解 y^* 和 λ, ω 的关系可以统一表示为

$$y^* = x^k e^{\lambda x}[A_m(x)\cos \omega x + B_m(x)\sin \omega x], \tag{10.53}$$

其中 $A_m(x), B_m(x)$ 是 x 的 m 次多项式, $m = \max\{l, n\}$, k 根据 $\lambda \pm \omega i$ 不是特征根、是特征根分别取 $0, 1$, 如表 10.5.3 所示.

表 10.5.3

$\lambda \pm \omega i$	k	y^*
不是特征根	0	$y^* = e^{\lambda x}[A_m(x)\cos \omega x + B_m(x)\sin \omega x]$
是特征根	1	$y^* = x e^{\lambda x}[A_m(x)\cos \omega x + B_m(x)\sin \omega x]$

证明略.

说明: 以上结论可推广到 n 阶常系数非齐次线性微分方程, 注意 k 是特征方程中含根 $\lambda \pm i\omega$ 的重复次数.

例 6　求方程 $y'' - 3y' + 2y = 5e^{-x}\cos x$ 的通解.

解　对应的特征方程为 $r^2 - 3r + 2 = 0$, 特征根 $r_1 = 2, r_2 = 1$, 故对应的齐次方程的通解为

$$Y = c_1 e^{2x} + c_2 e^x.$$

因为 $f(x) = 5e^{-x}\cos x$, 所以 $\lambda = -1, \omega = 1, P_l(x) = 5, \tilde{P}_n(x) = 0, m = \max\{l, n\} = 0$. 又因为 $\lambda \pm i\omega = -1 \pm i$ 不是特征根, 故 $k = 0$, 因此可设特解

$$y^* = e^{-x}(a\cos x + b\sin x).$$

代入原方程, 整理得

$$(-a-3b+2a)\cos x+(-b+3a+2b)\sin x=5\cos x,$$

得方程组 $\begin{cases} a-3b=5, \\ 3a+b=0, \end{cases}$ 解得 $\begin{cases} a=\dfrac{1}{2}, \\ b=-\dfrac{3}{2}, \end{cases}$ 即原方程通解为

$$y=C_1\mathrm{e}^{2x}+C_2\mathrm{e}^{x}+\frac{1}{2}\mathrm{e}^{-x}(\cos x-3\sin x).$$

例 7 求方程 $y''+y=x\cos 2x$ 的通解.

解 对应的特征方程为 $r^2+1=0$, 特征根 $r_{1,2}=\pm\mathrm{i}$, 故对应的齐次方程的通解为

$$Y=C_1\cos x+C_2\sin x,$$

因为 $f(x)=x\cos 2x$, 所以 $\lambda=0, \omega=2, P_l(x)=x, \tilde{P}_n(x)=0, m=\max\{l,n\}=1$. 又因为 $\lambda\pm\mathrm{i}\omega=\pm 2\mathrm{i}$ 不是特征根, 故 $k=0$, 因此可设特解

$$y^*=(ax+b)\cos 2x+(cx+d)\sin 2x$$

代入原方程, 整理得

$$(-3ax-3b+4c)\cos 2x-(3cx+3d+4a)\sin 2x=x\cos 2x,$$

得方程组

$$\begin{cases} -3a=1, \\ -3b+4c=0, \\ -3c=0, \\ -3d-4a=0, \end{cases}$$

解得 $a=-\dfrac{1}{3}, b=0, c=0, d=\dfrac{4}{9}$. 即原方程通解为

$$y=Y+y^*=C_1\cos x+C_2\sin x-\frac{1}{3}x\cos 2x+\frac{4}{9}\sin 2x.$$

问题讨论

1. 在二阶常系数齐次线性微分方程的通解推导过程中, 当特征方程有两个相等实根: $r_1=r_2=r$ 时, 我们取 $y_1=\mathrm{e}^{rx}, y_2=x\mathrm{e}^{rx}$, 还可以取其他形式吗?

2. 若 $n(n>2)$ 阶常系数齐次线性微分方程的特征根为 n 个相异的实根, 其通解形式是什么?

小结

本节我们学习了二阶常系数线性微分方程的解法. 对应于特征方程根的三种

情况, 二阶常系数齐次线性微分方程的通解有三种不同形式. 二阶常系数非齐次线性微分方程的通解由对应的齐次方程的通解加上非齐次方程的一个特解构成, 故非齐次方程解的关键是求其特解. 根据自由项 $f(x)$ 的不同形式, 可用待定系数法求出其特解. 自由项 $f(x)$ 常见的形式为多项式、指数函数、正弦函数、余弦函数, 以及它们的和与乘积.

习　题　10.5

1. 求下列微分方程的通解:

(1) $y'' + 2y' - 3y = 0$;

(2) $y'' - 4y' + 4y = 0$;

(3) $y'' - 6y' + 13y = 0$;

(4) $y'' + 4y = 0$;

2. 求下列微分方程的特解:

(1) $y'' + 3y' - 4y = 0, y\big|_{x=0} = 0, y'\big|_{x=0} = 5$;

(2) $4y'' + 4y' + y = 0, y\big|_{x=0} = 0, y'\big|_{x=0} = 2$;

(3) $y'' + 4y' + 20y = 0, y\big|_{x=0} = 0, y'\big|_{x=0} = 1$;

(4) $\dfrac{\mathrm{d}^2 x}{\mathrm{d}t^2} + n^2 x = 0, x\big|_{t=0} = a, \dfrac{\mathrm{d}x}{\mathrm{d}t}\bigg|_{t=0} = 0$.

3. 求下列非齐次线性方程的通解:

(1) $y'' + 3y' + 2y = x\mathrm{e}^x$;

(2) $2y'' + y' - y = \mathrm{e}^x$;

(2) $y'' + 4y = x + 4$;

(4) $y'' + 6y' + 9y = (x-1)\mathrm{e}^{2x}$;

(3) $y'' + y = \mathrm{e}^x + \sin x$;

(6) $y'' - 4y = x\cos x$.

4. 下列各微分方程的特解:

(1) $y'' + 9y = 5\cos 2x, y\big|_{x=0} = 1, y'\big|_{x=0} = 3$;

(2) $y'' - 6y' + 13y = 39, y\big|_{x=0} = 4, y'\big|_{x=0} = 3$;

(3) $y'' + 10y' + 9y = \mathrm{e}^{2x}, y\big|_{x=0} = \dfrac{34}{33}, y'\big|_{x=0} = \dfrac{35}{33}$;

(4) $y'' - y = 4x\mathrm{e}^x, y\big|_{x=0} = 0, y'\big|_{x=0} = 1$.

5. 设函数 $f(x)$ 连续, 且满足

$$f(x) = \mathrm{e}^x + \int_0^x tf(t)\mathrm{d}t - x\int_0^x f(t)\mathrm{d}t ,$$

求 $f(x)$.

10.6　微分方程的应用举例

微分方程在物理学、几何学、工程技术、社会经济等方面都有广泛的应用, 本节我们将举例说明如何通过微分方程解决一些实际问题.

例1　设曲线经过点 $(1,1)$，且其上任一点 P 的切线在 y 轴的截距是切点纵坐标的 3 倍，求此曲线方程.

解　设所求曲线方程为 $y = y(x)$，$P(x, y)$ 为其上任一点，则过点 P 的切线方程为

$$Y - y = y'(X - x),$$

其中 (X, Y) 是切线上的动点，(x, y) 是曲线上任意固定的点.

令 $X = 0$，则 $Y = y - y'x$ 为切线在 y 轴上的截距. 由题设有

$$y - y'x = 3y,$$

这是一阶线性微分方程，分离变量可求得其通解为 $y = \dfrac{C}{x^2}$.

又因为曲线过点 $(1,1)$，代入通解，得 $C = 1$，所以所求曲线为 $y = \dfrac{1}{x^2}$.

例2　已知某商品的需求量 Q 对价格 P 的弹性为 $-P\ln 3$，若该商品的最大需求量为 1500kg (即当 $P = 0$ 时，$Q = 1500\text{kg}$)，试求需求量 Q 与价格 P 的函数关系，并求当价格为 2 元时，对该商品的需求量.

解　由经济学需求理论，有

$$\frac{\mathrm{d}Q}{\mathrm{d}P} \cdot \frac{P}{Q} = -P\ln 3,$$

整理，分离变量得

$$\frac{\mathrm{d}Q}{Q} = -\ln 3 \mathrm{d}P,$$

两边积分可得

$$Q = Ce^{-P\ln 3} = C \cdot 3^{-P} \quad (C \text{ 为任意常数}).$$

当 $P = 0$ 时，$Q = 1500\text{kg}$，代入上述方程得 $C = 1500$，所以

$$Q = 1500 \cdot 3^{-P}.$$

当 $P = 2$ 时，$Q = 1500 \times \dfrac{1}{3^2} = 166.67 \approx 167(\text{kg})$.

例3　设有化学物质 A, B 且 A 与 B 反应可以生成 C. 已知 $A + B \rightarrow C$ 是二级反应，即反应速度与两种反应物的浓度的乘积成正比. 设开始时反应物 A, B 的浓度分别是 a, b，生成物 C 的浓度是 0，求 t 时刻 C 的浓度 $z = z(t)$.

解　设 x, y, z 分别为 A, B, C 在 t 时刻的分子浓度，依题意有

$$\frac{\mathrm{d}z}{\mathrm{d}t} = kxy.$$

t 时刻反应物 A, B 的浓度 x, y 分别为 $a-z, b-z$，代入上式，可得微分方程

$$\frac{\mathrm{d}z}{\mathrm{d}t} = k(a-z)(b-z).$$

这是一个可分离变量的微分方程，下面分两种情形求解.

(1) 当 $a \neq b$ 时，此时通解为

$$\frac{1}{b-a} \ln \frac{b-z}{a-z} = kt + c.$$

而初始条件为 $z(0) = 0$，所以

$$c = \frac{1}{b-a} \ln \frac{b}{a}.$$

故特解为

$$\frac{1}{b-a} \ln \frac{b-z}{a-z} = kt + \frac{1}{b-a} \ln \frac{b}{a} \quad \text{或} \quad kt(b-a) = \ln \frac{(b-z)a}{(a-z)b}.$$

进一步，解得 t 时刻 C 的浓度为

$$z = \frac{ab(\mathrm{e}^{kat} - \mathrm{e}^{kbt})}{a\mathrm{e}^{kat} - b\mathrm{e}^{kbt}}.$$

(2) 当 $a = b$ 时，通解为

$$\frac{1}{a-z} = kt + c,$$

特解为

$$z = \frac{a^2 kt}{akt + 1}.$$

例 4 某湖泊的水量为 V，每年排入湖泊内的含污染物 A 的污水量为 $\dfrac{V}{6}$，流出湖泊的污水量为 $\dfrac{V}{3}$，已知 2012 年底湖中 A 的含量为 $5m_0$，超出了国家规定指标. 为了治理污染，从 2013 年初起，限定排入湖中含 A 的污水浓度不超过 $\dfrac{m_0}{V}$，问至多需多少年，湖中污染物 A 的含量降至 m_0 以内? (注: 设湖中 A 的浓度是均匀的.)

解 设从 2013 年初($t = 0$)起第 t 年湖中污染物 A 的总量用 $m(t)$ 表示，浓度为 $\dfrac{m}{V}$，$P(t), Q(t)$ 分别表示第 t 年污染物 A 的排入与排出速度，则

$$\frac{\mathrm{d}m}{\mathrm{d}t} = \frac{P(t) - Q(t)}{V}.$$

而在时间间隔 $[t, t+\mathrm{d}t]$ 内, 排入湖中 A 的量为

$$\frac{m_0}{V}\frac{V}{6}\mathrm{d}t = \frac{m_0}{6}\mathrm{d}t .$$

流出湖中 A 的量为

$$\frac{m}{V}\frac{V}{3}\mathrm{d}t = \frac{m}{3}\mathrm{d}t .$$

因此, 在 $[t, t+\mathrm{d}t]$ 内污染物 A 的改变量为

$$\mathrm{d}m = \left(\frac{m_0}{6} - \frac{m}{3}\right)\mathrm{d}t .$$

用分离变量法解此微分方程, 得

$$m = \frac{m_0}{2} - C\mathrm{e}^{-\frac{t}{3}} .$$

代入初始条件 $m\big|_{t=0} = 5m_0$, 可得 $C = -\frac{9}{2}m_0$, 于是

$$m = \frac{m_0}{2}(1 + 9\mathrm{e}^{-\frac{t}{3}}) .$$

令 $m = m_0$, 得 $t = 6\ln 3 \approx 6.59$, 即至多经过 6.59 年, 湖中污染物 A 的含量降至 m_0 以内.

例5　一质量为 m 的物体, 在某种介质中由静止自由下落, 假设介质的阻力与运动速度成正比, 试求物体的运动规律.

分析　物体下落过程中, 仅受阻力和重力作用, 可根据牛顿第二定律建立方程.

解　根据题意, 如图 10.6.1 建立坐标系, 由牛顿第二定律 $F = ma$, 可得

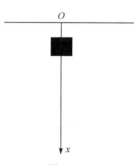

图 10.6.1

$$\begin{cases} m\dfrac{\mathrm{d}^2 x}{\mathrm{d}t^2} = mg - k\dfrac{\mathrm{d}x}{\mathrm{d}t}, \\ x\big|_{t=0} = 0, x'\big|_{t=0} = -\dfrac{m}{k}g, \end{cases}$$

其中 k 为阻力系数. 这是一个二阶常系数非齐次线性微分方程, 对应齐次方程的特征方程为

$$mr^2 + kr = 0 .$$

齐次方程的通解为

$$x = C_1 + C_2\mathrm{e}^{-\frac{k}{m}t} .$$

由初始条件, 可解得

$$C_1 = -\frac{m^2}{k^2}g, \quad C_2 = \frac{m^2}{k^2}g.$$

容易求出该非齐次方程的一个特解是 $\frac{m}{k}gt$，故所求物体运动规律为:

$$x = \frac{m}{k}gt + \frac{m^2}{k^2}g(\mathrm{e}^{-\frac{k}{m}t} - 1).$$

例 6　弹簧一端固定在顶板上，下端挂一质量为 m 的重物(图 10.6.2)，将弹簧自平衡位置 O 拉至 x_0 处，然后给以速度 v_0，求弹簧的振动方程 $x(t)$.

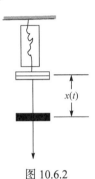

图 10.6.2

分析　当重物处于平衡状态是，弹簧因挂重物而产生的弹性恢复力与重物所受重力相抵消，所以在考虑重物相对平衡位置的振动时，可以不考虑这两个，而只考虑使重物回到平衡位置的那部分弹性力 F_1 和重物在振动过程所受的阻力 F_2.

解　取重物的平衡位置为原点，x 轴垂直向下. 设在振动过程中时刻 t，重物的位置为 $x(t)$.

弹性力: $F_1 = -kx$ (k: 弹性系数，为常数，负号表示 F_1 与位置移动方向相反).

阻力: $F_2 = -r\dfrac{\mathrm{d}x}{\mathrm{d}t}$ (阻力与运动速度成正比，方向与速度方向相反，r: 阻力系数).

根据牛顿第二定律，$F = ma$，可得振动方程

$$m\frac{\mathrm{d}^2 x}{\mathrm{d}t^2} = -kx - r\frac{\mathrm{d}x}{\mathrm{d}t}.$$

整理得

$$\frac{\mathrm{d}^2 x}{\mathrm{d}t^2} + \frac{r}{m}\frac{\mathrm{d}x}{\mathrm{d}t} + \frac{k}{m}x = 0.$$

引入系数: $\omega^2 = \dfrac{k}{m}, \beta = \dfrac{r}{2m}$，于是方程变为

$$x'' + 2\beta x' + \omega^2 x = 0. \tag{10.54}$$

这是一个二阶常系数齐次线性微分方程，其特征方程为

$$\lambda^2 + 2\beta\lambda + \omega^2 = 0.$$

特征根为: $\lambda_1 = -\beta + \sqrt{\beta^2 - \omega^2}$，$\lambda_2 = -\beta - \sqrt{\beta^2 - \omega^2}$.

下面分三种情况讨论:

(1) $\beta > \omega$ (大阻尼的情形)，这时 λ_1, λ_2 为不同的负实数，方程通解为

$$x(t) = C_1 e^{\lambda_1 t} + C_2 e^{\lambda_2 t}.$$

这不是周期运动, 且当 $t \to +\infty$ 时　$x \to 0$, 这说明重物随时间无限增加而趋于平衡位置.

(2)　$\beta = \omega$ (临界阻尼的情形), 这时 $\lambda_1 = \lambda_2 = -\beta$, 方程(10.54)的通解为

$$x = (C_1 + C_2 t) e^{-\beta t}.$$

重物也不做周期运动, 且当 $t \to +\infty$ 时 $x \to 0$, 即随时间增加, 物体趋于平衡位置.

(3)　$0 < \beta < \omega$ (小阻尼的情形), 特征方程有一对共轭复根

$$\lambda_{1,2} = -\beta \pm i \sqrt{\omega^2 - \beta^2},$$

方程(10.54)的通解为

$$x(t) = e^{-\beta t} (C_1 \cos \sqrt{\omega^2 - \beta^2} t + C_2 \sin \sqrt{\omega^2 - \beta^2} t),$$

设 $C_1 = A \sin \varphi, C_2 = A \cos \varphi$, 其中 $A = \sqrt{C_1^2 + C_2^2}, \varphi = \arctan \dfrac{C_1}{C_2}$, 则上式可写成

$$x(t) = A e^{-\beta t} \sin(\sqrt{\omega^2 - \beta^2} t + \varphi) = A e^{-\beta t} \sin(\alpha t + \varphi) \quad (\alpha = \sqrt{\omega^2 - \beta^2}).$$

A 及 φ 由物体振动的初始条件决定, 这时物体做振幅衰减振动, 当 $t \to +\infty$ 时, 振幅 $A e^{-\beta t} \to 0$, 即物体随时间无限增加而趋于平衡位置.

说明: (a) 以上三种情况下运动都趋于平衡位置, 但过程是不一样的, (3)是振幅衰减的振动, 而(1),(2)都是至多经过平衡位置一次的;

(b) 如果忽略阻尼, 即 $r = 0$, 也即 $\beta = 0$, 这时微分方程(10.54)变成

$$x'' + \omega^2 x = 0,$$

通解为

$$x(t) = C_1 \cos \omega t + C_2 \sin \omega t = A \sin(\omega t + \varphi),$$

这是一个周期性的振动, 称为简谐振动或无阻尼振动.

(c) 如果在弹性力和阻力之外还有一个周期性外力 $f(t)$, 则这种振动叫强迫振动, 所满足的方程为

$$x'' + \beta x' + \omega^2 x = \frac{1}{m} f(t).$$

(d) 机械振动方程可推广到电磁振荡中, 在应用上通常用电磁振荡来模拟机械振荡.

问题讨论

1. 利用微元法解微分方程与积分学的微元法有没有关系?

2. 确定微分方程的初始值时应该注意什么问题?

小结

本节我们用微分方程解决几何、经济、化学和物理等领域的一些问题. 利用微分方程解决实际问题时, 主要根据相关学科的知识或微元分析(元素法)、数学运算、题设条件等建立微分方程, 由问题的实际意义确定微分方程的初始值. 然后应用所学方法求出微分方程的解, 从而解决这些实际问题.

习　题　10.6

1. 求一曲线方程, 该曲线通过原点, 并且它在点 (x,y) 处的切线斜率等于 $2x+y$.

2. 已知某商品的需求量 Q 对价格 P 的弹性为 $-3P^3$, 若该商品的最大需求量为 1 万件, 试求需求量 Q 与价格 P 的函数关系.

3. 设某地区的国民收入为 y, 国民储蓄 S 和投资 I 均是时间 t 的函数, 且在任意时刻 t, 储蓄 $S(t)$ 是国民收入 $y(t)$ 的 $\frac{1}{5}$, 投资 $I(t)$ 是国民收入增长率 $y'(t)$ 的 $\frac{1}{3}$. 当 $t=0$ 时, 国民收入为 5 亿元. 设在时刻 t 的储蓄额全部用于投资, 求国民收入函数.

4. 设某产品的利润 r 与宣传费用 x 之间满足: 利润随宣传费用增长率正比于常数 a 和利润 r 之差, $k(>0)$ 为比例系数. 当 $x=0$ 时, $r=r_0$, 试求利润 r 与宣传费用 x 之间的函数关系.

5. 一个单位质量的质点在数轴上运动, 开始时质点在原点 0 处且速度为 v_0, 在运动过程中, 它受到一个力的作用, 这个力的大小与质点到原点的距离成正比(比例系数 $k_1>0$), 而方向与加速度一致. 又介质的阻力与速度成正比(比例系数 $k_2>0$). 求反映质点运动规律的函数.

6. 大炮以仰角 α, 初速度 v_0 发射炮弹, 若不计空气阻力, 求弹道曲线.

7. 一氧化氮氧化为二氧化氮的反应

$$2NO + O_2 \rightarrow 2NO_2$$

满足微分方程 $\frac{d}{dt}[NO_2] = 10^{10}[NO]^2[O_2]$. 设开始时 $[O_2]=a, [NO]=2a, [NO_2]=0$, 求 t 时刻 NO_2 的浓度. (提示: ①反应方程 $2NO + O_2 \rightarrow 2NO_2$ 表示 NO 和 O_2 反应生成 NO_2; ② $[O_2]$, $[NO]$, $[NO_2]$ 分别表示三种化学物的浓度, $\frac{d}{dt}[NO_2]$ 表示 NO_2 浓度的变化率.)

8. 已知某电路是由电阻 R、电容 C 及直流电源 E 串联而成 $R-C$ 电路(如下图所示), 当 K 闭合上, 电路中就有电流 I, 电容逐渐充电, 电容上的电压 U_C 逐渐升高, 求电容上电压 U_C 与时间 t 的函数关系. (提示: 电源电压 = 外电路上各段电压之和, 即 $E=U_R+U_C$, 电容电量 $Q=CU_C$, 电容两端电压 $U_C=U_C(t)$, 电阻两端电压 $U_R=R\cdot I(t)$.)

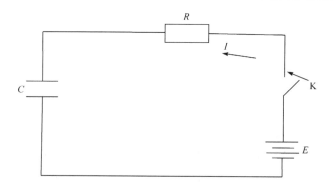

本 章 总 结

  本章主要研究了微分方程的基本概念、一阶微分方程的概念及其解法、可降阶的高阶微分方程的求解方法、线性相关和线性无关的概念、高阶线性微分方程解的结构、二阶常系数线性微分方程的解法.

  一阶微分方程主要介绍了五种基本类型. 可分离变量微分方程是自变量和因变量可分离的微分方程, 分离变量后积分即可得其解, 是所有一阶微分方程解法的基础. 齐次方程通过变量代换后变为可分离变量微分方程再求解. 一阶线性微分方程根据自由项的不同, 可分为齐次方程和非齐次方程, 其解法有两类: 分离变量后用常数变异法; 直接用公式. 对伯努利方程, 在方程两端除以因变量的最高次幂, 通过变量代换可变为一阶线性方程, 进而可求解. 全微分方程是一种对称形式的方程, 其求解方法与曲线积分联系紧密. 五种类型重点掌握前三种. 对于一阶非标准类型的方程, 可通过变量代换化为标准形式.

  可降阶的微分方程介绍了三种类型. 第一种类型的特点是方程右端只是自变量 x 的函数, 不显含 y 及 y', 求解方法是逐次积分. 第二种类型的特点是方程右端不显含 y, 求解方法是作变量代换 $y' = p(x)$, 化为一阶方程再求解. 第三种类型的特点是方程右端不显含 x, 求解方法是作变量代换 $y' = p(y)$, 化为一阶方程再求解. 后两种类型是重点, 要注意两种变换的区别.

  齐次线性方程的通解可用线性无关解的线性组合来表示. 非齐次线性方程的通解由对应齐次方程的通解加上非齐次方程的特解组成, 非齐次线性方程的解也满足 "叠加" 原理.

  求解二阶常系数齐次线性微分方程转化为求解一元二次代数方程的根, 根据特征根是实单根、实重根或复根, 可得二阶常系数齐次线性方程的三种通解形式. 二阶常系数非齐次线性方程的通解由对应齐次方程的通解加特解组成, 其求解关键在于特解的确定. 我们用待定系数法研究了两种不同类型非齐次方程特解的求解方法, 这是微分方程这部分内容的一个难点.

本章方程类型多样, 不同类型的方程解法各有不同, 学习时要注意辨别方程类型, 掌握求解步骤.

需要特别关注的几个问题

(1) 可分离变量微分方程是一阶微分方程的基本类型, 其他的一阶微分方程的解法, 都跟可分离变量方程的解法有关.

(2) 解决实际问题时, 首先利用几何、物理、经济等规律和关系及题设, 建立微分方程, 再根据问题的一些特殊情况确定初始条件, 最后根据微分方程的类型, 选择合适的解法解方程. 解方程后, 还需根据实际问题的意义检验方程是否正确.

(3) 解微分方程常用到积分的方法, 积分与微分方程两者密切联系, 但又有不同, 需在学习中注意.

测 试 题 A

一、单项选择题(每小题 2 分, 本题共 20 分)

1. 微分方程 $(y')^3 y'' = 1$ 的阶数为(　　　).

A. 一　　　　　　　B. 二　　　　　　　C. 三　　　　　　　D. 五

2. 已知 $y_1 = \cos wx, y_2 = \sin wx(w > 0)$ 是二阶微分方程 $y'' + w^2 y = 0$ 的解, 试指出下列哪个函数是方程的通解(式中 C_1, C_2 为任意常数). (　　　)

A. $y = C_1 \cos wx + C_2 \sin wx$　　　　　B. $y = C_1 \cos wx + 2 \sin wx$

C. $y = C_1 \cos wx + 2C_1 \sin wx$　　　　D. $y = C_1^2 \cos wx + C_2 \sin wx$

3. 微分方程 $(x - 2xy - y^2)\mathrm{d}y + y^2 \mathrm{d}x = 0$ 是(　　　).

A. 可分离变量方程　　　　　　　　B. 全微分方程

C. 一阶线性微分方程　　　　　　　D. 伯努利方程

4. 微分方程 $\dfrac{\mathrm{d}y}{\mathrm{d}x} = 1 - x + y^2 - xy^2$ 满足条件 $y\big|_{x=0} = 1$ 的解是(　　　).

A. $\arctan y = x - \dfrac{1}{2}x^2$　　　　　　B. $\arctan y = x - \dfrac{1}{2}x^2 + \dfrac{\pi}{4}$

C. $\ln y = x - \dfrac{1}{2}x^2 + \dfrac{\pi}{4}$　　　　　D. $\ln y = x - \dfrac{1}{2}x^2 - \dfrac{\pi}{4}$

5. 方程 $y''' + y' = 0$ 的通解是(　　　).

A. $y = \sin x + C_1$　　　　　　　　B. $y = \sin x - \cos x + C_1$

C. $y = \sin x + \cos x + C_1$　　　　D. $y = C_1 \sin x - C_2 \cos x + C_3$

6. 求方程 $y'' + 6y' + 9y = xe^{-3x}$ 的特解时, 应令(　　　).

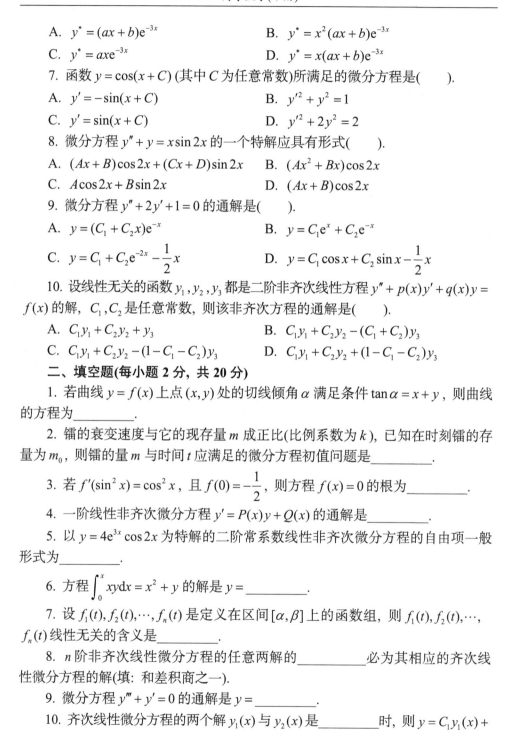

A. $y^* = (ax+b)e^{-3x}$　　　　　　　　B. $y^* = x^2(ax+b)e^{-3x}$

C. $y^* = axe^{-3x}$　　　　　　　　　　D. $y^* = x(ax+b)e^{-3x}$

7. 函数 $y = \cos(x+C)$ (其中 C 为任意常数)所满足的微分方程是(　　).

A. $y' = -\sin(x+C)$　　　　　　　B. $y'^2 + y^2 = 1$

C. $y' = \sin(x+C)$　　　　　　　　D. $y'^2 + 2y^2 = 2$

8. 微分方程 $y'' + y = x\sin 2x$ 的一个特解应具有形式(　　).

A. $(Ax+B)\cos 2x + (Cx+D)\sin 2x$　　B. $(Ax^2+Bx)\cos 2x$

C. $A\cos 2x + B\sin 2x$　　　　　　　　D. $(Ax+B)\cos 2x$

9. 微分方程 $y'' + 2y' + 1 = 0$ 的通解是(　　).

A. $y = (C_1 + C_2 x)e^{-x}$　　　　　　B. $y = C_1 e^x + C_2 e^{-x}$

C. $y = C_1 + C_2 e^{-2x} - \dfrac{1}{2}x$　　　　D. $y = C_1\cos x + C_2\sin x - \dfrac{1}{2}x$

10. 设线性无关的函数 y_1, y_2, y_3 都是二阶非齐次线性方程 $y'' + p(x)y' + q(x)y = f(x)$ 的解, C_1, C_2 是任意常数, 则该非齐次方程的通解是(　　).

A. $C_1 y_1 + C_2 y_2 + y_3$　　　　　　B. $C_1 y_1 + C_2 y_2 - (C_1 + C_2)y_3$

C. $C_1 y_1 + C_2 y_2 - (1 - C_1 - C_2)y_3$　　D. $C_1 y_1 + C_2 y_2 + (1 - C_1 - C_2)y_3$

二、填空题(每小题 2 分, 共 20 分)

1. 若曲线 $y = f(x)$ 上点 (x, y) 处的切线倾角 α 满足条件 $\tan\alpha = x + y$, 则曲线的方程为_____.

2. 镭的衰变速度与它的现存量 m 成正比(比例系数为 k), 已知在时刻镭的存量为 m_0, 则镭的量 m 与时间 t 应满足的微分方程初值问题是_____.

3. 若 $f'(\sin^2 x) = \cos^2 x$, 且 $f(0) = -\dfrac{1}{2}$, 则方程 $f(x) = 0$ 的根为_____.

4. 一阶线性非齐次微分方程 $y' = P(x)y + Q(x)$ 的通解是_____.

5. 以 $y = 4e^{3x}\cos 2x$ 为特解的二阶常系数线性非齐次微分方程的自由项一般形式为_____.

6. 方程 $\displaystyle\int_0^x xy\,\mathrm{d}x = x^2 + y$ 的解是 $y = $ _____.

7. 设 $f_1(t), f_2(t), \cdots, f_n(t)$ 是定义在区间 $[\alpha, \beta]$ 上的函数组, 则 $f_1(t), f_2(t), \cdots, f_n(t)$ 线性无关的含义是_____.

8. n 阶非齐次线性微分方程的任意两解的_____必为其相应的齐次线性微分方程的解(填: 和差积商之一).

9. 微分方程 $y''' + y' = 0$ 的通解是 $y = $ _____.

10. 齐次线性微分方程的两个解 $y_1(x)$ 与 $y_2(x)$ 是_____时, 则 $y = C_1 y_1(x) + $

$C_2 y_2(x)$ (C_1, C_2 是任意常数)是该方程的通解.

三、求下列微分方程的解(每小题 5 分, 共 40 分)

1. 求微分方程 $3x^2 + 5x - 5y' = 0$ 的通解.

2. 求微分方程 $2x(ye^{x^2} - 1)dx + e^{x^2}dy = 0$ 的通解.

3. 求微分方程 $y^3 y'' - 1 = 0$ 的通解.

4. 求微分方程 $y' + \sin\dfrac{x+y}{2} = \sin\dfrac{x-y}{2}$ 的通解.

5. 求微分方程 $x^2 y'' + xy' = 1$ 的通解.

6. 求微分方程 $y'' + 2y' - 3y = 0$ 的一条积分曲线, 使其在原点处与直线 $y = 4x$ 相切.

7. 求微分方程 $y'' + y = e^x + \cos x$ 的一个特解.

8. 求方程 $y'' + ay = 0$ 的通解.

四、(10 分) 设 $f(x) = \sin x - \displaystyle\int_0^x (x-t)f(t)\mathrm{d}t$, 其中 $f(x)$ 为连续函数, 求 $f(x)$.

五、(10 分) 有一盛满了水的圆锥形漏斗, 高为 10cm, 顶角为 60°, 漏斗下面有面积为 0.5cm^2 的孔, 求水面高度变化的规律及流完所需的时间.

测 试 题 B

一、选择题(每小题 2 分, 共 10 分)

1. 微分方程 $(x - 2xy - y^2)dy + y^2 dx = 0$ 是(　　).

　A. 可分离变量方程　　　　　　　　B. 全微分方程

　C. 一阶线性微分方程　　　　　　　D. 伯努利方程

2. 函数 $y = \cos(x + C)$ (其中 C 为任意常数)所满足的微分方程是(　　).

　A. $y' = -\sin(x + C)$　　　　　　　B. $y'^2 + y^2 = 1$

　C. $y' = \sin(x + C)$　　　　　　　　D. $y'^2 + 2y^2 = 2$

3. 求方程 $y'' + 6y' + 9y = xe^{-3x}$ 的特解时, 应令(　　).

　A. $y^* = (ax + b)e^{-3x}$　　　　　　B. $y^* = x^2(ax + b)e^{-3x}$

　C. $y^* = axe^{-3x}$　　　　　　　　　D. $y^* = x(ax + b)e^{-3x}$

4. 微分方程 $\dfrac{dy}{dx} = 1 - x + y^2 - xy^2$ 满足条件 $y|_{x=0} = 1$ 的解是(　　).

　A. $\arctan y = x - \dfrac{1}{2}x^2$　　　　　　B. $\arctan y = x - \dfrac{1}{2}x^2 + \dfrac{\pi}{4}$

C. $\ln y = x - \dfrac{1}{2}x^2 + \dfrac{\pi}{4}$　　　　　　　　D. $\ln y = x - \dfrac{1}{2}x^2 - \dfrac{\pi}{4}$

5. 已知函数 $y=1$, $y=x$, $y=x^2$ 都是某二阶非齐次线性方程的解, C_1, C_2 是任意常数, 则该非齐次方程的通解是(　　　).

A. $C_1 + C_2 x + x^2$　　　　　　　　B. $C_1 x + C_2 x^2 - (C_1 + C_2)$

C. $C_1 + C_2 x - (1 - C_1 - C_2)x^2$　　　　D. $C_1 + C_2 x + (1 - C_1 - C_2)x^2$

二、填空题(每小题 2 分, 共 10 分)

1. 若方程 $y' = \dfrac{x}{y} + \varphi\left(\dfrac{y}{x}\right)$ 有特解 $y = \dfrac{x}{\ln|x|}$, 则 $\varphi(x) =$ _____.

2. 方程 $\displaystyle\int_0^x ty\,\mathrm{d}t = x^2 + y$ 的解是 $y =$ _____.

3. 微分方程 $y^{(4)} - y = 0$ 的通解是 $y =$ _____.

4. 若曲线 $y = f(x)$ 上点 (x, y) 处的切线倾角 α 满足条件 $\tan\alpha = 2x + y$, 且通过原点, 则曲线的方程为_____.

5. 以 $y = \mathrm{e}^x (C_1 \cos x + C_2 \sin x)$ 为通解的二阶常系数线性齐次微分方程为_____.

三、判断题(每小题 2 分, 共 8 分)

1. 微分方程的通解包含了方程的所有解.　　　　　　　　　　　　(　　)

2. 由于 $y_1 = \mathrm{e}^x$ 和 $y_2 = \mathrm{e}^{x-2}$ 都是微分方程 $y'' - 2y' + y = 0$ 的解, 则该方程的通解为 $y = C_1 \mathrm{e}^x + C_2 \mathrm{e}^{x-2}$.　　　　　　　　　　　　　　　　　(　　)

3. 若 $f(x)$ 满足方程: $f(x) = 3x - \sqrt{1-x^2} \displaystyle\int_0^1 f^2(x)\,\mathrm{d}x$, 则 $f(x) = 3x + C\sqrt{1-x^2}$, 其中 C 为任意常数.　　　　　　　　　　　　　　　　　　　　　　(　　)

4. 变量可分离的一阶微分方程必是全微分方程.　　　　　　　　　(　　)

四、求下列微分方程的通解(每小题 5 分, 共 30 分)

1. $(y + x^3)\mathrm{d}x - 2x\mathrm{d}y = 0$;

2. $\sec^2 x \tan y\,\mathrm{d}x + \sec^2 y \tan x\,\mathrm{d}y = 0$;

3. $(x^2 + y^2)\mathrm{d}x - xy\mathrm{d}y = 0$;

4. $y'' + y'^2 + 1 = 0$;

5. $xy'' + 3y' = 0$;

6. $y'' - y = \mathrm{e}^x + 1$.

五、求解下列各题(每小题 8 分, 共 16 分)

1. 设 $f(x)$ 具有二阶连续导数, $f(0) = 0$, $f'(0) = 1$, 且

$$[xy(x+y) - f(x)y]\mathrm{d}x + [f'(x) + x^2 y]\mathrm{d}y = 0$$

为一全微分方程, 求 $f(x)$ 及此全微分方程的通解.

2. 已知 $\phi(\pi)=1$, $\phi(x)$ 可导, 且曲线积分

$$\int_{(x_0, y_0)}^{(x, y)} \left[\sin x - \phi(x)\right] \frac{y}{x} \mathrm{d}x + \phi(x)\mathrm{d}y$$

与积分路径无关, 求函数 $\phi(x)$.

六、(10 分) 设 $f(x)\sin x + \int_0^x f(t)\cos t\,\mathrm{d}t = x+1$, 其中 $f(x)$ 为连续函数, 求 $f(x)$.

七、(10 分) 某种飞机在机场降落时, 为了减少滑行距离, 在触地瞬间, 飞机尾部张开减速伞以增加阻力, 使飞机减速并停下. 现有一质量为 9000kg 的飞机, 着陆时的水平速度为 700km/h. 经测试, 减速伞打开后, 飞机所受的总阻力与飞机的速度成正比(比例系数为 $k = 6.0 \times 10^6$). 问从着陆点算起, 飞机滑行的最长距离是多少?

第11章 无穷级数

在中学我们学习了数列求前 n 项和的方法. 本章, 我们将利用极限这一有力工具, 将中学学习的数列前 n 项和从有限项推广到无穷项, 这就是无穷级数. 这看似简单的推广, 却会带来很多有趣的现象和有用的结果. 无穷级数在表达函数、研究函数性质, 尤其是函数值的近似计算等方面都有十分重要的作用. 本章在极限理论的基础上, 首先介绍常数项级数及其基本性质, 然后介绍函数项级数的概念、性质、运算以及幂级数展开式的应用, 最后简要介绍傅里叶级数.

11.1 常数项级数的概念和性质

一、常数项级数的概念

一般地, 设给定一个无穷数列

$$u_1, u_2, u_3, \cdots, u_n, \cdots,$$

则按顺序用加号将这个数列的所有项连接起来所构成的表达式

$$u_1 + u_2 + u_3 + \cdots + u_n + \cdots$$

称为(常数项)无穷级数, 简称(常数项)级数, 记为 $\sum\limits_{n=1}^{\infty} u_n$, 即

$$\sum_{n=1}^{\infty} u_n = u_1 + u_2 + u_3 + \cdots + u_n + \cdots, \tag{11.1}$$

其中第 n 项 u_n 称为级数(11.1)的一般项或通项.

这里, 数的无限项相 "加", 只是形式上的加法, 这种加法是否有 "和", 如果有"和", 其含义是什么? 这些都是我们要解决的问题. 为此, 我们记级数(11.1)前 n 项之和为

$$S_n = \sum_{i=1}^{n} u_i = u_1 + u_2 + u_3 + \cdots + u_n, \tag{11.2}$$

S_n 称为级数(11.1)的部分和. 令 $n = 1, 2, 3, \cdots$, 则 $\{S_n\}$ 构成部分和数列

$$S_1, S_2, \cdots, S_n, \cdots.$$

如果当 $n \to \infty$ 时, $\{S_n\}$ 的极限存在, 记为 S , 即

$$\lim_{n \to \infty} S_n = S,$$

则称级数(11.1)收敛, 并称 S 为级数(11.1)的和, 写成

$$S = \sum_{i=1}^{\infty} u_i = u_1 + u_2 + u_3 + \cdots + u_n + \cdots.$$

如果数列 $\{S_n\}$ 的极限不存在, 则称级数(11.1)发散.

根据上述定义可得, 当级数收敛时, 其部分和 S_n 是级数和 S 的近似值, 它们之间的差值

$$r_n = S - S_n = u_{n+1} + u_{n+2} + \cdots$$

称为级数 $\sum_{n=1}^{\infty} u_n$ 的余项. 用近似值 S_n 代替 S 所产生的误差就是这个余项的绝对值, 即误差是 $|r_n|$.

按定义, 级数 $\sum_{n=1}^{\infty} u_n$ 与数列 $\{S_n\}$ 同时收敛或同时发散, 且在收敛时有

$$\sum_{n=1}^{\infty} u_n = \lim_{n \to \infty} S_n, \quad 即 \sum_{n=1}^{\infty} u_n = \lim_{n \to \infty} \sum_{i=1}^{n} u_i .$$

例 1 无穷级数

$$\sum_{n=0}^{\infty} aq^n = a + aq + aq^2 + \cdots + aq^n + \cdots \tag{11.3}$$

称为等比级数(也称几何级数), 其中 $a \neq 0$, q 称为级数的公比, 讨论该级数的敛散性.

解 根据中学等比数列的求和公式, 当 $q \neq 1$ 时, 所给级数的部分和为

$$S_n = a + aq + aq^2 + \cdots + aq^{n-1} = \frac{a - aq^n}{1-q} = \frac{a}{1-q} - \frac{aq^n}{1-q}.$$

当 $|q| < 1$ 时, 因为 $\lim_{n \to \infty} S_n = \frac{a}{1-q}$, 所以此时级数 $\sum_{n=0}^{\infty} aq^n$ 收敛, 其和为 $\frac{a}{1-q}$.

当 $|q| > 1$ 时, 因为 $\lim_{n \to \infty} S_n = \infty$, 所以此时级数 $\sum_{n=0}^{\infty} aq^n$ 发散.

如果 $|q| = 1$, 则当 $q = 1$ 时, $S_n = na \to \infty$, 因此级数 $\sum_{n=0}^{\infty} aq^n$ 发散;当 $q = -1$ 时, 级数 $\sum_{n=0}^{\infty} aq^n$ 成为

$$a - a + a - a + \cdots,$$

因为 S_n 随着 n 为奇数或偶数而等于 a 或零, 所以 S_n 的极限不存在, 从而这时级数

$\sum\limits_{n=0}^{\infty} aq^n$ 也发散.

综上所述, 如果 $|q| < 1$, 则级数 $\sum\limits_{n=0}^{\infty} aq^n$ 收敛, 其和为 $\dfrac{a}{1-q}$; 如果 $|q| \geqslant 1$, 则级

数 $\sum\limits_{n=0}^{\infty} aq^n$ 发散.

注 几何级数是收敛级数中最经典的一个级数. 几何级数在判断无穷级数的收敛性、无穷级数的求和以及将一个函数展开为无穷级数等方面都有广泛而重要的应用. 阿贝尔(Niels Henrik Abel, 1802—1829, 挪威数学家)曾经指出 "除了几何级数之外, 数学中不存在任何一种它的和已被严格确定的无穷级数".

例 2 证明级数

$$1 + 2 + 3 + \cdots + n + \cdots$$

是发散的.

证明 此级数的部分和为

$$S_n = 1 + 2 + 3 + \cdots + n = \frac{n(n+1)}{2}.$$

显然, $\lim\limits_{n\to\infty} S_n = \infty$, 因此所给级数是发散的.

例 3 判别无穷级数 $\sum\limits_{n=1}^{\infty} \dfrac{1}{(n+1)(n+2)}$ 的收敛性.

解 由于

$$u_n = \frac{1}{(n+1)(n+2)} = \frac{1}{n+1} - \frac{1}{n+2},$$

因此

$$
\begin{aligned}
S_n &= \frac{1}{2 \cdot 3} + \frac{1}{3 \cdot 4} + \cdots + \frac{1}{(n+1)(n+2)} \\
&= \left(\frac{1}{2} - \frac{1}{3}\right) + \left(\frac{1}{3} - \frac{1}{4}\right) + \cdots + \left(\frac{1}{n+1} - \frac{1}{n+2}\right) = \frac{1}{2} - \frac{1}{n+2},
\end{aligned}
$$

从而

$$\lim_{n\to\infty} S_n = \lim_{n\to\infty} \left(\frac{1}{2} - \frac{1}{n+2}\right) = \frac{1}{2},$$

所以这一级数收敛, 它的和是 $\dfrac{1}{2}$.

二、收敛级数的性质

根据无穷级数收敛的概念，可以得到收敛级数的基本性质.

性质 1 如果级数 $\sum\limits_{n=1}^{\infty} u_n$ 收敛于和 S，则它的各项同乘以一个常数 k 所得的级数 $\sum\limits_{n=1}^{\infty} k u_n$ 也收敛，且其和为 kS.

证明 设 $\sum\limits_{n=1}^{\infty} u_n$ 与 $\sum\limits_{n=1}^{\infty} k u_n$ 的部分和分别为 S_n 与 σ_n，则

$$\lim_{n\to\infty} \sigma_n = \lim_{n\to\infty}(k u_1 + k u_2 + \cdots + k u_n) = k \lim_{n\to\infty}(u_1 + u_2 + \cdots + u_n) = k \lim_{n\to\infty} S_n = kS.$$

这表明级数 $\sum\limits_{n=1}^{\infty} k u_n$ 收敛，且和为 kS.

类似可得，如果级数 $\sum\limits_{n=1}^{\infty} u_n$ 发散，且常数 $k \neq 0$，则级数 $\sum\limits_{n=1}^{\infty} k u_n$ 也不可能收敛. 故我们可以有进一步的结论：级数的每一项都乘以同一个非零常数，不改变级数的敛散性.

性质 2 如果级数 $\sum\limits_{n=1}^{\infty} u_n$，$\sum\limits_{n=1}^{\infty} v_n$ 分别收敛于和 S, σ，则级数 $\sum\limits_{n=1}^{\infty}(u_n \pm v_n)$ 也收敛，且其和为 $S \pm \sigma$.

这是因为，如果 $\sum\limits_{n=1}^{\infty} u_n$，$\sum\limits_{n=1}^{\infty} v_n$，$\sum\limits_{n=1}^{\infty}(u_n \pm v_n)$ 的部分和分别为 S_n, σ_n, τ_n，则

$$\begin{aligned}
\lim_{n\to\infty} \tau_n &= \lim_{n\to\infty}[(u_1 \pm v_1) + (u_2 \pm v_2) + \cdots + (u_n \pm v_n)] \\
&= \lim_{n\to\infty}[(u_1 + u_2 + \cdots + u_n) \pm (v_1 + v_2 + \cdots + v_n)] \\
&= \lim_{n\to\infty}(S_n \pm \sigma_n) = S \pm \sigma.
\end{aligned}$$

此性质也可以说成：两个收敛级数可以逐项相加或相减.

性质 1 和性质 2 合称为级数的线性性质.

性质 3 在级数中去掉、加上或改变有限项，不会改变级数的收敛性.

证明 只证明在级数的前面去掉有限项，不会改变级数的敛散性，其他情形可以类似得到.

设将级数 $u_1 + u_2 + \cdots + u_k + u_{k+1} + \cdots + u_{k+n} + \cdots$ 的前面 k 项去掉，则得级数 $u_{k+1} + \cdots + u_{k+n} + \cdots$，此级数的部分和为 $T_n = S_{k+n} - S_k$，其中 S_{k+n} 为原级数的前 $k+n$ 项的和，而 S_k 为常数，所以，当 $n \to \infty$ 时，T_n 与 S_{k+n} 同时有极限或同时没有极限，即结论成立.

例如, 由例 3 已知级数 $\dfrac{1}{1\cdot 2}+\dfrac{1}{2\cdot 3}+\dfrac{1}{3\cdot 4}+\cdots+\dfrac{1}{n(n+1)}+\cdots$ 是收敛的, 则级数

$$10000+\dfrac{1}{1\cdot 2}+\dfrac{1}{2\cdot 3}+\dfrac{1}{3\cdot 4}+\cdots+\dfrac{1}{n(n+1)}+\cdots$$

也是收敛的, 级数 $\dfrac{1}{3\cdot 4}+\dfrac{1}{4\cdot 5}+\cdots+\dfrac{1}{n(n+1)}+\cdots$ 也是收敛的.

性质 4　如果级数 $\displaystyle\sum_{n=1}^{\infty} u_n$ 收敛, 则对该级数的项任意加括号后所成的级数仍收敛, 且其和不变.

证明　设对级数 $\displaystyle\sum_{n=1}^{\infty} u_n$ 加括号后所成的级数为

$$(u_1+\cdots+u_{n_1})+(u_{n_1+1}+\cdots+u_{n_2})+\cdots+(u_{n_{k-1}+1}+\cdots+u_{n_k})+\cdots. \tag{11.4}$$

记 $\displaystyle\sum_{n=1}^{\infty} u_n$ 的部分和为 S_n, 加括号后所成的级数(11.4)(相应于前 k 项)的部分和为 A_k, 则

$$A_1=S_{n_1},\quad A_2=S_{n_2},\quad \cdots,\quad A_k=S_{n_k},\quad \cdots.$$

可见, 数列 $\{A_k\}$ 是数列 $\{S_n\}$ 的一个子列, 由数列 $\{S_n\}$ 的收敛性以及收敛数列及其子列的关系知, 数列 $\{A_k\}$ 必定是收敛的, 且有

$$\lim_{k\to\infty} A_k = \lim_{n\to\infty} S_n,$$

得证.

注意　如果加括号后所成的级数收敛, 则不能断定去括号后原来的级数也收敛. 例如, 级数

$$(1-1)+(1-1)+\cdots$$

收敛于零, 但级数

$$1-1+1-1+\cdots$$

却是发散的.

推论　如果加括号后所成的级数发散, 则原来级数也发散.

性质 5 (级数收敛的必要条件)　如果 $\displaystyle\sum_{n=1}^{\infty} u_n$ 收敛, 则它的一般项 u_n 趋于零, 即 $\lim_{n\to 0} u_n=0$.

证明　设级数 $\displaystyle\sum_{n=1}^{\infty} u_n$ 的部分和为 S_n, 且 $\lim_{n\to\infty} S_n=S$, 则

$$\lim_{n\to 0} u_n=\lim_{n\to\infty}(S_n-S_{n-1})=\lim_{n\to\infty} S_n-\lim_{n\to\infty} S_{n-1}=S-S=0.$$

注　(1) 由此性质可知, 如果 $\lim\limits_{n\to0}u_n\neq0$, 则级数发散.

(2) 级数的一般项趋于零并不是级数收敛的充分条件.

例4　证明调和级数 $\sum\limits_{n=1}^{\infty}\dfrac{1}{n}=1+\dfrac{1}{2}+\dfrac{1}{3}+\cdots+\dfrac{1}{n}+\cdots$ 是发散的.

证明　假若级数 $\sum\limits_{n=1}^{\infty}\dfrac{1}{n}$ 收敛且其和为 S , S_n 是它的部分和. 显然有

$$\lim_{n\to\infty}S_n=S\quad\text{及}\quad\lim_{n\to\infty}S_{2n}=S.$$

于是, $\lim\limits_{n\to\infty}(S_{2n}-S_n)=0$. 但另一方面, 由

$$S_{2n}-S_n=\frac{1}{n+1}+\frac{1}{n+2}+\cdots+\frac{1}{2n}>\frac{1}{2n}+\frac{1}{2n}+\cdots+\frac{1}{2n}=\frac{1}{2}$$

知 $\lim\limits_{n\to\infty}(S_{2n}-S_n)\neq0$, 矛盾. 这说明级数 $\sum\limits_{n=1}^{\infty}\dfrac{1}{n}$ 必定发散.

注　调和级数的发散速度, 当 n 越来越大时, 调和级数的项变得越来越小, 然而, 它的和将慢慢地增大并超过任何有限值. 调和级数的这种特性使一代又一代的数学家困惑并为之着迷. 它的发散性是由法国学者尼古拉·奥雷姆(约1323—1382)在极限概念被完全理解之前约400年首次证明的.

下面的数字将有助于我们更好地理解这个级数.

这个级数的前一千项相加约为 7.485; 前一百万项相加约为 14.357; 前十亿项相加约为 21; 前一万亿项相加约为 28 等. 更有学者估计过, 为了使调和级数的和等于 100, 必须把 10^{43} 项加起来.

问题讨论

1. 无穷数列与无穷级数有什么区别和联系?

2. 级数 $\sum\limits_{n=1}^{\infty}u_n$ 的和与数列 $\{u_n\}$ 的前 n 项和有什么区别和联系?

3. 数列的敛散性与级数的敛散性有什么联系? 如果级数的一般项 u_n 趋于零, $\sum\limits_{n=1}^{\infty}u_n$ 是否一定收敛? 如果不收敛, 请举出反例.

小结

本节基于数列的知识, 给出了常数项级数及其收敛、发散等基本概念, 讨论了几何级数、调和级数等常见级数的敛散性, 介绍了收敛级数的几个基本性质.

习　题　11.1

1. 写出下列级数的前 5 项:

(1) $\displaystyle\sum_{n=1}^{\infty}\frac{n}{1+n^2}$;

(2) $\displaystyle\sum_{n=1}^{\infty}\frac{(-1)^{n-1}}{3^n}$;

(3) $\displaystyle\sum_{n=1}^{\infty}\frac{n!}{n^n}$;

(4) $\displaystyle\sum_{n=1}^{\infty}\frac{1\cdot3\cdot5\cdot\cdots\cdot(2n-1)}{4\cdot7\cdot10\cdot\cdots\cdot(3n+1)}$.

2. 写出下列级数的一般项:

(1) $1+\dfrac{1}{3}+\dfrac{1}{5}+\dfrac{1}{7}+\cdots$;

(2) $\dfrac{1}{2}-\dfrac{2}{3}+\dfrac{3}{4}-\dfrac{4}{5}+\dfrac{5}{6}-\cdots$;

(3) $\dfrac{2^2}{3}+\dfrac{2^3}{5}+\dfrac{2^4}{7}+\dfrac{2^5}{9}+\cdots$;

(4) $\dfrac{\sqrt{x}}{2}+\dfrac{x}{2\cdot4}+\dfrac{x\sqrt{x}}{2\cdot4\cdot6}+\dfrac{x^2}{2\cdot4\cdot6\cdot8}+\cdots$;

3. 根据级数收敛与发散的定义, 判别下列级数的敛散性:

(1) $\displaystyle\sum_{n=1}^{\infty}(\sqrt{n}-\sqrt{n-1})$;

(2) $\cos\dfrac{\pi}{6}+\cos\dfrac{2\pi}{6}+\cdots+\cos\dfrac{n\pi}{6}+\cdots$;

(3) $\displaystyle\sum_{n=1}^{\infty}\frac{1}{n+2}$;

(4) $\dfrac{1}{1\cdot3}+\dfrac{1}{3\cdot5}+\cdots+\dfrac{1}{(2n-1)(2n+1)}+\cdots$.

4. 判别下列级数的敛散性:

(1) $\displaystyle\sum_{n=1}^{\infty}\frac{2+(-1)^n}{2^n}$;

(2) $\displaystyle\sum_{n=1}^{\infty}\left(\ln\frac{1}{5}\right)^n$;

(3) $\displaystyle\sum_{n=1}^{\infty}3\cdot\frac{1}{a^n}(a>0)$;

(4) $\displaystyle\sum_{n=1}^{\infty}\left(\frac{1}{3^n}+\frac{1}{n}\right)$;

(5) $-\dfrac{2}{3}+\dfrac{2^2}{3^2}-\dfrac{2^3}{3^3}+\cdots+(-1)^n\dfrac{2^n}{3^n}+\cdots$;

(6) $\left(\dfrac{1}{2}+\dfrac{1}{3}\right)+\left(\dfrac{1}{2^2}+\dfrac{1}{3^2}\right)+\cdots+\left(\dfrac{1}{2^n}+\dfrac{1}{3^n}\right)+\cdots$.

11.2　常数项级数的审敛法

上一节我们给出了级数的定义及收敛级数的性质, 但一般情况下利用定义和性质来判断级数的收敛性是很困难的, 有没有更简单有效的方法判断级数收敛呢? 我们先从最简单的一类级数找到突破口, 那就是正项级数. 然后, 进一步讨论关于一般常数项级数收敛性的判别法, 这里所谓"一般常数项级数"是指级数的各项可以是正数、负数或零.

一、正项级数及其审敛法

如果级数 $\displaystyle\sum_{n=1}^{\infty}u_n$ 的每一项 $u_n\geqslant0(n=1,2,\cdots)$, 就称其为正项级数. 这种级数是

数项级数中比较特殊和重要的一类, 许多级数的收敛性问题往往可归结为正项级数的收敛性.

现设级数 $\sum\limits_{n=1}^{\infty} u_n$ 是一个正项级数, 因为 $u_n \geqslant 0 (n = 1, 2, \cdots)$, 因此, 它的部分和数列显然是递增数列, 即

$$S_1 \leqslant S_2 \leqslant \cdots \leqslant S_n \leqslant \cdots.$$

如果数列 $\{S_n\}$ 有上界 M, 根据数列单调递增有上界一定有极限的定理, 可知 $\lim\limits_{n \to \infty} S_n = S$, 且 $S_n \leqslant S \leqslant M$. 反之, 若 $\lim\limits_{n \to \infty} \sum\limits_{n=1}^{\infty} S_n = S$, 由数列收敛的必要条件可知, 数列 $\{S_n\}$ 必为有界数列. 因此对正项级数我们得到如下结论.

定理 1　正项级数 $\sum\limits_{n=1}^{\infty} u_n$ 收敛的充分必要条件是它的部分和数列 $\{S_n\}$ 有界.

例 1　试判断级数 $\sum\limits_{n=1}^{\infty} \dfrac{\sin \dfrac{\pi}{2n}}{2^n}$ 的收敛性.

解　显然这是一个正项级数, 且部分和为

$$S_n = \frac{1}{2} + \frac{\sin \dfrac{\pi}{4}}{4} + \frac{\sin \dfrac{\pi}{6}}{8} + \cdots + \frac{\sin \dfrac{\pi}{2n}}{2^n}$$

$$< \frac{1}{2} + \frac{1}{4} + \frac{1}{8} + \cdots + \frac{1}{2^n} = \frac{\dfrac{1}{2}\left(1 - \dfrac{1}{2^n}\right)}{1 - \dfrac{1}{2}} = 1 - \frac{1}{2^n} < 1,$$

即其部分和数列有界, 故正项级数 $\sum\limits_{n=1}^{\infty} \dfrac{\sin \dfrac{\pi}{2n}}{2^n}$ 收敛.

注　很多时候, 求 $\{S_n\}$ 的上界并不是一件容易的事, 因此, 只有极少数级数可直接用定理 1 来判定正项级数的敛散性. 但该定理在理论上具有重要价值. 下面给出的正项级数的审敛法基本上都是建立在该定理基础上的.

定理 2 (比较审敛法)　设 $\sum\limits_{n=1}^{\infty} u_n$ 和 $\sum\limits_{n=1}^{\infty} v_n$ 都是正项级数, 且

$$u_n \leqslant v_n \quad (n = 1, 2, \cdots),$$

则有

(1) 若级数 $\sum\limits_{n=1}^{\infty} v_n$ 收敛, 则级数 $\sum\limits_{n=1}^{\infty} u_n$ 收敛;

(2) 若级数 $\sum\limits_{n=1}^{\infty} u_n$ 发散, 则级数 $\sum\limits_{n=1}^{\infty} v_n$ 发散.

证明　记 $S_n = u_1 + u_2 + \cdots + u_n, \sigma_n = v_1 + v_2 + \cdots + v_n$, 由于 $u_n \leqslant v_n (n = 1, 2, \cdots)$, 因此

$$S_n \leqslant \sigma_n \quad (n = 1, 2, \cdots).$$

(1) 若级数 $\sum\limits_{n=1}^{\infty} v_n$ 收敛, 其和记为 σ , 则 $S_n \leqslant \sigma_n \leqslant \sigma (n = 1, 2, \cdots)$, 即部分和数列 $\{S_n\}$ 有上界, 由定理 1, 可知级数 $\sum\limits_{n=1}^{\infty} u_n$ 收敛.

(2) 反证法. 若级数 $\sum\limits_{n=1}^{\infty} v_n$ 收敛, 由(1)的结论, 级数 $\sum\limits_{n=1}^{\infty} u_n$ 收敛, 这与已知矛盾, 故级数 $\sum\limits_{n=1}^{\infty} v_n$ 发散.

设 $\sum\limits_{n=1}^{\infty} u_n$ 和 $\sum\limits_{n=1}^{\infty} v_n$ 都是正项级数, 若存在某一正整数 N , 使得当 $n > N$ 时, 有

$$u_n \leqslant k v_n \quad (n = 1, 2, \cdots) \quad (k > 0 \text{ 为常数}).$$

则有

(1) 若级数 $\sum\limits_{n=1}^{\infty} v_n$ 收敛, 则级数 $\sum\limits_{n=1}^{\infty} u_n$ 收敛;

(2) 若级数 $\sum\limits_{n=1}^{\infty} u_n$ 发散, 则级数 $\sum\limits_{n=1}^{\infty} v_n$ 发散.

例 2　讨论 p -级数

$$\sum_{n=1}^{\infty} \frac{1}{n^p} = 1 + \frac{1}{2^p} + \frac{1}{3^p} + \frac{1}{4^p} + \cdots + \frac{1}{n^p} + \cdots$$

的收敛性, 其中常数 $p > 0$.

解　当 $0 < p \leqslant 1$ 时, 有 $\dfrac{1}{n^p} \geqslant \dfrac{1}{n}$, 而调和级数 $\sum\limits_{n=1}^{\infty} \dfrac{1}{n}$ 发散, 由比较审敛法知, 当 $p \leqslant 1$ 时级数 $\sum\limits_{n=1}^{\infty} \dfrac{1}{n^p}$ 发散.

当 $p > 1$ 时, 因为当 $k - 1 \leqslant x \leqslant k$ 时, 有 $\dfrac{1}{k^p} \leqslant \dfrac{1}{x^p}$, 所以

$$\frac{1}{k^p} = \int_{k-1}^{k} \frac{1}{k^p} \mathrm{d}x \leqslant \int_{k-1}^{k} \frac{1}{x^p} \mathrm{d}x, \quad k = 2, 3, \cdots.$$

对于级数 $\sum\limits_{n=1}^{\infty} \dfrac{1}{n^p}$, 其部分和

$$S_n = 1 + \frac{1}{2^p} + \frac{1}{3^p} + \frac{1}{4^p} + \cdots + \frac{1}{n^p}$$

$$\leqslant 1 + \int_1^2 \frac{1}{x^p} \mathrm{d}x + \int_2^3 \frac{1}{x^p} \mathrm{d}x + \cdots + \int_{n-1}^n \frac{1}{x^p} \mathrm{d}x$$

$$= 1 + \int_1^n \frac{1}{x^p} \mathrm{d}x = 1 + \frac{1 - n^{1-p}}{p-1} < 1 + \frac{1}{p-1},$$

表明数列 $\{S_n\}$ 有界, 由定理 1 可得原级数收敛.

综上所述, p-级数 $\sum\limits_{n=1}^{\infty} \frac{1}{n^p}$ 当 $p \leqslant 1$ 时发散, $p > 1$ 时收敛.

例 3 证明级数 $\sum\limits_{n=1}^{\infty} \frac{1}{\sqrt{n(n+1)}}$ 是发散的.

证明 因为

$$\frac{1}{\sqrt{n(n+1)}} > \frac{1}{\sqrt{(n+1)^2}} = \frac{1}{n+1},$$

而级数 $\sum\limits_{n=1}^{\infty} \frac{1}{n+1}$ 是发散的, 根据比较审敛法可知所给级数也是发散的.

定理 3 (比较审敛法的极限形式) 设 $\sum\limits_{n=1}^{\infty} u_n$ 和 $\sum\limits_{n=1}^{\infty} v_n$ 都是正项级数,

(1) 如果 $\lim\limits_{n\to\infty} \frac{u_n}{v_n} = l$ ($0 \leqslant l < +\infty$), 且级数 $\sum\limits_{n=1}^{\infty} v_n$ 收敛, 则级数 $\sum\limits_{n=1}^{\infty} u_n$ 收敛;

(2) 如果 $\lim\limits_{n\to\infty} \frac{u_n}{v_n} = l > 0$ 或 $\lim\limits_{n\to\infty} \frac{u_n}{v_n} = +\infty$, 且级数 $\sum\limits_{n=1}^{\infty} v_n$ 发散, 则级数 $\sum\limits_{n=1}^{\infty} u_n$ 发散.

证明 (1) 由极限的定义可知, 对 $\varepsilon = 1$, 存在自然数 N, 当 $n > N$ 时, 有不等式

$$\frac{u_n}{v_n} < l + 1, \quad \text{即} \quad u_n < (l+1)v_n,$$

再根据比较审敛法的推论 1, 即得所要证的结论.

(2) 由反证法可证.

注 在两个正项级数的一般项均趋于零的情况下, 极限形式的比较审敛法的实质就是比较无穷小量 u_n 与 v_n 的阶. $\lim\limits_{n\to\infty} \frac{u_n}{v_n} = l$ 表明, 在 $0 \leqslant l < +\infty$ 时, u_n 是 v_n 的同阶(或高阶)无穷小; 在 $l > 0$ 或 $l = +\infty$ 时, u_n 是 v_n 的同阶(或低阶)无穷小.

例 4 判别下列级数的收敛性.

(1) $\displaystyle\sum_{n=1}^{\infty} \sin\frac{1}{n}$; (2) $\displaystyle\sum_{n=1}^{\infty} \frac{1}{3^n-2^n}$.

解 (1) 因为 $\displaystyle\lim_{n\to\infty}\frac{\sin\dfrac{1}{n}}{\dfrac{1}{n}}=1$, 而级数 $\displaystyle\sum_{n=1}^{\infty}\frac{1}{n}$ 发散, 由定理 3, 级数 $\displaystyle\sum_{n=1}^{\infty}\sin\frac{1}{n}$ 发散.

(2) 由于一般项 $u_n=\dfrac{1}{3^n-2^n}=\dfrac{1}{3^n}\cdot\dfrac{1}{1-\left(\dfrac{2}{3}\right)^n}$, 取 $v_n=\dfrac{1}{3^n}$, 则

$$\lim_{n\to\infty}\frac{u_n}{v_n}=\lim_{n\to\infty}\frac{\dfrac{1}{3^n}\cdot\dfrac{1}{1-\left(\dfrac{2}{3}\right)^n}}{\dfrac{1}{3^n}}=\lim_{n\to\infty}\frac{1}{1-\left(\dfrac{2}{3}\right)^n}=1,$$

而 $\displaystyle\sum_{n=1}^{\infty}\frac{1}{3^n}$ 收敛, 由定理 3 可知级数 $\displaystyle\sum_{n=1}^{\infty}\frac{1}{3^n-2^n}$ 收敛.

说明 应用定理 2 和定理 3 判定正项级数是否收敛时, 通常需要适当选定一个已知其收敛性的级数与之比较, 经常用于比较的级数有几何级数 $\displaystyle\sum_{n=0}^{\infty}aq^n$、调和级数 $\displaystyle\sum_{n=1}^{\infty}\frac{1}{n}$ 以及 p-级数 $\displaystyle\sum_{n=1}^{\infty}\frac{1}{n^p}$ 等. $\left(\text{注: 调和级数}\displaystyle\sum_{n=1}^{\infty}\frac{1}{n}\text{是}p\text{-级数}\displaystyle\sum_{n=1}^{\infty}\frac{1}{n^p}\text{的特例.}\right)$

定理 4 (比值审敛法, 达朗贝尔判别法) 设 $\displaystyle\sum_{n=1}^{\infty}u_n$ 为正项级数, 如果

$$\lim_{n\to\infty}\frac{u_{n+1}}{u_n}=\rho,$$

则当 $\rho<1$ 时级数收敛; 当 $\rho>1$ $\left(\text{或}\displaystyle\lim_{n\to\infty}\frac{u_{n+1}}{u_n}=\infty\right)$ 时级数发散; 当 $\rho=1$ 时级数可能收敛也可能发散.

证明 (1) 当 $\rho<1$ 时, 取一个适当小的正数 ε, 使得 $\rho+\varepsilon=q<1$, 根据极限的定义, 存在自然数 N, 当 $n\geqslant N$ 时有不等式

$$\frac{u_{n+1}}{u_n}<\rho+\varepsilon=q,$$

因此

$$u_{N+1}<u_Nq, \quad u_{N+2}<u_{N+1}q<u_Nq^2, \quad \cdots, \quad u_{N+k}<u_Nq^k, \quad \cdots.$$

因为公比 $q<1$，故级数 $\sum\limits_{k=1}^{\infty}u_N q^k$ 是收敛的几何级数，从而级数 $\sum\limits_{k=1}^{\infty}u_{N+k}$ 也收敛，而

级数 $\sum\limits_{n=1}^{\infty}u_n$ 仅比级数 $\sum\limits_{k=1}^{\infty}u_{N+k}$ 多了前面 N 项，根据上节性质 3 可知级数 $\sum\limits_{n=1}^{\infty}u_n$ 收敛.

(2) 当 $\rho>1$ 时，取一个适当小的正数 ε，使得 $\rho-\varepsilon>1$，根据极限的定义，存在自然数 N，当 $n\geqslant N$ 时有不等式

$$\frac{u_{n+1}}{u_n}>\rho-\varepsilon>1,$$

即

$$u_{n+1}>u_n.$$

所以当 $n\geqslant N$ 时，级数的一般项 u_n 是逐渐增大的，从而 $\lim\limits_{n\to\infty}u_n\neq 0$，故级数 $\sum\limits_{n=1}^{\infty}u_n$ 发散.

类似可证明 $\lim\limits_{n\to\infty}\dfrac{u_{n+1}}{u_n}=\infty$ 时，级数 $\sum\limits_{n=1}^{\infty}u_n$ 发散.

(3) 当 $\rho=1$ 时，级数的敛散性不定，此法失效.

例如，对 p -级数 $\sum\limits_{n=1}^{\infty}\dfrac{1}{n^p}$，不论 p 为何值都有

$$\lim_{n\to\infty}\frac{u_{n+1}}{u_n}=\lim_{n\to\infty}\frac{n^p}{(n+1)^p}=1.$$

但是 p -级数 $\sum\limits_{n=1}^{\infty}\dfrac{1}{n^p}$ 当 $p\leqslant 1$ 时发散，$p>1$ 时收敛. 可见用比值审敛法不能判别 p -级数的敛散性.

例 5　判断下列级数的敛散性.

(1) $\sum\limits_{n=1}^{\infty}\dfrac{n+1}{3^n}$；　(2) $\sum\limits_{n=1}^{\infty}3^n\tan\dfrac{\pi}{4^n}$；　(3) $\sum\limits_{n=1}^{\infty}\dfrac{n!}{10^n}$.

解　(1) 因为

$$\lim_{n\to\infty}\frac{u_{n+1}}{u_n}=\lim_{n\to\infty}\frac{n+2}{3^{n+1}}\frac{3^n}{n+1}=\frac{1}{3}<1,$$

根据比值审敛法可知所给级数收敛；

(2) 因为

$$\lim_{n\to\infty}\frac{u_{n+1}}{u_n}=\lim_{n\to\infty}\frac{3^{n+1}\tan\dfrac{\pi}{4^{n+1}}}{3^n\tan\dfrac{\pi}{4^n}}=\frac{3}{4}<1,$$

根据比值审敛法可知所给级数收敛;

(3) 因为

$$\lim_{n\to\infty}\frac{u_{n+1}}{u_n}=\lim_{n\to\infty}\frac{(n+1)!}{10^{n+1}}\cdot\frac{10^n}{n!}=\lim_{n\to\infty}\frac{n+1}{10}=\infty,$$

根据比值审敛法可知所给级数发散.

例 6　判别级数 $\sum_{n\to\infty}^{\infty}\frac{1}{(2n-1)\cdot 2n}$ 的收敛性.

解　因为

$$\lim_{n\to\infty}\frac{u_{n+1}}{u_n}=\lim_{n\to\infty}\frac{(2n-1)\cdot 2n}{(2n+1)\cdot(2n+2)}=1,$$

这时 $\rho=1$, 比值审敛法失效, 必须用其他方法来判别级数的收敛性.

因为 $\frac{1}{(2n-1)\cdot 2n}<\frac{1}{n^2}$, 而级数 $\sum_{n=1}^{\infty}\frac{1}{n^2}$ 收敛, 因此由比较审敛法可知所给级数收敛.

定理 5 (根值审敛法, 柯西判别法)　设 $\sum_{n=1}^{\infty}u_n$ 是正项级数, 如果它的一般项 u_n 的 n 次根的极限等于 ρ, 即

$$\lim_{n\to\infty}\sqrt[n]{u_n}=\rho,$$

则当 $\rho<1$ 时级数收敛; 当 $\rho>1\left(\text{或}\lim_{n\to\infty}\sqrt[n]{u_n}=+\infty\right)$ 时级数发散; 当 $\rho=1$ 时级数可能收敛也可能发散.

证明思路与定理 4 类似, 从略.

例 7　证明级数 $1+\frac{1}{2^2}+\frac{1}{3^3}+\cdots+\frac{1}{n^n}+\cdots$ 是收敛的, 并估计以级数的部分和 S_n 近似代替和 S 所产生的误差.

解　因为

$$\lim_{n\to\infty}\sqrt[n]{u_n}=\lim_{n\to\infty}\sqrt[n]{\frac{1}{n^n}}=\lim_{n\to\infty}\frac{1}{n}=0,$$

根据根值审敛法可知所给级数收敛.

以该级数的部分和 S_n 近似代替和 S 所产生的误差为

$$|r_n|=\frac{1}{(n+1)^{n+1}}+\frac{1}{(n+2)^{n+2}}+\frac{1}{(n+3)^{n+3}}+\cdots$$

$$<\frac{1}{(n+1)^{n+1}}+\frac{1}{(n+1)^{n+2}}+\frac{1}{(n+1)^{n+3}}+\cdots$$

$$= \frac{1}{(n+1)^{n+1}} \left[1 + \frac{1}{n+1} + \frac{1}{(n+1)^2} + \cdots \right]$$

$$= \frac{1}{n(n+1)^n}.$$

定理 6 (极限审敛法)　设 $\sum_{n=1}^{\infty} u_n$ 为正项级数,

(1) 如果 $\lim_{n\to\infty} nu_n = l > 0 \left(\text{或} \lim_{n\to\infty} nu_n = +\infty \right)$, 则级数 $\sum_{n=1}^{\infty} u_n$ 发散;

(2) 如果 $p > 1$, 而 $\lim_{n\to\infty} n^p u_n = l \ (0 \leqslant l < +\infty)$, 则级数 $\sum_{n=1}^{\infty} u_n$ 收敛.

例 8　判定级数 $\sum_{n=1}^{\infty} \ln\left(1 + \frac{1}{n^3}\right)$ 的收敛性.

解　因为 $\ln(1 + \frac{1}{n^3}) \sim \frac{1}{n^3} (n \to \infty)$, 故

$$\lim_{n\to\infty} n^3 u_n = \lim_{n\to\infty} n^3 \ln\left(1 + \frac{1}{n^3}\right) = \lim_{n\to\infty} n^3 \cdot \frac{1}{n^3} = 1,$$

根据极限审敛法, 知所给级数收敛.

二、交错级数及其审敛法

讨论了正项级数的审敛法后, 我们再讨论一类特殊的常数项级数——交错级数的审敛法.

各项符号依次正负相间的数项级数

$$u_1 - u_2 + u_3 - u_4 + \cdots + (-1)^{n-1} u_n + \cdots$$

或

$$-u_1 + u_2 - u_3 + u_4 + \cdots + (-1)^n u_n + \cdots$$

称为交错级数.

交错级数的一般形式为 $\sum_{n=1}^{\infty} (-1)^{n-1} u_n$, 其中 $u_n > 0$.

例如, $\sum_{n=1}^{\infty} (-1)^{n-1} \frac{1}{n+1}$ 是交错级数, 但 $\sum_{n=1}^{\infty} (-1)^{n-1} \frac{1 - \sin\frac{n\pi}{2}}{n}$ 不是交错级数.

对于交错级数的敛散性, 有以下判定法则.

定理 7 (莱布尼茨定理)　如果交错级数 $\sum_{n=1}^{\infty} (-1)^{n-1} u_n$ 满足

(1)　$u_n \geqslant u_{n+1}$ $(n=1,2,\cdots)$；

(2)　$\lim\limits_{n\to\infty}u_n=0$，

则该级数收敛，且其和 $S\leqslant u_1$，其余项 r_n 的绝对值 $|r_n|\leqslant u_{n+1}$．

证明　设前 n 项部分和为 S_n，根据 n 为奇数或偶数分别考察 S_n．首先设 n 为偶数，则有

$$S_n=S_{2m}=(u_1-u_2)+(u_3-u_4)+\cdots+(u_{2m-1}-u_{2m})．$$

由条件(1)可知，上式中每一个括号内的数都是非负的，即 $\{S_{2m}\}$ 为正项级数，S_{2m} 是前 m 项部分和，随着 m 增大而单调增加．

另一方面，S_n 又可以写成以下形式

$$S_n=S_{2m}=u_1-(u_2-u_3)-(u_4-u_5)-\cdots-(u_{2m-2}-u_{2m-1})-u_{2m}，$$

由条件(1)可知，上式中每一个括号的都是非负的，且有 $S_{2m}<u_1$．

故部分和数列 $\{S_{2m}\}$ 单调增加且有上界，从而 $\lim\limits_{m\to\infty}S_{2m}$ 存在，设为 S，且有 $S\leqslant u_1$．

当 n 为奇数时，有

$$S_{2m+1}=S_{2m}+u_{2m+1}，$$

由条件(2)知 $\lim\limits_{m\to\infty}u_{2m+1}=0$，故

$$\lim\limits_{m\to\infty}S_{2m+1}=\lim\limits_{m\to\infty}S_{2m}+\lim\limits_{m\to\infty}u_{2m+1}=S．$$

这样，无论 n 为奇数还是偶数，都有 $\lim\limits_{n\to\infty}S_n=S$．故交错级数 $\sum\limits_{n=1}^{\infty}(-1)^{n-1}u_n$ 收敛，且其和 $S\leqslant u_1$．

因为 $|r_n|=u_{n+1}-u_{n+2}+\cdots$ 也是交错级数，且满足定理的两个条件，所以 $|r_n|\leqslant u_{n+1}$．

例 9　证明级数 $\sum\limits_{n=1}^{\infty}(-1)^{n-1}\dfrac{1}{n}$ 收敛，并估计和及余项．

证明　这是一个交错级数，且满足

(1)　$u_n=\dfrac{1}{n}>\dfrac{1}{n+1}=u_{n+1}(n=1,2,\cdots)$；

(2)　$\lim\limits_{n\to\infty}u_n=\lim\limits_{n\to\infty}\dfrac{1}{n}=0$，

由莱布尼茨定理，该级数是收敛的，且其和 $S<u_1=1$，余项 $|r_n|\leqslant u_{n+1}=\dfrac{1}{n+1}$．

例 10　判定级数 $\sum\limits_{n=1}^{\infty}(-1)^{n-1}\dfrac{n}{\mathrm{e}^n}$ 的敛散性．

解 这是一个交错级数. 先考虑通项 $u_n = \dfrac{n}{e^n}$ 中的 n 取连续变量 x 时的情形,

记 $f(x) = \dfrac{x}{e^x}$, 有 $f'(x) = \dfrac{1-x}{e^x}$. 当 $x > 1$ 时, $f'(x) < 0$, 即 $x > 1$ 时, $f(x) = \dfrac{x}{e^x}$ 单调

减少. 从而当 $n > 1$ 时, $u_n = \dfrac{n}{e^n}$ 也单调减少, 即 $u_n \geqslant u_{n+1}$ 成立.

再由洛必达法则, 可得

$$\lim_{x \to +\infty} \frac{x}{e^x} = \lim_{x \to +\infty} \frac{1}{e^x} = 0.$$

于是有

$$\lim_{n \to \infty} u_n = \lim_{n \to \infty} \frac{n}{e^n} = 0,$$

由莱布尼茨定理, 交错级数 $\displaystyle\sum_{n=1}^{\infty} (-1)^{n-1} \frac{n}{e^n}$ 是收敛的.

三、绝对收敛与条件收敛

对任意的数项级数 $\displaystyle\sum_{n=1}^{\infty} u_n$, 如果级数的每一项取绝对值后组成的正项级数

$\displaystyle\sum_{n=1}^{\infty} |u_n|$ 收敛, 则称级数 $\displaystyle\sum_{n=1}^{\infty} u_n$ 绝对收敛; 若级数 $\displaystyle\sum_{n=1}^{\infty} u_n$ 收敛, 而级数 $\displaystyle\sum_{n=1}^{\infty} |u_n|$ 发散, 则

称级数 $\displaystyle\sum_{n=1}^{\infty} u_n$ 条件收敛. 例如, 级数 $\displaystyle\sum_{n=1}^{\infty} (-1)^{n-1} \frac{1}{n^2}$ 是绝对收敛的, 而级数 $\displaystyle\sum_{n=1}^{\infty} (-1)^{n-1} \frac{1}{n}$

是条件收敛的. 绝对收敛和收敛之间有如下关系.

定理 8 (绝对收敛准则)　如果级数 $\displaystyle\sum_{n=1}^{\infty} u_n$ 绝对收敛, 则级数 $\displaystyle\sum_{n=1}^{\infty} u_n$ 必定收敛.

证明　由于 $-|u_n| \leqslant u_n \leqslant |u_n|$, 所以 $0 \leqslant u_n + |u_n| \leqslant 2|u_n|$. 因为 $\displaystyle\sum_{n=1}^{\infty} |u_n|$ 收敛, 由正项

级数的比较判别法, 可得 $\displaystyle\sum_{n=1}^{\infty} (u_n + |u_n|)$ 也收敛. 又

$$u_n = (u_n + |u_n|) - |u_n|,$$

而级数 $\displaystyle\sum_{n=1}^{\infty} |u_n|$ 和 $\displaystyle\sum_{n=1}^{\infty} (u_n + |u_n|)$ 都收敛, 由级数性质知, 级数 $\displaystyle\sum_{n=1}^{\infty} u_n$ 收敛.

注　(1) 定理 8 的逆命题不真. 即级数 $\displaystyle\sum_{n=1}^{\infty} u_n$ 收敛, 但级数 $\displaystyle\sum_{n=1}^{\infty} |u_n|$ 未必收敛.

例如, $\displaystyle\sum_{n=1}^{\infty} (-1)^{n-1} \frac{1}{n}$ 收敛, 但 $\displaystyle\sum_{n=1}^{\infty} \left| (-1)^{n-1} \frac{1}{n} \right| = \sum_{n=1}^{\infty} \frac{1}{n}$ 发散; $\displaystyle\sum_{n=1}^{\infty} (-1)^{n-1} \frac{1}{n^3}$ 收敛, 而

$\sum\limits_{n=1}^{\infty}\left|(-1)^{n-1}\dfrac{1}{n^3}\right|=\sum\limits_{n=1}^{\infty}\dfrac{1}{n^3}$ 也收敛. 因此, 级数 $\sum\limits_{n=1}^{\infty}u_n$ 收敛, 级数 $\sum\limits_{n=1}^{\infty}|u_n|$ 可能收敛, 也可能发散.

(2) 如果级数 $\sum\limits_{n=1}^{\infty}|u_n|$ 发散, 我们不能断定级数 $\sum\limits_{n=1}^{\infty}u_n$ 也发散. 但是, 如果能用比值法或根值法判定级数 $\sum\limits_{n=1}^{\infty}|u_n|$ 发散, 则可断言级数 $\sum\limits_{n=1}^{\infty}u_n$ 一定发散. 这是因为, 此时 $|u_n|$ 不趋向于零, 从而 u_n 也不趋向于零, 因此级数 $\sum\limits_{n=1}^{\infty}u_n$ 发散.

推论 设级数 $\sum\limits_{n=1}^{\infty}u_n$ 为任意项级数, 若 $\lim\limits_{n\to\infty}\left|\dfrac{u_{n+1}}{u_n}\right|=\rho$ $\left(\text{或}\lim\limits_{n\to\infty}\sqrt[n]{|u_n|}=\rho\right)$, 则当 $\rho<1$ 时级数绝对收敛, 当 $\rho>1$ 时级数发散, 当 $\rho=1$ 时敛散性无法判断.

例 11 判别级数 $\sum\limits_{n=1}^{\infty}\dfrac{\cos na}{n^2}$ (其中 a 为常数)的敛散性.

解 因为 $\left|\dfrac{\cos na}{n^2}\right|\leqslant\dfrac{1}{n^2}$, 而级数 $\sum\limits_{n=1}^{\infty}\dfrac{1}{n^2}$ 是收敛的, 所以级数 $\sum\limits_{n=1}^{\infty}\left|\dfrac{\cos na}{n^2}\right|$ 也收敛, 从而级数 $\sum\limits_{n=1}^{\infty}\dfrac{\cos na}{n^2}$ 绝对收敛.

例 12 判别级数 $\sum\limits_{n=1}^{\infty}(-1)^n\dfrac{1}{2^n}\left(1+\dfrac{1}{n}\right)^{n^2}$ 的收敛性.

解 由 $|u_n|=\dfrac{1}{2^n}\left(1+\dfrac{1}{n}\right)^{n^2}$, 有 $\lim\limits_{n\to\infty}\sqrt[n]{|u_n|}=\dfrac{1}{2}\lim\limits_{n\to\infty}\left(1+\dfrac{1}{n}\right)^n=\dfrac{1}{2}\mathrm{e}>1$, 可知 $\lim\limits_{n\to\infty}u_n\neq0$, 因此级数 $\sum\limits_{n=1}^{\infty}(-1)^n\dfrac{1}{2^n}\left(1+\dfrac{1}{n}\right)^{n^2}$ 发散.

问题讨论

1. 正项级数比较审敛法的极限形式与比值法、极限审敛法有什么区别?

2. 对级数引入"绝对收敛"概念有什么意义?

3. p -级数 $\sum\limits_{n=1}^{\infty}\dfrac{1}{n^p}$ 和广义定积分 $\int_a^{+\infty}\dfrac{1}{x^p}\mathrm{d}x(a>0)$ 有什么关系?

小结

本节主要讨论数项级数敛散性的判别方法, 分别给出了判别正项级数、交错级数敛散性的若干定理, 最后介绍了绝对收敛和条件收敛的概念, 以及级数收敛与绝对收敛的关系.

习　题　11.2

1. 用比较审敛法或极限形式的比较审敛法判定下列级数的敛散性:

(1) $\displaystyle\sum_{n=0}^{\infty}\frac{1}{(2n-3)^2}$；

(2) $\displaystyle\sum_{n=1}^{\infty}\frac{1}{(n+1)(n+2)}$；

(3) $\displaystyle\sum_{n=1}^{\infty}\sqrt{\frac{n}{n+1}}$；

(4) $\displaystyle\sum_{n=1}^{\infty}\frac{1}{2n-1}$；

(5) $\displaystyle\sum_{n=1}^{\infty}\frac{1+n}{1+n^3}$；

(6) $\displaystyle\sum_{n=1}^{\infty}\frac{1}{n}\left(\frac{1}{2}\right)^n$；

(7) $\displaystyle\sum_{n=1}^{\infty}(\sqrt{n+1}-\sqrt{n})$；

(8) $\displaystyle\sum_{n=1}^{\infty}[\ln(n+2)-\ln n]$.

2. 用比值审敛法判定下列级数的敛散性:

(1) $\displaystyle\sum_{n=1}^{\infty}\frac{2^n}{n\cdot 3^n}$；

(2) $\displaystyle\sum_{n=1}^{\infty}\frac{2^n}{n!}$；

(3) $\displaystyle\sum_{n=1}^{\infty}n^2\sin\frac{\pi}{2^{n+1}}$；

(4) $\displaystyle\sum_{n=1}^{\infty}\frac{3^n\cdot n!}{n^n}$.

3. 用根值审敛法判定下列级数的敛散性:

(1) $\displaystyle\sum_{n=1}^{\infty}\left(\frac{n+1}{3n+1}\right)^n$；

(2) $\displaystyle\sum_{n=1}^{\infty}\left(\frac{n}{2n+1}\right)^{2n}$；

(3) $\displaystyle\sum_{n=1}^{\infty}\frac{1}{(\ln n)^n}$；

(4) $\displaystyle\sum_{n=1}^{\infty}\left(\frac{b}{a_n}\right)^n$，其中 $a_n\to a(n\to\infty), a_n, b, a$ 均为正数.

4. 判定下列级数的敛散性, 如果收敛, 是绝对收敛还是条件收敛?

(1) $\displaystyle\sum_{n=0}^{\infty}(-1)^n\frac{1}{\sqrt{n+1}}$；

(2) $\displaystyle\sum_{n=1}^{\infty}(-1)^n\frac{n}{2^n}$；

(3) $\displaystyle\sum_{n=1}^{\infty}(-1)^n\frac{1}{\ln(n+1)}$；

(4) $\displaystyle\sum_{n=1}^{\infty}\frac{\sin\frac{n\pi}{3}}{\sqrt{n^3}}$.

5. 设 $u_n>0$，$\displaystyle\sum_{n=1}^{\infty}u_n$ 收敛, 证明

(1) $\displaystyle\sum_{n=1}^{\infty}\frac{1}{u_n}$ 发散. 提示: 由于 $\displaystyle\lim_{n\to\infty}u_n=0$，知 $\exists N>0$，使得 $n>N$ 时，$0<u_n\leqslant 1$，推出 $\dfrac{1}{u_n}\geqslant 1$.

(2) $\displaystyle\sum_{n=1}^{\infty}u_n^2$ 收敛.

6. 设 $\displaystyle\sum_{n=1}^{\infty}u_n$ 条件收敛, $\displaystyle\sum_{n=1}^{\infty}v_n$ 绝对收敛, 证明 $\displaystyle\sum_{n=1}^{\infty}u_nv_n$ 绝对收敛.

11.3 幂 级 数

函数的泰勒展开式为函数的近似计算提供了十分有效的方法. 但有些函数, 当我们要研究其在某一点的具体值时, 泰勒展开式就无能为力, 就要通过研究函数级数加以解决. 以下各节我们将研究函数项级数, 主要研究工程技术上十分有用的幂级数和傅里叶级数.

一、函数项级数的概念

已知一个定义在区间 I 上的函数列 $\{u_n(x)\}$, 由该函数列构成的表达式

$$u_1(x) + u_2(x) + u_3(x) + \cdots + u_n(x) + \cdots \tag{11.5}$$

称为定义在区间 I 上的(函数项)无穷级数, 记为 $\sum_{n=1}^{\infty} u_n(x)$. 对于区间 I 内的一定点 x_0, 若常数项级数 $\sum_{n=1}^{\infty} u_n(x_0)$ 收敛, 则称点 x_0 是级数 $\sum_{n=1}^{\infty} u_n(x)$ 的收敛点; 若常数项级数 $\sum_{n=1}^{\infty} u_n(x_0)$ 发散, 则称点 x_0 是级数 $\sum_{n=1}^{\infty} u_n(x)$ 的发散点. 函数项级数 $\sum_{n=1}^{\infty} u_n(x)$ 的所有收敛点的全体称为它的收敛域, 所有发散点的全体称为它的发散域. 在收敛域上, 函数项级数 $\sum_{n=1}^{\infty} u_n(x)$ 的和是 x 的函数 $S(x)$, 并写成 $S(x) = \sum_{n=1}^{\infty} u_n(x)$, 该函数的定义域就是级数的收敛域. 函数项级数 $\sum_{n=1}^{\infty} u_n(x)$ 的前 n 项的部分和记作 $S_n(x)$, 即

$$S_n(x) = u_1(x) + u_2(x) + u_3(x) + \cdots + u_n(x).$$

在收敛域上有 $\lim_{n\to\infty} S_n(x) = S(x)$ 或 $S_n(x) \to S(x)(n \to \infty)$. 函数项级数 $\sum_{n=1}^{\infty} u_n(x)$ 的和函数 $S(x)$ 与部分和 $S_n(x)$ 的差被称为函数项级数 $\sum_{n=1}^{\infty} u_n(x)$ 的余项, 记为 $r_n(x) = S(x) - S_n(x)$. 在收敛域上有 $\lim_{n\to\infty} r_n(x) = 0$.

例如, 函数项级数 $1 + x + x^2 + x^3 + \cdots + x^{n-1} + \cdots$ 的部分和函数为

$$S_n(x) = 1 + x + x^2 + x^3 + \cdots + x^{n-1} = \frac{1 - x^n}{1 - x}.$$

当 $|x| < 1$ 时, $\lim_{n\to\infty} S_n(x) = \lim_{n\to\infty} \frac{1-x^n}{1-x} = \frac{1}{1-x}$, 所以该级数在 $(-1,1)$ 内收敛, 即收敛域为 $(-1,1)$, 和函数为 $\frac{1}{1-x}$.

在函数项级数中, 使用较多的是幂函数和三角函数, 上面的例子就是一个一般项为幂函数的级数.

二、幂级数及其收敛性

函数项级数中简单而常见的一类级数就是各项都是幂函数的函数项级数, 这种形式的级数称为**幂级数**, 它的形式是

$$a_0 + a_1 x + a_2 x^2 + \cdots + a_n x^n + \cdots, \tag{11.6}$$

其中常数 $a_0, a_1, a_2, \cdots, a_n, \cdots$ 称为幂级数的系数.

例如, 以下都是幂级数的例子:

$$1 + x + 2 \cdot x^2 + 3 \cdot x^3 + \cdots + n \cdot x^n + \cdots,$$

$$1 + x + \frac{1}{2!} x^2 + \cdots + \frac{1}{n!} x^n + \cdots.$$

注　幂级数的一般形式是

$$a_0 + a_1 (x - x_0) + a_2 (x - x_0)^2 + \cdots + a_n (x - x_0)^n + \cdots,$$

显然, 它可以经变换 $t = x - x_0$ 化为式(11.6).

定理 1 (阿贝尔定理)

(1) 如果级数 $\sum_{n=0}^{\infty} a_n x^n$ 当 $x = x_0 (x_0 \neq 0)$ 时收敛, 则适合不等式 $|x| < |x_0|$ 的一切 x 使这幂级数绝对收敛;

(2) 如果级数 $\sum_{n=1}^{\infty} a_n x^n$ 当 $x = x_0 (x_0 \neq 0)$ 时发散, 则适合不等式 $|x| > |x_0|$ 的一切 x 使该幂级数发散.

证明　(1) 设 x_0 是幂级数 $\sum_{n=0}^{\infty} a_n x^n$ 的收敛点, 即级数 $\sum_{n=0}^{\infty} a_n x_0^n$ 收敛. 根据级数收敛的必要条件, 有 $\lim_{n \to \infty} a_n x_0^n = 0$, 于是存在一个常数 M, 使 $|a_n x_0^n| \leqslant M (n = 0, 1, 2, \cdots)$. 这样级数 $\sum_{n=0}^{\infty} a_n x^n$ 的一般项的绝对值

$$|a_n x^n| = \left| a_n x_0^n \cdot \frac{x^n}{x_0^n} \right| = |a_n x_0^n| \cdot \left| \frac{x}{x_0} \right|^n \leqslant M \cdot \left| \frac{x}{x_0} \right|^n.$$

因为当 $|x| < |x_0|$ 时, 等比级数 $\sum_{n=0}^{\infty} M \cdot \left| \frac{x}{x_0} \right|^n$ 收敛, 所以级数 $\sum_{n=0}^{\infty} |a_n x^n|$ 收敛, 也就是级数 $\sum_{n=0}^{\infty} a_n x^n$ 绝对收敛.

(2) 用反证法证明. 假设幂级数当 $x=x_0$ 时发散而有一点 x_1 适合 $|x|>|x_0|$ 使级数收敛, 则由(1)可知级数当 $x=x_0$ 时应收敛, 这与所设矛盾. 定理得证.

推论 1　如果级数 $\sum_{n=0}^{\infty} a_n x^n$ 不是仅在点 x_0 一点收敛, 也不是在整个数轴上都收敛, 则必有一个完全确定的正数 R 存在, 使得

当 $|x|<R$ 时, 幂级数绝对收敛;

当 $|x|>R$ 时, 幂级数发散;

当 $x=\pm R$ 时, 幂级数可能收敛也可能发散.

推论 1 中的正数 R 通常称为幂级数 $\sum_{n=0}^{\infty} a_n x^n$ 的**收敛半径**, 开区间 $(-R,R)$ 称为幂级数 $\sum_{n=0}^{\infty} a_n x^n$ 的**收敛区间**. 再由幂级数在 $x=\pm R$ 处的收敛性就可以确定它的**收敛域**. 幂级数 $\sum_{n=0}^{\infty} a_n x^n$ 的收敛域是 $(-R,R)$　(或 $[-R,R),(-R,R],[-R,R]$ 之一). 若幂级数 $\sum_{n=0}^{\infty} a_n x^n$ 只在 x_0 收敛, 则规定收敛半径 $R=0$, 若幂级数 $\sum_{n=0}^{\infty} a_n x^n$ 对一切实数 x 都收敛, 则规定收敛半径 $R=+\infty$, 这时收敛域为 $(-\infty,+\infty)$.

定理 2　如果 $\lim\limits_{n\to\infty}\left|\dfrac{a_{n+1}}{a_n}\right|=\rho$, 其中 a_n, a_{n+1} 是幂级数 $\sum_{n=0}^{\infty} a_n x^n$ 的相邻两项的系数, 则该幂级数的收敛半径

$$R=\begin{cases}+\infty, & \rho=0,\\ \dfrac{1}{\rho}, & \rho\neq 0,\\ 0, & \rho=+\infty.\end{cases}$$

证明　因为 $\lim\limits_{n\to\infty}\left|\dfrac{a_{n+1}x^{n+1}}{a_n x^n}\right|=\lim\limits_{n\to\infty}\left|\dfrac{a_{n+1}}{a_n}\right|\cdot|x|=\rho|x|$, 所以根据比值审敛法, 有

(1) 如果 $0<\rho<+\infty$, 则只当 $|x|<\dfrac{1}{\rho}$ 时幂级数收敛, 故 $R=\dfrac{1}{\rho}$;

(2) 如果 $\rho=0$, 则幂级数总是收敛的, 故 $R=+\infty$;

(3) 如果 $\rho=+\infty$, 则只当 $x=0$ 时幂级数收敛, 故 $R=0$.

例 1　求幂级数 $\sum_{n=1}^{\infty}(-1)^{n-1}\dfrac{x^n}{n}$ 的收敛半径与收敛域.

解　因为

$$\rho = \lim_{n \to \infty} \left| \frac{a_{n+1}}{a_n} \right| = \lim_{n \to \infty} \frac{\dfrac{1}{n+1}}{\dfrac{1}{n}} = 1,$$

所以收敛半径为 $R = \dfrac{1}{\rho} = 1$.

当 $x = 1$ 时, 幂级数成为 $\displaystyle\sum_{n=1}^{\infty} (-1)^{n-1} \frac{1}{n}$, 是收敛的;

当 $x = -1$ 时, 幂级数成为 $\displaystyle\sum_{n=1}^{\infty} \left(-\frac{1}{n} \right)$, 是发散的.

因此, 收敛域为 $(-1, 1]$.

例 2　求幂级数 $\displaystyle\sum_{n=0}^{\infty} \frac{1}{n!} x^n$ 的收敛域.

解　因为

$$\rho = \lim_{n \to \infty} \left| \frac{a_{n+1}}{a_n} \right| = \lim_{n \to \infty} \frac{\dfrac{1}{(n+1)!}}{\dfrac{1}{n!}} = \lim_{n \to \infty} \frac{n!}{(n+1)!} = 0,$$

所以收敛半径为 $R = +\infty$, 从而收敛域为 $(-\infty, +\infty)$.

例 3　求幂级数 $\displaystyle\sum_{n=0}^{\infty} n! x^n$ 的收敛半径.

解　因为

$$\rho = \lim_{n \to \infty} \left| \frac{a_{n+1}}{a_n} \right| = \lim_{n \to \infty} \frac{(n+1)!}{n!} = +\infty,$$

所以收敛半径为 $R = 0$, 即级数仅在 $x = 0$ 处收敛.

例 4　求幂级数 $\displaystyle\sum_{n=0}^{\infty} (-1)^n \frac{x^{2n}}{2n+1}$ 的收敛半径及收敛域.

解　因为级数缺少奇次幂的项, 定理 2 不能直接应用. 可根据比值审敛法来求收敛半径.

幂级数的一般项记为 $u_n(x) = \dfrac{x^{2n}}{2n+1}$. 因为

$$\rho = \lim_{n \to \infty} \left| \frac{u_{n+1}(x)}{u_n(x)} \right| = \lim_{n \to \infty} \frac{\dfrac{x^{2(n+1)}}{2(n+1)+1}}{\dfrac{x^{2n}}{2n+1}} = |x|^2,$$

当 $\rho < 1$, 即 $|x| < 1$ 时, 级数收敛; 当 $\rho > 1$, 即 $|x| > 1$ 时, 级数发散, 所以收敛半径

为 $R=1$. 当 $|x|=1$, 也即 $x=\pm 1$ 时, 代入得级数 $\sum_{n=1}^{\infty} \frac{(-1)^n}{2n+1}$ 收敛, 所以幂级数

$\sum_{n=0}^{\infty}(-1)^n \frac{x^{2n}}{2n+1}$ 的收敛域为 $[-1,1]$.

例 5 求幂级数 $\sum_{n=1}^{\infty} \frac{(x-1)^n}{2^n n}$ 的收敛域.

解 令 $t=x-1$, 上述级数变为 $\sum_{n=1}^{\infty} \frac{t^n}{2^n n}$.

因为

$$\rho = \lim_{n \to \infty} \left| \frac{a_{n+1}}{a_n} \right| = \frac{2^n \cdot n}{2^{n+1} \cdot (n+1)} = \frac{1}{2},$$

所以收敛半径 $R=2$.

当 $t=2$ 时, 级数成为 $\sum_{n=1}^{\infty} \frac{1}{n}$, 此级数发散; 当 $t=-2$ 时, 级数成为 $\sum_{n=1}^{\infty} \frac{(-1)^n}{n}$, 此

级数收敛. 因此级数 $\sum_{n=1}^{\infty} \frac{t^n}{2^n n}$ 的收敛域为 $-2 \leqslant t < 2$, 即 $-1 \leqslant x < 3$, 所以原级数的收

敛域为 $[-1, 3)$.

三、幂级数的运算

设幂级数 $\sum_{n=0}^{\infty} a_n x^n$ 及 $\sum_{n=0}^{\infty} b_n x^n$ 分别在区间 $(-R_1, R_1)$ 及 $(-R_2, R_2)$ 内收敛, 则可以

证明, 在 $(-R_1, R_1) \bigcap (-R_2, R_2)$ 内有以下运算法则和性质:

加法: $\sum_{n=0}^{\infty} a_n x^n + \sum_{n=0}^{\infty} b_n x^n = \sum_{n=0}^{\infty} (a_n + b_n) x^n$;

减法: $\sum_{n=0}^{\infty} a_n x^n - \sum_{n=0}^{\infty} b_n x^n = \sum_{n=0}^{\infty} (a_n - b_n) x^n$;

乘法: $\left(\sum_{n=0}^{\infty} a_n x^n \right) \cdot \left(\sum_{n=0}^{\infty} b_n x^n \right) = a_0 b_0 + (a_0 b_1 + a_1 b_0) x + (a_0 b_2 + a_1 b_1 + a_2 b_0) x^2 + \cdots$

$$+ (a_0 b_n + a_1 b_{n-1} + \cdots + a_n b_0) x^n + \cdots.$$

性质 1 (连续性) 幂级数 $\sum_{n=0}^{\infty} a_n x^n$ 的和函数 $S(x)$ 在其收敛域 I 上连续.

注 如果幂级数在 $x=R$ (或 $x=-R$)也收敛, 则和函数 $S(x)$ 在 $(-R, R]$ (或 $[-R, R)$)上连续.

性质 2 (可导性) 幂级数 $\sum_{n=0}^{\infty} a_n x^n$ 的和函数 $S(x)$ 在其收敛区间 $(-R, R)$ 内可导,

并且有逐项求导公式

$$S'(x) = \left(\sum_{n=0}^{\infty} a_n x^n \right)' = \sum_{n=0}^{\infty} (a_n x^n)' = \sum_{n=1}^{\infty} n a_n x^{n-1} \quad (\,|\,x\,|\,< R),$$

逐项求导后所得到的幂级数和原级数有相同的收敛半径.

性质 3 (可积性) 幂级数 $\sum_{n=0}^{\infty} a_n x^n$ 的和函数 $S(x)$ 在其收敛域 I 上可积, 并且有逐项积分公式

$$\int_0^x S(x)\mathrm{d}x = \int_0^x \left(\sum_{n=0}^{\infty} a_n x^n \right) \mathrm{d}x = \sum_{n=0}^{\infty} \int_0^x a_n x^n \mathrm{d}x = \sum_{n=0}^{\infty} \frac{a_n}{n+1} x^{n+1} \quad (x \in I),$$

逐项积分后所得到的幂级数和原级数有相同的收敛半径.

注意 性质 2 和性质 3 虽然收敛半径不变, 但是收敛区间的端点处的敛散性可能改变.

例 6 求幂级数 $\sum_{n=0}^{\infty} \frac{1}{n+1} x^n$ 的和函数.

解 根据定理 2 求得幂级数的收敛域为 $[-1,1)$. 设和函数为 $S(x)$, 即 $S(x) = \sum_{n=0}^{\infty} \frac{1}{n+1} x^n$, $x \in [-1,1)$. 显然 $S(0) = 0$. 在 $xS(x) = \sum_{n=0}^{\infty} \frac{1}{n+1} x^{n+1}$ 的两边求导得

$$[xS(x)]' = \sum_{n=0}^{\infty} \left(\frac{1}{n+1} x^{n+1} \right)' = \sum_{n=0}^{\infty} x^n = \frac{1}{1-x}.$$

对上式从 0 到 x 积分, 得

$$xS(x) = \int_0^x \frac{1}{1-x} \mathrm{d}x = -\ln(1-x).$$

于是, 当 $x \neq 0$ 时, 有 $S(x) = -\frac{1}{x}\ln(1-x)$. 从而 $S(x) = \begin{cases} -\dfrac{1}{x}\ln(1-x), & 0 < |x| < 1, \\ 0, & x = 0. \end{cases}$

例 7 求级数 $\sum_{n=0}^{\infty} \frac{(-1)^n}{n+1}$ 的和.

解 考虑幂级数 $\sum_{n=0}^{\infty} \frac{1}{n+1} x^n$, 此级数在 $[-1, 1)$ 上收敛, 设其和函数为 $S(x)$, 则

$$S(-1) = \sum_{n=0}^{\infty} \frac{(-1)^n}{n+1}.$$

在例 6 中已得到 $xS(x) = -\ln(1-x)$, 于是 $-S(-1) = -\ln 2$, $S(-1) = \ln 2$, 即

$$\sum_{n=0}^{\infty} \frac{(-1)^n}{n+1} = \ln 2.$$

问题讨论

1. 若幂级数 $\sum_{n=0}^{\infty} a_n x^n$ 在 x_0 的某邻域内收敛, 它是否收敛于唯一函数?

2. 幂级数 $\sum_{n=0}^{\infty} a_n (x-x_0)^n$ 与 $\sum_{n=0}^{\infty} a_n x^n$ 的收敛半径、收敛区域有何关系?

3. 逐项求导和逐项求积分对级数的收敛半径、收敛区域有没有影响?

小结

本节讨论了函数项级数和幂级数的相关内容. 其主要内容如下. 函数项级数及其收敛域与和函数的概念. 求幂级数收敛域的一般步骤: ①利用比值法或根式法求出 $\lim_{n\to\infty}\left|\dfrac{u_{n+1}(x)}{u_n(x)}\right| = \rho(x)$ 或 $\lim_{n\to\infty}\sqrt[n]{|u_n(x)|} = \rho(x)$; ②解不等式 $\rho(x) < 1$, 得 $\sum_{n=0}^{\infty} u_n(x)$ 的收敛区间 (a,b); ③考察在端点 $x=a, x=b$ 处级数 $\sum_{n=0}^{\infty} u_n(x)$ 的敛散性, 得最终的收敛区域. 幂级数的运算性质(加减乘)与分析性质(逐项求导和逐项积分).

习　题　11.3

1. 求下列级数的收敛域:

(1) $\sum_{n=1}^{\infty} nx^n$;

(2) $\sum_{n=1}^{\infty} \dfrac{3^n}{n!} x^n$;

(3) $\sum_{n=1}^{\infty} (-1)^n \dfrac{x^n}{n^2}$;

(4) $\sum_{n=1}^{\infty} (-1)^n \dfrac{x^{2n+1}}{2n+1}$;

(5) $\sum_{n=0}^{\infty} \left(\dfrac{2^n}{n} + \dfrac{3^n}{n^2}\right) \cdot x^n$;

(6) $\sum_{n=1}^{\infty} \dfrac{2n+1}{2^n} \cdot x^{2n+1}$.

2. 利用逐项求导或逐项积分求下列级数的和函数:

(1) $\sum_{n=0}^{\infty} (n+1)x^n$;

(2) $\sum_{n=1}^{\infty} \dfrac{x^{3n+1}}{3n+1}$;

(3) $\sum_{n=1}^{\infty} \dfrac{(n+1)n}{2} x^{n-1}$;

(4) $\sum_{n=1}^{\infty} \dfrac{2n-1}{2^n} \cdot x^{2n-2} (|x| < \sqrt{2})$.

11.4　初等函数的幂级数展开

一、泰勒级数

上一节我们讨论了幂级数的收敛域及其和函数的性质, 并在可能情况下求出和函数的表达式. 这一节, 我们将讨论与上节相反的问题: 给定函数 $f(x)$, 要考虑它是否能在某个区间内 "展开成幂级数", 就是说, 是否能找到这样一个幂级数, 它在某区间内收敛, 且其和恰好就是给定的函数 $f(x)$. 如果能找到这样的幂级数, 我们就说, 函数 $f(x)$ 在该区间内能展开成幂级数, 或简单地说函数 $f(x)$ 能展开成幂级数, 而该级数在收敛区间内就表达了函数 $f(x)$. 解决这个问题有很重要的价值, 因为它给出了函数 $f(x)$ 的一种新的表达方式, 并使我们能够用简单函数——如多项式来逼近一般函数 $f(x)$.

上册我们已学习了泰勒展开式:如果 $f(x)$ 在点 x_0 的某邻域内具有各阶导数, 则在该邻域内 $f(x)$ 等于

$$f(x) = f(x_0) + f'(x_0)(x - x_0) + \frac{f''(x_0)}{2!}(x - x_0)^2 + \cdots$$
$$+ \frac{f^{(n)}(x_0)}{n!}(x - x_0)^n + R_n(x) \xlongequal{\triangle} S_n(x) + R_n(x), \tag{11.7}$$

其中 $R_n(x) = \frac{f^{(n+1)}(\xi)}{(n+1)!}(x - x_0)^{n+1}$ (ξ 介于 x 与 x_0 之间)称为拉格朗日型余项.

如果 $f(x)$ 在点 x_0 的某邻域内具有各阶导数 $f'(x), f''(x), \cdots, f^{(n)}(x), \cdots$, 则对任意正整数 n, 泰勒公式(11.7)都成立. 如果 $\lim\limits_{n \to \infty} R_n(x) = 0$, 则有

$$f(x) = \lim_{n \to \infty} S_n(x) + \lim_{n \to \infty} R_n(x) = \lim_{n \to \infty} S_n(x)$$
$$= \lim_{n \to \infty} \left[f(x_0) + f'(x_0)(x - x_0) + \frac{f''(x_0)}{2!}(x - x_0)^2 + \cdots + \frac{f^{(n)}(x_0)}{n!}(x - x_0)^n \right].$$

上式右方中括号里的式子刚好是级数 $\sum\limits_{n=0}^{\infty} \frac{f^{(n)}(x_0)}{n!}(x - x_0)^n$ 的前 $n+1$ 项的部分和. 上式成立说明该级数收敛, 且其和函数就是 $f(x)$, 即

$$f(x) = f(x_0) + f'(x_0)(x - x_0) + \frac{f''(x_0)}{2!}(x - x_0)^2 + \cdots + \frac{f^{(n)}(x_0)}{n!}(x - x_0)^n + \cdots$$
$$= \sum_{n=0}^{\infty} \frac{f^{(n)}(x_0)}{n!}(x - x_0)^n.$$

这一幂级数称为函数 $f(x)$ 在 x_0 处的泰勒级数. 显然, 当 $x = x_0$ 时, $f(x)$ 的泰勒级数收敛于 $f(x_0)$.

那么, 除了 $x = x_0$ 外, $f(x)$ 的泰勒级数是否收敛? 如果收敛, 它是否一定收敛于 $f(x)$?

定理 1 设函数 $f(x)$ 在点 x_0 的某一邻域 $U(x_0)$ 内具有各阶导数, 则 $f(x)$ 在该邻域内能展开成泰勒级数的充分必要条件是 $f(x)$ 的泰勒公式中的余项 $R_n(x)$ 当 $n \to \infty$ 时的极限为零, 即

$$\lim_{n\to\infty} R_n(x) = 0 \quad (x \in U(x_0)).$$

证明　必要性. 设 $f(x)$ 在 $U(x_0)$ 内能展开为泰勒级数, 即

$$f(x) = f(x_0) + f'(x_0)(x-x_0) + \frac{f''(x_0)}{2!}(x-x_0)^2 + \cdots + \frac{f^{(n)}(x_0)}{n!}(x-x_0)^n + \cdots.$$

又设 $S_n(x)$ 是 $f(x)$ 的泰勒级数的前 $n+1$ 项的和, 则在 $U(x_0)$ 内

$$S_n(x) \to f(x) \quad (n \to \infty).$$

而 $f(x)$ 的 n 阶泰勒公式可写成 $f(x) = S_n(x) + R_n(x)$, 于是

$$R_n(x) = f(x) - S_n(x) \to 0 \quad (n \to \infty).$$

充分性. 设 $R_n(x) \to 0(n \to \infty)$ 对一切 $x \in U(x_0)$ 成立. 因为 $f(x)$ 的 n 阶泰勒公式可写成 $f(x) = S_n(x) + R_n(x)$, 于是

$$S_n(x) = f(x) - R_n(x) \to f(x) \quad (n \to \infty),$$

即 $f(x)$ 的泰勒级数在 $U(x_0)$ 内收敛, 并且收敛于 $f(x)$. 证毕.

如果 $f(x)$ 在点 x_0 的某邻域 $U(x_0)$ 内有

$$f(x) = \sum_{n=0}^{\infty} \frac{f^{(n)}(x_0)}{n!}(x-x_0)^n, \quad x_0 \in U(x_0), \tag{11.8}$$

则(11.8)称为函数 $f(x)$ 在 x_0 处的**泰勒展开式**.

二、麦克劳林级数

特别地, 在泰勒级数(11.8)中取 $x_0 = 0$, 得

$$f(x) = f(0) + f'(0)x + \frac{f''(0)}{2!}x^2 + \cdots + \frac{f^{(n)}(0)}{n!}x^n + \cdots, \tag{11.9}$$

此级数称为 $f(x)$ 的麦克劳林级数.

本节的重点就是讨论如何把一个函数展开成麦克劳林级数.

定理 2 (展开式的唯一性)　如果 $f(x)$ 能展开成 x 的幂级数, 那么这种展开式是唯一的, 且与 $f(x)$ 的麦克劳林级数一致.

证明　设 $f(x)$ 在点 $x_0 = 0$ 的某邻域 $(-R, R)$ 内能展开成 x 的幂级数, 即

$$f(x) = a_0 + a_1 x + a_2 x^2 + \cdots + a_n x^n + \cdots,$$

那么根据幂级数在收敛区间内可以逐项求导, 有

$$f'(x) = a_1 + 2a_2 x + 3a_3 x^2 + \cdots + na_n x^{n-1} + \cdots,$$

$$f''(x) = 2!a_2 + 3 \times 2a_3 x + \cdots + n \times (n-1)a_n x^{n-2} + \cdots,$$

$$f'''(x) = 3!a_3 + \cdots + n \times (n-1)(n-2)a_n x^{n-3} + \cdots,$$

$$\cdots\cdots$$

$$f^{(n)}(x) = n! a_n + (n+1)n(n-1)\cdots 2a_{n+1}x + \cdots,$$

于是得

$$a_0 = f(0), a_1 = f'(0), a_2 = \frac{f''(0)}{2!}, \cdots, a_n = \frac{f^{(n)}(0)}{n!}, \cdots.$$

注意, 如果 $f(x)$ 能展开成 x 的幂级数, 那么这个幂级数就是 $f(x)$ 的麦克劳林级数. 但是, 反过来如果 $f(x)$ 的麦克劳林级数在点 $x_0 = 0$ 的某邻域内收敛, 它却不一定收敛于 $f(x)$. 因此, 如果 $f(x)$ 在点 $x_0 = 0$ 处具有各阶导数, 则 $f(x)$ 的麦克劳林级数虽然能作出来, 但这个级数是否在某个区间内收敛, 以及是否收敛于 $f(x)$ 却需要进一步考察.

如果函数 $f(x)$ 在区间 $(-R, R)$ 内能展开成 x 的幂级数, 即

$$f(x) = f(0) + f'(0)x + \frac{f''(0)}{2!}x^2 + \cdots + \frac{f^{(n)}(0)}{n!}x^n + \cdots, \quad x \in (-R, R),$$

则(11.9)称为 $f(x)$ 的**麦克劳林展开式**.

三、函数展开成幂级数的方法

1. 直接展开法

将函数 $f(x)$ 展开成 x 的幂级数的步骤如下.

第一步: 求 $f(x)$ 的各阶导数: $f'(x), f''(x), \cdots, f^{(n)}(x), \cdots$. (若某阶导数不存在, 则 $f(x)$ 不能展开成 x 的幂级数, 运算结束.)

第二步: 求函数及其各阶导数在 $x = 0$ 处的值:

$$f(0), f'(0), f''(0), \cdots, f^{(n)}(0), \cdots.$$

第三步: 写出幂级数

$$f(0) + f'(0)x + \frac{f''(0)}{2!}x^2 + \cdots + \frac{f^{(n)}(0)}{n!}x^n + \cdots,$$

并求出收敛半径 R.

第四步: 考察在区间 $(-R, R)$ 内是否有 $R_n(x) \to 0(n \to \infty)$, 即

$$\lim_{n \to \infty} R_n(x) = \lim_{n \to \infty} \frac{f^{(n+1)}(\xi)}{(n+1)!}x^{n+1}$$

是否为零. 如果 $R_n(x) \to 0(n \to \infty)$, 则 $f(x)$ 在 $(-R, R)$ 内有展开式

$$f(x) = f(0) + f'(0)x + \frac{f''(0)}{2!}x^2 + \cdots + \frac{f^{(n)}(0)}{n!}x^n + \cdots \quad (-R < x < R).$$

如果 $\lim_{n \to \infty} R_n(x)$ 不为零, 则幂级数 $\sum_{n=1}^{\infty} \frac{f^{(n)}(0)}{n!}x^n$ 虽然在 $(-R, R)$ 内收敛, 但它的和函数不是 $f(x)$.

例 1　将函数 $f(x) = e^x$ 展开成 x 的幂级数.

解　所给函数的各阶导数为 $f^{(n)}(x) = e^x (n = 1, 2, \cdots)$，因此 $f^{(n)}(0) = 1 (n = 1, 2, \cdots)$. 于是得级数

$$1 + x + \frac{1}{2!}x^2 + \cdots + \frac{1}{n!}x^n + \cdots,$$

它的收敛半径 $R = +\infty$.

对于任何有限的数 x, ξ（ξ 介于 0 与 x 之间），有

$$\left| R_n(x) \right| = \left| \frac{e^\xi}{(n+1)!}x^{n+1} \right| < e^{|x|} \cdot \frac{|x|^{n+1}}{(n+1)!},$$

而 $\lim\limits_{n \to \infty} \dfrac{|x|^{n+1}}{(n+1)!} = 0$，所以 $\lim\limits_{n \to \infty} \left| R_n(x) \right| = 0$，从而有展开式

$$e^x = 1 + x + \frac{1}{2!}x^2 + \cdots + \frac{1}{n!}x^n + \cdots \quad (-\infty < x < +\infty).$$

例 2　将函数 $f(x) = \sin x$ 展开成 x 的幂级数.

解　因为

$$f^{(n)}(x) = \sin\left(x + n \cdot \frac{\pi}{2}\right) \quad (n = 1, 2, ? \cdots),$$

所以 $f^{(n)}(0)$ 顺序循环地取 $0, 1, 0, -1, \cdots (n = 0, 1, 2, 3, \cdots)$，于是得级数

$$x - \frac{x^3}{3!} + \frac{x^5}{5!} - \cdots + (-1)^{n-1}\frac{x^{2n-1}}{(2n-1)!} + \cdots,$$

它的收敛半径为 $R = +\infty$.

对于任何有限的数 x, ξ（ξ 介于 0 与 x 之间），有

$$\left| R_n(x) \right| = \left| \frac{\sin\left[\xi + \frac{(n+1)\pi}{2}\right]}{(n+1)!}x^{n+1} \right| \leqslant \frac{|x|^{n+1}}{(n+1)!} \to 0 \quad (n \to \infty).$$

因此得展开式

$$\sin x = x - \frac{x^3}{3!} + \frac{x^5}{5!} - \cdots + (-1)^{n-1}\frac{x^{2n-1}}{(2n-1)!} + \cdots \quad (-\infty < x < +\infty).$$

例 3　将函数 $f(x) = (1+x)^m$ 展开成 x 的幂级数，其中 m 为任意常数.

解　$f(x)$ 的各阶导数为

$$f'(x) = m(1+x)^{m-1},$$

$$f''(x) = m(m-1)(1+x)^{m-2},$$

$$\cdots\cdots$$

$$f^{(n)}(x) = m(m-1)(m-2)\cdots(m-n+1)(1+x)^{m-n},$$

$$\cdots\cdots$$

所以

$$f(0) = 1,$$

$$f'(0) = m,$$

$$f''(0) = m(m-1),$$

$$\cdots\cdots$$

$$f^{(n)}(0) = m(m-1)(m-2)\cdots(m-n+1),$$

$$\cdots\cdots$$

于是得幂级数

$$1 + mx + \frac{m(m-1)}{2!}x^2 + \cdots + \frac{m(m-1)\cdots(m-n+1)}{n!}x^n + \cdots.$$

可以证明

$$(1+x)^m = 1 + mx + \frac{m(m-1)}{2!}x^2 + \cdots + \frac{m(m-1)\,\cdots\,(m-n+1)}{n!}x^n + \cdots \quad (-1 < x < 1).$$

2. 间接展开法

直接展开法中计算幂级数系数的运算较繁琐, 而余项收敛性的判别往往较困难. 下面介绍另一种展开方法——间接法.

前面已经得到了函数 $\frac{1}{1-x}$, e^x 和 $\sin x$ 的幂级数展开式, 运用这几个已知的展开式, 通过幂级数的运算和变量代换, 可以求得许多函数的幂级数展开式. 这种方法叫间接展开法, 它不仅计算简单, 而且避免研究余项, 因此被广泛采用.

例 4　将函数 $f(x) = \cos x$ 展开成 x 的幂级数.

解　已知

$$\sin x = x - \frac{x^3}{3!} + \frac{x^5}{5!} - \cdots + (-1)^{n-1}\frac{x^{2n-1}}{(2n-1)!} + \cdots \quad (-\infty < x < +\infty).$$

根据幂级数的可导性, 对上式两边求导得

$$\cos x = 1 - \frac{x^2}{2!} + \frac{x^4}{4!} - \cdots + (-1)^n\frac{x^{2n}}{(2n)!} + \cdots \quad (-\infty < x < +\infty).$$

例 5　将函数 $f(x) = \frac{1}{1+x^2}$ 展开成 x 的幂级数.

解　因为

$$\frac{1}{1-x} = 1 + x + x^2 + \cdots + x^n + \cdots \quad (-1 < x < 1),$$

把 x 换成 $-x^2$，得

$$\frac{1}{1+x^2} = 1 - x^2 + x^4 - \cdots + (-1)^n x^{2n} + \cdots \quad (-1 < x < 1).$$

注 收敛半径的确定：由 $-1 < -x^2 < 1$ 得 $-1 < x < 1$.

例 6 将函数 $f(x) = \ln(1+x)$ 展开成 x 的幂级数.

解 因为

$$f'(x) = \frac{1}{1+x},$$

而 $\dfrac{1}{1+x}$ 是收敛的幂级数 $\displaystyle\sum_{n=0}^{\infty} (-1)^n x^n (-1 < x < 1)$ 的和函数：

$$\frac{1}{1+x} = 1 - x + x^2 - x^3 + \cdots + (-1)^n x^n + \cdots.$$

所以将上式从 0 到 x 逐项积分，得

$$\ln(1+x) = x - \frac{x^2}{2} + \frac{x^3}{3} - \frac{x^4}{4} + \cdots + (-1)^n \frac{x^{n+1}}{n+1} + \cdots \quad (-1 < x \leqslant 1).$$

上述展开式对 $x = 1$ 也成立，这是因为上式右端的幂级数当 $x = 1$ 时收敛，而 $\ln(1+x)$ 在 $x = 1$ 处有定义且连续.

至此，我们得到如下一些常见初等函数的幂级数展开式：

$$\frac{1}{1-x} = 1 + x + x^2 + \cdots + x^n + \cdots \quad (-1 < x < 1),$$

$$e^x = 1 + x + \frac{1}{2!} x^2 + \cdots + \frac{1}{n!} x^n + \cdots \quad (-\infty < x < +\infty),$$

$$\sin x = x - \frac{x^3}{3!} + \frac{x^5}{5!} - \cdots + (-1)^{n-1} \frac{x^{2n-1}}{(2n-1)!} + \cdots \quad (-\infty < x < +\infty),$$

$$\cos x = 1 - \frac{x^2}{2!} + \frac{x^4}{4!} - \cdots + (-1)^n \frac{x^{2n}}{(2n)!} + \cdots \quad (-\infty < x < +\infty),$$

$$\ln(1+x) = x - \frac{x^2}{2} + \frac{x^3}{3} - \frac{x^4}{4} + \cdots + (-1)^n \frac{x^{n+1}}{n+1} + \cdots \quad (-1 < x \leqslant 1),$$

$$(1+x)^m = 1 + mx + \frac{m(m-1)}{2!} x^2 + \cdots + \frac{m(m-1)\cdots(m-n+1)}{n!} x^n + \cdots \quad (-1 < x < 1).$$

在应用间接展开法时以上结果可以直接引用.

例 7 将函数 $f(x) = \sin x$ 展开成 $x - \dfrac{\pi}{4}$ 的幂级数.

解 因为

$$\sin x = \sin\left[\frac{\pi}{4} + \left(x - \frac{\pi}{4}\right)\right] = \frac{\sqrt{2}}{2}\left[\cos\left(x - \frac{\pi}{4}\right) + \sin\left(x - \frac{\pi}{4}\right)\right],$$

并且有

$$\cos\left(x - \frac{\pi}{4}\right) = 1 - \frac{1}{2!}\left(x - \frac{\pi}{4}\right)^2 + \frac{1}{4!}\left(x - \frac{\pi}{4}\right)^4 - \cdots \quad (-\infty < x < +\infty),$$

$$\sin\left(x - \frac{\pi}{4}\right) = \left(x - \frac{\pi}{4}\right) - \frac{1}{3!}\left(x - \frac{\pi}{4}\right)^3 + \frac{1}{5!}\left(x - \frac{\pi}{4}\right)^5 - \cdots \quad (-\infty < x < +\infty),$$

所以

$$\sin x = \frac{\sqrt{2}}{2}\left[1 + \left(x - \frac{\pi}{4}\right) - \frac{1}{2!}\left(x - \frac{\pi}{4}\right)^2 - \frac{1}{3!}\left(x - \frac{\pi}{4}\right)^3 + \cdots\right] \quad (-\infty < x < +\infty).$$

例 8 将函数 $f(x) = \dfrac{1}{x^2 + 4x + 3}$ 展开成 $x - 1$ 的幂级数.

解 因为

$$f(x) = \frac{1}{x^2 + 4x + 3} = \frac{1}{(x+1)(x+3)} = \frac{1}{2(1+x)} - \frac{1}{2(3+x)}$$

$$= \frac{1}{4\left(1 + \dfrac{x-1}{2}\right)} - \frac{1}{8\left(1 + \dfrac{x-1}{4}\right)}$$

$$= \frac{1}{4}\sum_{n=0}^{\infty}(-1)^n \frac{(x-1)^n}{2^n} - \frac{1}{8}\sum_{n=0}^{\infty}(-1)^n \frac{(x-1)^n}{4^n}$$

$$= \sum_{n=0}^{\infty}(-1)^n\left(\frac{1}{2^{n+2}} - \frac{1}{2^{2n+3}}\right)(x-1)^n \quad (-1 < x < 3),$$

这里收敛域的确定由 $-1 < \dfrac{x-1}{2} < 1$ 和 $-1 < \dfrac{x-1}{4} < 1$ 得 $-1 < x < 3$.

$$1 + x = 2 + (x-1) = 2\left(1 + \frac{x-1}{2}\right), \quad 3 + x = 4 + (x-1) = 4\left(1 + \frac{x-1}{4}\right).$$

$$\frac{1}{1 + \dfrac{x-1}{2}} = \sum_{n=0}^{\infty}(-1)^n \frac{(x-1)^n}{2^n} \quad \left(-1 < \frac{x-1}{2} < 1\right),$$

$$\frac{1}{1 + \dfrac{x-1}{4}} = \sum_{n=0}^{\infty}(-1)^n \frac{(x-1)^n}{4^n} \quad \left(-1 < \frac{x-1}{4} < 1\right).$$

问题讨论

1. 函数的(泰勒、麦克劳林)级数和(泰勒、麦克劳林)展开式有何联系和区别?

2. 函数展开成幂级数的表达式是否唯一?

3. 函数 $f(x)$ 在区间 $(-R,R)$ 内可展开成 x 的幂级数(麦克劳林级数)的条件是什么?

小结

函数的幂级数展开是把已知函数展开成幂级数的形式, 是和上一节求幂级数的和函数互逆的问题. 本节给出了泰勒级数(含麦克劳林级数)的概念以及函数的幂级数展开方法. 函数的幂级数展开法有: 直接展开法和间接展开法. 间接展开法十分灵活, 技巧性较强.

习　题　11.4

1. 将下列函数展开成 x 的幂级数, 并求展开式成立的区间.

(1)　$a^x(a>0, a \neq 1)$;

(2)　$\ln(3-x)$;

(3)　$\cos^2 x$;

(4)　$\dfrac{1}{(1-x)^2}$;

(5)　$(1+x)\ln(1+x)$;

(6)　$\arctan x$;

(7)　$\dfrac{1}{x^2+4x-5}$;

(8)　$x\mathrm{e}^{-x}$.

2. 将函数 $f(x)=\cos x$ 展开成 $x-\dfrac{\pi}{3}$ 的幂级数.

3. 将函数 $f(x)=\dfrac{1}{x}$ 展开成 $x+2$ 的幂级数.

4. 将函数 $f(x)=\dfrac{1}{x^2+3x+2}$ 展开成 $x-4$ 的幂级数.

11.5　函数的幂级数展开式的应用

函数的幂级数展开式有十分广泛的应用, 可用于函数的近似计算、积分计算, 也可用于表示非初等函数和求解微分方程等.

一、近似计算

幂级数用于近似计算类似于泰勒公式, 但误差估计有所不同.

例 1　计算 $\sqrt[5]{245}$ 的近似值, 要求误差不超过 0.0001.

解　因为

$$\sqrt[5]{245} = \sqrt[5]{243+2} = 3\left(1 + \frac{2}{3^5}\right)^{\frac{1}{5}},$$

所以在二项展开式(10.4 节的例 3)中取 $m = \frac{1}{5}$, $x = \frac{2}{3^5}$, 即得

$$\sqrt[5]{245} = 3\left[1 + \frac{1}{5} \cdot \frac{2}{3^5} - \frac{1 \cdot 4}{5^2 \cdot 2!} \cdot \left(\frac{2}{3^5}\right)^2 + \cdots\right].$$

要求误差不超过 0.0001, 那么应该取多少项呢? 该级数从第二项起是交错级数. 如取前 n 项计算近似值, 其余项仍为一个交错级数, 由 11.2 节莱布尼茨判别法可知: 交错级数的和的绝对值小于第一项的绝对值, 因此余项的绝对值小于第 $n+1$ 项的绝对值. 根据这个结论, 只需计算每一项的绝对值, 若某一项的绝对值已小于误差要求, 则从这一项开始略去. 上面的级数中第三项的绝对值为

$$3 \cdot \frac{1 \cdot 4}{5^2 \cdot 2!} \cdot \left(\frac{2}{3^5}\right)^2 = \frac{8}{25 \cdot 3^9} < 1.5 \times 10^{-5} < 0.0001.$$

所以从第三项开始略去, 取前 2 项计算近似式为

$$\sqrt[5]{245} \approx 3\left(1 + \frac{1}{5} \cdot \frac{2}{3^5}\right),$$

考虑到舍入误差, 计算时应取五位小数,

$$\frac{1}{5} \cdot \frac{2}{3^5} \approx 0.00164,$$

最后得

$$\sqrt[5]{245} \approx 3.0049.$$

例 2 计算 $\ln 2$ 的近似值, 要求误差不超过 0.0001.

解 在 11.4 节例 6 中, 令 $x = 1$ 可得

$$\ln 2 = 1 - \frac{1}{2} + \frac{1}{3} - \cdots + (-1)^{n-1}\frac{1}{n} + \cdots.$$

如果取该级数前 n 项和作为 $\ln 2$ 的近似值, 其误差为

$$|r_n| \leqslant \frac{1}{n+1}.$$

为了保证误差不超过 10^{-4}, 就需要取级数的前 10000 项进行计算. 这样做计算量太大了, 我们必须用收敛较快的级数来代替它.

把展开式

$$\ln(1+x) = x - \frac{x^2}{2} + \frac{x^3}{3} - \frac{x^4}{4} + \cdots + (-1)^n\frac{x^{n+1}}{n+1} + \cdots \quad (-1 < x \leqslant 1)$$

中的 x 换成 $-x$，得

$$\ln(1-x) = -x - \frac{x^2}{2} - \frac{x^3}{3} - \frac{x^4}{4} - \cdots \quad (1 \leqslant x < 1),$$

两式相减，得到不含有偶次幂的展开式：

$$\ln \frac{1+x}{1-x} = \ln(1+x) - \ln(1-x) = 2\left(x + \frac{1}{3}x^3 + \frac{1}{5}x^5 + \cdots\right) \quad (-1 < x < 1).$$

令 $\frac{1+x}{1-x} = 2$，解出 $x = \frac{1}{3}$. 以 $x = \frac{1}{3}$ 代入最后一个展开式，得

$$\ln 2 = 2\left(\frac{1}{3} + \frac{1}{3} \cdot \frac{1}{3^3} + \frac{1}{5} \cdot \frac{1}{3^5} + \frac{1}{7} \cdot \frac{1}{3^7} + \cdots\right),$$

如果取前四项作为 $\ln 2$ 的近似值，则误差为

$$|r_4| = 2\left(\frac{1}{9} \cdot \frac{1}{3^9} + \frac{1}{11} \cdot \frac{1}{3^{11}} + \frac{1}{13} \cdot \frac{1}{3^{13}} + \cdots\right)$$

$$< \frac{2}{3^{11}}\left[1 + \frac{1}{9} + \left(\frac{1}{9}\right)^2 + \cdots\right]$$

$$= \frac{2}{3^{11}} \cdot \frac{1}{1 - \frac{1}{9}} = \frac{1}{4 \cdot 3^9} < \frac{1}{700000}.$$

于是取 $\ln 2 \approx 2\left(\frac{1}{3} + \frac{1}{3} \cdot \frac{1}{3^3} + \frac{1}{5} \cdot \frac{1}{3^5} + \frac{1}{7} \cdot \frac{1}{3^7}\right).$

同样地，考虑到舍入误差，计算时应取五位小数：

$$\frac{1}{3} \approx 0.33333, \qquad \frac{1}{3} \cdot \frac{1}{3^3} \approx 0.01235, \qquad \frac{1}{5} \cdot \frac{1}{3^5} \approx 0.00082, \qquad \frac{1}{7} \cdot \frac{1}{3^7} \approx 0.00007.$$

因此得 $\ln 2 \approx 0.6931$.

上面两个例子介绍了利用幂级数做近似计算和误差估计的方法. 还可以利用幂级数计算一些定积分的近似值.

例 3 计算定积分

$$\frac{2}{\sqrt{\pi}} \int_0^{\frac{1}{2}} e^{-x^2} dx$$

的近似值，要求误差不超过 $0.0001 \left(\text{取} \frac{1}{\sqrt{\pi}} \approx 0.56419\right).$

解 因为 e^{-x^2} 的原函数不是初等函数，所以无法用定积分的方法计算本题，但可用幂级数将其表示出来并可计算其近似值.

将 e^x 的幂级数展开式中的 x 换成 $-x^2$，得到被积函数的幂级数展开式

$$e^{-x^2} = 1 + \frac{(-x^2)}{1!} + \frac{(-x^2)^2}{2!} + \frac{(-x^2)^3}{3!} + \cdots$$

$$= \sum_{n=0}^{\infty} (-1)^n \frac{x^{2n}}{n!} \quad (-\infty < x < +\infty).$$

于是，根据幂级数在收敛区间内逐项可积，得

$$\frac{2}{\sqrt{\pi}} \int_0^{\frac{1}{2}} e^{-x^2} dx = \frac{2}{\sqrt{\pi}} \int_0^{\frac{1}{2}} \left[\sum_{n=0}^{\infty} (-1)^n \frac{x^{2n}}{n!} \right] dx = \frac{2}{\sqrt{\pi}} \sum_{n=0}^{\infty} \frac{(-1)^n}{n!} \int_0^{\frac{1}{2}} x^{2n} dx$$

$$= \frac{1}{\sqrt{\pi}} \left(1 - \frac{1}{2^2 \cdot 3} + \frac{1}{2^4 \cdot 5 \cdot 2!} - \frac{1}{2^6 \cdot 7 \cdot 3!} + \cdots \right).$$

前四项的和作为近似值，其误差为

$$|r_4| \leqslant \frac{1}{\sqrt{\pi}} \frac{1}{2^8 \cdot 9 \cdot 4!} < \frac{1}{90000},$$

所以

$$\frac{2}{\sqrt{\pi}} \int_0^{\frac{1}{2}} e^{-x^2} dx \approx \frac{1}{\sqrt{\pi}} \left(1 - \frac{1}{2^2 \cdot 3} + \frac{1}{2^4 \cdot 5 \cdot 2!} - \frac{1}{2^6 \cdot 7 \cdot 3!} \right) \approx 0.5295.$$

例 4　计算积分

$$\int_0^1 \frac{\sin x}{x} dx$$

的近似值，要求误差不超过 0.0001.

解　由于 $\lim\limits_{x \to 0} \frac{\sin x}{x} = 1$，因此所给积分不是反常积分. 如果定义被积函数在 $x = 0$ 处的值为 1，则它在积分区间 $[0,1]$ 上连续.

展开被积函数，有

$$\frac{\sin x}{x} = 1 - \frac{x^2}{3!} + \frac{x^4}{5!} - \frac{x^6}{7!} + \cdots \quad (-\infty < x < +\infty).$$

在区间 $[0,1]$ 上逐项积分，得

$$\int_0^1 \frac{\sin x}{x} dx = 1 - \frac{1}{3 \cdot 3!} + \frac{1}{5 \cdot 5!} - \frac{1}{7 \cdot 7!} + \cdots.$$

因为第四项

$$\frac{1}{7 \cdot 7!} < \frac{1}{30000},$$

所以取前三项的和作为积分的近似值：

$$\int_0^1 \frac{\sin x}{x} dx \approx 1 - \frac{1}{3 \cdot 3!} + \frac{1}{5 \cdot 5!} = 0.9461.$$

除了上面的例子外, 幂级数还有其他方面的应用. 下面再介绍两个例子.

例 5 求级数 $\sum\limits_{n=1}^{\infty} \dfrac{2n-1}{2^n}$ 的和.

解 构造幂级数 $S(x) = \sum\limits_{n=1}^{\infty} \dfrac{2n-1}{2^n} x^{2n-2}$, 可知

$$S(x) = \left[\frac{1}{x} \sum_{n=1}^{\infty} \left(\frac{x^2}{2} \right)^n \right]' = \left(\frac{1}{x} \cdot \frac{x^2}{2-x^2} \right)'$$

$$= \left(\frac{x}{2-x^2} \right)' = \frac{x^2+2}{(2-x^2)^2}, \quad x \in (-\sqrt{2}, \sqrt{2}),$$

所以

$$\sum_{n=1}^{\infty} \frac{2n-1}{2^n} = \lim_{x \to 1} S(x) = \lim_{x \to 1} \frac{x^2+2}{(2-x^2)^2} = 3.$$

例 6 证明 $\left| e - \left(1 + \dfrac{1}{1!} + \dfrac{1}{2!} + \cdots + \dfrac{1}{n!} \right) \right| < \dfrac{1}{n!n}$.

证明 在 e^x 的展开式

$$e^x = 1 + x + \frac{1}{2!} x^2 + \cdots \frac{1}{n!} x^n + \cdots \quad (-\infty < x < +\infty)$$

中, 令 $x = 1$, 取前 $n+1$ 项作为 e 的近似值, 有

$$e \approx 1 + 1 + \frac{1}{2!} + \cdots + \frac{1}{n!}.$$

其余项的绝对值(也称为截尾误差)通过放大, 再由等比级数求和公式, 得

$$\left| R_n(x) \right| = \frac{1}{(n+1)!} + \frac{1}{(n+2)!} + \frac{1}{(n+3)!} + \cdots$$

$$< \frac{1}{(n+1)!} \left[1 + \frac{1}{n+1} + \frac{1}{(n+1)^2} + \frac{1}{(n+1)^3} + \cdots \right]$$

$$= \frac{1}{(n+1)!} \frac{n+1}{n} = \frac{1}{n!n},$$

即 $\left| e - \left(1 + \dfrac{1}{1!} + \dfrac{1}{2!} + \cdots + \dfrac{1}{n!} \right) \right| < \dfrac{1}{n!n}$ 成立.

*二、欧拉公式

当 x 为实数时, 我们已经有

$$e^x = 1 + x + \frac{1}{2!}x^2 + \cdots + \frac{1}{n!}x^n + \cdots \quad (-\infty < x < +\infty),$$

将其推广到纯虚数的情形. 我们规定 e^{ix} 的意义如下:

$$e^{ix} = 1 + ix + \frac{1}{2!}(ix)^2 + \cdots + \frac{1}{n!}(ix)^n + \cdots \quad (-\infty < x < +\infty).$$

注意到

$$i = \sqrt{-1}, \quad i^2 = -1, \quad i^3 = -i, \quad i^4 = 1, \quad \cdots, \quad i^{2m} = (-1)^m, \quad i^{2m+1} = (-1)^m i.$$

所以

$$\begin{aligned}
e^{ix} &= 1 + ix - \frac{1}{2!}x^2 - i\frac{1}{3!}x^3 + \frac{1}{4!}y^4 + i\frac{1}{5!}x^5 - \cdots \\
&= \left(1 - \frac{1}{2!}x^2 + \frac{1}{4!}x^4 - \cdots\right) + i\left(x - \frac{1}{3!}x^3 + \frac{1}{5!}x^5 - \cdots\right) \\
&= \cos x + i\sin x.
\end{aligned} \tag{11.10}$$

这就是欧拉公式, 它建立了指数函数和三角函数之间的联系, 是非常重要的公式.

将欧拉公式(11.10)中的 x 换成 $-x$, 得

$$e^{-ix} = \cos x - i\sin x. \tag{11.11}$$

将(11.10)和(11.11)两式相加或相减, 即可得

$$\cos x = \frac{1}{2}(e^{ix} + e^{-ix}), \tag{11.12}$$

$$\sin x = \frac{1}{2i}(e^{ix} - e^{-ix}). \tag{11.13}$$

这四个式子(11.10)—(11.13)统称欧拉公式.

利用欧拉公式, 复数 z 可以用指数形式表示:

$$z = x + iy = \rho(\cos\theta + i\sin\theta) = \rho e^{i\theta}$$

其中 $\rho = |z|$ 是 z 的模, $\theta = \arg z$ 是 z 的辐角.

利用幂级数乘法, 可得复变量指数函数的性质:

$$e^{z_1 + z_2} = e^{z_1} \cdot e^{z_2}.$$

特殊地, 取 z_1 为实数 x, z_2 为纯虚数 iy, 则有

$$e^{x+iy} = e^x e^{iy} = e^x(\cos y + i\sin y),$$

即, 复变量指数函数 e^z 在 $z = x + iy$ 处的值是模为 e^x、辐角为 y 的复数.

问题讨论

1. 到目前为止, 我们学习了哪些求函数值近似计算的方法?

2. 幂级数和泰勒公式用于误差计算时, 误差估计有什么不同?

小结

本节讨论了函数的幂级数展开式在近似计算、积分计算、表示非初等函数以及不等式证明等方面的应用, 最后应用幂级数推导了欧拉公式.

习 题 11.5

1. 利用函数的幂级数展开式, 求下列各数的近似值(保留 4 位小数):

(1) $\ln 3$ ；

(2) $\sqrt{e}$ ；

(3) $\sqrt[4]{257}$ ；

(4) $\cos 1°$.

2. 利用被积函数的幂级数展开式, 求下列定积分的近似值(结果保留 4 位小数):

(1) $\int_0^{0.5} \frac{1}{1+x^3} dx$ ；

(2) $\int_0^{0.5} \frac{\text{arccot}x}{x} dx$.

3. 利用欧拉公式将函数 $e^x \sin x$ 展开成 x 的幂级数.

*11.6 傅里叶级数

本节我们研究另一类重要的函数项级数: 三角级数. 在物理学和电子电工等学科中经常会遇到周期运动. 周期运动在数学上可用周期函数来描述, 简谐振动是最简单的周期运动, 它可用正弦函数

$$y = A\sin(\omega x + \varphi)$$

来描述, 其中 y 表示动点的位置, x 表示时间, A 为振幅, ω 是角频率, φ 是初相, 它的周期为 $T = \frac{2\pi}{\omega}$. 如果记 $a = A\sin\varphi, b = A\cos\varphi$, 则上式还可以记为

$$y = A\sin(\omega x + \varphi) = a\cos\omega x + b\sin\omega x .$$

在实际问题中, 除了正弦函数外, 出现更多的是描述较复杂多样周期运动的周期函数, 我们希望将这些复杂多样的周期函数都能统一用正弦函数或余弦函数来表示, 以便于研究. 与函数展开成幂级数类似, 我们将研究如何把周期函数 $f(x)$ 展开成以正弦函数或余弦函数为项的级数问题, 即用级数

$$\frac{1}{2}a_0 + \sum_{n=1}^{\infty}(a_n\cos nx + b_n\sin nx) \tag{11.14}$$

表示周期函数 $f(x)$ 的问题.

级数(11.14)称为三角级数, 其中 $a_0, a_n, b_n (n=1,2,\cdots)$ 都是常数, 称为三角级数的系数. 如同研究幂级数一样, 我们首先研究周期为 2π 三角级数(11.14)的收敛问题, 以及给定周期为 2π 的周期函数如何把它展开成三角级数(11.14). 为此, 我们首先引入三角函数系的正交性.

一、三角函数系的正交性

由三角级数(11.14)的项

$$1, \cos x, \sin x, \cos 2x, \sin 2x, \cdots, \cos nx, \sin nx, \cdots \qquad (11.15)$$

组成的函数序列称为三角函数系. 可以验证: 三角函数系(11.15)中任何两个不同函数的乘积在区间 $[-\pi, \pi]$ 上的积分等于零, 即

$$\int_{-\pi}^{\pi} 1 \cdot \cos nx \mathrm{d}x = 0 \qquad (n=1,2,\cdots),$$

$$\int_{-\pi}^{\pi} 1 \cdot \sin nx \mathrm{d}x = 0 \qquad (n=1,2,\cdots),$$

$$\int_{-\pi}^{\pi} \sin kx \cos nx \mathrm{d}x = 0 \qquad (k,n=1,2,\cdots),$$

$$\int_{-\pi}^{\pi} \sin kx \sin nx \mathrm{d}x = 0 \qquad (k,n=1,2,\cdots, k \neq n),$$

$$\int_{-\pi}^{\pi} \cos kx \cos nx \mathrm{d}x = 0 \qquad ((k,n=1,2,\cdots, k \neq n)).$$

例如其中第五个等式, 利用三角函数积化和差公式, 有

$$\cos kx \cos nx = \frac{1}{2}[\cos(k+n)x + \cos(k-n)x],$$

当 $k \neq n$ 时, 有

$$\int_{-\pi}^{\pi} \cos kx \cos nx \mathrm{d}x = \frac{1}{2}\int_{-\pi}^{\pi}[\cos(k+n)x + \cos(k-n)x]\mathrm{d}x$$

$$= \frac{1}{2}\left[\frac{\sin(k+n)x}{k+n} + \frac{\sin(k-n)x}{k-n}\right]\Big|_{-\pi}^{\pi} = 0 \qquad (k,n=1,2,\cdots, k \neq n).$$

其余等式读者可自行验证.

我们称上述特征为三角函数系(11.15)在区间 $[-\pi, \pi]$ 上满足正交性.

另外容易检验, 三角函数系(11.15)中任何两个相同函数的乘积在区间 $[-\pi, \pi]$ 上的积分不等于零, 事实上

$$\int_{-\pi}^{\pi} 1^2 \mathrm{d}x = 2\pi,$$

$$\int_{-\pi}^{\pi} \cos^2 nx \mathrm{d}x = \pi \quad (n = 1, 2, \cdots),$$

$$\int_{-\pi}^{\pi} \sin^2 nx \mathrm{d}x = \pi \quad (n = 1, 2, \cdots).$$

二、函数展开成傅里叶级数

设 $f(x)$ 是周期为 2π 的周期函数, 且能展开成三角级数:

$$f(x) = \frac{a_0}{2} + \sum_{k=1}^{\infty} (a_k \cos kx + b_k \sin kx), \tag{11.16}$$

那么系数 $a_0, a_1, b_1, \cdots$ 与函数 $f(x)$ 之间存在着怎样的关系? 即如何利用 $f(x)$ 来表示这些系数? 为此, 先假定三角级数可逐项积分, 且乘以 $\cos nx$ 或 $\sin nx$ 也可以逐项积分, 那么, 利用三角函数系的正交性, 可求得这些系数.

(1) 先求 a_0. 对 (11.16) 式从 $-\pi$ 到 π 积分, 有

$$\int_{-\pi}^{\pi} f(x) \mathrm{d}x = \int_{-\pi}^{\pi} \frac{a_0}{2} \mathrm{d}x + \sum_{k=1}^{\infty} \left(a_k \int_{-\pi}^{\pi} \cos kx \mathrm{d}x + b_k \int_{-\pi}^{\pi} \sin kx \mathrm{d}x \right).$$

根据三角函数系的正交性, 等式右端除第一项外, 其余各项均为零, 所以

$$\int_{-\pi}^{\pi} f(x) \mathrm{d}x = \frac{a_0}{2} \int_{-\pi}^{\pi} \mathrm{d}x = a_0 \pi,$$

得

$$a_0 = \frac{1}{\pi} \int_{-\pi}^{\pi} f(x) \mathrm{d}x.$$

(2) 再求 a_n. 用 $\cos nx$ 乘以 (11.16) 式两端, 再从 $-\pi$ 到 π 积分, 有

$$\int_{-\pi}^{\pi} f(x) \cos nx \mathrm{d}x$$

$$= \frac{a_0}{2} \int_{-\pi}^{\pi} \cos nx \mathrm{d}x + \sum_{k=1}^{\infty} \left(a_k \int_{-\pi}^{\pi} \cos kx \cos nx \mathrm{d}x + b_k \int_{-\pi}^{\pi} \sin kx \cos nx \mathrm{d}x \right).$$

根据三角函数系的正交性, 等式右端除 $k = n$ 的那一项外, 其余各项均为零, 所以

$$\int_{-\pi}^{\pi} f(x) \cos nx \mathrm{d}x = a_n \int_{-\pi}^{\pi} \cos^2 nx \mathrm{d}x = a_n \pi,$$

得

$$a_n = \frac{1}{\pi} \int_{-\pi}^{\pi} f(x) \cos nx \mathrm{d}x \quad (n = 1, 2, 3, \cdots).$$

当 $n = 0$ 时, a_n 的表达式刚好给出 a_0, 因此

$$a_n = \frac{1}{\pi} \int_{-\pi}^{\pi} f(x) \cos nx \mathrm{d}x \quad (n = 0, 1, 2, 3, \cdots).$$

(3) 再求 b_n. 类似地用 $\sin nx$ 乘以 (11.16) 式两端, 再从 $-\pi$ 到 π 积分, 有

$$\int_{-\pi}^{\pi} f(x)\sin nx\mathrm{d}x = b_n\pi,$$

得

$$b_n = \frac{1}{\pi}\int_{-\pi}^{\pi} f(x)\sin nx\mathrm{d}x \quad (n=1,2,\cdots).$$

综上所述, 有

$$
\begin{aligned}
a_n &= \frac{1}{\pi}\int_{-\pi}^{\pi} f(x)\cos nx\mathrm{d}x \quad (n=0,1,2,3,\cdots),\\
b_n &= \frac{1}{\pi}\int_{-\pi}^{\pi} f(x)\sin nx\mathrm{d}x \quad (n=1,2,3,\cdots).
\end{aligned}
\tag{11.17}
$$

一般地, 对于定义在实数域内的周期为 2π 的函数 $f(x)$, 只要公式 (11.17) 的积分存在, 系数 a_0, a_n, b_n 就可以唯一确定, 此时由公式 (11.17) 确定的系数 a_0, a_n, $b_n (n=1,2,\cdots)$ 称为函数 $f(x)$ 的傅里叶系数, 用它们做系数所得的三角级数

$$\frac{a_0}{2} + \sum_{n=1}^{\infty}(a_n\cos nx + b_n\sin nx)$$

称为傅里叶级数.

一个定义在 $(-\infty, +\infty)$ 上周期为 2π 的函数 $f(x)$, 如果它在一个周期上可积, 则一定可以做出 $f(x)$ 的傅里叶级数. 然而, 函数 $f(x)$ 的傅里叶级数是否一定收敛? 如果它收敛, 它是否一定收敛于函数 $f(x)$? 一般来说, 这两个问题的答案都不是肯定的. 下面的定理将对上述问题给出重要结论.

定理 1 (收敛定理, 狄利克雷充分条件)　设 $f(x)$ 是周期为 2π 的周期函数, 如果它满足:

(1) 在一个周期内连续或只有有限个第一类间断点;

(2) 在一个周期内至多只有有限个极值点,

则 $f(x)$ 的傅里叶级数收敛, 并且

当 x 是 $f(x)$ 的连续点时, 级数收敛于 $f(x)$;

当 x 是 $f(x)$ 的间断点时, 级数收敛于 $\frac{1}{2}[f(x^-) + f(x^+)]$.

该定理说明: 只要函数在 $[-\pi, \pi]$ (一个周期) 上至多有有限个第一类间断点, 并且不做无限次振动, 即可以把一个周期分成有限个单调区间, 那么傅里叶级数除了有限个点外, 都收敛于函数 $f(x)$ 本身. 定理中所要求的条件, 一般的初等函数和分段函数都能满足, 可见, 函数展开成傅里叶级数的条件要比展开成幂级数的条件低很多, 从而使得傅里叶级数具有更加广泛的应用性.

例 1　设 $f(x)$ 是周期为 2π 的周期函数, 它在 $[-\pi, \pi)$ 上的表达式为

$$f(x) = \begin{cases} -1, & -\pi \leqslant x < 0, \\ 1, & 0 \leqslant x < \pi, \end{cases}$$

将 $f(x)$ 展开成傅里叶级数.

解 所给函数满足收敛定理的条件, 它在点 $x = k\pi (k = 0, \pm1, \pm2, \cdots)$ 处不连续, 在其他点处连续, 从而由收敛定理知道 $f(x)$ 的傅里叶级数收敛, 并且当 $x = k\pi$ 时收敛于

$$\frac{1}{2}[f(x^-) + f(x^+)] = \frac{1}{2}(-1+1) = 0,$$

当 $x \neq k\pi$ 时级数收敛于 $f(x)$.

傅里叶系数计算如下:

$$a_n = \frac{1}{\pi} \int_{-\pi}^{\pi} f(x) \cos nx \mathrm{d}x$$

$$= \frac{1}{\pi} \int_{-\pi}^{0} (-1) \cos nx \mathrm{d}x + \frac{1}{\pi} \int_{0}^{\pi} 1 \cdot \cos nx \mathrm{d}x = 0, \quad (n = 0, 1, 2, \cdots);$$

$$b_n = \frac{1}{\pi} \int_{-\pi}^{\pi} f(x) \sin nx \mathrm{d}x = \frac{1}{\pi} \int_{-\pi}^{0} (-1) \sin nx \mathrm{d}x + \frac{1}{\pi} \int_{0}^{\pi} 1 \cdot \sin nx \mathrm{d}x$$

$$= \frac{1}{\pi} \left(\frac{\cos nx}{n} \right) \Big|_{-\pi}^{0} + \frac{1}{\pi} \left(-\frac{\cos nx}{n} \right) \Big|_{0}^{\pi} = \frac{1}{n\pi} (1 - \cos n\pi - \cos n\pi + 1)$$

$$= \frac{2}{n\pi} [1 - (-1)^n] = \begin{cases} \dfrac{4}{n\pi}, & n = 1, 3, 5, \cdots, \\ 0, & n = 2, 4, 6, \cdots. \end{cases}$$

于是 $f(x)$ 的傅里叶级数展开式为

$$f(x) = \frac{4}{\pi} \left[\sin x + \frac{1}{3} \sin 3x + \cdots + \frac{1}{2k-1} \sin(2k-1)x + \cdots \right]$$

$$(-\infty < x < +\infty; x \neq 0, \pm\pi, \pm2\pi, \cdots).$$

本例中 $f(x)$ 的图形是周期为 2π, 振幅为 1 的矩形波. 此例表明: 矩形波是由一系列不同频率的正弦波叠加而成的, 这些正弦波的频率依次是基波频率的奇数倍.

注 设 $f(x)$ 只在 $[-\pi, \pi]$ 上有定义, 且满足收敛定理的条件, 那么 $f(x)$ 也可以展开成傅里叶级数. 事实上, 我们可以在 $[-\pi, \pi)$ 或 $(-\pi, \pi]$ 外补充函数 $f(x)$ 的定义, 使它拓广成周期为 2π 的周期函数 $F(x)$. 再将 $F(x)$ 展开成傅里叶级数, 最后限制 x 在 $(-\pi, \pi)$ 范围内, 此时 $F(x) = f(x)$. 按照收敛定理, 该级数在区间端点 $x = \pm\pi$ 处收敛于 $\frac{1}{2} \left[f(\pi^-) + f(-\pi^+) \right]$. 按照这种方式拓展函数的定义域的过程称为**周期延拓**.

例 2　设 $f(x) = \begin{cases} -\pi, & -\pi \leqslant x < 0, \\ x, & 0 \leqslant x < \pi, \end{cases}$ 将 $f(x)$ 展开成傅里叶级数.

解　因为函数 $f(x)$ 在 $[-\pi, \pi)$ 满足收敛定理的条件, 并且拓广的周期函数除了 $x = k\pi$ 以外处处连续, 因此拓广的傅里叶级数在点 $x = 2k\pi(k = 0, \pm 1, \pm 2, \cdots)$ 收敛于 $-\pi$, 在点 $x = (2k+1)\pi(k = 0, \pm 1, \pm 2, \cdots)$ 收敛于 0. 和函数的图形如图 11.6.1 所示.

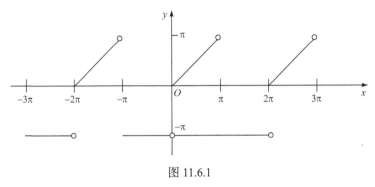

图 11.6.1

傅里叶系数计算如下:

$$a_0 = \frac{1}{\pi} \int_{-\pi}^{\pi} f(x)dx = \frac{1}{\pi} \int_{-\pi}^{0} (-\pi)dx + \frac{1}{\pi} \int_{0}^{\pi} xdx = -\frac{\pi}{2};$$

$$a_n = \frac{1}{\pi} \int_{-\pi}^{\pi} f(x)\cos nxdx = \frac{1}{\pi} \int_{-\pi}^{0} (-\pi)\cos nxdx + \frac{1}{\pi} \int_{0}^{\pi} x\cos nxdx$$

$$= -\frac{1}{n}\sin nx \Big|_{-\pi}^{0} + \frac{1}{\pi} \left(\frac{x\sin nx}{n} + \frac{\cos nx}{n^2} \right) \Big|_{0}^{\pi}$$

$$= -\frac{1}{n^2\pi}[(-1) - 1] = \begin{cases} \dfrac{1}{n^2\pi}, & n = 1, 3, 5, \cdots, \\ 0, & n = 2, 4, 6, \cdots; \end{cases}$$

$$b_n = \frac{1}{\pi} \int_{-\pi}^{\pi} f(x)\sin nxdx = \frac{1}{\pi} \int_{-\pi}^{0} (-\pi)\sin nxdx + \frac{1}{\pi} \int_{0}^{\pi} x\sin nxdx$$

$$= \frac{\cos nx}{n} \Big|_{-\pi}^{0} - \frac{1}{n\pi}x\cos nx \Big|_{-\pi}^{0} + \frac{1}{\pi} \int_{0}^{\pi} \cos nxdx$$

$$= \frac{1}{n}[1 - 2(-1)^n] = \begin{cases} \dfrac{3}{n}, & n = 1, 3, 5, \cdots, \\ -\dfrac{1}{n}, & n = 2, 4, 6, \cdots. \end{cases}$$

所以 $f(x)$ 的傅里叶级数展开式为

$$f(x) = -\frac{\pi}{4} - \frac{2}{\pi}\left(\cos x + \frac{1}{3^2}\cos 3x + \frac{1}{5^2}\cos 5x + \cdots\right)$$
$$+ \left(3\sin x - \frac{1}{2}\sin 2x + \frac{1}{3}\sin 3x - \frac{1}{4}\sin 4x + \cdots\right)$$
$$(-\pi < x < 0, 0 < x < \pi).$$

例3 将函数

$$f(x) = \begin{cases} -x, & -\pi \leqslant x < 0, \\ x, & 0 \leqslant x \leqslant \pi \end{cases}$$

展开成傅里叶级数.

解 所给函数在区间$[-\pi, \pi]$上满足收敛定理的条件, 并且拓广为周期函数时, 它在每一点x处都连续, 因此拓广的周期函数的傅里叶级数在$[-\pi, \pi]$上收敛于$f(x)$.

傅里叶系数为

$$a_0 = \frac{1}{\pi}\int_{-\pi}^{\pi} f(x)\mathrm{d}x = \frac{1}{\pi}\int_{-\pi}^{0}(-x)\mathrm{d}x + \frac{1}{\pi}\int_{0}^{\pi} x\mathrm{d}x = \pi;$$

$$a_n = \frac{1}{\pi}\int_{-\pi}^{\pi} f(x)\cos nx\mathrm{d}x = \frac{1}{\pi}\int_{-\pi}^{0}(-x)\cos nx\mathrm{d}x + \frac{1}{\pi}\int_{0}^{\pi} x\cos nx\mathrm{d}x$$

$$= \frac{2}{n^2\pi}(\cos n\pi - 1) = \begin{cases} -\dfrac{4}{n^2\pi}, & n = 1, 3, 5, \cdots, \\ 0, & n = 2, 4, 6, \cdots; \end{cases}$$

$$b_n = \frac{1}{\pi}\int_{-\pi}^{\pi} f(x)\sin nx\mathrm{d}x = \frac{1}{\pi}\int_{-\pi}^{0}(-x)\sin nx\mathrm{d}x + \frac{1}{\pi}\int_{0}^{\pi} x\sin nx\mathrm{d}x = 0 \quad (n = 1, 2, \cdots).$$

于是$f(x)$的傅里叶级数展开式为

$$f(x) = \frac{\pi}{2} - \frac{4}{\pi}\left(\cos x + \frac{1}{3^2}\cos 3x + \frac{1}{5^2}\cos 5x + \cdots\right) \quad (-\pi \leqslant x \leqslant \pi).$$

三、正弦级数和余弦级数

从以上几个例子可以看出, 一个函数展开成傅里叶级数, 其结果可能既包含正弦项又包含余弦项(如例2), 也可能只包含正弦函数或余弦函数(如例1和例3). 展开式中只包含正弦函数的傅里叶级数, 称为正弦级数; 只包含余弦函数或常数项的称为余弦级数.

事实上, 当$f(x)$为奇函数时, $f(x)\cos nx$是奇函数, $f(x)\sin nx$是偶函数, 故傅里叶系数为

$$a_n = 0 \quad (n = 0, 1, 2, \cdots),$$
$$b_n = \frac{2}{\pi} \int_0^\pi f(x) \sin nx \, dx \quad (n = 1, 2, 3, \cdots). \tag{11.18}$$

因此奇数函数的傅里叶级数是只含有正弦项的正弦级数

$$\sum_{n=1}^\infty b_n \sin nx.$$

当 $f(x)$ 为偶函数时, $f(x) \cos nx$ 是偶函数, $f(x) \sin nx$ 是奇函数, 故傅里叶系数为

$$a_n = \frac{2}{\pi} \int_0^\pi f(x) \cos nx \, dx \quad (n = 0, 1, 2, 3, \cdots),$$
$$b_n = 0 \quad (n = 1, 2, \cdots). \tag{11.19}$$

因此, 偶数函数的傅里叶级数是只含有余弦项的余弦级数

$$\frac{a_0}{2} + \sum_{n=1}^\infty a_n \cos nx.$$

例 4　设 $f(x)$ 是周期为 2π 的周期函数, 它在 $(-\pi, \pi)$ 上的表达式为

$$f(x) = |x| = \begin{cases} -x, & -\pi < x \leqslant 0, \\ x, & 0 < x \leqslant \pi. \end{cases}$$

将 $f(x)$ 在 $(-\infty, +\infty)$ 内展开成傅里叶级数.

解　首先, 所给函数 $f(x)$ 满足收敛定理的条件, 它在 $(-\pi, \pi)$ 内为偶函数, 则 $f(x)$ 是周期为 2π 的偶函数. 于是根据式(11.19), 得

$$a_0 = \frac{1}{\pi} \int_{-\pi}^\pi f(x) dx = \frac{1}{\pi} \int_{-\pi}^\pi |x| dx = \frac{2}{\pi} \int_0^\pi x dx = \pi;$$

$$a_n = \frac{1}{\pi} \int_{-\pi}^\pi f(x) \cos nx \, dx = \frac{2}{\pi} \int_0^\pi x \cos nx \, dx = \frac{2}{n\pi} \left(x \sin nx + \frac{1}{n} \cos nx \right) \Big|_0^\pi$$

$$= \frac{2}{n^2 \pi} \left[(-1)^n - 1 \right] = \begin{cases} -\dfrac{4}{n^2 \pi}, & n = 1, 3, 5, \cdots, \\ 0, & n = 2, 4, 6, \cdots; \end{cases}$$

$$b_n = 0 \quad (n = 0, 1, 2, \cdots).$$

所以, $f(x)$ 在 $(-\infty, +\infty)$ 内的傅里叶级数展开式为

$$f(x) = \frac{\pi}{2} - \frac{4}{\pi} \left(\cos x + \frac{1}{3^2} \cos 3x + \frac{1}{5^2} \cos 5x + \cdots \right.$$

$$\left. + \frac{1}{(2n+1)^2} \cos(2n+1)x + \cdots \right), \quad x \in (-\infty, +\infty).$$

设函数 $f(x)$ 定义在区间 $[0,\pi]$ 上并且满足收敛定理的条件, 我们在开区间 $(-\pi,0)$ 内补充函数 $f(x)$ 的定义, 得到定义在 $(-\pi,\pi]$ 上的函数 $F(x)$, 使它在 $(-\pi,\pi)$ 上成为奇函数(偶函数). 按这种方式拓广函数定义域的过程称为**奇延拓(偶延拓)**. 然后将奇延拓(偶延拓)后的函数展开成傅里叶级数, 这个级数必定是正弦级数(余弦级数), 再限制 x 在 $(0,\pi]$ 上, 此时有 $F(x)=f(x)$, 便得到 $f(x)$ 的正弦级数(余弦级数)展开式.

例 5　将函数 $f(x)=x+2(0\leqslant x\leqslant p)$ 分别展开成正弦级数和余弦级数.

解　先求正弦级数. 为此对函数 $f(x)$ 进行奇延拓, 按照公式(11.18)有

$$b_n = \frac{2}{\pi}\int_0^\pi f(x)\sin nx\mathrm{d}x = \frac{2}{\pi}\int_0^\pi (x+2)\sin nx\mathrm{d}x$$

$$= \frac{2}{\pi}\left(-\frac{x\cos nx}{n}+\frac{\sin nx}{n^2}-\frac{2\cos nx}{n}\right)\Big|_0^\pi$$

$$= \frac{2}{n\pi}\big[2-(\pi+1)\cos n\pi\big] = \begin{cases} \dfrac{2}{\pi}\cdot\dfrac{\pi+3}{n}, & n=1,3,5,\cdots, \\[2mm] \dfrac{2}{\pi}\cdot\dfrac{1-\pi}{n}, & n=2,4,6,\cdots. \end{cases}$$

函数的正弦级数展开式为

$$x+2 = \frac{2}{\pi}\bigg[(\pi+3)\sin x+\frac{1-\pi}{2}\sin 2x+\frac{1}{3}(\pi+3)\sin 3x$$

$$+\frac{1-\pi}{4}\sin 4x+\cdots\bigg]\quad (0<x<\pi).$$

在端点 $x=0$ 及 $x=\pi$ 处, 级数的和显然为零, 它不代表原来函数 $f(x)$ 的值.

再求余弦级数. 为此对 $f(x)$ 进行偶延拓.

$$a_n = \frac{2}{\pi}\int_0^\pi f(x)\cos nx\mathrm{d}x = \frac{2}{\pi}\int_0^\pi (x+2)\cos nx\mathrm{d}x$$

$$= \frac{2}{\pi}\left(\frac{x\sin nx}{n}+\frac{\cos nx}{n^2}+\frac{2\sin nx}{n}\right)\Big|_0^\pi$$

$$= \frac{2}{n^2\pi}(\cos n\pi-1) = \begin{cases} 0, & n=2,4,6,\cdots, \\[2mm] -\dfrac{4}{n^2\pi}, & n=1,3,5,\cdots; \end{cases}$$

$$a_0 = \frac{2}{\pi}\int_0^\pi (x+2)\mathrm{d}x = \frac{2}{\pi}\left(\frac{x^2}{2}+2x\right)\Big|_0^\pi = \pi+4.$$

函数的余弦级数展开式为

$$x+1=\frac{\pi}{2}+2-\frac{4}{\pi}\left(\cos x+\frac{1}{3^2}\cos 3x+\frac{1}{5^2}\cos 5x+\cdots\right)\quad(0\leqslant x\leqslant\pi).$$

四、一般周期函数的傅里叶级数

在前面, 我们所讨论的周期函数都是以 2π 为周期的. 但是实际问题中所遇到的周期函数, 它的周期不一定是 2π. 怎样把周期为 $2l$ 的周期函数 $f(x)$ 展开成三角级数呢? 由上一节的结果, 我们只需经过变量代换就可把周期为 $2l$ 的周期函数 $f(x)$ 变换为周期为 2π 的周期函数. 从而有如下定理.

定理 2 设周期为 $2l$ 的周期函数 $f(x)$ 满足收敛定理的条件, 则它的傅里叶级数展开式为

$$f(x)=\frac{a_0}{2}+\sum_{n=1}^{\infty}\left(a_n\cos\frac{n\pi x}{l}+b_n\sin\frac{n\pi x}{l}\right),$$

其中系数 a_n,b_n 为

$$a_n=\frac{1}{l}\int_{-l}^{l}f(x)\cos\frac{n\pi x}{l}dx\quad(n=0,1,2,\cdots),$$

$$b_n=\frac{1}{l}\int_{-l}^{l}f(x)\sin\frac{n\pi x}{l}dx\quad(n=1,2,\cdots).$$

当 $f(x)$ 为奇函数时,

$$f(x)=\sum_{n=1}^{\infty}b_n\sin\frac{n\pi x}{l},$$

其中 $b_n=\frac{2}{l}\int_0^l f(x)\sin\frac{n\pi x}{l}dx\,(n=1,2,\cdots).$

当 $f(x)$ 为偶函数时,

$$f(x)=\frac{a_0}{2}+\sum_{n=1}^{\infty}a_n\cos\frac{n\pi x}{l},$$

其中 $a_n=\frac{2}{l}\int_0^l f(x)\cos\frac{n\pi x}{l}dx\,(n=0,1,2,\cdots).$

证明 作变量代换 $x=\frac{l}{\pi}t$, 则区间 $x\in(-l,l)$ 变换成 $t\in(-\pi,\pi)$. 设函数及 $f(x)=f\left(\frac{l}{\pi}t\right)=F(t)$, 则 $F(t)$ 是以 2π 为周期的函数. 这是因为

$$F(t+2\pi)=f\left[\frac{l}{\pi}(t+2\pi)\right]=f\left(\frac{l}{\pi}t+2l\right)=f\left(\frac{l}{\pi}t\right)=F(t).$$

于是当 $F(t)$ 满足收敛定理的条件时, $F(t)$ 可展开成傅里叶级数:

$$F(t) = \frac{a_0}{2} + \sum_{n=1}^{\infty} (a_n \cos nt + b_n \sin nt),$$

其中

$$a_n = \frac{1}{\pi} \int_{-\pi}^{\pi} F(t) \cos nt \, dt \quad (n = 0, 1, 2, \cdots),$$

$$b_n = \frac{1}{\pi} \int_{-\pi}^{\pi} F(t) \sin nt \, dt \quad (n = 1, 2, \cdots).$$

在上述式子中令 $t = \dfrac{\pi}{l} x$，因为 $f(x) = F(t)$，所以有

$$f(x) = \frac{a_0}{2} + \sum_{n=1}^{\infty} \left(a_n \cos \frac{n\pi x}{l} x + b_n \sin \frac{n\pi x}{l} \right),$$

而且

$$a_n = \frac{1}{l} \int_{-l}^{l} f(x) \cos \frac{n\pi x}{l} \, dx \quad (n = 0, 1, 2, \cdots),$$

$$b_n = \frac{1}{l} \int_{-l}^{l} f(x) \sin \frac{n\pi x}{l} \, dx \quad (n = 1, 2, \cdots).$$

其余类似可证成立, 此处从略.

例 6　设 $f(x)$ 是周期为 2 的周期函数, 它在 $[-1,1)$ 上的表达式为

$$f(x) = \begin{cases} 2, & -1 \leqslant x < 0, \\ 1, & 0 \leqslant x < 1. \end{cases}$$

将 $f(x)$ 展开成傅里叶级数.

解　这里 $l = 1$. 由定理 2, 可得

$$a_n = \frac{1}{1} \int_{-1}^{1} f(x) \cos \frac{n\pi x}{1} \, dx = \int_{-1}^{0} 2 \cos n\pi x \, dx + \int_{0}^{1} \cos n\pi x \, dx$$

$$= \frac{1}{n\pi} (2 \sin n\pi x) \Big|_{-1}^{0} + \frac{1}{n\pi} (\sin n\pi x) \Big|_{0}^{1} = 0 \quad (n = 1, 2, 3, \cdots);$$

$$a_0 = \frac{1}{1} \int_{-1}^{1} f(x) \, dx = \int_{-1}^{0} 2 \, dx + \int_{0}^{1} 1 \, dx = 3;$$

$$b_n = \frac{1}{1} \int_{-1}^{1} f(x) \sin n\pi x \, dx = \int_{-1}^{0} 2 \sin n\pi x \, dx + \int_{0}^{1} \sin n\pi x \, dx$$

$$= \frac{-1}{n\pi} \left(2 \cos n\pi x \Big|_{-1}^{0} + \cos n\pi x \Big|_{0}^{1} \right)$$

$$= \frac{1}{n\pi} [(-1)^n - 1] = \begin{cases} \dfrac{-2k}{n\pi}, & n = 1, 3, 5, \cdots, \\ 0, & n = 2, 4, 6, \cdots. \end{cases}$$

于是

$$f(x) = \frac{3}{2} - \frac{2}{\pi}\left(\sin \pi x + \frac{1}{3}\sin 3\pi x + \frac{1}{5}\sin 5\pi x + \cdots\right) \quad (-\infty < x < +\infty, x \neq 0, \pm 2, \pm 4, \cdots)$$

在 $x = 0, \pm 2, \pm 4, \cdots$ 收敛于 $\frac{3}{2}$.

例 7　将函数 $f(x) = 10 - x(5 < x < 15)$ 展开成傅里叶级数.

解法一　作变量代换 $z = x - 10(5 < x < 15)$, 则

$$f(x) = f(z+10) = -z = F(z) \quad (-5 < z < 5),$$

补充定义 $F(-5) = 5$, 然后将 $F(z)$ 作周期延拓 $(T = 10)$, 拓广后的函数满足收敛定理的条件, 且展开式在 $(-5, 5)$ 内收敛于 $F(z)$.

$$a_n = 0 \quad (n = 0, 1, 2, \cdots);$$

$$b_n = \frac{2}{5}\int_0^5 (-z)\sin\frac{n\pi z}{5}\,\mathrm{d}z = (-1)^n \frac{10}{n\pi} \quad (n = 1, 2, \cdots),$$

所以

$$F(z) = \frac{10}{\pi}\sum_{n=1}^{\infty}\frac{(-1)^n}{n}\sin\frac{n\pi z}{5} \quad (-5 < z < 5),$$

因此

$$f(x) = 10 - x = \frac{10}{\pi}\sum_{n=1}^{\infty}\frac{(-1)^n}{n}\sin\frac{n\pi}{5}x \quad (5 < x < 15).$$

解法二　直接计算傅里叶系数.

$$a_n = \frac{1}{5}\int_5^{15}(10-x)\cos\frac{n\pi x}{5}\,\mathrm{d}x = 2\int_5^{15}\cos\frac{n\pi x}{5}\,\mathrm{d}x - \frac{1}{5}\int_5^{15}x\cos\frac{n\pi x}{5}\,\mathrm{d}x = 0 \quad (n = 1, 2, \cdots);$$

$$a_0 = \frac{1}{5}\int_5^{15}(10-x)\,\mathrm{d}x = 0;$$

$$b_n = \frac{1}{5}\int_5^{15}(10-x)\sin\frac{n\pi x}{5}\,\mathrm{d}x = (-1)^n\frac{10}{n\pi}(n = 1, 2, \cdots),$$

所以

$$f(x) = 10 - x = \frac{10}{\pi}\sum_{n=1}^{\infty}\frac{(-1)^n}{n}\sin\frac{n\pi}{5}x \quad (5 < x < 15).$$

问题讨论

1. 正弦级数、余弦级数与狄利克雷定理是什么关系? 如何利用狄利克雷定理将函数展开成正弦级数、余弦级数?

2. 周期延拓有什么意义? 什么时候采用奇延拓, 什么时候采用偶延拓?

小结

本节讨论了傅里叶级数的相关内容, 包括傅里叶级数的概念、收敛条件(狄利克雷收敛定理)、正弦级数和余弦级数, 以及一般周期的傅里叶级数. 通过若干例题给出了把函数(2π 周期、一般周期、非周期)展开成傅里叶级数(正弦级数、余弦级数)的方法.

习 题 11.6

1. 下列周期函数 $f(x)$ 的周期为 2π, 试将 $f(x)$ 展开成傅里叶级数:

(1) $f(x) = 2x+1, -\pi \leqslant x < \pi$;

(2) $f(x) = e^{2x}, -\pi \leqslant x < \pi$;

(3) $f(x) = \begin{cases} e^x, & -\pi \leqslant x < 0, \\ 1, & 0 \leqslant x < \pi; \end{cases}$

(4) $f(x) = \begin{cases} 0, & -\pi \leqslant x \leqslant 0, \\ x, & 0 < x < \pi; \end{cases}$

(5) $f(x) = \sin\dfrac{x}{4}, -\pi \leqslant x \leqslant \pi$.

2. 将函数 $f(x) = \cos\dfrac{x}{2}, x \in (0, \pi]$ 展开成正弦级数.

3. 将函数 $f(x) = 3x^2, 0 \leqslant x \leqslant \pi$ 展开成: (1) 正弦级数; (2) 余弦级数.

4. 下面给出周期函数在一个周期内的表达式, 试将其展开成傅里叶级数:

(1) $f(x) = \begin{cases} 0, & -2 \leqslant x < 0, \\ 1, & 0 \leqslant x < 2; \end{cases}$

(2) $f(x) = 1 + x^2 (-1 \leqslant x < 1)$.

5. 将函数 $f(x) = \dfrac{\pi}{4}(0 \leqslant x \leqslant \pi)$ 展开成正弦级数, 并验证

$$1 - \frac{1}{3} + \frac{1}{5} - \frac{1}{7} + \cdots = \frac{\pi}{4}.$$

6. 将函数 $f(x) = \dfrac{\pi}{2} - x(0 \leqslant x \leqslant \pi)$ 展开成余弦级数, 并求数项级数 $\displaystyle\sum_{k=1}^{\infty} \frac{1}{(2k-1)^2}$ 之和.

本 章 总 结

本章研究了常数项级数的相关概念、性质及审敛法, 幂级数的收敛区间、和函数, 将函数展开成幂级数的方法及其应用, 傅里叶级数的定义、收敛定理, 正弦级数和余弦级数.

我们研究了常数项级数的 5 个性质. 收敛级数通过线性运算得到的级数仍然收敛; 收敛级数中改变有限项, 不影响其收敛性; 对收敛级数中的项任意加括号后所成的级数仍然收敛, 且其和不变; 收敛的必要条件是其通项极限为零. 正项级数收敛的必要条件是它的部分和数列有界, 在此基础上, 我们推出了正项级数

的其他审敛法: 比较审敛法、比值审敛法(达朗贝尔判别法)、根值审敛法(柯西判别法). 交错级数可用莱布尼茨定理判别其敛散性. 任意项级数如果绝对收敛则一定收敛, 反之不一定成立. 几何级数和 p-级数在理论和应用上都非常重要, 需认真理解、掌握.

我们研究了函数项级数的收敛域、收敛半径等概念, 收敛域与收敛区间不一定相同. 阿贝尔定理及其推论可判别幂级数的敛散性. 幂级数在收敛区间内具有良好的性质: 和函数连续, 可以逐项微分和逐项积分. 注意, 逐项微分和逐项积分后所得的幂级数和原幂级数的收敛半径相同, 但是收敛区间不一定相同, 在端点处的收敛性需另外讨论才能确定. 初等函数展开成幂级数有两种形式: 泰勒级数和麦克劳林级数. 两者的区别是展开的点不同, 泰勒级数是把函数展开成 $x-x_0$ 的多项式, 麦克劳林级数是把函数展开成 x 的多项式. 展开的方法有直接展开和利用已知函数展开式及幂级数相关性质来展开. $\dfrac{1}{1-x}$, e^x 和 $\sin x$ 等几个常见函数的展开式应该熟记, 以便引用. 幂级数可用于函数近似计算和积分计算等.

我们研究了三角函数系的正交性、傅里叶级数的概念、傅里叶级数收敛的狄利克雷充分条件. 对于定义在 $[-\pi,\pi]$ 上的函数, 我们可以作周期延拓使其可以展开成傅里叶级数. 只含有正弦函数的傅里叶级数称为正弦级数, 只含有余弦函数和常数项的傅里叶级数称为余弦级数. 对于定义在 $[-\pi,0]$ 或 $[0,\pi]$ 上函数, 可以先作奇延拓(或偶延拓), 再作周期延拓展开成正弦级数或余弦级数. 对于一般周期函数有类似的展开方式.

需要特别关注的几个问题

(1) 要区分常数项级数几个审敛法的使用条件, 用必要条件判断级数发散, 即只要一般项不趋近 0, 一定发散.

(2) 几个常用级数: 掌握几何级数、调和级数和 p-级数的标准形式及其敛散性.

(3) 理解幂级数的收敛半径与收敛区间、收敛域的关系.

(4) 熟悉几个常见函数的麦克劳林级数展开式, 并利用这些展开式将一般函数展开成幂级数.

(5) 函数展开成傅里叶级数的条件要比展开成幂级数的条件弱.

测 试 题 A

一、选择题(每小题 2 分, 共 20 分)

1. 等比级数 $\sum\limits_{n=0}^{\infty} aq^n$ 收敛的条件是(　　).

A. $q < 1$　　　　　　　B. $-1 < q < 1$　　　C. $q \leqslant 1$　　　　D. $q > 1$

2. $\lim\limits_{n\to\infty} u_n \neq 0$ 是级数 $\sum\limits_{n=1}^{\infty} u_n$ 发散的(　　).

A. 必要条件　　　　　　　　　　　　　B. 充分条件

C. 充要条件　　　　　　　　　　　　　D. 既非充分又非必要

3. 当级数 $\sum\limits_{n=1}^{\infty}(a_n + b_n)$ 收敛时, 级数 $\sum\limits_{n=1}^{\infty} a_n$ 与 $\sum\limits_{n=1}^{\infty} b_n$ (　　).

A. 必同时收敛　　　　　　　　　　　　B. 必同时发散

C. 可能不同时收敛　　　　　　　　　　D. 不可能同时收敛

4. 若级数 $\sum\limits_{n=1}^{\infty} \dfrac{1}{n^{p-2}}$ 收敛, 则 p 的取值范围是(　　).

A. $p \geqslant 1$　　　　　　　B. $p > 2$　　　　　C. $p > 3$　　　　D. $p \geqslant 3$

5. 如果级数 $\sum\limits_{n=1}^{\infty} u_n$ 收敛, 则下列级数中收敛的是(　　).

A. $\sum\limits_{n=1}^{\infty}\left(u_n + \dfrac{1}{1000}\right)$　　B. $\sum\limits_{n=1}^{\infty} u_{n+1000}$　　C. $\sum\limits_{n=1}^{\infty} \dfrac{1}{u_{n+1000}}$　　D. $\sum\limits_{n=1}^{\infty} \dfrac{1000}{u_n}$

6. 下列级数发散的是(　　).

A. $\sum\limits_{n=1}^{\infty} \dfrac{1}{n(n^2+1)}$　　B. $\sum\limits_{n=1}^{\infty} (-1)^{n-1}\dfrac{1}{\sqrt{n}}$　　C. $\sum\limits_{n=1}^{\infty} \dfrac{1}{3n^2-1}$　　D. $\sum\limits_{n=1}^{\infty} \dfrac{1}{\sqrt[3]{n(n+1)}}$

7. $\sum\limits_{n=1}^{\infty} u_n$ 是正项级数, 下列命题错误的是(　　).

A. 如果 $\lim\limits_{n\to\infty} \dfrac{u_{n+1}}{u_n} = \rho < 1$, 则 $\sum\limits_{n=1}^{\infty} u_n$ 收敛

B. 如果 $\lim\limits_{n\to\infty} \dfrac{u_{n+1}}{u_n} = \rho > 1$, 则 $\sum\limits_{n=1}^{\infty} u_n$ 发散

C. 如果 $\dfrac{u_{n+1}}{u_n} < 1$, 则 $\sum\limits_{n=1}^{\infty} u_n$ 收敛

D. 如果 $\dfrac{u_{n+1}}{u_n} > 1$, 则 $\sum\limits_{n=1}^{\infty} u_n$ 发散

8. 在 $f(x)$ 的泰勒级数中, $(x-x_0)^2$ 项的系数是(　　).

A. $\dfrac{1}{2!}$　　　　　　　B. $\dfrac{1}{2!} f^2(x_0)$　　　C. $f''(x_0)$　　　D. $\dfrac{f''(x_0)}{2!}$

9. 幂级数 $\sum\limits_{n=0}^{\infty} \dfrac{3+(-1)^n}{3^n} x^n$ 的收敛半径为(　　).

A. 3　　　　　　B. 6　　　　　　C. $\dfrac{3}{2}$　　　　　D. $\dfrac{1}{3}$

10. 已知 $\displaystyle\sum_{n=1}^{\infty}(-1)^{n-1}a_n=2$, $\displaystyle\sum_{n=1}^{\infty}a_{2n-1}=5$, 则 $\displaystyle\sum_{n=1}^{\infty}a_n=($　　　).

A. 3　　　　　　B. 7　　　　　　C. 8　　　　　D. 9

二、填空题(每小题 2 分, 共 20 分)

1. 级数 $\displaystyle\sum_{n=1}^{\infty}\dfrac{1\cdot 3\cdots(2n-1)}{2\cdot 4\cdots(2n)}$ 的前三项是_____.

2. 级数 $\dfrac{2}{1}-\dfrac{3}{2}+\dfrac{4}{3}-\dfrac{5}{4}+\dfrac{6}{5}-\cdots$ 的一般项是_____.

3. 已知级数 $\displaystyle\sum_{n=1}^{\infty}\left(\dfrac{1}{6}-u_n\right)$ 收敛, 则 $\lim\limits_{n\to\infty}u_n=$_____.

4. 级数 $\displaystyle\sum_{n=1}^{\infty}\left(\sqrt{n+1}-\sqrt{n}\right)$ 是_____的(填收敛或发散).

5. 若级数 $\displaystyle\sum_{n=1}^{\infty}u_n$ 的部分和数列 $S_n=\dfrac{n+1}{n}$, 则 $u_n=$_____ $(n>1)$.

6. 级数 $\displaystyle\sum_{n=1}^{\infty}a_n^2$ 收敛是级数 $\displaystyle\sum_{n=1}^{\infty}a_n^4$ 收敛的_____条件.

7. 若级数 $\displaystyle\sum_{n=1}^{\infty}u_n$ 绝对收敛, 则级数 $\displaystyle\sum_{n=1}^{\infty}u_n$ 必定_____; 若级数 $\displaystyle\sum_{n=1}^{\infty}u_n$ 条件收敛, 则级数 $\displaystyle\sum_{n=1}^{\infty}|u_n|$ 必定_____.

8. 幂级数 $\displaystyle\sum_{n=0}^{\infty}\dfrac{x^n}{3^n}$ 的收敛域是_____.

9. 若 $\dfrac{1}{3+x}=\displaystyle\sum_{n=0}^{\infty}a_n(x-1)^n$, $|x-1|<4$, 则 $a_n=$_____.

10. 级数 $\displaystyle\sum_{n=1}^{\infty}\dfrac{1}{1+a^n}$　$(a>0)$ 当_____时收敛.

三、解答题(每小题 12 分, 共 60 分)

1. 判别下列级数的敛散性:

(1) $\displaystyle\sum_{n=1}^{\infty}\sqrt{\dfrac{n+1}{n}}$;　　(2) $\displaystyle\sum_{n=1}^{\infty}\dfrac{1}{n\sqrt[n]{n}}$;　(3) $\displaystyle\sum_{n=1}^{\infty}\dfrac{(n+1)!}{n^{n+1}}$;　(4) $\displaystyle\sum_{n=1}^{\infty}\left(\dfrac{an}{1+n}\right)^n$ $(a>0)$.

2. 判别下列级数的敛散性, 若收敛, 指出是绝对收敛还是条件收敛.

(1) $\displaystyle\sum_{n=1}^{\infty}(-1)^{n-1}\dfrac{n}{3^{n-1}}$;　　　　　　(2) $\displaystyle\sum_{n=1}^{\infty}(-1)^n\dfrac{1}{\ln(1+n)}$.

3. 求下列幂级数的收敛域:

(1) $\displaystyle\sum_{n=1}^{\infty}\frac{x^n}{n4^n}$；　　　　(2) $\displaystyle\sum_{n=1}^{\infty}\frac{x^n}{n!}$；　　(3) $\displaystyle\sum_{n=1}^{\infty}\frac{n}{2^n}x^{2n}$；　　(4) $\displaystyle\sum_{n=0}^{\infty}\frac{1+n}{1+n^2}(x-2)^n$.

4. 求下列幂级数的和函数:

(1) $\displaystyle\sum_{n=1}^{\infty}(n+1)x^n$；　　　　(2) $\displaystyle\sum_{n=1}^{\infty}\frac{x^{4n+1}}{4n+1}$；　　　　(3) $\displaystyle\sum_{n=1}^{\infty}\frac{x^n}{n(n+1)}$.

5. 将下列函数展开成 x 的幂级数:

(1) $f(x)=\arctan x$；　　(2) $f(x)=\dfrac{1}{(2-x)^2}$.

四、选做题(20 分)

1. 将函数 $f(x)=\dfrac{1}{x^2-x-6}$ 展开成 $x-1$ 的幂级数.

2. 周期为 2π 的周期函数 $f(x)=\mathrm{sgn}(\cos x)$，$x\in(-\infty,+\infty)$ 展开成傅里叶级数.

测 试 题 B

一、单项选择题(每小题 3 分, 共 24 分)

1. 级数 $1-\dfrac{x^2}{2!}+\dfrac{4^2}{4!}-\dfrac{x^6}{6!}+\cdots+(-1)^n\dfrac{x^{2n}}{(2n)!}+\cdots$ 的和函数是(　　　).

A. $\sin x$　　　　　B. $\cos x$　　　　　C. $\ln(1+x)$　　　　　D. e^x

2. 若常数项级数 $\displaystyle\sum_{n=1}^{\infty}a_n$ 发散, 则(　　　).

A. 可能有 $\displaystyle\lim_{n\to\infty}a_n=0$　　　　　　　B. 一定有 $\displaystyle\lim_{n\to\infty}a_n\neq0$

C. 一定有 $\displaystyle\lim_{n\to\infty}a_n=\infty$　　　　　　　D. 一定有 $\displaystyle\lim_{n\to\infty}a_n=0$

3. 已知级数 $\displaystyle\sum_{n=1}^{\infty}U_n$ 中, $\displaystyle\lim_{n\to\infty}U_n=0$, 则 $\displaystyle\sum_{n=1}^{\infty}U_n$ (　　　).

A. 收敛　　　　　　　　　　　　B. 发散

C. 条件收敛　　　　　　　　　　D. 可能收敛, 也可能发散

4. 设 $\displaystyle\sum_{n=1}^{\infty}U_n$ 为收敛级数, 则下列级数中收敛的级数为(　　　).

A. $\displaystyle\sum_{n=1}^{\infty}(U_n+10)$　　　　　　　B. $\displaystyle\sum_{n=1}^{\infty}10U_n$

C. $\displaystyle\sum_{n=1}^{\infty}\frac{10}{U_n}$　　　　　　　　　D. $\displaystyle\sum_{n=1}^{\infty}(10^2U_n-10^{10})$

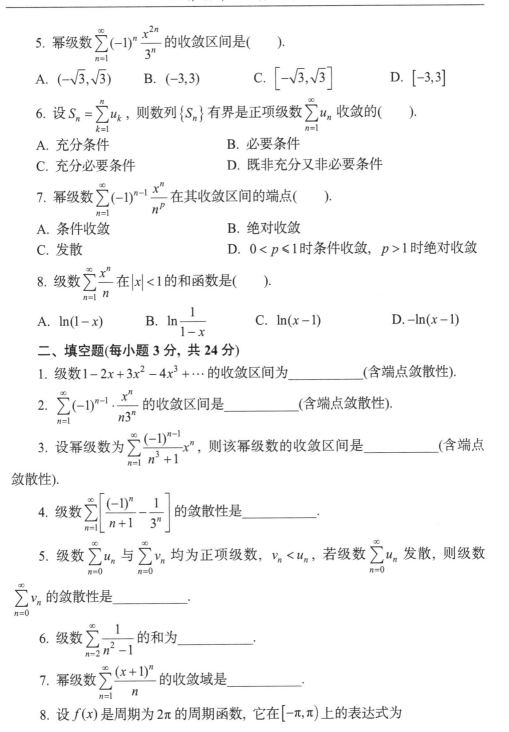

5. 幂级数 $\sum\limits_{n=1}^{\infty} (-1)^n \dfrac{x^{2n}}{3^n}$ 的收敛区间是(   ).

A. $(-\sqrt{3}, \sqrt{3})$ B. $(-3, 3)$ C. $\left[-\sqrt{3}, \sqrt{3}\right]$ D. $[-3, 3]$

6. 设 $S_n = \sum\limits_{k=1}^{n} u_k$，则数列 $\{S_n\}$ 有界是正项级数 $\sum\limits_{n=1}^{\infty} u_n$ 收敛的(   ).

A. 充分条件   B. 必要条件

C. 充分必要条件   D. 既非充分又非必要条件

7. 幂级数 $\sum\limits_{n=1}^{\infty} (-1)^{n-1} \dfrac{x^n}{n^p}$ 在其收敛区间的端点(   ).

A. 条件收敛   B. 绝对收敛

C. 发散   D. $0 < p \le 1$ 时条件收敛，$p > 1$ 时绝对收敛

8. 级数 $\sum\limits_{n=1}^{\infty} \dfrac{x^n}{n}$ 在 $|x| < 1$ 的和函数是(   ).

A. $\ln(1-x)$ B. $\ln\dfrac{1}{1-x}$ C. $\ln(x-1)$ D. $-\ln(x-1)$

二、填空题(每小题 3 分，共 24 分)

1. 级数 $1 - 2x + 3x^2 - 4x^3 + \cdots$ 的收敛区间为_____(含端点敛散性).

2. $\sum\limits_{n=1}^{\infty} (-1)^{n-1} \cdot \dfrac{x^n}{n3^n}$ 的收敛区间是_____(含端点敛散性).

3. 设幂级数为 $\sum\limits_{n=1}^{\infty} \dfrac{(-1)^{n-1}}{n^3+1} x^n$，则该幂级数的收敛区间是_____(含端点敛散性).

4. 级数 $\sum\limits_{n=1}^{\infty} \left[\dfrac{(-1)^n}{n+1} - \dfrac{1}{3^n} \right]$ 的敛散性是_____.

5. 级数 $\sum\limits_{n=0}^{\infty} u_n$ 与 $\sum\limits_{n=0}^{\infty} v_n$ 均为正项级数，$v_n < u_n$，若级数 $\sum\limits_{n=0}^{\infty} u_n$ 发散，则级数 $\sum\limits_{n=0}^{\infty} v_n$ 的敛散性是_____.

6. 级数 $\sum\limits_{n=2}^{\infty} \dfrac{1}{n^2-1}$ 的和为_____.

7. 幂级数 $\sum\limits_{n=1}^{\infty} \dfrac{(x+1)^n}{n}$ 的收敛域是_____.

8. 设 $f(x)$ 是周期为 2π 的周期函数，它在 $[-\pi, \pi)$ 上的表达式为

$$f(x) = \begin{cases} 0, & -\pi \leqslant x \leqslant 0, \\ x, & 0 < x < \pi, \end{cases}$$

则 $f(x)$ 的傅里叶系数的积分表达式为 $a_n =$ _____, $b_n =$ _____.

三、计算题(每小题 5 分, 共 30 分)

1. 将函数 $\sin^2 x$ 展开成 x 的幂级数.

2. 把函数 $f(x) = x\cos 2x$ 展开成 x 的幂级数.

3. 设 $f(x) = \ln(x^2 + 4x + 3)$, 将 $f(x)$ 展开成 x 的幂级数.

4. 将函数 $f(x) = x\cos^2 x$ 展开成 x 的幂级数.

5. 判别级数 $\sum_{n=1}^{\infty} \left(\dfrac{1}{n^2} + \dfrac{n!\sqrt{n}}{3^n} \right)$ 的敛散性.

6. 把函数 $f(x) = \dfrac{1}{6-x}$ 展开成 $x-2$ 的幂级数, 并写出幂级数的收敛区间.

四、解答题(每小题 8 分, 共 16 分)

1. 判别级数 $\sum_{n=1}^{\infty} \sqrt{\dfrac{n}{n+1}}$ 的敛散性.

2. 将 $f(x) = \dfrac{1}{(x-3)(x+2)}$ 展开成 x 的幂级数, 并指出收敛域.

五、证明题(6 分)

若数列 $a_0, a_1, a_2, \cdots, a_n, \cdots$ 有界, 级数 $\sum_{n=0}^{\infty} b_n$ 绝对收敛, 证明 $\sum_{n=0}^{\infty} a_n b_n^2$ 也绝对收敛.

习题答案与提示

习题 7.0

1. (1) P 为 E 的外点; (2) P 为 E 的边界点; (3) P 为 E 的聚点.

2. (1) 是开集, 不是区域, 是无界集, 导集为 $\mathbf{R}^2$, 边界集为 $\left\{(x,y)\big|y=0\right\}$;

   (2) 闭集, 闭区域, 是有界集, 导集为 $\left\{(x,y)\big|6 \leqslant x^2 + y^2 \leqslant 20\right\}$, 边界集为 $\left\{(x,y)\big|x^2 + y^2 = 6,\ x^2 + y^2 = 20\right\}$;

   (3) 是闭集, 是闭区域, 是无界集, 导集为集合本身, 边界集为 $\left\{(x,y)\big|y=x^2\right\}$;

   (4) 是闭集, 是闭区域, 是有界集, 导集为集合本身, 边界集为 $\left\{(x,y)\big|x^2 + (y-1)^2 = 1,\ x^2 + (y-2)^2 = 4\right\}$.

习题 7.1

1. $f(x,y) = \dfrac{x^2(1+y)}{1-y}$.

2. $f(tx,ty) = t(x+y) - t^2 xy \cot \dfrac{x^2}{y^2}$.

3. (1) $\left\{(x,y)\big|y^2 - 5xy + 1 > 0\right\}$;   (2) $\left\{(x,y)\big|x - |y| > 0\right\}$; (3) $\left\{(x,y)\big|x \geqslant y^2\right\}$;

   (4) $\left\{(x,y,z)\big|r^2 < x^2 + y^2 + z^2 \leqslant R^2\right\}$;   (5) $\left\{(x,y)\big|z^2 \leqslant x^2 + y^2, x^2 + y^2 \neq 0\right\}$.

4. (1) $\dfrac{1}{27}$; (2) $\dfrac{\sqrt{2}\ln(1+e)}{2}$; (3) $-\dfrac{1}{4}$; (4) 2; (5) 2; (6) 0.

5. 略.

6. 函数在点集 $\left\{(x,y)\big|y = \sqrt{2x}\right\}$ 上间断.

7. 略.

习题 7.2

1. $f_x(1,1) = \dfrac{\pi}{4}, f_y(1,1) = -\pi e$.

2. $f_x(1,0)=1, f_y(1,0)=\dfrac{1}{2}$.

3. (1) $\dfrac{\partial z}{\partial x}=3x^2+2y, \dfrac{\partial z}{\partial y}=3y^2+2x$;

(2) $\dfrac{\partial z}{\partial x}=-\dfrac{y\sec^2\dfrac{y}{x}}{x^2\tan\dfrac{y}{x}}, \dfrac{\partial z}{\partial y}=\dfrac{\sec^2\dfrac{y}{x}}{x\tan\dfrac{y}{x}}$;

(3) $\dfrac{\partial z}{\partial x}=2x\ln(x^2+y^2)+\dfrac{2x^3}{x^2+y^2}, \dfrac{\partial z}{\partial y}=\dfrac{2x^2y}{x^2+y^2}$;

(4) $\dfrac{\partial z}{\partial x}=\dfrac{1}{2x\sqrt{\ln(xy)}}, \dfrac{\partial z}{\partial y}=\dfrac{1}{2y\sqrt{\ln(xy)}}$;

(5) $\dfrac{\partial z}{\partial x}=y\sec(xy)\tan(xy), \dfrac{\partial z}{\partial y}=x\sec(xy)\tan(xy)$;

(6) $\dfrac{\partial u}{\partial x}=\dfrac{z(x-y)^{z-1}}{1+(x-y)^{2z}}, \dfrac{\partial u}{\partial y}=-\dfrac{z(x-y)^{z-1}}{1+(x-y)^{2z}}, \dfrac{\partial u}{\partial z}=\dfrac{(x-y)^z\ln(x-y)}{1+(x-y)^{2z}}$;

(7) $\dfrac{\partial u}{\partial x}=\left(\dfrac{x}{y}\right)^z\dfrac{z}{x}, \dfrac{\partial u}{\partial y}=-\left(\dfrac{x}{y}\right)^z\dfrac{z}{y}, \dfrac{\partial u}{\partial z}=\mathrm{e}^{z\ln\left(\frac{x}{y}\right)}\ln\left(\dfrac{x}{y}\right)$.

4. (1) $\dfrac{\partial^2 z}{\partial x\partial y}=3x^2\cos y+3y^2\cos x$;

(2) $\dfrac{\partial^2 z}{\partial x\partial y}=\dfrac{y^{(\ln x)-1}}{x}(\ln x\ln y+1)$;

(3) $\dfrac{\partial^2 z}{\partial x^2}=-\dfrac{1}{2}(x^2+y^2)^{-\frac{3}{2}}2x=-x(x^2+y^2)^{-\frac{3}{2}}$,

$\dfrac{\partial^2 z}{\partial x\partial y}=-\dfrac{1}{2}(x^2+y^2)^{-\frac{3}{2}}2y=-y(x^2+y^2)^{-\frac{3}{2}}$;

(4) $\dfrac{\partial^2 z}{\partial x^2}=\dfrac{2xy}{(x^2+y^2)^2}, \dfrac{\partial^2 z}{\partial x\partial y}=\dfrac{y^2-x^2}{(x^2+y^2)^2}, \dfrac{\partial^2 z}{\partial y^2}=\dfrac{-2xy}{(x^2+y^2)^2}, \dfrac{\partial^2 z}{\partial y\partial z}=\dfrac{y^2-x^2}{(x^2+y^2)^2}$.

5. $\dfrac{\partial^2 z}{\partial x\partial y}=\dfrac{1}{x}, \dfrac{\partial^2 z}{\partial y^2}=\dfrac{1}{y}$.

习题 7.3

1. (1) $\mathrm{d}z=\dfrac{\partial u}{\partial s}\mathrm{d}s+\dfrac{\partial u}{\partial t}\mathrm{d}t=\dfrac{-4st^2}{(s^2-t^2)^2}\mathrm{d}s+\dfrac{4ts^2}{(s^2-t^2)^2}\mathrm{d}t$;

(2) $\mathrm{d}z = \left(2x + \dfrac{x^4 - y^4}{x^2 y}\right) \mathrm{e}^{\frac{x^2 + y^2}{xy}} \mathrm{d}x + \left(2y + \dfrac{y^4 - x^4}{xy^2}\right) \mathrm{e}^{\frac{x^2 + y^2}{xy}} \mathrm{d}y;$

(3) $\mathrm{d}z = \dfrac{1}{\sqrt{y^2 - x^2}} \mathrm{d}x - \dfrac{x}{y\sqrt{y^2 - x^2}} \mathrm{d}y;$

(4) $\mathrm{d}z = \dfrac{y^2 - x^2}{x^2 y} \mathrm{e}^{-\left(\frac{y}{x} + \frac{x}{y}\right)} \mathrm{d}x + \dfrac{x^2 - y^2}{xy^2} \mathrm{e}^{-\left(\frac{y}{x} + \frac{x}{y}\right)} \mathrm{d}y.$

2. $\mathrm{d}z\big|_{(1,1)} = \dfrac{2}{5}\mathrm{d}x - \dfrac{2}{5}\mathrm{d}y.$

3. $\Delta z - \mathrm{d}z = 0$.

*4. $f(x,y)$ 在 $(0,0)$ 点连续, $f_x(0,0) = 0, f_y(0,0) = 0, f(x,y)$ 在 $(0,0)$ 点可微, $f_x(x,y)$, $f_y(x,y)$ 在 $(0,0)$ 点不连续.

*5. 0.98.

*6. $\Delta V \approx 4.4\pi$.

*7. z 的绝对误差为 $\delta_z = 0.124$, z 的相对误差 $\dfrac{\delta_z}{z}\bigg|_{(7,24)} \approx 0.496\%$.

习题 7.4

1. $\dfrac{\mathrm{d}u}{\mathrm{d}t} = \mathrm{e}^{\sin t - 2t^3}(\cos t - 6t^2).$

2. $\dfrac{\mathrm{d}z}{\mathrm{d}x} = \dfrac{-3(4x^2 - 1)}{\sqrt{24x^4 - 16x^6 - 9x^2 + 1}}.$

3. $\dfrac{\partial z}{\partial x} = 3x^2 \sin y \cos y(\cos y - \sin y),$

$\dfrac{\partial z}{\partial y} = x^3(\cos^3 y + \sin^3 y) - 2x^3 \cos y \sin y(\sin y + \cos y).$

4. $\dfrac{\partial z}{\partial x} = (3x + 2y)\left(6\ln\dfrac{y}{x} - 3 - \dfrac{2y}{x}\right), \dfrac{\partial z}{\partial y} = (3x + 2y)\left(4\ln\dfrac{y}{x} + \dfrac{3x}{y} + 2\right).$

5. $\dfrac{\partial w}{\partial x} = f'(x + xy + xyz)(1 + y + yz), \dfrac{\partial w}{\partial y} = x(1 + z)f'(x + xy + xyz),$

$\dfrac{\partial w}{\partial z} = f'(x + xy + xyz)xy = xyf'(x + xy + xyz).$

6. (1) $\dfrac{\partial z}{\partial x} = 2xf'(x^2 - y^2), \dfrac{\partial z}{\partial y} = -2yf'(x^2 - y^2);$

(2) $\dfrac{\partial u}{\partial x} = \dfrac{1}{y} f_1, \dfrac{\partial u}{\partial y} = -\dfrac{x}{y^2} f_1 + \dfrac{1}{z} f_2, \dfrac{\partial u}{\partial z} = -\dfrac{y}{z^2} f_2;$

(3) $\dfrac{\partial u}{\partial x} = f_1 + yf_2 + yzf_3, \dfrac{\partial u}{\partial y} = xf_2 + xzf_3, \dfrac{\partial u}{\partial z} = xyf_3.$

(4) $\dfrac{\partial z}{\partial x} = 2xf_1 + ye^{xy} f_2 + \dfrac{1}{x} f_3, \dfrac{\partial z}{\partial y} = -2yf_1 + xe^{xy} f_2.$

7. (1) $\dfrac{\partial^2 z}{\partial x^2} = 2yf_1 + 4x^2 y^2 f_{11} + 4xy^3 f_{12} + y^4 f_{22},$

$\dfrac{\partial^2 z}{\partial x \partial y} = 2xf_1 + 2x^3 yf_{11} + 5x^2 y^2 f_{12} + 2yf_2 + 2xy^3 f_{22},$

$\dfrac{\partial^2 z}{\partial y^2} = x^4 f_{11} + 4x^3 yf_{12} + 2xf_2 + 4x^2 y^2 f_{22};$

(2) $\dfrac{\partial^2 z}{\partial x^2} = 2f'(x^2 + y^2) + 4x^2 f''(x^2 + y^2), \dfrac{\partial^2 z}{\partial x \partial y} = 4xyf'(x^2 + y^2),$

$\dfrac{\partial^2 z}{\partial y^2} = 2f'(x^2 + y^2) + 4y^2 f''(x^2 + y^2).$

8. 略.

<h3 style="text-align:center">习题 7.5</h3>

1. $\dfrac{yz\phi' - xz}{y\phi' - x}.$

2. 0.

3. $f_x - \dfrac{F_x}{F_t} f_t.$

4. $\dfrac{e^x - 2xy}{x^2 + \sin y}.$

5. $\dfrac{\partial z}{\partial x} = \dfrac{z^{x+1} \ln z}{y^z z \ln y - z^x x}, \dfrac{\partial z}{\partial y} = \dfrac{zy^{z-1}}{xz^{x-1} - y^z \ln y}.$

6. $\dfrac{2y^2 ze^z - 2xy^3 z - y^2 z^2 e^z}{(e^z - xy)^3}.$

7. $dz = \dfrac{f_2'}{yf_1' + f_2' - 1} dx + \dfrac{zf_1'}{1 - yf_1' - f_2'} dy.$

8. $dz\big|_{(1,0,-1)} = dx - \sqrt{2}dy.$

9. $\dfrac{dz}{dx} = \dfrac{x}{1 + 3z}, \dfrac{dy}{dx} = \dfrac{6xz - x}{2y(1 + 3z)}.$

习题 7.6

1. (1) 切线方程为: $\dfrac{x-1}{2}=\dfrac{y}{-1}=\dfrac{z-1}{3}$; 法平面方程: $2x-y+3z-5=0$.

(2) 切线方程为: $\dfrac{x-\dfrac{1}{2}}{\dfrac{1}{4}}=\dfrac{y-2}{-1}=\dfrac{z-1}{2}$; 法平面方程为: $2x-8y+16z-1=0$;

(3) 切线方程为: $\dfrac{x-\dfrac{\pi}{2}+1}{1}=\dfrac{y-1}{1}=\dfrac{z-2\sqrt{2}}{\sqrt{2}}$; 法平面方程为: $x+y+\sqrt{2}z-4-\dfrac{\pi}{2}=0$;

(4) 切线方程为: $\dfrac{x-1}{-1}=-\dfrac{y-1}{1}=\dfrac{z-3}{-\dfrac{1}{3}}$; 法平面方程为: $3x-3y+z-3=0$.

2. 所求点为 $(-1,1,-1)$ 或 $\left(-\dfrac{1}{3},\dfrac{1}{9},-\dfrac{1}{27}\right)$.

*3. 切线方程为: $\dfrac{x-x_0}{1}=\dfrac{y-y_0}{\dfrac{m}{y_0}}=\dfrac{z-z_0}{-\dfrac{1}{2z_0}}$;

法平面方程为: $(x-x_0)+\dfrac{m}{y_0}(y-y_0)-\dfrac{1}{2z_0}(z-z_0)=0$.

*4. 切线方程为 $\dfrac{x-1}{1}=-\dfrac{y-1}{\dfrac{9}{16}}=\dfrac{z-1}{\dfrac{1}{16}}$; 法平面方程为 $16x+9y-z-24=0$.

5. (1) 曲面切平面方程为: $9x+y-z-27=0$; 法线方程为: $\dfrac{x-3}{18}=\dfrac{y-1}{2}=\dfrac{z-1}{-2}$.

(2) 令 $F(x,y,z)=z-\ln(1+x^2+2y^2)$, 则曲面在 $(1,1,\ln 4)$ 点法向量为

$$\boldsymbol{n}=(F_x,F_y,F_z)\big|_{(1,1,\ln 4)}=\left(-\dfrac{2x}{1+x^2+2y^2},-\dfrac{4y}{1+x^2+2y^2},1\right)\Bigg|_{(1,1,\ln 4)}=\left(-\dfrac{1}{2},-1,1\right),$$

故所求切平面方程为 $x+2y-2z+2\ln 4-3=0$, 法线方程为: $\dfrac{x-1}{-\dfrac{1}{2}}=\dfrac{y-1}{-1}=\dfrac{z-\ln 4}{1}$.

(3) 切平面方程为: $x-y+2z-\dfrac{\pi}{2}=0$; 法线方程为: $\dfrac{(x-1)}{-\dfrac{1}{2}}=\dfrac{(y-1)}{\dfrac{1}{2}}=\dfrac{\left(z-\dfrac{\pi}{4}\right)}{-1}$.

6. $x+4y+6z-21=0$ 和 $x+4y+6z+21=0$.

7. 略.

8. $\dfrac{3\sqrt{22}}{22}$.

9. 略.

习题 7.7

1. $\left.\dfrac{\partial z}{\partial \boldsymbol{l}}\right|_{(1,2)} = 1 + 2\sqrt{3}$.

2. $\left.\dfrac{\partial z}{\partial \boldsymbol{l}}\right|_{(1,1)} = \dfrac{1+\sqrt{3}}{2}$.

3. $\left.\dfrac{\partial z}{\partial \boldsymbol{l}}\right|_{\left(\frac{a}{\sqrt{2}}, \frac{b}{\sqrt{2}}\right)} = \dfrac{1}{ab}\sqrt{2(a^2+b^2)}$.

4. $\left.\dfrac{\partial u}{\partial \boldsymbol{l}}\right|_{(1,0,1)} = 3$.

5. $\left.\dfrac{\partial u}{\partial \boldsymbol{l}}\right|_{(1,1,1)} = \dfrac{6}{7}\sqrt{14}$.

6. $\dfrac{\partial u}{\partial \boldsymbol{l}} = x_0 + y_0 + z_0$.

7. $\left.\dfrac{\partial u}{\partial \boldsymbol{l}}\right|_{(1,1,1)} = \dfrac{\cos a + \cos b + \cos c}{\sqrt{\cos^2 a + \cos^2 b + \cos^2 c}}$, $\left|\left.\mathbf{grad}u\right|_{(1,1,1)}\right| = \sqrt{3}$, $\left.\mathbf{grad}u\right|_{(1,1,1)}$ 的方向余弦为

$\cos\alpha = \cos\beta = \cos\gamma = \dfrac{\sqrt{3}}{3}$.

8. $\left.\mathbf{grad}u\right|_{(1,2,3)} = (5,4,3)$.

9. 沿方向 $(-4,-6)$ 移动升高最快.

10. 略.

习题 7.8

1. (1) (a,a) 点取得极大值 $f(a,a) = a^3$; (2) $(2,-2)$ 点取得极大值 $f(2,-2) = 8$;

(3) $(8,7)$ 点取得极小值 $f(8,7) = -37$.

2. $\dfrac{11}{2}$.

3. 三个正数都为 $\dfrac{50}{3}$ 时, 体积最大.

4. 函数 $z = xy$ 在 $\left(\dfrac{1}{2}, \dfrac{1}{2}\right)$ 点取得极大值 $z = \dfrac{1}{4}$.

5. $x + z = 0$ 上点 $\left(\dfrac{3}{4}, 2, -\dfrac{3}{4}\right)$ 到 A, B 点距离最小.

6. 当矩形边长为 $\dfrac{2}{3}l, \dfrac{1}{3}l$ 时, 旋转体积最大.

7. 直线上点 $(1, -2, 3)$ 到点 $(0, -1, 1)$ 距离最短.

8. 购进 A 种原料 100 吨, B 种原料 25 吨时, 可使产品数量最多为 1250 吨.

*9. 经验公式为 $\theta = 2.234p + 95.33$.

测试题 A

一、1. C; 2. B; 3. D; 4. A; 5. A; 6. A; 7. C; 8. A; 9. A; 10. C.

二、1. $\{(x, y) | x > y, x > -y\}$; 　　2. 2; 　　3. $\dfrac{xy}{x^2 + y^2}$; 　　4. $x^y \ln x$;

　　5. $-\left(\dfrac{1}{x^2} + \dfrac{1}{y^2}\right)$; 　　6. 充分, 必要; 　　7. $-\dfrac{y - \cos x}{x - \cos y}$; 　　8. $4x, 4y$;

　　9. $x + 1 = \dfrac{y}{-1} = \dfrac{z - 2\pi}{2}, y - 2z + 4\pi = 0$; 　　10. 极大, 8.

三、1. 2; 　2. 1; 　3. $\Delta z = \dfrac{1}{14}, \mathrm{d}z = \dfrac{3}{40}$;

　　4. $\dfrac{\partial z}{\partial x} = 2x^2 y(x^2 + y^2)^{xy-1} + y(x^2 + y^2)^{xy} \ln(x^2 + y^2)$,

　　　$\dfrac{\partial z}{\partial y} = 2xy^2(x^2 + y^2)^{xy-1} + x(x^2 + y^2)^{xy} \ln xy$;

　　5. $\dfrac{\partial^2 z}{\partial x \partial y} = \dfrac{(1 - 6z)^2 + 6(2x + y)(4y + x)}{(1 - 6z)^3}$;

　　6. 切线方程为: $\dfrac{x - \dfrac{1}{\sqrt{2}}}{1} = \dfrac{y + \dfrac{1}{\sqrt{2}}}{1} = \dfrac{z}{-2}$, 法平面方程为: $x + y - 2z = 0$.

四、略.

五、$\dfrac{\partial z}{\partial l}\Big|_{(1,2)} = \dfrac{\sqrt{2}}{3}$. 提示: 抛物线 $y^2 = 4x$ 上点 $(1, 2)$ 处, 沿该抛物线在该点处偏向 x 轴

正向的切线方向量为 $\left(1, \dfrac{2}{\sqrt{4x}}\right)\Big|_{(1,2)} = (1, 1)$.

测试题 B

一、1. B;　2. B;　3. C;　4. C;　5. C;　6. B;　7. A;　8. A;　9. D;　10. C.

二、1. $\left\{(x,y)\,\middle|\,y \geqslant 0, x > -\sqrt{y}\right\}$;　2. 1;　3. $xy^{x+y} + (x+y)^{x-y} + (x-y)^{xy}$;

4. 必要, 充分;　5. $-\dfrac{y}{x^2}\mathrm{d}x + \dfrac{1}{x}\mathrm{d}y$;　6. $1 - \dfrac{1}{x^2}$;　7. $2x, -2y$;

8. $\dfrac{(x+y)^4 - (x+y)^2 - 1}{1 + 2(x+y)^2}$;　9. $2x + y - z - 2 = 0$,　$\dfrac{x-1}{2} = \dfrac{y-2}{1} = \dfrac{z-2}{-1}$;

10. 极小值, 0.

三、1. 0;　2. $\dfrac{\partial^2 z}{\partial x^2} = 2a^2 \cos 2(ax+by)$, $\dfrac{\partial^2 z}{\partial y^2} = 2b^2 \cos 2(ax+by)$,

$\dfrac{\partial^2 z}{\partial x \partial y} = 2ab \cos 2(ax+by)$;

3. $\mathrm{d}z\big|_{(1,1)} = \dfrac{1}{3}\mathrm{d}x + \dfrac{1}{3}\mathrm{d}y$;

4. $\dfrac{\partial u}{\partial x} = f_1 + 2xf_2 - \mathrm{e}^{-x}f_3$;

5. $\dfrac{\partial u}{\partial x} = \dfrac{v}{v-u}, \dfrac{\partial v}{\partial x} = \dfrac{u}{u-v}$;

6. $(-1.1-1), \left(-\dfrac{1}{3}, \dfrac{1}{9}, -\dfrac{1}{27}\right)$.

四、提示: $\varphi(cx - az, cy - bz) = 0$ 两边分别对 x, y 求偏导, 求得 $\dfrac{\partial z}{\partial x}$ 和 $\dfrac{\partial z}{\partial y}$ 即可证得.

五、提示: 利用二元函数求极值方法可得所求点为 $\left(\dfrac{8}{5}, \dfrac{16}{5}\right)$.

习题 8.1

1. $Q = \displaystyle\sum_{i=1}^{n} u(\varepsilon_i, \eta_i)\Delta\sigma_i = \iint\limits_{D} u(x,y)\mathrm{d}\sigma$.

2. 略.

3. $I_1 = 4I_2$.

4. 略.

5. (1) $\displaystyle\iint\limits_{D}(x+y)^3\mathrm{d}\sigma \leqslant \iint\limits_{D}(x+y)^2\mathrm{d}\sigma$;　　(2) $\displaystyle\iint\limits_{D}(x+y)^2\mathrm{d}\sigma \leqslant \iint\limits_{D}(x+y)^3\mathrm{d}\sigma$;

(3) $\iint\limits_{D} [\ln(x+y)]^2 d\sigma \leqslant \iint\limits_{D} \ln(x+y) d\sigma$;

(4) $\iint\limits_{D} \ln(x+y) d\sigma \leqslant \iint\limits_{D} [\ln(x+y)]^2 d\sigma$.

6. (1) $0 \leqslant \iint\limits_{D} xy(x+y) d\sigma \leqslant 2$;

(2) $0 \leqslant \iint\limits_{D} \sin^2 x \sin^2 y d\sigma \leqslant \pi^2$;

(3) $2 \leqslant \iint\limits_{D} (x+y+1) d\sigma \leqslant 8$;

(4) $36\pi \leqslant \iint\limits_{D} (x^2+4y^2+9) d\sigma \leqslant 100\pi$.

习题 8.2

1. (1) 提示: 改变积分次序

$$\iint\limits_{D} f(x,y) dx dy = \int_{-1}^{1} dy \int_{-1}^{1} f(x,y) dx;$$

(2) 提示: 若将 D 表示为 $0 \leqslant x \leqslant 1, x \leqslant y \leqslant 1$, 则

$$\iint\limits_{D} f(x,y) dx dy = \int_{0}^{1} dx \int_{x}^{1} f(x,y) dy,$$

若将 D 表示为 $0 \leqslant y \leqslant 1, 0 \leqslant x \leqslant y$, 则

$$\iint\limits_{D} f(x,y) dx dy = \int_{0}^{1} dy \int_{0}^{y} f(x,y) dx;$$

(3) 若将 D 表示为 $1 \leqslant x \leqslant e, 0 \leqslant y \leqslant \ln x$, 则

$$\iint\limits_{D} f(x,y) dx dy = \int_{1}^{e} dx \int_{0}^{\ln x} f(x,y) dy,$$

若将 D 表示为 $0 \leqslant y \leqslant 1, e^y \leqslant x \leqslant e$, 则

$$\iint\limits_{D} f(x,y) dx dy = \int_{0}^{1} dy \int_{e^y}^{e} f(x,y) dx;$$

(4) 若将 D 表示为 $0 \leqslant x \leqslant 1, \ 0 \leqslant y \leqslant \sqrt{2x-x^2}$ 及 $1 \leqslant x \leqslant 2, 0 \leqslant y \leqslant 2-x$, 则

$$\iint\limits_{D} f(x,y) dx dy = \int_{0}^{1} dx \int_{0}^{\sqrt{2x-x^2}} f(x,y) dy + \int_{1}^{2} dx \int_{0}^{2-x} f(x,y) dy.$$

若将 D 表示为 $0 \leqslant y \leqslant 1, \ 1-\sqrt{1-y^2} \leqslant x \leqslant 2-y$, 则

$$\iint\limits_{D} f(x,y) dx dy = \int_{0}^{1} dy \int_{1-\sqrt{1-y^2}}^{2-y} f(x,y) dx;$$

(5) 若将 D 表示为 $-2 \leqslant x \leqslant 0, \ 0 \leqslant y \leqslant 4-x^2$ 及 $0 \leqslant x \leqslant 2, \ 2-\sqrt{4-x^2} \leqslant y \leqslant 2+\sqrt{4-x^2}$, 则

$$\iint\limits_{D} f(x,y)\mathrm{d}x\mathrm{d}y = \int_{-2}^{0}\mathrm{d}x\int_{0}^{4-x^2} f(x,y)\mathrm{d}y + \int_{0}^{2}\mathrm{d}x\int_{2-\sqrt{4-x^2}}^{2+\sqrt{4-x^2}} f(x,y)\mathrm{d}y ,$$

若将 D 表示为 $0 \leqslant y \leqslant 4$, $-\sqrt{4-y} \leqslant x \leqslant \sqrt{4y-y^2}$, 则

$$\iint\limits_{D} f(x,y)\mathrm{d}x\mathrm{d}y = \int_{0}^{4}\mathrm{d}y\int_{-\sqrt{4-y}}^{\sqrt{4y-y^2}} f(x,y)\mathrm{d}x .$$

2. 提示: 交换二次积分的次序, 要先根据原积分写出积分区域不等式, 再根据不等式画出积分区域, 然后根据图形写出另一种形式的积分区域不等式, 最后由不等写出二次积分.

(1) $\int_{1}^{4}\mathrm{d}y\int_{\sqrt{y}}^{y} f(x,y)\mathrm{d}x + \int_{4}^{8}\mathrm{d}y\int_{2}^{y} f(x,y)\mathrm{d}x$;

(2) $\int_{0}^{1}\mathrm{d}x\int_{x}^{2-x} f(x,y)\mathrm{d}y$;

(3) $\iint\limits_{D} f(x,y)\mathrm{d}\sigma = \int_{0}^{4}\mathrm{d}y\int_{-\sqrt{4-y}}^{\frac{1}{2}(y-4)} f(x,y)\mathrm{d}x = \int_{-2}^{0}\mathrm{d}x\int_{2x+4}^{4-x^2} f(x,y)\mathrm{d}y$;

(4) $\iint\limits_{D_1} f(x,y)\mathrm{d}\sigma + \iint\limits_{D_2} f(x,y)\mathrm{d}\sigma = \int_{0}^{1}\mathrm{d}y\int_{0}^{y^2} f(x,y)\mathrm{d}x + \int_{1}^{2}\mathrm{d}y\int_{0}^{\sqrt{2y-y^2}} f(x,y)\mathrm{d}x$;

(5) $\int\limits_{D_1} f(x,y)\mathrm{d}\sigma + \iint\limits_{D_2} f(x,y)\mathrm{d}\sigma = \int_{0}^{2}\mathrm{d}y\int_{-\sqrt{y}}^{\sqrt{y}} f(x,y)\mathrm{d}x + \int_{2}^{4}\mathrm{d}y\int_{-\sqrt{4-y}}^{\sqrt{4-y}} f(x,y)\mathrm{d}x.$

3. 提示: 改变积分的次序.

4. (1) $\dfrac{9}{2}$;　　　　　(2) 1.

5. (1) $\dfrac{5}{6}$;　　　　　(2) $\dfrac{88}{105}$.

6. (1) $\mathrm{e}-2$;　　　(2) $\dfrac{2+\sqrt{2}}{1+\sqrt{3}}$;　　　(3) $\dfrac{1}{21}p^5$;　　　(4) $\dfrac{76}{3}$;　　　(5) $14a^4$.

习题 8.3

1. 提示: 求立体的体积等于两个曲顶柱体体积的差. 6π.

2. (1) $\iint\limits_{D} f(x,y)\mathrm{d}\sigma = \iint\limits_{D} f(\rho\cos\theta, \rho\sin\theta)\rho\mathrm{d}\rho\mathrm{d}\theta = \int_{0}^{2\pi}\mathrm{d}\theta\int_{0}^{a} f(\rho\cos\theta, \rho\sin\theta)\rho\mathrm{d}\rho$;

(2) $\iint\limits_{D} f(x,y)\mathrm{d}\sigma = \iint\limits_{D} f(\rho\cos\theta, \rho\sin\theta)\rho\mathrm{d}\rho\mathrm{d}\theta = \int_{-\frac{\pi}{2}}^{\frac{\pi}{2}}\mathrm{d}\theta\int_{0}^{2\cos\theta} f(\rho\cos\theta, \rho\sin\theta)\rho\mathrm{d}\rho$;

(3) $\iint\limits_{D} f(x,y)\mathrm{d}\sigma = \iint\limits_{D} f(\rho\cos\theta, \rho\sin\theta)\rho\mathrm{d}\rho\mathrm{d}\theta = \int_0^{2\pi} \mathrm{d}\theta \int_a^b f(\rho\cos\theta, \rho\sin\theta)\rho\mathrm{d}\rho;$

(4) $\iint\limits_{D} f(x,y)\mathrm{d}\sigma = \iint\limits_{D} f(\rho\cos\theta, \rho\sin\theta)\rho\mathrm{d}\rho\mathrm{d}\theta = \int_0^{\frac{\pi}{2}} \mathrm{d}\theta \int_0^{\frac{1}{\sin\theta+\cos\theta}} f(\rho\cos\theta, \rho\sin\theta)\rho\mathrm{d}\rho.$

3. (1) $\int_0^{\frac{\pi}{4}} \mathrm{d}\theta \int_0^{\sec\theta} f(\rho\cos\theta, \rho\sin\theta)\rho\mathrm{d}\rho + \int_{\frac{\pi}{4}}^{\frac{\pi}{2}} \mathrm{d}\theta \int_0^{\csc\theta} f(\rho\cos\theta, \rho\sin\theta)\rho\mathrm{d}\rho;$

(2) $\int_{\frac{\pi}{4}}^{\frac{\pi}{3}} \mathrm{d}\theta \int_0^{2\sec\theta} f(\rho)\rho\mathrm{d}\rho;$

(3) $\int_0^{\frac{\pi}{2}} \mathrm{d}\theta \int_{\frac{1}{\sin\theta+\cos\theta}}^{1} f(\rho\cos\theta, \rho\sin\theta)\rho\mathrm{d}\rho;$

(4) $\int_0^{\frac{\pi}{4}} \mathrm{d}\theta \int_{\tan\theta\sec\theta}^{\sec\theta} f(\rho\cos\theta, \rho\sin\theta)\rho\mathrm{d}\rho.$

4. (1) $\dfrac{3}{4}\pi a^4;$　　　(2) $\dfrac{a^3}{6}[\sqrt{2} + \ln(\sqrt{2} + 1)];$　　　(3) $\sqrt{2} - 1;$　　　(4) $\dfrac{\pi}{8}a^4.$

5. (1) $\pi(\mathrm{e}^4 - 1);$　　　(2) $\dfrac{3}{64}\pi^2.$

6. (1) 选用直角坐标, $\dfrac{9}{4};$　　　　　(2) 选用极坐标, $\dfrac{2}{3}\pi(b^3 - a^3);$

　(3) 选用直角坐标, $14a^4;$　　　　(4) 选用极坐标, $\dfrac{\pi}{8}(\pi - 2).$

7. $\dfrac{R^3}{3}\arctan k.$

习题 8.4

1. (1) $\iiint\limits_{\Omega} f(x,y,z)\mathrm{d}V = \iint\limits_{D} \mathrm{d}x\mathrm{d}y \int_0^y f(x,y,z)\mathrm{d}z = \int_1^2 \mathrm{d}x \int_0^x \mathrm{d}y \int_0^y f(x,y,z)\mathrm{d}z;$

(2) $\iiint\limits_{\Omega} f(x,y,z)\mathrm{d}V = \iint\limits_{D} \mathrm{d}x\mathrm{d}y \int_0^{\sqrt{y}} f(x,y,z)\mathrm{d}z = \int_0^4 \mathrm{d}x \int_0^{4-x} \mathrm{d}y \int_0^{\sqrt{y}} f(x,y,z)\mathrm{d}z;$

(3) $\int_{-\frac{1}{2}}^{\frac{1}{2}} \mathrm{d}x \int_{-\sqrt{1-4x^2}}^{\sqrt{1-4x^2}} \mathrm{d}y \int_{3x^2+y^2}^{1-x^2} f(x,y,z)\mathrm{d}z.$

2. (1) $\dfrac{9}{4};$　　　　　(2) $-\dfrac{5}{16} + \dfrac{1}{2}\ln 2;$　　　　　(3) $\dfrac{1}{4}R^2h^2.$

3. (1) $\int_0^{2\pi} \mathrm{d}\theta \int_0^{\frac{\sqrt{3}}{2}a} r\mathrm{d}r \int_{a-\sqrt{a^2-r^2}}^{\sqrt{a^2-r^2}} f(r\cos\theta, r\sin\theta, z)\mathrm{d}z;$

(2) $\int_0^\pi \int_0^a \int_0^{r^2} f(r\cos\theta, r\sin\theta, z) r\mathrm{d}z\mathrm{d}r\mathrm{d}\theta$;

(3) $\int_0^{2\pi} \mathrm{d}\theta \int_0^{\frac{a}{2}} \mathrm{d}r \int_{\sqrt{3}r}^{\sqrt{a^2-r^2}} f(r\sin\theta, r\sin\theta, z) r\mathrm{d}z$;

(4) $\int_0^{\frac{1}{2}\pi} \mathrm{d}\theta \int_0^a \mathrm{d}r \int_0^{\sqrt{a^2-r^2}} f(r\cos\theta, r\sin\theta, z) r\mathrm{d}z$.

或 $= \int_0^{\frac{\pi}{2}} \mathrm{d}\theta \int_0^{\frac{\pi}{2}} \mathrm{d}\varphi \int_0^a f(\rho\sin\varphi\cos\theta, \rho\sin\varphi\sin\theta, \rho\cos\varphi)\rho^2\sin\varphi\mathrm{d}\rho$.

4. (1) $\dfrac{16}{3}\pi$;　　　　(2) $\dfrac{\pi}{10}$;　　　(3) $\dfrac{8}{9}$;　　　　(4) $\dfrac{\pi}{2}\left(\cos\dfrac{1}{2} - \cos 1\right)$.

5. (1) 144;　　　　(2) 16π;　　　(3) $\dfrac{3}{35}$.

习题 8.5

1. $S = \iint\limits_D \sqrt{1 + z_x^2 + z_y^2}\,\mathrm{d}x\mathrm{d}y = \cdots = \dfrac{\sqrt{2}}{4}\pi$.

2. $\dfrac{4}{15}$.

3. 重心坐标为 xOy.

4. 用柱面坐标, $\bar{x} = \dfrac{1}{\Delta V}\iiint\limits_V x\mathrm{d}V = 0, \bar{y} = \dfrac{1}{\Delta V}\iiint\limits_V y\mathrm{d}V = 0, \bar{z} = \dfrac{1}{\Delta V}\iiint\limits_V z\mathrm{d}V = \dfrac{2}{3}$.

5. $\dfrac{1}{2}\pi h a^4$.

6. $a = \sqrt{\dfrac{2}{3}}R$.

7. 此题是均匀薄板相对于轴的转动惯量, $J = \int\limits_D (y+1)^2 \rho\mathrm{d}x\mathrm{d}y, J = \dfrac{368}{105}\rho$.

8. 由于 D 关于 y 轴对称, 且质量均匀分布,

$$\boldsymbol{F} = \left(0, \frac{4GmM}{\pi R^2}\left(\ln\frac{\sqrt{R^2+a^2}+R}{a} - \frac{R}{\sqrt{R^2+a^2}}\right), -\frac{2GmM}{R^2}\left(1 - \frac{R}{\sqrt{R^2+a^2}}\right)\right).$$

测试题 A

一、1. A;　2. D;　3. B;　4. C;　5. D;　6. A.

二、1. $\dfrac{2}{3}\pi R^3$;　2. $0 \leqslant I \leqslant \pi^2$;　3. $f(x,y)\iint\limits_D f(x,y)\mathrm{d}x\mathrm{d}y$;

4. $\int_0^{2\pi}\mathrm{d}\theta\int_a^b f(\rho\cos\theta\,\rho\sin\theta)\rho\,\mathrm{d}\rho$； 5. $\int_{-1}^1\mathrm{d}x\int_{-1}^1 f(x,y)\mathrm{d}y$；

6. $\bar{x}=\dfrac{1}{M}\iint\limits_D \rho x\mathrm{d}x\mathrm{d}y$， $\bar{y}=\dfrac{1}{M}\iint\limits_D \rho y\mathrm{d}x\mathrm{d}y\left(M=\iint\limits_D \rho\mathrm{d}x\mathrm{d}y\right)$．

三、1. $\pi^2-\dfrac{40}{9}$； 2. $\pi(1-\mathrm{e}^{-a^2})$； 3. 1； 4. $\dfrac{5\pi}{2}$；

5. $\dfrac{16}{3}\pi$； 6. $\dfrac{4}{3}$； 7. $\int_0^2\mathrm{d}x\int_{\frac{x}{2}}^{3-x} f(x,y)\mathrm{d}y$．

四、1. $\dfrac{\pi}{6}(5\sqrt5-1)$； 2. 质心 $\left(-\dfrac{1}{2}a,\dfrac{8}{5}a\right)$．

五、$\int_a^b\mathrm{d}x\int_a^x f(y)\mathrm{d}y=\int_a^b\mathrm{d}y\int_y^b f(y)\mathrm{d}x=\int_a^b f(y)x\Big|_y^b\mathrm{d}y=\int_a^b f(y)(b-y)\mathrm{d}y$．

测试题 B

一、1. C； 2. C； 3. A； 4. A； 5. A； 6. B．

二、1. 1/6； 2. $\pi f(0,0)$； 3. $\int_{-1}^1\mathrm{d}x\int_{-\sqrt{1-x^2}}^{1-x^2} f(x,y)\mathrm{d}y$； 4. $\int_{-b}^b\mathrm{d}y\int_{-a}^a f(x,y)\mathrm{d}x$；

5. $\iiint\limits_\Omega \rho(x,y,z)\mathrm{d}v$； 6. $\iint\limits_D\sqrt{1+f_x^2(x,y)+f_y^2(x,y)}\mathrm{d}x\mathrm{d}y$．

三、1. $\dfrac{13}{6}$； 2. $-6\pi^2$； 3. $\dfrac{1}{2}\left(\ln2-\dfrac{5}{8}\right)$； 4. $\dfrac{3}{4}\pi a^4$； 5. $\dfrac{4^5}{3}\pi$； 6. $\dfrac{3\pi^2}{64}$； 7. $\dfrac{1}{48}$．

四、1. $2a^2(\pi-2)$； 2. $\bar{x}=\bar{y}=\dfrac{a^5/15}{a^4/6}=\dfrac{2}{5}a$，即 $\left(\dfrac{2a}{5},\dfrac{2a}{5}\right)$． 3. 略．

五、$\iint\limits_{|x|+|y|\leqslant1} f(x+y)\mathrm{d}x\mathrm{d}y=\int_{-1}^0\mathrm{d}x\int_{-x-1}^{1+x} f(x+y)\mathrm{d}y+\int_0^1\mathrm{d}x\int_{x-1}^{1-x} f(x+y)\mathrm{d}y$．

$$\xrightarrow{\text{令}x+y=u}\int_{-1}^0\mathrm{d}x\int_{-1}^{1+2x} f(u)\mathrm{d}u+\int_0^1\mathrm{d}x\int_{2x-1}^1 f(u)\mathrm{d}u$$

$$=\int_{-1}^1\mathrm{d}u\int_{\frac{u-1}{2}}^{\frac{u+1}{2}} f(u)\mathrm{d}x$$

$$=\int_{-1}^1 f(u)\mathrm{d}u.$$

习题 9.1

1. $2\pi R^3$．

2. $R^3(\alpha-\sin\alpha\cos\alpha)$．

3. 2.

4. $\left(1+\dfrac{1}{\sqrt{2}}\right)$.

5. L 是分段光滑的闭曲线，$3+2\sqrt{2}$.

6. L 是分段光滑的闭曲线，$\dfrac{8}{3}\sqrt{5}\displaystyle\int_L x^2 yz\mathrm{d}s=\int_{AB}x^2 yz\mathrm{d}s+\int_{BC}x^2 yz\mathrm{d}s+\int_{CD}x^2 yz\mathrm{d}s=$.

7. 曲线的线密度为 $\rho=x^2$，$\dfrac{1}{3}[(1+b^2)^{\frac{3}{2}}-(1+a^2)^{\frac{3}{2}}]$.

习题 9.2

1. 列参数方程, 0.

2. $\dfrac{4}{5}$.

3. 提示: 分段计算, $\dfrac{4}{3}$.

4. 利用曲线的参数方程计算, $-\dfrac{\pi}{4}a^4$.

5. $-\dfrac{87}{4}$.

6. -2π.

7. (1) 5;　(2) 5;　(3) 5.

8. 注意到对于 L 的方向, $\dfrac{2}{3}$.

习题 9.3

1. (1) 由格林公式, 12;　(2) 由格林公式, 0;　(3) $\dfrac{\pi^2}{4}$;　(4) $-\dfrac{7}{6}+\dfrac{1}{4}\sin 2$;　(5) $\dfrac{m\pi a^2}{8}$.

2. (1) $\dfrac{3}{8}\pi a^2$;　　　(2) a^2;　　　(3) πa^2.

3. (1) $\dfrac{\partial P}{\partial y}=\dfrac{\partial Q}{\partial x}=-1$, 故积分与路径无关, 0;

　(2) $\dfrac{\partial P}{\partial y}=12xy-3y^2$, $\dfrac{\partial Q}{\partial x}=12xy-3y^2$, 所以积分与路径无关, 236;

　(3) $\dfrac{\partial P}{\partial y}=\dfrac{1}{x^2}$, $\dfrac{\partial Q}{\partial x}=\dfrac{1}{x^2}$, -1;

　(4) $\dfrac{\partial P}{\partial y}=\dfrac{\partial Q}{\partial x}=\dfrac{-xy}{\sqrt{(x^2+y^2)^3}}$, 曲线积分在不含原点的区域内与路径无关, 9.

4. (1) $\dfrac{x^2}{2} + 2xy + \dfrac{y^2}{2}$;   (2) $x^2 y$;

    (3) $x^3 y + 4x^2 y^2 + 12 y \mathrm{e}^y - 12 \mathrm{e}^y + 12$;   (4) $y^2 \sin x + x^2 \cos y$.

5. 提示: $\dfrac{\partial P}{\partial y} = \dfrac{\partial Q}{\partial x} = \dfrac{-2xy}{(x^2 + y^2)^2}$, $(x, y) \in G$, $u(x, y) = \dfrac{1}{2} \ln(x^2 + y^2)$.

6. $\dfrac{\partial P}{\partial y} = \dfrac{3kxy}{r^5} = \dfrac{\partial Q}{\partial x} (x > 0)$, 力场中场力所做的功与路径无关.

习题 9.4

1. $\displaystyle\iint\limits_{\Sigma} f(x, y, z) \mathrm{d}S = \iint\limits_{D} f(x, y, 0) \mathrm{d}x \mathrm{d}y$.

2. $I_x = \displaystyle\iint\limits_{S} \rho(x, y, z)(y^2 + z^2) \mathrm{d}S$; $I_y = \displaystyle\iint\limits_{S} \rho(x, y, z)(z^2 + x^2) \mathrm{d}S$;

$I_z = \displaystyle\iint\limits_{S} \rho(x, y, z)(x^2 + y^2) \mathrm{d}S$.

3. $\dfrac{1}{2}(\sqrt{2} + 1)\pi$.

4. $\dfrac{13\pi}{3}$.

5. $2\pi a \ln \dfrac{a}{h}$.

6. 覆盖面积与地球表面积之比为 $\dfrac{A}{4\pi R^2} \approx 42.5\%$.

习题 9.5

1. 略.

2. $\dfrac{2}{15}$.

3. $\dfrac{3\pi}{2}$.

4. $\dfrac{1}{2}$.

习题 9.6

1. (1) $\dfrac{1}{60}$;   (2) $\dfrac{12}{5}\pi a^5$;   (3) $\dfrac{2}{5}\pi a^5$;   (4) 补充平面 $\Sigma_1 : z = h(x^2 + y^2 \leqslant h^2)$, 取 Σ_1 的

上侧, 则 $\Sigma + \Sigma_1$ 构成封闭曲面, 设其所围成空间区域为 Ω , $-\dfrac{1}{2}\pi h^4$.

2. (1) -20π; (2) $-\sqrt{3}\pi a^2$; (3) $-\dfrac{9}{2}$.

测试题 A

一、1. B; 2. A; 3. C; 4. D; 5. A; 6. C; 7. D; 8. D; 9. A; 10. D.

二、1. 点(x, y)处的质量密度函数;   2. $\displaystyle\int_0^1 x^{\frac{3}{2}}\sqrt{1+9x^4}\,dx$;

3. $\sqrt{3}\displaystyle\int_0^1 dx\int_0^{1-x} f(x, y, 1-x-y)dy$;   4. 0;   5. 0.

三、1. $\dfrac{2}{3}\pi\sqrt{a^2+k^2}(3a^2+4\pi^2 k^2)$; 2. πa^2; 3. $\dfrac{\pi}{12}$; 4. $2\pi R^3$;

5. $x^3 y + 4x^2 y^2 + 12ye^y - 12e^y$; 6. $4\sqrt{61}$.

四、利用格林公式. 8π.

五、1. 利用积分与路径无关, $\dfrac{1}{2}$. 2. 提示: 利用高斯公式, $2\pi R^3$.

测试题 B

一、1. B; 2. D; 3. B; 4. C; 5. A; 6. C; 7. D; 8. D; 9. B; 10. D.

二、1. 2; 2. $\displaystyle\int_\Gamma (P\cos\alpha + Q\cos\beta + R\cos\gamma)ds$; 3. $\dfrac{\pi}{12}$; 4. $4\pi a^4$; 5. 0.

三、1. $3\sqrt{35}$; 2. 3; 3. πa^2; 4. $\dfrac{1}{3}+\dfrac{1}{2}\sin 2$; 5. $\dfrac{2\pi}{3}$; 6. 提示: 利用格林公式 $\dfrac{3\pi^2}{4}$.

四、$\dfrac{16}{3}$.

五、1. 提示: 利用格林公式, 力场所做的功与路径无关.

2. 提示: 利用高斯公式, $\dfrac{3\pi}{2}$.

习题 10.1

1. (1) 一阶微分方程. $y=3\sin x - 4\cos x$ 不是方程 $y'+y=0$ 的解.

   (2) 二阶微分方程. $y=x^2 e^x$ 不是方程 $y''-2y'+y=0$ 的解.

   (3) 二阶微分方程. $y=C_1 e^{\lambda_1 x} + C_2 e^{\lambda_2 x}$ 是方程 $y''-(\lambda_1+\lambda_2)y'+\lambda_1\lambda_2 y=0$ 的解.

2. (1) 略.

   (2) 提示: 方程 $y=\ln(xy)$ 关于 x 进行隐函数求导.

3. (1) $C_1=1, C_2=-1$;   (2) $C_1=(-1)^k, C_2=k\pi+\dfrac{\pi}{2}, k\in \mathbf{Z}$.

4. (1) $y = \dfrac{1}{2}\ln x + 2$；　　　　　　(2) $y = \dfrac{1}{3}x^3 + C_1$．

5. $s(t) = -\dfrac{1}{2}at^2 + 30t$．

制动停止时刻为 $t = \dfrac{30}{a}(\mathrm{s})$，此时列车走过的路程为 $s = \dfrac{450}{a}(\mathrm{m})$，即制动时加速度越大，制动距离越短.

习题 10.2

1. (1) $\ln y = C_1\left|x\right|^{\frac{1}{2}}$；　　　　　　(2) $\ln(y + \sqrt{1+y^2}) = \ln(x + \sqrt{1+x^2}) + C$；

(3) $y\cos y + \sin y = x\sin x + \cos x + C$；　(4) $-5^{-y}\ln 5 = 5^x\ln 5 + C$；

(5) $-\dfrac{1}{y} = \ln\left|1+x\right| + C$；　　　　(6) $\ln\left|y+2\right| = \dfrac{1}{2}x^2 + x + C$．

2. (1) $y = \dfrac{1}{2}x$；　　　　　　　　(2) $y\sin y = x^2\ln x$；

(3) $\dfrac{1}{3}\mathrm{e}^{3x} + \mathrm{e}^{-y} = \dfrac{4}{3}$；　　　　(4) $\ln\left|y\right| = x\ln x$．

3. (1) $-\dfrac{1}{2}\mathrm{e}^{-2\frac{y}{x}} = \ln|x| + C$；　　　(2) $y = x\mathrm{e}^{Cx} + \mathrm{e}\cdot x$；

(3) $y^2 = -x^2\ln(Cx)^2$；　　　　(4) $\dfrac{x^2 y}{x^3 + y^3} = Cx$．

4. (1) $\sqrt{x^2 + y^2} = y^2$；　　　　　(2) $\sqrt{x^2 + y^2} + y = x^2$．

5. (1) $y = -\dfrac{\cos x}{x} + \dfrac{C}{x}$；　　　　(2) $y = \dfrac{1}{x^2 + 1}\cdot(-\cos x + C)$；

(3) $y = \mathrm{e}^{\cos x}(x + C)$；　　　　(4) $x = -y\ln y + Cy$．

6. (1) $y = x\mathrm{e}^x - 3\mathrm{e}^x + \dfrac{6}{x}\mathrm{e}^x - \dfrac{6}{x^2}\mathrm{e}^x + 2\mathrm{e}$；　　(2) $y = \sin x$；

(3) $x = \dfrac{1}{\ln y}\left(\dfrac{1}{2}y^2\ln y - \dfrac{1}{4}y^2 - \dfrac{1}{4}\mathrm{e}^2\right)$；　(4) $y = \dfrac{1}{2}x^3 - \dfrac{1}{2\mathrm{e}}x^3\cdot\mathrm{e}^{\frac{1}{x^2}}$．

7. (1) $\dfrac{1}{3}\ln(1+x+y) - \dfrac{1}{6}\ln(1-x-y+(x+y)^2) + \dfrac{1}{2}\arctan\dfrac{2(x+y)-1}{\sqrt{3}} = x + C$；

(2) $\dfrac{1}{2}(x+y) + \dfrac{1}{4}\left[\ln(1+2x+2y)\right] = x + C$；　　　　(3) $\dfrac{1}{y} = \cos x + C\mathrm{e}^x$；

(4) $y^{-4} = x + \dfrac{1}{4} + C\mathrm{e}^{-4x}$ 或 $1 = y^4\left(x + \dfrac{1}{4} + C\mathrm{e}^{-4x}\right)$．

8. (1) $\dfrac{1}{2}x^2 + \left(2xy + \dfrac{1}{2}y^2\right) = C$;   (2) $e^{x+y} + e^y + e^x - 1 = C$;

(3) $1 - \cos x \cos y = 1 - \dfrac{\sqrt{2}}{2}$;   (4) $x^3 + 3x^2y^2 + \dfrac{4}{3}y^3 = \dfrac{4}{3}$.

习题 10.3

1. (1) $y = \dfrac{1}{6}x^3 - \cos x + C_1 x + C_2$;   (2) $y = x \arctan x - \dfrac{1}{2}\ln(1+x^2) + C_1 x + C_2$;

(3) $y = \dfrac{1}{6}x^3 \ln x - \dfrac{11}{36}x^3 + C_1 x^2 + C_2 x + C_3$; (4) $y = \dfrac{1}{16}e^{2x} + \dfrac{1}{6}C_1 x^3 + \dfrac{1}{2}C_2 x^2 + C_3 x + C_4$.

2. (1) $y = \dfrac{1}{2}x^2 + x + C_1 e^x + C_2$;   (2) $y = xe^x - e^x + C_1 e^x + C_2$;

(3) $y = \dfrac{3}{2}(\ln x)^2 + \ln x + 3$;   (4) $y = \tan x + 1$.

3. (1) $\arcsin(e^{-y}) - \arcsin 1 = \pm x$;   (2) $y^{\frac{3}{4}} = \pm \dfrac{3}{2}x$;

(3) $\ln y = 2y$ 或 $y = e^{2x}$;   (4) $y = \dfrac{x}{x-2}$.

4. $x + \sqrt{x^2 + y^2} = C$.

习题 10.4

1. (1) 线性无关;   (2) 线性相关;   (3) 线性无关;   (4) 线性相关;

(5) 线性无关;   (6) 线性相关;   (7) 线性无关;   (8) 线性无关.

2. $y = C_1 \sin \theta x + C_2 \cos \theta x$.

3. $y = C_1 e^{-x} + C_2 e^{5x}$.

4. 略.

习题 10.5

1. (1) $y = C_1 e^{-3x} + C_2 e^x$;   (2) $y = (C_1 + C_2 x)e^{2x}$;

(3) $y = e^{3s}(C_1 \sin \beta x + C_2 \cos \beta x)$;   (4) $y = C_1 \cos 2x + C_2 \sin 2x$;

2. (1) $y = -e^{-4x} + e^x$;   (2) $y = 4\sin \dfrac{1}{2} + \cos \dfrac{1}{2}x$;

(3) $y = e^{2x}\left(-\cos 4x + \dfrac{3}{4}\sin 4x\right)$;   (4) $x = a \cos nt$.

3. (1) $y = C_1 e^{-2x} + C_2 e^{-x} + \dfrac{1}{12} x e^x$; (2) $y = C_1 e^{\frac{1}{2}x} + C_2 e^{-x} + \dfrac{1}{2}$;

(3) $y = C_1 \cos 2x + C_2 \sin 2x + \dfrac{1}{4} x + 1$; (4) $y = (C_1 + C_2 x) e^{-3x} + e^{2x} \left(\dfrac{1}{25} x - \dfrac{7}{125} \right)$;

(5) $y = C_1 \cos x + C_2 \sin x + \dfrac{1}{2} e^x - \dfrac{1}{2} x \cos x$; (6) $y = C_1 e^{2x} + C_2 e^{-2x} - \dfrac{1}{5} x \cos x + \dfrac{2}{25} \sin x$.

4. (1) $y = \sin 3x + \cos 2x$; (2) $y = e^{3x} \cos 2x + 3$;

(3) $y = -\dfrac{1}{4} e^{-9x} + \dfrac{5}{4} e^{-x} + \dfrac{1}{33} e^{2x}$; (4) $y = (x^2 - x + 1) e^x - e^{-x}$.

5. $f(x) = \dfrac{1}{2} (\cos x + \sin x + e^x)$.

习题 10.6

1. $y = e^x - x - 1$.

2. $Q = e^{-p^3}$.

3. $y = 5 e^{\frac{5}{3}t}$.

4. $r = a + (r_0 - a) e^{-kx}$.

5. $x = \dfrac{v_0}{\sqrt{k_2^2 + 4k_1}} \left(e^{\frac{-k_2 + \sqrt{k_2^2 + 4k_1}}{2} \cdot t} - e^{\frac{-k_2 - \sqrt{k_2^2 + 4k_1}}{2} t} \right)$.

6. $y = x \tan \alpha - \dfrac{1}{2} \dfrac{g x^2}{v_0^2 \cos^2 x}$ (为抛物线方程).

7. $x(t) = 2a - \left(10^{10} t + \dfrac{1}{4} a^{-2} \right)^{-\frac{1}{2}}$.

8. $U_C = E \left(1 - e^{-\frac{t}{RC}} \right)$.

测试题 A

一、1. B; 2. A; 3. C; 4. B; 5. D; 6. B; 7. A; 8. A; 9. C; 10. D.

二、1. $y = -x - 1 + c e^x$; 2. $\begin{cases} \dfrac{dm}{dt} = -km (k > 0), \\ m(0) = m_0; \end{cases}$ 3. $x = 1$;

4. $y = e^{\int p(x) dx} \left(\int Q(x) e^{-\int p(x) dx} dx + C \right)$; 5. $f(x) = e^{3x} (a \cos 2x + b \sin 2x)$;

6. $y = 2 - 2\mathrm{e}^{\frac{x^2}{4}}$；   7. 对不全为 0 的 $k_1, k_2, \cdots, k_n, k_1 f(t) + k_2 f(t) + \cdots + k_n f(t) \neq 0$；

8. 差； 9. $y = C_1 + C_2 \cos x + C_3 \sin x$；   10. 线性无关.

三、1. $y = \dfrac{3}{5} x^3 + c$.   2. $y = \dfrac{1}{2} \mathrm{e}^{-x^2} + c\mathrm{e}^{x^2}$.

3. $c_1 y^2 - 1 = (c_1 x + c_2)^2$.   4. $\ln \left| \csc \dfrac{y}{2} - \cot \dfrac{y}{2} \right| = 2 \sin \dfrac{x}{2} + c$.

5. $y = \dfrac{1}{2} (\ln x)^2 + c_1 x + c_2$.   6. $y = \mathrm{e}^x - \mathrm{e}^{-3x}$.

7. $y^* = \dfrac{1}{2} \mathrm{e}^x + \dfrac{1}{2} x \sin x$.（提示：设 $f_1(x) = \mathrm{e}^x, f_2(x) = \cos x$.）

8. 当 $a > 0$ 时，$y = C_1 \mathrm{e}^{\sqrt{a}x} + C_2 \mathrm{e}^{-\sqrt{a}x}$；

当 $a = 0$ 时，$y = C_1 + C_2 x$；

当 $a < 0$ 时，$y = C_1 \cos \sqrt{-a}x + C_2 \sin \sqrt{-a}x$.

四、$f(x) = \dfrac{1}{2} (\sin x + x \cos x)$.（提示：对原方程关于 x 求二阶导数.）

五、9.65秒可以将水流完.

测试题 B

一、1. C； 2. B； 3. B； 4. B； 5. D.

二、1. $\varphi(x) = x - x^2 - \dfrac{1}{x}$； 2. $y = 2 - 2\mathrm{e}^{\frac{1}{2}x^2}$； 3. $y = (C_1 + C_2 x + C_3 x^2 + C_4 x^3)\mathrm{e}^x$；

4. $y = -2x - 2 + 2\mathrm{e}^x$； 5. $y'' - 2y' + 2y = 0$.

三、1. 错； 2. 错； 3. 错； 4. 对.

四、1. $y = \dfrac{1}{3} x^3 + C\sqrt{x}$；   2. $\ln |\csc 2x - \cot 2x| = -\ln |\csc 2y - \cot 2y| + C$；

3. $y^2 = x^2 \ln(Cx)^2$；   4. $y = \ln |\cos(x - C_1)| + C_2$；

5. $y = \dfrac{C_1}{x^2} + C_2$；   6. $y = C_1 \mathrm{e}^x + C_2 \mathrm{e}^{-x} + x\mathrm{e}^x - 1$.

五、1. $f(x) = 2\cos x + \sin x + x^2 - 2$，$u(x, y) = (-2\sin x + \cos x + 2x)y + \dfrac{1}{2} x^2 y^2 = C$；

2. $\phi(x) = -\cos x + \dfrac{\sin x}{x}$.

六、$f(x) = \dfrac{1}{\sin^2 x} (\cos x + C)$.

七、飞机滑行的最长距离为 $s = 1.05(\mathrm{km})$.

习题 11.1

1. (1) $\dfrac{1}{2}, \dfrac{2}{5}, \dfrac{3}{10}, \dfrac{4}{17}, \dfrac{5}{26}$;　　(2) $\dfrac{1}{3}, -\dfrac{1}{9}, \dfrac{1}{27}, -\dfrac{1}{81}, \dfrac{1}{243}$;

　(3) $1, \dfrac{1}{2}, \dfrac{2}{9}, \dfrac{3}{32}, \dfrac{24}{625}$;　　(4) $\dfrac{1}{4}, \dfrac{3}{28}, \dfrac{15}{280} = \dfrac{3}{56}, \dfrac{21}{728}, \dfrac{189}{11648}$.

2. (1) $a_n = \dfrac{1}{2n-1}$;　(2) $a_n = \dfrac{(-1)^{n+1} \cdot n}{n}$;　(3) $a_n = \dfrac{2^{n+1}}{2n+1}$;　(4) $\dfrac{x^{\frac{n}{2}}}{2 \cdot 4 \cdot 6 \cdots \cdot 2n}$.

3. (1) 发散;　(2) 发散;　(3) 发散;　(4) 收敛, 和为 $\dfrac{1}{2}$.

4. (1) 收敛, 和为 $\dfrac{5}{3}$;　(2) 发散;　(3) 当 $0 < \dfrac{1}{a} < 1$ 时, 收敛. 当 $\dfrac{1}{a} > 1$ 时, 发散;

　(4) 发散;　(5) 收敛; 和为 $-\dfrac{3}{5}$;　(6) 收敛; 和为 $\dfrac{3}{2}$.

习题 11.2

1. (1) 收敛;　　(2) 收敛;　　(3) 发散;　　(4) 发散;

　(5) 收敛;　　(6) 收敛;　　(7) 发散;　　(8) 发散.

2. (1) 收敛;　　(2) 收敛;　　(3) 收敛;　　(4) 发散.

3. (1) 收敛;　　(2) 收敛;　　(3) 收敛;

　(4) 当 $\dfrac{b}{a} < 1$ 时, 收敛, 当 $b > a$ 时发散, $b = a$ 时无法判断.

4. (1) 条件收敛;　　(2) 绝对收敛;　　(3) 条件收敛;　　(4) 绝对收敛.

5. 证明略.

6. 证明略.

习题 11.3

1. (1) $(-1, 1)$;　　(2) $(-\infty, +\infty)$;　　(3) $[-1, 1]$;

　(4) $[-1, 1]$;　　(5) $\left[-\dfrac{1}{3}, \dfrac{1}{3}\right]$;　　(6) $(-\sqrt{2}, \sqrt{2})$.

2. (1) $\displaystyle\sum_{n=0}^{\infty} (n+1)x^n = \dfrac{1}{(1-x)^2}$;

　(2) $\displaystyle\sum_{n=1}^{\infty} \dfrac{x^{3n+1}}{3n+1} = -\dfrac{1}{3}\ln(1-x) + \dfrac{1}{6}\ln(1+x+x^2) + \dfrac{\sqrt{3}}{3}\arctan\dfrac{x+1}{\sqrt{3}} - \dfrac{\sqrt{3}}{3}\arctan\dfrac{\sqrt{3}}{3}$;

　(3) $\displaystyle\sum_{n=1}^{\infty} \dfrac{n+1}{2}nx^{n-1} = \dfrac{1}{(1-x)^3}$;

(4) $\displaystyle\sum_{n=1}^{\infty}\frac{2n-1}{2^n}x^{2n-2}=\frac{2+x^2}{(2-x^2)^2}$.

习题 11.4

1. (1) $\displaystyle a^x=\sum_{n=0}^{\infty}\frac{(\ln a)^n}{n!}x^n,x\in\mathbf{R}$;

　(2) $\displaystyle \ln(3-x)=\ln 3+\sum_{n=1}^{\infty}\frac{-1}{n\cdot 3^n}x^n,x\in[-3,3)$;

　(3) $\displaystyle \cos^2 x=\frac{1}{2}+\frac{1}{2}\sum_{n=1}^{\infty}(-1)^n\frac{2^{2n-1}}{(2n)!}x^{2n},x\in\mathbf{R}$;

　(4) $\displaystyle \frac{1}{(1-x)^2}=\sum_{n=1}^{\infty}nx^{n-1},-1<x<1$;

　(5) $\displaystyle (1+x)\ln(1+x)=x+\sum_{n=2}^{\infty}\frac{(-1)^n x^n}{n(n-1)},x\in(-1,1]$;

　(6) $\displaystyle \arctan x=\sum_{n=1}^{\infty}\frac{(-1)^n}{2n+1}x^{2n+1},-1<x<1$;

　(7) $\displaystyle \frac{1}{x^2+4x-5}=\frac{1}{6}\sum_{n=1}^{\infty}\left(-1+\frac{(-1)^n}{5^{n+1}}\right)x^n,-1<x<1$;

　(8) $\displaystyle xe^{-x}=\sum_{n=1}^{\infty}\frac{(-1)^n}{n!}x^{n+1},-\infty<x<+\infty$.

2. $\displaystyle \cos x=\frac{1}{2}\sum_{n=1}^{\infty}(-1)^n\frac{\left(x-\dfrac{\pi}{3}\right)^{2n}}{(2n)!}-\frac{\sqrt{3}}{2}\sum_{n=1}^{\infty}\frac{(-1)^{n-1}\left(x-\dfrac{\pi}{3}\right)^{2n-1}}{(2n-1)!},x\in\mathbf{R}$.

3. $\displaystyle \frac{1}{x}=\sum_{n=1}^{\infty}\frac{(x+2)^n}{2^{n+1}},0<x<4$.

4. $\displaystyle \frac{1}{x^2+3x+2}=\sum_{n=0}^{\infty}(-1)^n\left(\frac{1}{5^n}-\frac{1}{6^n}\right)(x-4)^n,-1<x<9$.

习题 11.5

1. (1) $\ln 3\approx 1.0$.

提示: $\displaystyle \ln\frac{1+x}{1-x}=2\left(x+\frac{1}{3}x^3+\frac{1}{5}x^5+\cdots\right)=2\sum_{n=0}^{\infty}\frac{1}{2n+1}x^{2n+1}$, $\quad x\in(-1,1)$.

令 $\dfrac{1+x}{1-x}=3$, 得 $x=\dfrac{1}{2}$.

所以 $\ln 3 = \ln \dfrac{1 + \dfrac{1}{2}}{1 - \dfrac{1}{2}} = 2\left(\dfrac{1}{2} + \dfrac{1}{3} \times \dfrac{1}{2}^3 + \dfrac{1}{5} \times \dfrac{1}{2}^5 + \cdots\right)$.

(2) $\sqrt{e} \approx 1.6489$.

提示: $\sqrt{e} = \displaystyle\sum_{n=0}^{\infty} \dfrac{\dfrac{1}{2}^n}{n!} = 1 + \dfrac{1}{2} + \dfrac{1}{2!} \times \left(\dfrac{1}{2}\right)^2 + \dfrac{1}{3!} \times \left(\dfrac{1}{2}\right)^3 + \cdots$.

(3) $\sqrt[4]{257} \approx 4.0039$.

提示: $\sqrt[4]{257} = \sqrt[4]{256+1} = \sqrt[4]{4^4+1} = 4\left(1 + \dfrac{1}{4^4}\right)^{\frac{1}{4}}$

$$= 4 + \dfrac{1}{4^4} - \dfrac{3}{2! \cdot 4^9} + \dfrac{3 \cdot 7}{3! \cdot 4^9} + \dfrac{3 \cdot 7}{3! \cdot 4^{14}} - \dfrac{3 \cdot 7 \cdot 11}{4! \cdot 4^{3+12-1}} + \cdots.$$

(4) $\cos 1° \approx 0.9998$.

提示: $\cos 1° = \cos \dfrac{\pi}{180} = 1 - \dfrac{1}{2!}\left(\dfrac{\pi}{180}\right)^2 + \dfrac{1}{4!}\left(\dfrac{\pi}{180}\right)^4 + \cdots$.

2. (1) $\displaystyle\int_0^{\frac{1}{2}} \dfrac{1}{1+x^3} dx \approx 0.4855$.

提示: $\dfrac{1}{1+x^3} = 1 - x^3 + x^6 - x^9 + \cdots (-1)^n (x^3)^n + \cdots$.

(2) $\displaystyle\int_0^{0.5} \dfrac{\operatorname{arccot} x}{x} dx \approx -0.4872$.

提示: $\dfrac{\operatorname{arccot} x}{x} = -1 + \dfrac{1}{3}x^2 - \dfrac{1}{5}x^4 + \dfrac{1}{7}x^6 + \cdots + \dfrac{(-1)^n}{2n+1}x^{2n+1} + \cdots$.

3. $e^x \sin x = I_m(e^{ix}) = \displaystyle\sum_{n=0}^{\infty} \sin \dfrac{n\pi}{4} \times \dfrac{x^n}{n!} \times 2^{\frac{n}{2}}, x \in \mathbf{R}$.

习题 11.6

1. (1) $f(x) = 2x + 1 = 1 + \displaystyle\sum_{n=1}^{\infty} (-1)^{n+1} \dfrac{4}{n} \sin x, -\pi \leqslant x < \pi$;

(2) $f(x) = \dfrac{e^{2\pi} - e^{-2\pi}}{\pi}\left[\dfrac{1}{4} + \displaystyle\sum_{n=1}^{\infty} \dfrac{(-1)^n}{n^2+4}(2\cos nx - n\sin nx)\right], x \neq (2k+1)\pi, k \in \mathbf{Z}$;

(3) $f(x) = \dfrac{1 + \pi - e^{-\pi}}{2\pi} + \dfrac{1}{\pi}\left\{\dfrac{1 - (-1)^n e^{-\pi}}{1+n^2}\cos nx + \left[-n\dfrac{1-(-1)^n e^{-\pi}}{1+n^2} + \dfrac{1-(-1)^n}{n}\right]\sin nx\right\}$,

$-\pi \leqslant x < \pi$;

(4) $f(x) = \dfrac{\pi}{4} + \displaystyle\sum_{n=1}^{\infty}\left[\dfrac{(-1)^n - 1}{n^2\pi}\cos nx - \dfrac{(-1)^n}{n}\sin nx\right], -\pi \leqslant x < \pi$;

(5) $\sin\dfrac{x}{4} = \dfrac{2\sqrt{2}}{\pi}\displaystyle\sum_{n=1}^{\infty}(-1)^{n+1}\dfrac{8n}{4n^2-1}\sin nx, x \in (-\pi,\pi)$.

2. $f(x) = \dfrac{8}{\pi}\displaystyle\sum_{n=1}^{\infty}\dfrac{n}{4n^2-1}\sin nx, 0 \leqslant x < \pi$.

提示: 将 $f(x) = \cos\dfrac{x}{2}$ 进行奇延拓. 设 $\varphi(x) = \begin{cases} \cos\dfrac{x}{2}, & 0 < x \leqslant \pi, \\ -\cos\dfrac{x}{2}, & -\pi \leqslant x < 0, \\ 0, & x = 0. \end{cases}$

3. (1) $f(x) = \dfrac{6}{\pi}\displaystyle\sum_{n=1}^{\infty}\left[(-1)^n\left(\dfrac{2}{n^3} - \dfrac{\pi^2}{n}\right) - \dfrac{2}{n^3}\right]\sin nx, x \in [0,\pi)$.

提示: 令 $\varphi(x) = \begin{cases} 3x^2, & x \in [0,\pi], \\ -3x^2, & x \in (-\pi,0) \end{cases}$ 是 $f(x)$ 的奇延拓.

(2) $f(x) = \pi^2 + 12\displaystyle\sum_{n=1}^{\infty}\dfrac{(-1)^n}{n^2}\cos nx, x \in [0,\pi]$.

提示: 令 $\varphi(x) = 3x^2, x = (-\pi,\pi]$ 是 $f(x)$ 的偶延拓.

4. (1) $f(x) = \dfrac{5}{3} + \dfrac{4}{\pi^2}\displaystyle\sum_{n=1}^{\infty}\dfrac{(-1)^n}{n^2}\cos n\pi x, x \in \mathbf{R}$.

提示: $f(x)$ 的半周期 $l = 2$.

$a_0 = \dfrac{1}{2}\displaystyle\int_{-2}^{2}f(x)\mathrm{d}x = \dfrac{1}{2}\left[\displaystyle\int_{-2}^{0}0\mathrm{d}x + \displaystyle\int_{0}^{2}1\mathrm{d}x\right] = 1$,

$a_n = \dfrac{1}{2}\displaystyle\int_{-2}^{2}f(x)\cos\dfrac{n\pi x}{2}\mathrm{d}x = \dfrac{1}{2}\displaystyle\int_{0}^{2}1\cdot\cos\dfrac{n\pi x}{2}\mathrm{d}x = 0 \quad (n = 1,2,\cdots)$.

(2) 略.

5. (1) $f(x) = \dfrac{\pi}{4} = \displaystyle\sum_{k=1}^{\infty}\dfrac{1}{2k-1}\sin(2k-1)x, x \in \mathbf{R}$.

提示: 令

$$\varphi(x) = \begin{cases} \dfrac{\pi}{4}, & 0 < x \leqslant \pi, \\ 0, & x = 0, \\ -\dfrac{\pi}{4}, & -\pi \leqslant x < 0 \end{cases}$$

是 $f(x)$ 的奇延拓.

(2) 当 $x = \dfrac{\pi}{2}$ 时，$\sin(2x-1)\dfrac{\pi}{2} = \sin\left(k\pi - \dfrac{\pi}{2}\right) = \begin{cases} 1, & k = 1,3,5,\cdots, \\ -1, & k = 2,4,\cdots. \end{cases}$

$$\sum_{k=1}^{\infty} \frac{\sin(2k-1)\dfrac{\pi}{2}}{2k-1} = 1 - \frac{1}{3} + \frac{1}{5} - \frac{1}{7} + \cdots = \frac{\pi}{4}.$$

6. $f(x) = \dfrac{\pi}{2} - x = \dfrac{4}{\pi} \sum_{k=1}^{\infty} \dfrac{1}{(2k-1)^2} \cos(2k-1)x, \; x \in [0, \pi]$.

提示: 作 $\varphi(x) = \begin{cases} \dfrac{\pi}{2} - x, & 0 \leqslant x \leqslant \pi, \\ \dfrac{\pi}{2} + x, & -\pi \leqslant x \leqslant 0, \end{cases}$ 则 $\varphi(x)$ 是 $f(x)$ 的偶延拓.

当 $x = 0$ 时，上式化为 $\dfrac{4}{\pi} \sum_{k=1}^{\infty} \dfrac{1}{(2k-1)^2} = \dfrac{\pi}{2}$，所以

$$\sum_{k=1}^{\infty} \frac{1}{(2k-1)^2} = \frac{\pi^2}{8}.$$

测试题 A

一、1. B;　2. B;　3. C;　4. C;　5. B;　6. D;　7. C;　8. D;　9. A;　10. C.

二、1. $\dfrac{1}{2}, \dfrac{3}{8}, \dfrac{15}{48}$;　2. $(-1)^{n+1}\dfrac{n+1}{n}$;　3. $\dfrac{1}{6}$;　4. 发散;　5. $U_n = \dfrac{1}{n} - \dfrac{1}{n-1} \; (n > 1)$;

6. 充分;　7. 收敛, 发散;　8. $\left[-\dfrac{1}{3}, \dfrac{1}{3}\right]$;　9. $a_n = (-1)^n \dfrac{1}{4^{n+1}}$;　10. $|a| > 1$.

三、1. (1) 发散;　(2) 发散;　(3) 收敛;　(4) 当 $a < 1$ 时收敛, 当 $a \geqslant 1$ 时发散.

2. (1) 绝对收敛;　(2) 条件收敛.

3. (1) 收敛区间为 $[-4, 4)$;　(2) 收敛域为 $(-\infty, +\infty)$;　(3) 收敛域为 $(-2, 2)$;

(4) 收敛域为 $(-1, 1]$.

4. (1) $\sum_{n=1}^{\infty} (n+1)x^n = \dfrac{1}{(1-x)^2}, \; -1 < x < 1$;

(2) $s(x) = \dfrac{1}{2}\arctan x + \dfrac{1}{2}\ln\dfrac{1+x}{1-x}, \; x \in (-1, 1)$;

(3) $s(x) = \begin{cases} 1 - x + \left(\dfrac{1}{x} - 1\right)\ln(1-x), & x \in [-1, 0) \cup (0, 1), \\ 0, & x = 0; \end{cases}$

提示: $s(x) = s_1(x) - s_2(x) = \sum_{n=1}^{\infty} \frac{x^n}{n} - \sum_{n=1}^{\infty} \frac{x^n}{n+1}$.

5. (1) $\arctan x = \sum_{n=1}^{\infty} \frac{(-1)^n}{2n+1} x^{2n+1}, -1 < x < 1$;　(2) $f(x) = \sum_{n=0}^{\infty} \frac{n+1}{2^{n+2}} x^n, -2 < x < 2$.

四、1. $f(x) = -\frac{1}{5} \sum_{n=0}^{\infty} \left(\frac{1}{2^{n+1}} + \frac{(-1)^n}{3^n} \right)(x-1)^n, -1 < x < 3$.

2. $f(x) = \sum_{n=0}^{\infty} (-1)^k \frac{2}{(2k+1)\pi} \cos(2k+1)x, x \in \mathbf{R}$.

测试题 B

一、1. B;　2. A;　3. D;　4. B;　5. B;　6. C;　7. D;　8. B.

二、1. $(-1, 1)$;　2. $(-3, 3]$;　3. $[-1, 1]$;　4. 收敛;　5. 发散;　6. $\frac{3}{4}$;　7. $(-2, 0)$;

8. $a_0 = \frac{\pi}{2}, a_n = \frac{(-1)^n - 1}{n^2 \pi} = \begin{cases} \frac{-2}{n^2 \pi}, & n = 2k-1, \\ 0, & n = 2k \end{cases} (k = 1, 2, \cdots), b_n = \frac{(-1)^{n+1}}{n} (n = 1, 2, \cdots)$.

三、1. $\sin^2 x = \frac{1}{2} - \frac{1}{2} \sum_{n=1}^{\infty} (-1)^n \frac{(2x)^{2n}}{(2n)!}$.

2. $x\cos 2x = \sum_{n=0}^{\infty} (-1)^n \frac{2^{2n} x^{2n+1}}{(2n)!}$.

3. $\ln(x^2 + 4x + 3) = \left[\sum_{n=1}^{\infty} \left(1 + \frac{1}{3^{n+1}} \right)(-1)^n \frac{x^{n+1}}{n+1} \right] - \ln 3, -1 < x \leqslant 1$.

4. $f(x) = x\cos^2 x = \frac{1}{2} \left(\sum_{n=0}^{\infty} (-1)^n \frac{2^{2n} \cdot x^{2n+1}}{(2n)!} \right) - \frac{x}{2}$.

5. 级数 $\sum_{n=1}^{\infty} \left(\frac{1}{n^2} + \frac{n!\sqrt{n}}{3^n} \right)$ 发散.

6. $f(x) = \frac{1}{6-x} = \frac{1}{4} \cdot \sum_{n=0}^{\infty} \frac{(-x-2)^n}{4^n} = \sum_{n=0}^{\infty} \frac{(x-2)^n}{4^{n+1}}, x \in (-2, 6)$.

四、1. 发散.

2. $f(x) = \frac{1}{(x-3)(x+2)} = \frac{-1}{5} \left[\sum_{n=0}^{\infty} \left(\frac{1}{3^{n+1}} + \frac{(-1)^n}{2^{n+1}} x^n \right) \right], x \in (-2, 2)$.

五、略.